버스운전 자격시험
총정리문제집

| 버스운전자격시험연구회 편저 |

도서출판 **책과 상상**
www.SangSangbooks.co.kr

버스운전 자격시험 안내

버스운전자격 취득 절차 안내

응시조건 및 시험일정 확인
- 운전면허 : 사업용 자동차를 운전하기에 적합한 제1종 대형 또는 제1종 보통 운전면허 소지자
- 연령 : 만 20세 이상
- 운전경력 : 1종 보통 이상의 운전경력이 1년 이상(운전면허 보유기간 기준이며, 취소 및 정지기간은 제외됨)
- 여객자동차운수사업법 제24조 제3항의 결격사유에 해당되지 않는 사람

↓

시험접수
- 인터넷 접수 : https://lic.kotsa.or.kr/bus
- 방문 접수 : 전국 19개 시험장
- 시험응시 수수료 : 11,500원
- 신청서류
  - 운전면허증(모바일 운전면허증 제외)
  - 6개월 이내 촬영한 3.5×4.5cm 칼라사진(미제출자에 한함)

↓

시험응시 (불합격 시 응시조건 및 시험일정 확인으로 복귀)
- 각 지역본부 시험장(시험시작 20분전까지 입실)
- 시험과목(4과목, 회차별 80문제)

↓

시험합격
- 합격자 : 총점의 60% 이상(총 80문항 중 48문항 이상)을 얻은 사람
  - 인터넷 : https://lic.kotsa.or.kr/bus

↓

자격시험 합격자 자격증 발급 신청서 제출
- 신청대상 및 기간 : 버스운전 자격시험 필기시험에 합격한 사람으로서 합격자 발표일로부터 30일 이내
- 자격증 교부 수수료 : 10,000원
- 신청서류 : 버스운전 자격증 발급신청서 1부
- 자격증 발급신청 : 인터넷, 방문접수
- 자격증 우편 배송 수령 : https://lic.kotsa.or.kr/bus
  - 수수료(10,000원) + 우편료(2,130원) : 카드결제 또는 계좌이체
  - 발급예정일로부터 5~10일 이내 수령가능(토, 일, 공휴일 제외, 발급예정일은 신청시 별도 안내)
- 자격증 내방 수령 : 한국교통안전공단 전국 14개 지역별 접수·교부장소
  - 준비물 : 운전면허증, 수수료

↓

자격증 교부

버스운전자격시험 안내

🚌 응시자격

① **운전면허** : 사업용 자동차를 운전하기에 적합한 운전면허 소지자
   ※ 제1종 대형 또는 제1종 보통 운전면허 소지자
② **연령** : 만 20세 이상
③ **운전경력기준** : 1종 보통 이상의 운전경력 1년 이상
④ 여객자동차운수사업법 제24조 제3항의 결격사유에 해당되지 않는 사람
   ㉮ 다음의 어느 하나에 해당하는 죄를 범하여 금고(禁錮) 이상의 실형을 선고받고 그 집행이 끝나거나 면제된 날부터 2년이 지나지 아니한 사람
      – 특정강력범죄의 처벌에 관한 특례법 제2조의제1항 각 호에 따른 죄
      – 특정범죄 가중처벌 등에 관한 특례법의 제5조의2부터 제 5조의 5까지, 제5조의8, 제5조의9 및 제11조에 따른 죄
      – 마약류관리에 관한 법률에 따른 죄
   ㉯ 위 ㉮항의 어느 하나에 해당하는 죄를 범하여 금고 이상의 형의 집행유예를 선고받고 그 집행유예기간 중에 있는 사람
   ㉰ 버스운전자격시험에 따른 자격시험 공고일 전 5년간 도로교통법 상의 음주운전 금지규정을 3회 이상 위반한 사람
⑤ 버스운전자격이 취소된 날부터 1년이 지나지 아니한 자(정기적성검사 미필로 인한 면허 취소 제외)

🚌 상시컴퓨터시험(CBT) 접수

① **접수대상** : 버스운전 자격시험 응시자격에 충족한 사람
② **원서접수**
   ㉮ 인터넷 원서접수(https://lic.kotsa.or.kr/bus)
   ㉯ 방문 원서접수 : 전국 19개 자격시험장 방문 접수
③ **응시수수료** : 11,500원 (시험 응시 당일 시험장에서 신용카드, 체크카드, 현금 납부)
④ **제출서류**
   ㉮ 본인 사진을 그림파일(JPG)로 스캔하여 등록하여야 접수 가능
   ㉯ 별도 제출 서류 없음
⑤ **접수 일정**

구분	지역	요일
상설CBT 시험장	서울구로, 경기남부(수원), 인천, 대전, 대구, 부산, 광주, 전북(전주), 울산, 경남(창원), 강원(춘천), 화성	월~금
정밀검사 활용 시험장	서울성산, 서울노원, 서울송파, 경기북부(의정부), 충북(청주), 제주, 대구(상주), 대전(홍성)	화, 목

※ 접수인원 초과(선착순)로 접수 불가능 시 타 지역 또는 다음 차수 접수 가능

🚌 CBT 시험장 안내

① 상시 CBT 필기시험장

시험장소	주소	안내전화
서울본부(구로)	서울 구로구 경인로 113(오류동)	02)372-5347
경기남부본부(수원)	경기 수원시 권선구 수인로 24(서둔동)	031)297-9123
인천본부	인천 남동구 백범로 357 한국교직원공제회(간석동)	032)830-5930

시험장소	주소	안내전화
대전충남본부	대전 대덕구 대덕대로 1417번길 31(문평동)	042)933-4328
대구경북본부	대구 수성구 노변로 33(노변동)	053)794-3816
부산본부	부산 사상구 학장로 256(주례3동)	051)315-1421
광주전남본부	광주 남구 송암로 96 (송하동)	062)606-7631
전북본부(전주)	전북 전주시 덕진구 신행로 44(팔복동3가)	063)212-4743
울산본부	울산 남구 번영로 90-1 7층	052)256-9373
경남본부(창원)	경남 창원시 의창구 차룡로 48번길 44(팔용동) 창원스마트타워 2층	055)270-0550
강원본부(춘천)	강원 춘천시 동내로 10(석사동)	033)240-0101
화성드론자격센터	경기 화성시 송산면 삼촌로 200(삼촌리)	031)645-2100

② 운전정밀검사장 활용 CBT 시험장

시험장소	주소	안내전화
서울본부(성산)	서울 마포구 월드컵로 220(성산동)	02)375-1271
서울본부(노원)	서울 노원구 공릉로 62길 41 (하계동 252) 노원검사소 내 2층	02)973-0586
서울본부(송파)	서울 송파구 올림픽로 319, 교통회관 1층	02)423-0269
경기북부본부(의정부)	경기 의정부시 평화로 287(호원동)	031)837-7602
홍성검사소	충남 홍성군 충서로 1207(남장리 217)	041)632-4328
충북본부(청주)	충북 청주시 흥덕구 사운로 386번길 21(신봉동)	043)266-5400
제주본부	제주시 삼봉로 79(도련2동)	064)723-3111
상주체험교육센터	경북 상주시 청리면 마공공단로 80-15(마공리)	054)530-0100

🚌 CBT 시험일정

시험등록	시험시간	상시 CBT 필기시험일(토요일, 공휴일 제외)		
			CBT 전용	정밀검사장 활용
			서울구로, 경기남부(수원), 인천, 대전, 대구, 부산, 광주, 전북(전주), 울산, 경남(창원), 강원(춘천), 화성	서울성산, 서울노원, 서울송파, 경기북부(의정부), 충북(청주), 제주, 대구(상주), 대전(홍성)
시작 20분전	80분		매일 4회(오전 2회, 오후 2회)	매주 화요일, 목요일 오후 2회

※ 지역 특성을 고려하여 상설시험장의 경우 오전에 추가시험 시행 가능(소속별로 자율 시행)
※ 응시자는 시험 시작 20분 전까지 시험등록을 해야 함
※ 특별한 사유가 없는 한 시험 시간 도중에는 퇴실할 수가 없으며, 80문제를 모두 푼 후부터는 감독관의 허락을 받아 다른 응시자에게 방해가 되지 않도록 조용히 퇴실함

🚌 시험 과목 및 합격 판정

① **합격 판정** : 100점을 기준으로 60점 이상을 얻어야 함

구분	교통·운수관련 법규 및 교통사고유형	자동차 관리요령	안전운행 요령	운송 서비스	계
문항수	25문항	15문항	25문항	15문항	80문항
시간	80분				80분
배점	문항당 1.25점시간				100점

② **합격자 발표** : 시험 종료 후 시험 시행 장소에서 합격자 발표

글 싣는 순서

CHAPTER 01 교통 · 운수관련 법규 및 교통사고 유형 • 7

SECTION 01 여객자동차 운수사업법 ·· 8
SECTION 02 도로교통법령 ··· 16
SECTION 03 교통사고처리 특례법령 ··· 28
SECTION 04 주요 교통사고유형 ·· 34
　　적중 예상 문제 ·· 36

CHAPTER 02 자동차 관리 요령 • 47

SECTION 01 자동차 관리 ··· 48
SECTION 02 자동차장치 사용 요령 ·· 52
SECTION 03 자동차 응급조치 요령 ·· 54
SECTION 04 자동차의 구조 및 특성 ··· 56
SECTION 05 자동차 검사 및 보험 ··· 60
　　적중 예상 문제 ·· 63

CHAPTER 03 안전운행요령 · 69

SECTION 01 교통사고 요인과 운전자의 자세 ················· 70
SECTION 02 운전자요인과 안전운행 ·························· 72
SECTION 03 자동차요인과 안전운행 ·························· 75
SECTION 04 도로요인과 안전운행 ····························· 77
SECTION 05 안전운전의 기술 ································· 81
 적중 예상 문제 ······························ 88

CHAPTER 04 운송서비스 · 95

SECTION 01 여객운수종사자의 기본자세 ····················· 96
SECTION 02 운수종사자 준수사항 및 운전예절 ················· 99
SECTION 03 교통시스템에 대한 이해 ························· 102
SECTION 04 운수종사자가 알아야 할 응급처치방법 등 ·········· 107
 적중 예상 문제 ······························ 110

CHAPTER 05 실전 모의고사 · 115

제1회 실전모의고사 ······································ 116
제2회 실전모의고사 ······································ 122
제3회 실전모의고사 ······································ 128
제4회 실전모의고사 ······································ 134
제5회 실전모의고사 ······································ 139

CHAPTER 01

교통·운수관련 법규 및 교통사고 유형

SECTION 01 여객자동차 운수사업법령

01 목적 및 정의

(1) 여객자동차 운수사업법의 목적
① 여객자동차 운수사업에 관한 질서 확립
② 여객의 원활한 운송
③ 여객자동차 운수사업의 종합적인 발달 도모
④ 공공복리 증진

(2) 용어의 정의

용어	정의
여객자동차 운송사업	다른 사람의 수요에 응하여 자동차를 사용하여 유상(有償)으로 여객을 운송하는 사업
여객자동차 터미널	도로의 노면, 그 밖에 일반교통에 사용되는 장소가 아닌 곳으로 승합자동차를 정류(停留)시키거나 여객을 승하차(乘下車)시키기 위하여 설치된 시설과 장소
노선(路線)	자동차를 정기적으로 운행하거나 운행하려는 구간
운행계통	노선의 기점(起點) · 종점(終點)과 그 기점 · 종점 간의 운행경로 · 운행거리 · 운행횟수 및 운행대수를 총칭한 것
관할관청	관할이 정해지는 국토교통부장관이나 특별시장 · 광역시장 · 특별자치시장 · 도지사 또는 특별자치도지사
정류소	여객이 승차 또는 하차할 수 있도록 노선 사이에 설치한 장소

02 여객자동차운송사업의 종류

(1) 노선(路線) 여객자동차운송사업
자동차를 정기적으로 운행하려는 구간을 정하여 여객을 운송하는 사업(운행계통이 있음)

① **시내버스운송사업**
㉮ 주로 특별시 · 광역시 · 특별자치시 또는 시의 단일 행정구역에서 운행계통을 정하고 중형 이상의 승합자동차를 사용하여 여객을 운송하는 사업
㉯ 운행형태에 따른 구분 : 광역급행형, 직행좌석형, 좌석형, 일반형

② **농어촌버스운송사업**
㉮ 주로 군(광역시의 군은 제외)의 단일 행정구역에서 운행계통을 정하고 중형 이상의 승합자동차(단, 관할관청이 필요하다고 인정하는 경우에는 소형 이상의 승합자동차)를 사용하여 여객을 운송하는 사업
㉯ 운행형태에 따른 구분 : 직행좌석형, 좌석형, 일반형

③ **마을버스운송사업**
㉮ 주로 시 · 군 · 구의 단일 행정구역에서 기점 · 종점의 특수성이나 사용되는 자동차의 특수성 등으로 인하여 다른 노선 여객자동차운송사업자가 운행하기 어려운 구간을 대상으로 운행계통을 정하고 중형승합자동차를 사용하여 여객을 운송하는 사업
㉯ 단, 관할관청이 필요하다고 인정하는 경우 소형 또는 대형승합자동차도 이용 가능

④ **시외버스운송사업**
㉮ 운행계통을 정하고 중형 또는 대형승합자동차를 사용하여 여객을 운송하는 사업으로서 시내버스운송사업, 농어촌버스운송사업, 마을버스운송사업에 속하지 아니하는 사업
㉯ 운행형태에 따른 구분 : 고속형, 직행형, 일반형

> **참고**
> **시외버스운송사업에 사용되는 자동차**
> • 자동차의 종류 : 중형 또는 대형승합자동차
> • 운행행태에 따른 자동차의 종류
> – 시외우등고속버스 : 고속형에 사용되는 것으로서 원동기 출력이 자동차 총 중량 1톤당 20마력 이상이고 승차정원이 29인승 이하인 대형승합자동차
> – 시외고속버스 : 고속형에 사용되는 것으로서 원동기 출력이 자동차 총 중량 1톤당 20마력 이상이고 승차정원이 30인승 이상인 대형승합자동차
> – 시외직행 및 시외일반버스 : 직행형과 일반형에 사용되는 중형 이상의 승합자동차

(2) 구역(區域) 여객자동차운송사업
사업구역을 정하여 그 사업구역 안에서 여객을 운송하는 사업

① **전세버스운송사업**
㉮ 운행계통을 정하지 아니하고 전국을 사업구역으로 정하여 1개의 운송계약에 따라 승차정원 16인승 이상의 승합자동차를 사용하여 여객을 운송하는 사업.
㉯ 다만, 다음 어느 하나에 해당하는 기관 또는 시설 등의 장과 1개의 운송계약(개별 탑승자로부터 운임을 받는 경우는 제외)에 따라 그 소속원만의 통근 · 통학목적으로 자동차를 운행하는 경우를 포함
　㉠ 정부기관 · 지방자치단체와 그 출연기관 · 연구기관 등 공법인
　㉡ 회사, 학교, 유치원, 어린이집 · 학교교과교습학원 또는 체육시설
　㉢ 산업단지 중 국토교통부장관 또는 특별시장 · 광역시장 · 특별자치시장 · 도지사 · 특별자치도지사가 정하여 고시하는 산업단지의 관리기관

② **특수여객자동차운송사업**
㉮ 운행계통을 정하지 아니하고 전국을 사업구역으로 하여 1개의 운송계약에 따라 특수형 승합자동차 또는 승용자동차를 사용하여 장례에 참여하는 자와 시체(유골을 포함)를 운송하는 사업
㉯ 승용자동차의 경우 일반 장의자동차 및 운구전용 장의자동차로 구분

(3) 수요응답형 여객자동차운송사업

다음의 어느 하나에 해당하는 경우로서 운행계통·운행시간·운행횟수를 여객의 요청에 따라 탄력적으로 운영하여 여객을 운송하는 사업

① 농촌과 어촌을 기점 또는 종점으로 하는 경우
② 대중교통 현황조사에서 대중교통이 부족하다고 인정되는 지역을 운행하는 경우

03 여객자동차운송사업의 운영형태 및 한정면허

(1) 시내버스운송사업 및 농어촌버스운송사업의 운영형태

① **광역급행형** : 시내좌석버스를 사용하고 주로 고속도로, 도시고속도로 또는 주간선도로를 이용하여 기점 및 종점으로부터 5km 이내의 지점에 위치한 각각 4개 이내의 정류소에만 정차하면서 운행하는 형태
② **직행좌석형** : 시내좌석버스를 사용하여 각 정류소에 정차하되, 둘 이상의 시·도에 걸쳐 노선이 연장되는 경우 지역주민의 편의, 지역 여건 등을 고려하여 정류구간을 조정하고 해당 노선 좌석형의 총 정류소 수의 2분의 1 이내의 범위에서 정류소 수를 조정하여 운행하는 형태
③ **좌석형** : 시내좌석버스를 사용하여 각 정류소에 정차하면서 운행하는 형태
④ **일반형** : 시내일반버스를 주로 사용하여 각 정류소에 정차하면서 운행하는 형태

(2) 마을버스운송사업의 운영형태

① 고지대(高地帶) 마을, 외지 마을, 아파트단지, 산업단지, 학교, 종교단체의 소재지 등을 기점 또는 종점으로 하여 특별한 사유가 없으면 그 마을 등과 가장 가까운 철도역(도시철도역 포함) 또는 노선버스 정류소(시내버스, 농어촌버스, 시외버스의 정류소) 사이를 운행하는 사업
② 다만, 관할관청은 지역주민의 편의 또는 지역 여건상 특히 필요하다고 인정되는 경우에는 해당 행정구역의 경계로부터 5km의 범위에서 연장하여 운행 가능

(3) 시외버스운송사업의 운영형태

① **고속형**
   ㉮ 시외고속버스 또는 시외우등고속버스를 사용하여 운행거리가 100km 이상이고, 운행구간의 60% 이상을 고속국도로 운행하며, 기점과 종점의 중간에서 정차하지 아니하는 운행형태
   ㉯ 다만, 다음의 경우 운행계통의 기점과 종점의 중간에서 정차할 수 있다.
      ㉠ 고속국도 주변이용자의 편의를 위하여 고속국도변의 정류소에 중간 정차하는 경우
      ㉡ 국토교통부장관이 이용자의 교통편의를 위하여 필요하다고 인정하여 기점 또는 종점이 있는 특별시·광역시·특별자치시 또는 시·군의 행정구역 안의 각 1개소에만 중간 정차하는 경우(다만, 특별시·광역시 또는 시·군의 행정구역 안의 중간 정차지와 기점 간 또는 중간 정차지와 종점 간의 이용승객은 승·하차시킬 수 없음)
      ㉢ 고속국도 휴게소의 환승정류소에서 중간 정차하는 경우

② **직행형**
   ㉮ 시외(우등)직행버스를 사용하여 기점 또는 종점이 있는 특별시·광역시·특별자치시 또는 시·군의 행정구역이 아닌 다른 행정구역에 있는 1개소 이상의 정류소에 정차하면서 운행하는 형태
   ㉯ 다만, 다음의 경우에는 정류소에 정차하지 않고 운행할 수 있다.
      ㉠ 운행거리가 100km 미만인 경우
      ㉡ 운행구간의 60% 미만을 고속국도로 운행하는 경우

③ **일반형** : 시외(우등)일반버스를 사용하여 각 정류소에 정차하면서 운행하는 형태

(4) 노선 여객자동차운송사업의 한정면허

① 여객의 특수성 또는 수요의 불규칙성 등으로 인하여 노선 여객자동차운송사업자가 노선버스를 운행하기 어려운 경우로서 다음의 어느 하나에 해당하는 경우
   ㉮ 공항, 도심공항터미널 또는 국제여객선터미널을 기점 또는 종점으로 하는 경우로서 공항, 도심공항터미널 또는 국제여객터미널 이용자의 교통불편을 해소하기 위하여 필요하다고 인정되는 경우
   ㉯ 관광지를 기점 또는 종점으로 하는 경우로서 관광의 편의를 제공하기 위하여 필요하다고 인정되는 경우
   ㉰ 고속철도 정차역을 기점 또는 종점으로 하는 경우로서 고속철도 이용자의 교통편의를 위하여 필요하다고 인정되는 경우
   ㉱ 국토교통부장관이 정하여 고시하는 출퇴근 또는 심야 시간대에 대중교통 이용자의 교통불편을 해소하기 위하여 필요하다고 인정되는 경우
   ㉲ 산업단지 또는 관할관청이 정하는 공장밀집지역을 기점 또는 종점으로 하는 경우로서 산업단지 또는 공장밀집지역의 접근성 향상을 위하여 필요하다고 인정되는 경우
② 수익성이 없어 노선운송사업자가 운행을 기피하는 노선으로서 관할관청이 보조금을 지급하려는 경우
③ 버스전용차로의 설치 및 운행계통의 신설 등 버스교통체계 개선을 위하여 시·도의 조례로 정한 경우
④ 신규노선에 대하여 운행형태가 광역급행형인 시내버스운송사업을 경영하려는 자의 경우
⑤ 수요응답형 여객자동차운송사업을 경영하려는 경우
⑥ 국토교통부장관이 정하여 고시하는 운송사업자가 국토교통부장관이 정하여 고시하는 심야시간대에 승차정원 11인승 이상의 승합자동차를 이용하여 여객의 요청에 따라 탄력적으로 여객을 운송하는 구역 여객자동차운송사업을 경영하려는 경우

04 자동차 표시

(1) 자동차 표시의 일반 사항
① 운송사업자는 여객자동차운송사업에 사용되는 자동차의 바깥쪽에 외부에서 알아보기 쉽도록 차체 면에 인쇄하는 등 항구적인 방법으로 표시
② 구체적인 표시 방법 및 위치 등은 관할관청이 정함

(2) 자동차 표시 내용
① **시외버스의 경우** : 시외우등고속버스(우등고속), 시외고속버스(고속), 시외우등직행버스(우등직행), 시외직행버스(직행), 시외우등일반버스(우등일반), 시외일반버스(일반)
② **전세버스운송사업용 자동차** : 전세
③ **한정면허를 받은 여객자동차운송사업용 자동차** : 한정
④ **특수여객자동차운송사업용 자동차** : 장의
⑤ **마을버스운송사업용 자동차** : 마을버스

05 교통사고 시의 조치 등

(1) 교통사고 시의 조치
① **사상자가 발생한 경우** : 신속하게 유류품을 관리할 것
② **사업용 자동차의 운행을 재개할 수 없는 경우** : 대체 운송수단을 확보하여 여객에게 제공하는 등의 필요한 조치를 할 것. 다만, 여객이 동의하는 경우에는 예외
③ **국토교통부령으로 정하는 바에 따른 조치**
　㉮ 신속한 응급수송수단의 마련
　㉯ 가족이나 그 밖의 연고자에 대한 신속한 통지
　㉰ 유류품의 보관
　㉱ 목적지까지 여객을 운송하기 위한 대체운송수단의 확보와 여객에 대한 편의의 제공
　㉲ 그 밖에 사상자의 보호 등 필요한 조치

(2) 중대한 교통사고 시 보고 의무
① 운송사업자는 중대한 교통사고가 발생하였을 때에는 24시간 이내에 사고의 일시·장소 및 피해사항 등 사고의 개략적인 상황을 관할 시·도지사에게 보고한 후 72시간 이내에 사고보고서를 작성하여 관할 시·도지사에게 제출하여야 한다.
② **중대한 교통사고의 범위**
　㉮ 전복(顚覆) 사고
　㉯ 화재가 발생한 사고
　㉰ 다음의 수(數) 이상의 사람이 죽거나 다친 각각의 사고
　　㉠ 사망자 2명 이상 발생한 사고
　　㉡ 사망자 1명과 중상자 3명 이상 발생한 사고
　　㉢ 중상자 6명 이상 발생한 사고

(3) 운수종사자 등의 현황 통보
① 운송사업자는 운수종사자에 대한 다음의 사항을 각각의 기준에 따라 시·도지사에게 알려야 한다.

　㉮ 신규 채용하거나 퇴직한 운수종사자의 명단(신규 채용한 운수종사자의 경우에는 보유하고 있는 운전면허의 종류와 취득 일자 포함) : 신규 채용일이나 퇴직일로부터 7일 이내
　㉯ 전월 말일 현재의 운수종사자 현황 : 매월 10일까지
　㉰ 전월 각 운수종사자에 대한 휴식시간 보장내역 : 매월 10일까지
② 조합은 소속 운송사업자를 대신하여 소속 운송사업자의 운수종사자 현황을 취합·통보할 수 있다.
③ 시·도지사는 통보받은 운수종사자 현황을 취합하여 한국교통안전공단에 통보하여여 한다.
④ 운송사업자는 새로 채용한 운수종사자(사업용 자동차를 운전하다 퇴직한 후 2년 이내에 다시 채용된 사람은 제외)에 대하여 운전업무를 시작하기 전에 여객에 대한 서비스의 질을 높이기 위한 교육을 받게 하여야 하며, 운수종사자 교육을 실시한 운수종사자 연수기관 등은 교육을 받은 운수종사자 현황을 매월 10일까지 국토교통부장관에게 보고하여야 한다.

06 버스운전업무 종사자격

(1) 버스운전업무 종사자격의 요건
① 사업용 자동차를 운전하기에 적합한 운전면허를 보유하고 있을 것
② 20세 이상으로서 운전경력이 1년 이상일 것
③ 국토교통부장관이 정하는 운전 적성에 대한 정밀검사 기준에 적합할 것(※한국교통안전공단에 업무 위탁)
④ 위 ①에서 ③의 요건을 갖춘 사람이 한국교통안전공단이 시행하는 버스운전자격시험에 합격한 후 자격증을 취득할 것(※한국교통안전공단에 업무 위탁)
⑤ 위 ①에서 ③의 요건을 갖춘 사람이 교통안전체험과 관련한 이론 및 실기교육을 이수하고 자격증을 취득할 것(※한국교통안전공단에 업무 위탁)

(2) 운전자격을 취득할 수 없는 사람
① 다음의 어느 하나에 해당하는 죄를 범하여 금고(禁錮) 이상의 실형을 선고받고 그 집행이 끝나거나(집행이 끝난 것으로 보는 경우를 포함) 면제된 날부터 2년이 지나지 아니한 사람
　㉮ 특정강력범죄의 처벌에 관한 특례법에 따른 살인, 약취, 유인, 강간과 추행죄, 성폭력범죄, 아동·청소년의 성보호 관련 죄
　㉯ 특정범죄 가중처벌 등에 관한 특례법의 제5조의2부터 제5조의5까지, 제5조의8, 제5조의9 및 제11조에 따른 죄
　㉰ 마약류관리에 관한 법률에 따른 죄
　㉱ 형법 제332조, 제341조에 따른 죄 또는 그 각 미수죄, 제363조에 따른 죄
② 위 ①항의 어느 하나에 해당하는 죄를 범하여 금고 이상의 형의 집행유예를 선고받고 그 집행유예기간 중에 있는 사람
③ 자격시험일 전 5년간 다음의 어느 하나에 해당하는 사람
　㉮ 도로교통법상의 음주운전 또는 약물 등에 의한 운전으로 운전면허가 취소된 사람

④ 무면허 운전으로 벌금형 이상의 형을 선고받거나 운전면허가 취소된 사람
⑤ 운전 중 고의 또는 과실로 3명 이상이 사망하거나 20명 이상의 사상자가 발생한 사고를 일으켜 운전면허가 취소된 사람
④ 자격시험일 전 3년간 도로교통법상의 공동 위험행위 또는 난폭운전을 하여 운전면허가 취소된 사람

(3) 운전적성정밀검사의 종류

① **신규검사**
㉮ 신규로 여객자동차 운송사업용 자동차를 운전하려는 자
㉯ 여객자동차 운송사업용 자동차 또는 화물자동차 운송사업용 자동차의 운전업무에 종사하다가 퇴직한 자로서 신규검사를 받은 날부터 3년이 지난 후 재취업하려는 자(단, 재취업일까지 무사고 운전한 경우는 제외)
㉰ 신규검사의 적합판정을 받은 자로서 운전적성정밀검사를 받은 날부터 3년 이내에 취업하지 아니한 자

② **특별검사**
㉮ 중상 이상의 사상(死傷)사고를 일으킨 자
㉯ 과거 1년간 운전면허 행정처분기준에 따라 계산한 누산점수가 81점 이상인 자
㉰ 질병, 과로, 그 밖의 사유로 안전운전을 할 수 없다고 인정되는 자인지 알기 위하여 운송사업자가 신청한 자

③ **자격유지검사**(택시운송사업에 종사하는 운수종사자는 제외)
㉮ 65세 이상 70세 미만인 사람(자격유지검사의 적합판정을 받고 3년이 지나지 아니한 사람은 제외)
㉯ 70세 이상인 사람(자격유지검사의 적합판정을 받고 1년이 지나지 아니한 사람은 제외)

07 운송사업자의 운수종사자 관리

(1) 운전자격증명 관리

① 운전업무 종사자격을 증명하는 증표의 발급 신청을 받은 한국교통안전공단 또는 운전자격증명 발급기관은 운전자격증명을 발급하여야 한다.
② 운전자격증 또는 운전자격증명에 다음의 사항이 있는 경우 재발급에 필요한 구비서류를 첨부하여 한국교통안전공단 또는 운전자격증명 발급기관에 신청하여야 한다.
㉮ 기록사항에 착오가 있거나 변경된 내용이 있어 정정을 받으려는 경우
㉯ 운전자격증 등을 잃어버리거나 헐어 못쓰게 된 경우
③ 여객자동차운송사업용 자동차의 운전업무에 종사하는 사람은 사업용 자동차 안에 운전업무에 종사하는 사람의 운전자격증명을 항상 게시하여야 한다.
④ 운수종사자가 퇴직하는 경우에는 본인의 운전자격증명을 운송사업자에게 반납하여야 하며, 운송사업자는 지체없이 해당 운전자격증명 발급기관에 그 운전자격증명을 제출하여야 한다.

(2) 운송사업자에 대한 행정처분 또는 과징금

① **행정처분**

위반내용	1차위반	2차위반
운송사업자가 차내에 운전자격증명을 항상 게시하지 않은 경우	운행정지 5일	–
운수종사자의 자격요건을 갖추지 않은 사람을 운전업무에 종사하게 한 경우	감차명령	노선폐지명령

② **과징금**

위반내용	시내버스 농어촌버스 마을버스	시외버스	전세버스	특수여객
운송사업자가 차내에 운전자격증명을 항상 게시하지 않은 경우	10만원	10만원	10만원	10만원
운수종사자의 자격요건을 갖추지 않은 사람을 운전업무에 종사하게 한 경우	500만원 (1,000만원)	500만원 (1,000만원)	500만원 (1,000만원)	360만원 (720만원)

※과징금의 괄호 안은 2차 위반 시

08 운전자격의 취소 및 효력정지

(1) 가중사유 및 감경사유

① 처분관할관청은 자격정지처분을 받은 사람이 가중 또는 감경 사유에 해당하는 경우 그 처분을 2분의 1 범위에서 늘리거나 줄일 수 있다. 이 경우 늘리는 그 늘리는 기간은 6개월을 초과할 수 없다.

② **가중사유**
㉮ 위반행위가 사소한 부주의나 오류가 아닌 고의나 중대한 과실에 의한 것으로 인정되는 경우
㉯ 위반의 내용정도가 중대하여 이용객에게 미치는 피해가 크다고 인정되는 경우

③ **감경사유**
㉮ 위반행위가 고의나 중대한 과실이 아닌 사소한 부주의나 오류로 인한 것으로 인정되는 경우
㉯ 위반의 내용정도가 경미하여 이용객에게 미치는 피해가 적다고 인정되는 경우
㉰ 위반행위를 한 사람이 처음 해당 위반행위를 한 경우로서 최근 5년 이상 해당 여객자동차운송사업의 운수종사자로서 모범적으로 근무해 온 사실이 인정되는 경우
㉱ 그 밖에 여객자동차운수사업에 대한 정부 정책상 필요하다고 인정되는 경우

④ 자격정지처분을 받은 사람이 정당한 사유없이 기일 내에 운전자격증을 반납하지 않을 때에는 해당 처분을 2분의 1 범위에서 가중하여 처분하고, 가중처분을 받은 사람이 기일 내에 운전자격증을 반납하지 않을 때에는 자격취소처분을 한다.

SECTION 01 여객자동차 운수사업법령

(2) 개별기준

위반행위	처분기준
1) 면허의 결격사유에 해당하게 된 경우	자격취소
2) 부정한 방법으로 버스운전자격을 취득한 경우	자격취소
3) 법에서 정한 자격을 취득할 수 없는 경우에 해당하게 된 경우	자격취소
4) 전세버스운송사업의 운수종사자가 대열운행(같은 계약에 따라 같은 목적지로 이동하는 2대 이상의 차량이 고속도로, 자동차전용도로 등에서 안전거리를 확보하지 않고 줄지어 운행하는 것)을 한 경우	자격정지 15일
5) 법에서 정한 운수종사자의 준수사항을 이행하지 않아 1년간 세 번의 과태료 처분을 받은 사람이 같은 위반행위를 한 경우	자격취소
6) 운행기록증을 식별하기 어렵게 하거나 그러한 자동차를 운행한 경우	자격정지 5일
7) 교통사고로 다음의 어느 하나에 해당하는 수의 사람을 죽거나 다치게 한 경우 가) 사망자 2명 이상 나) 사망자 1명 및 중상자 3명 이상 다) 중상자 6명 이상	자격정지 60일 자격정지 50일 자격정지 40일
8) 교통사고와 관련하여 거짓이나 그 밖의 부정한 방법으로 보험금을 청구하여 금고 이상의 형을 선고받고 그 형이 확정된 경우	자격취소
9) 운전업무와 관련하여 버스운전자격증을 타인에게 대여한 경우	자격취소
10) 정당한 사유없이 법에서 정한 운수종사자의 교육을 받지 않은 경우	자격정지 5일
11) 도로교통법 위반으로 사업용 자동차를 운전할 수 있는 운전면허가 취소된 경우	자격취소

※ 관할관청은 처분기준을 적용할 때 위반행위의 동기 및 횟수 등을 고려하여 처분기준의 2분의 1의 범위에서 경감하거나 가중할 수 있다.

09 운수종사자의 교육

(1) 운수종사자 교육의 종류

운수종사자는 국토교통부령으로 정하는 바에 따라 운전업무를 시작하기 전에 다음 각 호의 사항에 관한 교육을 받아야 한다.

구분	교육대상자	교육시간	교육주기
신규교육	새로 채용한 운수종사자(사업용자동차를 운전하다가 퇴직한 후 2년 이내에 다시 채용된 사람은 제외)	16	–
보수교육	무사고·무벌점 기간이 5년 이상 10년 미만인 운수종사자	4	격년
보수교육	무사고·무벌점 기간이 5년 미만인 운수종사자	4	매년
보수교육	법령위반 운수종사자	8	수시
수시교육	국제행사 등에 대비한 서비스 및 교통안전 증진 등을 위하여 국토교통부장관 또는 시·도지사가 교육을 받을 필요가 있다고 인정하는 운수종사자	4	필요 시

※ 무사고·무벌점이란 도로교통법에 따른 교통사고와 교통법규 위반 사실이 모두 없는 것을 말한다.
※ 보수교육 대상자 선정을 위한 무사고·무벌점 기간은 전년도 10월 말을 기준으로 산정한다.
※ 법령위반 운수종사자에 대한 보수교육(특별검사 대상자 제외)은 해당 운수종사자가 과태료, 과징금 또는 사업정지처분을 받은 날부터 3개월 이내에 실시하여야 한다.
※ 해당 연도의 신규교육 또는 수시교육을 이수한 운수종사자(법령위반 운수종사자 제외)는 해당 연도의 보수교육을 면제한다.

(2) 교육과목 등

① **교육과목**
  ㉮ 여객자동차 운수사업 관계 법령 및 도로교통 관계 법령
  ㉯ 서비스의 자세 및 운송질서의 확립
  ㉰ 교통안전수칙(신규교육의 경우에는 대열운행, 졸음운전, 운전 중 휴대폰 사용 등 교통사고 요인과 관련된 교통안전수칙을 포함)
  ㉱ 응급처치 방법
  ㉲ 그 밖에 운전업무에 필요한 사항

② **교육담당 기관** : 운수종사자 연수기관, 연합회 또는 조합

③ **교육훈련 담당자 선임**
  ㉮ 운송사업자는 그의 운수종사자에 대한 교육계획의 수립, 교육의 시행 및 일상의 교육훈련업무를 위하여 종업원 중에서 교육훈련 담당자를 선임하여야 한다.
  ㉯ 자동차 면허 대수가 20대 미만인 운송사업자인 경우에는 교육훈련 담당자를 선임하지 아니할 수 있다.

④ **교육계획 수립 및 결과 통보**
  ㉮ 교육계획의 수립 : 매년 11월 말까지 조합과 협의하여 다음 해의 교육계획을 수립하여 시·도지사 및 조합에 보고하거나 통보하여야 한다.
  ㉯ 교육결과 : 그 해의 교육결과를 다음 해 1월 말까지 시·도지사 및 조합에 보고하거나 통보하여야 한다.

10 자가용자동차의 유상운송 등

(1) 자가용자동차를 유상운송용으로 제공하거나 임대할 수 있는 경우

① 출퇴근 때 승용자동차를 함께 타는 경우
② 특별자치시장·특별자치도지사·시장·군수·구청장(자치구의 구청장)의 허가를 받은 다음의 경우
  ㉮ 천재지변이나 그 밖에 이에 준하는 비상사태로 인하여 수송력 공급의 증가가 긴급히 필요한 경우
  ㉯ 사업용자동차 및 철도 등 대중교통수단의 운행이 불가능하여 이를 일시적으로 대체하기 위한 수송력 공급이 긴급히 필요한 경우
  ㉰ 휴일이 연속되는 경우 등 수송수요가 수송력 공급을 크게 초과하여 일시적으로 수송력 공급의 증가가 필요한 경우
  ㉱ 학생의 등·하교나 그 밖의 교육목적을 위하여 다음의 요건을 갖춘 통학버스를 운행하는 경우
    ㉠ 학교에서 직접 소유하여 운영하는 26인승 이상의 승합자동차일 것
    ㉡ 초·중등교육법에 따른 유치원·초등학교·중학교·고등학교와 고등교육법에 따른 대학의 통학버스일 것
    ㉢ 차령이 9년(단, 처음 허가를 신청하는 경우에는 3년)을 초과하지 아니할 것
  ㉲ 어린이(13세 미만의 사람)의 통학이나 시설이용을 위하여 다음의 요건을 갖춘 자동차를 운행하는 경우
    ㉠ 유치원, 어린이집, 학교교과교습학원 또는 체육시설에서 직접 소유하여 운영하는 9인승 이상의 승용자동차 또는 승합자동차일 것. 다만, 9인승 이상의 승용자동차로 출고되었으나 장애아동의 승하차 편의를 위하여 차량구조 변경이

승인된 차량의 경우에는 9인승 이하의 자동차를 포함
ⓒ 유치원, 어린이집, 학원 또는 체육시설의 통학이나 시설이용에 이용되는 자동차일 것. 다만, 대규모점포에 부설된 체육시설의 이용자를 위하여 운행하는 자동차는 제외
ⓒ 차령이 9년(단, 처음 허가를 신청하는 경우에는 3년)을 초과하지 아니할 것
ⓑ 국가 또는 지방자치단체 소유의 자동차로서 장애인 등의 교통편의를 위하여 운행하는 경우

(2) 자가용자동차가 노선을 정하여 운행할 수 있는 경우
① 학교, 학원, 유치원, 어린이집, 호텔, 교육·문화·예술·체육시설(대규모점포에 부설된 시설은 제외), 종교시설, 금융기관 또는 병원 이용자를 위하여 운행하는 경우
② 대중교통수단이 없는 지역 등 다음에 정하는 사유에 해당하는 경우로서 특별자치도지사·시장·군수·구청장의 허가를 받은 경우
㉮ 노선버스 및 철도(도시철도 포함) 등 대중교통수단이 운행되지 아니하거나 그 접근이 극히 불편한 지역의 고객을 수송하는 경우
㉯ 공사 등으로 대중교통수단의 운행이 불가능한 지역의 고객을 일시적으로 수송하는 경우
㉰ 해당 시설의 소재지가 대중교통수단이 없거나 그 접근이 극히 불편한 지역인 경우

(3) 자가용자동차 사용의 제한 또는 금지
① **제한 또는 금지권자** : 특별자치시장·특별자치도지사·시장·군수·구청장(자치구의 구청장)
② **제한 또는 금지기간** : 6개월 이내의 기간
③ **제한 또는 금지사유**
㉮ 자가용자동차를 사용하여 여객자동차운송사업을 경영한 경우
㉯ 허가를 받지 아니하고 자가용자동차를 유상으로 운송에 사용하거나 임대한 경우

11 여객자동차 운수사업에 사용되는 자동차의 차령

(1) 사업의 구분에 따른 자동차의 차령 등
여객자동차 운수사업에 사용되는 자동차는 여객자동차 운수사업의 종류에 따른 차령을 넘겨 운행하지 못한다.

차종	사업의 구분		차령
승용자동차	특수여객자동차 운송사업용	경형·중형·소형	6년
		대형	10년
승합자동차	전세버스운송사업용 또는 특수여객자동차운송사업용		11년
	그 밖의 사업용		9년

(2) 차령의 연장요건
① 시·도지사가 해당 시·도의 자동차 운행 여건 등을 고려하여 차령 연장 등에 관한 고시를 한 경우 다음의 요건을 충족한 자동차의 차령은 해당 고시에서 정한 기간을 더한 기간만큼 연장된다. 다만, 그 기간은 2년을 초과하지 못한다.

㉮ 앞의 표에서 정한 차령 기간이 만료되기 전 2개월 이내 및 연장된 차령 기간에 승용자동차는 1년마다, 승합자동차는 6개월마다 자동차관리법에 따른 임시검사를 받아 검사기준에 적합할 것
㉯ 운송사업자의 준수 사항 중 자동차의 장치 및 설비 등에 관한 준수 사항에 위반되지 않는다고 판정될 것
② 시·도지사는 자동차의 제작·조립이 중단되거나 출고가 지연되는 등 부득이한 사유로 자동차를 공급하는 것이 현저히 곤란하다고 인정되면 6개월의 범위에서 차령을 초과하여 운행하게 할 수 있다.

(3) 대폐차에 충당되는 자동차
① **대폐차의 정의** : 차령이 만료되거나 운행거리를 초과한 차량 등을 다른 차량으로 대체하는 것
② **차량충당연한** : 승용자동차는 1년, 승합자동차는 3년
③ **차량충당연한의 기산일**
㉮ 제작연도에 등록된 자동차 : 최초의 신규등록일
㉯ 제작연도에 등록되지 아니한 자동차 : 제작연도의 말일
④ **차량충당연한 예외사항**
㉮ 노선 여객자동차운송사업의 면허를 받거나 등록을 한 자가 보유차량으로 노선 여객자동차운송사업 범위에서 업종 변경을 위하여 면허를 받거나 등록을 하는 경우
㉯ 노선 여객자동차운송사업자 및 구역 여객자동차운송사업자가 대폐차하는 경우에는 기존의 자동차보다 차령이 낮은 자동차로서 그 차령이 6년 이내인 여객자동차운송사업용 자동차로 충당하는 경우
㉰ 여객자동차 운수사업에 사용되는 자동차로서 도난 또는 횡령당한 경우로 말소등록이 된 자동차를 여객자동차 운수사업자가 자동차관리법에 따른 임시검사에 합격한 후 다시 등록하려는 경우. 다만, 차령을 초과한 자동차는 제외한다.
㉱ 전기자동차 또는 연료전지자동차의 배터리를 신규로 교체한 경우. 다만, 차령을 초과한 자동차는 제외한다.

버스의 차령연장
- 자동차의 차령을 연장하려는 여객자동차 운수사업자는 임시검사를 받은 후 검사기준을 충족한다고 판정된 자동차에만 사업용자동차 차령조정 신청서에 자동차검사대행자 또는 지정정비사업자가 발행하는 사업용자동차 임시검사 합격통지서를 첨부하여 관할관청에 제출한다.
- 자동차검사대행자 또는 지정정비사업자는 여객자동차 운수사업자의 신청을 받으면 사업용자동차 임시검사 합격통지서를 발급하여야 한다.

SECTION 01 여객자동차 운수사업법령

제 01 장 ㅣ 교통·운수관련 법규 및 교통사고 유형

12 과징금

(1) 과징금의 부과기준
국토교통부장관 또는 시·도지사는 여객자동차 운수사업자에게 사업정지 처분을 하여야 하는 경우에 그 사업정지 처분이 그 여객자동차 운수사업을 이용하는 사람들에게 심한 불편을 주거나 공익을 해칠 우려가 있는 때에는 그 사업정지 처분을 갈음하여 5천만원 이하의 과징금을 부과·징수할 수 있다.

(2) 과징금의 사용 용도
① 벽지노선이나 그 밖에 수익성이 없는 노선으로서 다음의 노선을 운행하여서 생긴 손실의 보전(補塡)
 ㉮ 노선의 연장 또는 변경의 명령을 받고 버스를 운행함으로써 결손이 발생한 노선
 ㉯ 개선명령을 받은 노선 등(벽지노선 등)
 ㉰ 수요응답형 여객자동차운송사업의 노선 중 수익성이 없는 노선
 ㉱ 그 밖의 수익성이 없는 노선 중 지역주민의 교통 불편과 결손액의 정도를 고려하여 시·도지사가 정한 노선
② 운수종사자의 양성, 교육훈련, 그 밖의 자질 향상을 위한 시설과 운수종사자에 대한 지도 업무를 수행하기 위한 시설의 건설 및 운영
③ 지방자치단체가 설치하는 터미널을 건설하는 데에 필요한 자금의 지원
④ 터미널 시설의 정비·확충
⑤ 여객자동차 운수사업의 경영 개선이나 여객자동차 운수사업의 발전을 위하여 필요한 다음의 사업
 ㉮ 여객자동차 운수사업의 경영개선에 관한 연구를 주목적으로 설립된 연구기관 중 국토교통부장관이 지정하는 연구기관의 운영
 ㉯ 연합회나 조합이 국토교통부장관 또는 시·도지사로부터 권한을 위탁받아 수행하는 사업
⑥ 위 ①항부터 ⑤항까지의 용도 중 어느 하나의 목적을 위한 보조나 융자
⑦ 여객자동차 운수사업법을 위반하는 행위를 예방 또는 근절하기 위하여 지방자치단체가 추진하는 사업

(3) 주요 위반내용에 따른 업종별 과징금 부과기준 (단위 : 만원)

위반내용	위반 횟수	시내버스 농어촌버스 마을버스	시외버스	전세버스	특수여객
면허를 받거나 등록한 차고를 이용하지 않고 차고지가 아닌 곳에서 밤샘주차를 한 경우	1차 2차	10 15	10 15	20 30	20 30
신고한 운임 및 요금 등 외에 부당한 요금을 받은 경우	1차 2차 3차 이상	20 30 60	20 30 60	– – –	– – –
1년에 3회 이상 6세 미만인 아이의 무상운송을 거절한 경우	–	10	10	–	–
임의로 결행, 도중 회차, 노선 또는 운행계통의 단축 또는 연장 운행, 감회 또는 증회 운행을 하여 사업계획을 위반한 경우	1차 2차	100 150	100 150	– 	–
주사무소 또는 영업소 외의 지역에서 상시 주차시켜 영업한 경우	1차 2차 3차 이상	 – 	 – 	120 180 360	120 180 360
운행시간에 대하여 사업계획 변경의 인가를 받지 않거나 등록 또는 신고를 하지 않고 미리 운행하거나 임의로 운행시간을 준수하지 않은 경우	1차 2차	20 40	20 40	– 	–
1년에 3회 이상 사업용 자동차의 표시를 하지 않은 경우	–	20	20	20	20
운송할 수 있는 소화물이 아닌 소화물을 운송한 경우	1차 2차 3차 이상	– 	60 120 180	 	
소화물 운송의 금지명령을 따르지 않은 경우	1차 2차 3차 이상	– 	180 360 540	 	
운수종사자의 자격요건을 갖추지 않은 사람을 운전업무에 종사하게 한 경우	1차 2차	500 1,000	500 1,000	500 1,000	360 720
운임 또는 요금을 받고 승차권이나 영수증을 발급하지 않은 경우(시내버스, 농어촌버스 및 마을버스의 경우와 승차권의 판매를 위탁한 자는 제외, 수요응답형 여객자동차운송사업의 경우는 여객의 요구가 있는 경우만 해당)	1차 2차	– 	10 15	10 15	10 15
관할관청이 단독으로 실시하거나 관할관청과 조합이 합동으로 실시하는 청결상태 등의 검사에 대한 확인을 거부하는 경우	–	40	40	40	40
자동차 안에 게시해야 할 사항을 게시하지 않은 경우	1차 2차	20 40	20 40	20 40	20 40
정류소에서 주차 또는 정차 질서를 문란하게 한 경우	1차 2차	20 40	20 40	20 40	20 40
속도제한장치 또는 운행기록계가 장착된 운송사업용 자동차를 해당 장치 또는 기기가 정상적으로 작동되지 않은 상태에서 운행한 경우	1차 2차 3차 이상	60 120 180	60 120 180	60 120 180	60 120 180
차실에 냉방·난방장치를 설치하여야 할 자동차에 이를 설치하지 않고 여객을 운송한 경우	1차 2차 3차 이상	60 120 180	60 120 180	60 120 180	
차 안에 안내방송장치 및 정차신호용 버저를 작동시킬 수 있는 스위치를 설치해야 하는 자동차에 이를 설치하지 않은 경우	1차 2차	100 200	100 200	 	

SECTION 01 여객자동차 운수사업법령

위반내용	위반 횟수	시내버스 농어촌버스 마을버스	시외 버스	전세 버스	특수 여객
차내 안내방송 실시 상태가 불량한 경우	1차 2차	10 15	10 15	– 	–
버스의 앞바퀴에 재생 타이어를 사용한 경우	1차 2차 3차 이상	360 720 1,080	360 720 1,080	360 720 1,080	360 720 1,080
앞바퀴에 튜브리스타이어를 사용해야 할 자동차에 이를 사용하지 않은 경우	1차 2차 3차 이상	–	360 720 1,080	360 720 1,080	–
운전자를 보호할 수 있는 구조의 격벽시설을 설치해야 하는 자동차에 이를 설치하지 않은 경우	1차 2차 3차 이상	180 360 540	–	–	–
운행하기 전에 점검 및 확인을 하지 않은 경우	1차 2차	10 15	10 15	10 15	10 15
천연가스 연료를 사용하는 자동차의 점검에 대한 준수사항을 위반한 경우	1차 2차 3차 이상	60 120 180	60 120 180	60 120 180	60 120 180
운송사업자가 차내에 운전자격증명을 항상 게시하지 않은 경우		–	10	10	10
운수종사자의 교육에 필요한 조치를 하지 않은 경우	1차 2차 3차 이상	30 60 90	30 60 90	30 60 90	30 60 90
법에 따른 소속공무원의 검사를 거부·방해 또는 기피한 경우	1차 2차 3차 이상	60 120 180	60 120 180	60 120 180	60 120 180
법에 따른 소속공무원의 질문에 응하지 않거나 거짓으로 진술한 경우	1차 2차	40 80	40 80	40 80	40 80
차령 또는 운행거리를 초과하여 운행한 경우(법에 허용되는 경우는 제외한다.)	1차 2차	180 360	180 360	180 360	180 360

13 과태료

(1) 과태료의 부과 및 일반 기준
① 하나의 행위가 둘 이상의 위반행위에 해당하는 경우에는 그 중 무거운 과태료의 부과기준에 따른다.
② 위반행위의 횟수에 따른 과태료의 가중된 부과기준은 최근 1년간 같은 위반행위로 과태료 부과처분을 받은 경우에 적용한다. 이 경우 기간의 계산은 위반행위에 대하여 과태료 부과처분을 받은 날과 그 처분 후 다시 같은 위반행위를 하여 적발된 날을 기준으로 한다.
③ 부과권자는 해당 위반행위의 정도, 위반행위의 동기와 그 결과 등을 고려하여 과태료 금액의 2분의 1의 범위에서 가중하거나 경감할 수 있으며, 가중하는 경우에는 과태료 금액의 상한(1천만원)을 넘길 수 없다.
④ **과태료 금액을 가중할 수 있는 경우**
  ㉮ 위반의 내용·정도가 중대하여 이용객 등에게 미치는 피해가 크다고 인정되는 경우
  ㉯ 최근 1년간 같은 위반행위로 과태료 부과처분을 3회를 초과하여 받은 경우
  ㉰ 그 밖에 위반행위의 정도, 위반행위의 동기와 그 결과 등을 고려하여 늘릴 필요가 있다고 인정되는 경우

(2) 주요 위반행위별 과태료 부과기준(단위 : 만원)

위반행위	과태료 금액		
	1회	2회	3회
1) 여객이 동반하는 6세 미만인 어린아이 1명은 운임이나 요금을 받지 아니하고 운송하여야 한다는 규정을 위반하여 어린아이의 운임을 받은 경우	5	10	10
2) 여객자동차운송사업에 사용되는 자동차의 바깥쪽에 운송사업자의 명칭, 기호 등 사업용 자동차의 표시를 하지 않은 경우	10	15	20
3) 중대한 교통사고에 따른 보고를 하지 아니하거나 거짓보고를 한 경우 가) 사고 시의 조치를 하지 않은 경우 나) 보고를 하지 않거나 거짓 보고를 한 경우	50 20	75 30	100 50
4) 여객이 착용하는 좌석안전띠가 정상적으로 작동될 수 있는 상태를 유지하지 않은 경우	20	30	50
5) 운송사업자가 운수종사자에게 여객의 좌석안전띠 착용에 관한 교육을 실시하지 않은 경우	20	30	50
6) 운수종사자 취업현황을 알리지 않은 경우	50	75	100
7) 휴식시간 보장내역을 알리지 않거나 거짓으로 알린 경우	50	75	100
8) 운수종사자의 요건(나이, 운전경력, 운전적성정밀검사 등)을 갖추지 아니하고 여객자동차운송사업의 운전업무에 종사한 운송사업자	50	50	50
9) 다음 각 목의 운수종사자 준수사항을 위반한 자 가) 정당한 사유 없이 여객의 승차를 거부하거나 여객을 중도에 내리게 하는 행위 나) 부당한 운임 또는 요금을 받는 행위 다) 일정한 장소에 오랜 시간 정차하여 여객을 유치(誘致)하는 행위 라) 문을 완전히 닫지 아니한 상태에서 자동차를 출발시키거나 운행하는 행위	20	20	20
10) 다음 각 목의 운수종사자 준수사항을 위반한 자 가) 여객이 승하차하기 전에 자동차를 출발시키거나 승하차할 여객이 있는데도 정차하지 않고 정류소를 지나치는 행위 나) 안내방송을 하지 않는 행위 다) 여객자동차운송사업용 자동차 안에서 흡연하는 행위 라) 휴식시간을 준수하지 않고 운행하는 행위 마) 그 밖에 안전운행과 여객의 편의를 위하여 운수종사자가 지키도록 국토교통부령으로 정하는 사항을 위반하는 행위	10	10	10
11) 운수종사자가 차량의 출발 전에 여객이 좌석안전띠를 착용하도록 안내하지 않은 경우	3	5	10
12) 법에 따른 소속공무원의 검사 또는 질문에 불응하거나 이를 방해 또는 기피한 경우	50	75	100

SECTION 02 도로교통법령

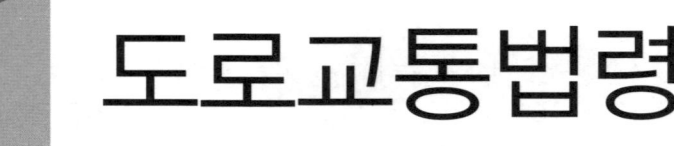

01 도로 등의 정의

(1) 도로의 정의

"도로"라 함은 도로법에 의한 도로, 유료도로법에 의한 유료도로, 농어촌도로 정비법에 따른 농어촌도로, 그 밖에 현실적으로 불특정 다수의 사람 또는 차마가 통행할 수 있도록 공개된 장소로서 안전하고 원활한 교통을 확보할 필요가 있는 장소를 말한다.

(2) 용어의 정의

용어	설명
자동차전용도로	자동차만 다닐 수 있도록 설치된 도로
고속도로	자동차의 고속 운행에만 사용하기 위하여 지정된 도로
중앙선	차마의 통행 방향을 명확하게 구분하기 위하여 도로에 황색 실선이나 황색점선 등의 안전표시로 표시한 선 또는 중앙분리대나 울타리 등으로 설치한 시설물. 다만, 가변차로가 설치된 경우에는 신호기가 지시하는 진행방향의 가장 왼쪽에 있는 황색점선
차도(車道)	연석선(차도와 보도를 구분하는 돌 등으로 이어진 선), 안전표지 또는 그와 비슷한 인공구조물을 이용하여 경계(境界)를 표시하여 모든 차가 통행할 수 있도록 설치된 도로의 부분
차로	차마가 한 줄로 도로의 정하여진 부분을 통행하도록 차선(車線)으로 구분한 차도의 부분
차선	차로와 차로를 구분하기 위하여 그 경계지점을 안전표지로 표시한 선
자전거도로	안전표지, 위험방지용 울타리나 그와 비슷한 인공구조물로 경계를 표시하여 자전거가 통행할 수 있도록 설치된 자전거전용도로, 자전거·보행자 겸용도로, 자전거 전용차로, 자전거우선도로
자전거횡단도	자전거가 일반도로를 횡단할 수 있도록 안전표지로 표시한 도로의 부분
보도	연석선, 안전표지나 그와 비슷한 인공구조물로 경계를 표시하여 보행자(유모차 및 보행보조용 의자차를 포함)가 통행할 수 있도록 한 도로의 부분
길가장자리구역	보도와 차도가 구분되지 아니한 도로에서 보행자의 안전을 확보하기 위하여 안전표지 등으로 경계를 표시한 도로의 가장자리 부분
횡단보도	보행자가 도로를 횡단할 수 있도록 안전표지로 표시한 도로의 부분
교차로	+자로, T자로나 그 밖에 둘 이상의 도로(보도와 차도가 구분되어 있는 도로에서는 차도)가 교차하는 부분
안전표지	도로교통에 관하여 문자·기호 또는 등화를 사용하여 진행·정지·방향전환·주의 등의 신호를 표시하기 위하여 사람이나 전기의 힘으로 조작하는 장치
안전지대	도로를 횡단하는 보행자나 통행하는 차마의 안전을 위하여 안전표지나 이와 비슷한 인공구조물로 표시한 도로의 부분
주차	운전자가 승객을 기다리거나 화물을 싣거나 차가 고장 나거나 그 밖의 사유로 차를 계속 정지 상태에 두는 것 또는 운전자가 차로부터 떠나서 즉시 그 차를 운전할 수 없는 상태에 두는 것
정차	운전자가 5분을 초과하지 아니하고 차를 정지시키는 것으로서 주차 외의 정지 상태
서행	운전자가 차를 즉시 정지시킬 수 있는 정도의 느린 속도로 진행하는 것
앞지르기	차의 운전자가 앞서가는 다른 차의 옆을 지나서 그 차의 앞으로 나가는 것
일시정지	차의 운전자가 그 차의 바퀴를 일시적으로 완전히 정지시키는 것
운전	도로(술에 취한 상태에서의 운전금지, 과로한 때 등의 운전금지, 사고 발생 시의 조치 등은 도로 외의 곳을 포함)에서 차를 그 본래의 사용방법에 따라 사용하는 것(조종을 포함)
모범운전자	무사고운전자 또는 유공운전자의 표시장을 받거나 2년 이상 사업용 자동차 운전에 종사하면서 교통사고를 일으킨 전력이 없는 사람으로서 경찰청장이 정하는 바에 따라 선발되어 교통안전 봉사활동에 종사하는 사람

02 차와 자동차의 구분

(1) 차

자동차, 건설기계, 원동기장치자전거, 자전거, 사람 또는 가축의 힘이나 그 밖의 동력으로 도로에서 운전되는 것. 다만, 철길이나 가설된 선에 의하여 운전되는 것, 유모차와 행정안전부령이 정하는 보행보조용 의자차, 노약자용 보행기는 제외한다.

① 전동차·기차 등 궤도차, 항공기, 선박, 케이블 카, 소아용의 자전거(예 : 세발자전거), 유모차, 그리고 보행보조용 의자차, 노약자용 보행기는 차에 해당되지 않는다.

② 사람이 끌고 가는 손수레는 사람의 힘으로 운전되는 것으로서 차에 해당한다. 따라서 사람이 끌고 가는 손수레가 보행자를 충격하였을 때에는 차에 해당하고, 손수레 운전자를 다른 차량이 충격하였을 때에는 보행자로 본다.

(2) 자동차

철길이나 가설된 선을 이용하지 아니하고 원동기를 사용하여 운전되는 차(견인되는 자동차도 자동차의 일부로 봄)로서 자동차관리법과 건설기계관리법에 따른 다음의 차를 말한다.

① **자동차관리법에 따른 차** : 승용자동차, 승합자동차, 화물자동차, 특수자동차, 이륜자동차(원동기장치자전거는 제외)

② **건설기계관리법에 따른 차** : 덤프트럭, 아스팔트살포기, 노상안정기, 콘크리트믹서트럭, 콘크리트펌프, 천공기(트럭적재식), 도로보수트럭, 3톤 미만의 지게차

(3) 원동기장치자전거

원동기장치자전거란 다음의 어느 하나에 해당하는 차를 말한다.

① 자동차관리법에 따른 이륜자동차 가운데 배기량 125cc 이하(전기를 동력으로 하는 경우에는 최고정격출력 11kW 이하)의 이륜자동차

② 그 밖에 배기량 125cc 이하(전기를 동력으로 하는 경우에는 최고정격출력 11kW 이하)의 원동기를 단 차(전기자전거는 제외)

03 긴급자동차와 어린이통학버스

(1) 긴급자동차
도로교통법상 규정된 긴급자동차는 다음에 해당하는 자동차로서 그 본래의 긴급한 용도로 사용되고 있는 자동차를 말한다.

① 소방차
② 구급차
③ 혈액 공급차량
④ 경찰용 자동차 중 범죄수사, 교통단속 그 밖에 긴급한 경찰업무 수행에 사용되는 자동차
⑤ 국군 및 주한 국제연합군용 자동차 중 군 내부의 질서유지나 부대의 질서 있는 이동을 유도하는데 사용되는 자동차
⑥ 수사기관의 자동차 중 범죄수사를 위하여 사용되는 자동차
⑦ 교도소·소년교도소 또는 구치소, 소년원 또는 소년분류심사원, 보호관찰소의 자동차 중 도주자의 체포 또는 수용자, 보호관찰 대상자의 호송·경비를 위하여 사용되는 자동차
⑧ 국내외 요인에 대한 경호업무 수행에 공무(公務)로 사용되는 자동차
⑨ 다음의 자동차는 이를 사용하는 사람 또는 기관 등의 신청에 의하여 시·도경찰청장이 지정한 경우
  ㉮ 전기사업, 가스사업 그 밖의 공익사업을 하는 기관에서 위험방지를 위한 응급작업에 사용되는 자동차
  ㉯ 민방위업무를 수행하는 기관에서 긴급예방 또는 복구를 위한 출동에 사용되는 자동차
  ㉰ 도로관리를 위하여 사용되는 자동차 중 도로상의 위험을 방지하기 위한 응급작업에 사용되거난 운행이 제한되는 자동차를 단속하기 위하여 사용되는 자동차
  ㉱ 전신·전화의 수리공사 등 응급작업에 사용되는 자동차
  ㉲ 긴급한 우편물의 운송에 사용되는 자동차
  ㉳ 전파감시업무에 사용되는 자동차
⑩ 경찰용 긴급자동차에 의하여 유도되고 있는 자동차
⑪ 국군 및 주한 국제연합군용의 긴급자동차에 의하여 유도되고 있는 국군 및 주한 국제연합군의 자동차
⑫ 생명이 위급한 환자 또는 부상자나 수혈을 위한 혈액을 운송 중인 자동차

(2) 어린이통학버스
다음의 시설 가운데 어린이(13세 미만인 사람)를 교육 대상으로 하는 시설에서 어린이의 통학 등에 이용되는 승차정원 9인승(어린이 1인을 1인으로 봄) 이상의 자동차로서 자동차를 운영하는 사람이 시설의 소재지 관할 경찰서장에게 신고하고 신고증명서를 발급받은 자동차를 말한다.

① 유치원, 초등학교 및 특수학교
② 어린이집
③ 학원
④ 체육시설

04 신호기가 표시하는 신호의 종류 및 뜻

(1) 신호 또는 지시의 우선 순위
① 도로를 통행하는 보행자와 차마의 운전자는 교통안전시설이 표시하는 신호 또는 지시와 국가경찰공무원·자치경찰공무원 또는 경찰보조자(이하 "경찰공무원등"이라 함)가 하는 신호 또는 지시를 따라야 한다.
② 도로를 통행하는 보행자와 모든 차마의 운전자는 교통안전시설이 표시하는 신호 또는 지시와 교통정리를 하는 경찰공무원등의 신호 또는 지시가 서로 다른 경우에는 경찰공무원등의 신호 또는 지시에 따라야 한다.

(2) 경찰공무원등의 범위
① 교통정리를 하는 국가경찰공무원(전투경찰순경을 포함)
② 제주특별자치도의 자치경찰공무원
③ 국가경찰공무원 및 자치경찰공무원을 보조하는 다음의 사람(경찰보조자)
  ㉮ 모범운전자
  ㉯ 군사훈련 및 작전에 동원되는 부대의 이동을 유도하는 군사경찰
  ㉰ 본래의 긴급한 용도로 운행하는 소방차·구급차를 유도하는 소방공무원

(3) 차량신호등

신호의 종류	신호의 뜻
녹색의 등화	• 차마는 직진 또는 우회전할 수 있다. • 비보호좌회전표지 또는 비보호좌회전표시가 있는 곳에서는 좌회전할 수 있다.
황색의 등화	• 차마는 정지선이 있거나 횡단보도가 있을 때에는 그 직전이나 교차로의 직전에 정지하여야 하며, 이미 교차로에 차마의 일부라도 진입한 경우에는 신속히 교차로 밖으로 진행하여야 한다. • 차마는 우회전할 수 있고 우회전하는 경우에는 보행자의 횡단을 방해하지 못한다.
적색의 등화	• 차마는 정지선, 횡단보도 및 교차로의 직전에서 정지해야 한다. • 차마는 우회전하려는 경우 정지선, 횡단보도 및 교차로의 직전에서 정지한 후 신호에 따라 진행하는 다른 차마의 교통을 방해하지 않고 우회전할 수 있다.(단, 우회전 삼색등이 적색의 등화인 경우 우회전할 수 없다.)
황색등화의 점멸	• 차마는 다른 교통 또는 안전표지의 표시에 주의하면서 진행할 수 있다.
적색등화의 점멸	• 차마는 정지선이나 횡단보도가 있는 때에는 그 직전이나 교차로의 직전에 일시정지한 후 다른 교통에 주의하면서 진행할 수 있다.
녹색화살표의 등화	• 차마는 화살표시 방향으로 진행할 수 있다.
황색화살표의 등화	• 화살표시 방향으로 진행하려는 차마는 정지선이 있거나 횡단보도가 있을 때에는 그 직전이나 교차로의 직전에 정지하여야 하며, 이미 교차로에 차마의 일부라도 진입한 경우에는 신속히 교차로 밖으로 진행하여야 한다.
적색화살표의 등화	• 화살표시 방향으로 진행하려는 차마는 정지선, 횡단보도 및 교차로의 직전에서 정지하여야 한다.
황색화살표등화의 점멸	• 차마는 다른 교통 또는 안전표지의 표시에 주의하면서 화살표시 방향으로 진행할 수 있다.
적색화살표등화의 점멸	• 차마는 정지선이나 횡단보도가 있을 때에는 그 직전이나 교차로의 직전에 일시정지한 후 다른 교통에 주의하면서 화살표시 방향으로 진행할 수 있다.

신호의 종류	신호의 뜻
녹색화살표의 등화 (하향)	• 차마는 화살표로 지정한 차로로 진행할 수 있다.
적색×표 표시의 등화	• 차마는 ×표가 있는 차로로 진행할 수 없다.
적색×표 표시 등화 의 점멸	• 차마는 ×표가 있는 차로로 진입할 수 없고, 이미 차마의 일부라도 진입한 경우에는 신속히 그 차로 밖으로 진로를 변경하여야 한다.

(4) 보행신호등

신호의 종류	신호의 뜻
녹색의 등화	• 보행자는 횡단보도를 횡단할 수 있다.
녹색등화의 점멸	• 보행자는 횡단을 시작하여서는 아니 되고, 횡단하고 있는 보행자는 신속하게 횡단을 완료하거나 그 횡단을 중지하고 보도로 되돌아와야 한다.
적색의 등화	• 보행자는 횡단보도를 횡단하여서는 아니 된다.

(5) 버스신호등

신호의 종류	신호의 뜻
녹색의 등화	• 버스전용차로에 차마는 직진할 수 있다.
황색의 등화	• 버스전용차로에 있는 차마는 정지선이 있거나 횡단보도가 있을 때에는 그 직전이나 교차로의 직전에 정지하여야 하며, 이미 교차로에 차마의 일부라도 진입한 경우에는 신속히 교차로 밖으로 진행하여야 한다.
적색의 등화	• 버스전용차로에 있는 차마는 정지선, 횡단보도 및 교차로의 직전에서 정지하여야 한다.
황색등화의 점멸	• 버스전용차로에 있는 차마는 다른 교통 또는 안전표지의 표시에 주의하면서 진행할 수 있다.
적색등화의 점멸	• 버스전용차로에 있는 차마는 정지선이나 횡단보도가 있을 때에는 그 직전이나 교차로의 직전에 일시정지한 후 다른 교통에 주의하면서 진행할 수 있다.

05 안전표지

(1) 안전표지의 정의

안전표지란 교통안전에 필요한 주의·규제·지시 등을 표시하는 표지판이나 도로의 바닥에 표시하는 기호·문자 또는 선 등을 말한다.(형태 및 내용은 표지 뒷면 참조)

(2) 안전표지의 종류

구분	설명 및 표지의 용도
주의표지	도로상태가 위험하거나 도로 또는 그 부근에 위험물이 있는 경우에 필요한 안전조치를 할 수 있도록 이를 도로사용자에게 알리는 표지
규제표지	도로교통의 안전을 위하여 각종 제한·금지 등의 규제를 하는 경우에 이를 도로사용자에게 알리는 표지
지시표지	도로의 통행방법·통행구분 등 도로교통의 안전을 위하여 필요한 지시를 하는 경우에 도로사용자가 이에 따르도록 알리는 표지
보조표지	주의표지·규제표지 또는 지시표지의 주기능을 보충하여 도로사용자에게 알리는 표지
노면표시	도로교통의 안전을 위하여 각종 주의·규제·지시 등의 내용을 노면에 기호·문자 또는 선으로 도로사용자에게 알리는 표지

06 차마의 통행방법

(1) 차마 통행의 일반적인 기준

① 보도와 차도가 구분된 도로에서는 차도를 통행하여야 한다. 다만, 도로 외의 곳으로 출입할 때에는 보도를 횡단하여 통행할 수 있다.

② 도로 외의 곳으로 출입할 때 보도를 횡단하기 직전에 일시정지하여 좌측 및 우측 부분 등을 살핀 후 보행자의 통행을 방해하지 아니하도록 횡단하여야 한다.

③ 도로(보도와 차도가 구분된 도로에서는 차도)의 중앙(중앙선이 설치되어 있는 경우에는 그 중앙선) 우측 부분을 통행하여야 한다.

④ 안전지대 등 안전표지에 의해 진입이 금지된 장소에 들어가서는 안 된다.

⑤ 안전표지로 통행이 허용된 장소를 제외하고는 자전거도로 또는 길 가장자리구역으로 통행하여서는 안 된다.(단, 자전거 우선도로의 경우는 예외)

(2) 도로의 중앙이나 좌측 부분을 통행할 수 있는 경우

① 도로가 일방통행인 경우

② 도로의 파손, 도로공사나 그 밖의 장애 등으로 도로의 우측 부분을 통행할 수 없는 경우

③ 도로의 우측 부분의 폭이 6m가 되지 아니하는 도로에서 다른 차를 앞지르려는 경우. 다만, 도로의 좌측부분을 확인할 수 없는 경우, 반대 방향의 교통을 방해할 우려가 있는 경우, 안전표지 등으로 앞지르기가 금지하거나 제한하고 있는 경우에는 통행할 수 없다.

④ 도로 우측 부분의 폭이 차마의 통행에 충분하지 아니한 경우

⑤ 가파른 비탈길의 구부러진 곳에서 교통의 위험을 방지하기 위하여 시·도경찰청장이 필요하다고 인정하여 구간 및 통행방법을 지정하고 있는 경우에 그 지정에 따라 통행하는 경우

(3) 차로에 따른 통행구분

도로		차로 구분	통행할 수 있는 차종
고속도로외의 도로		왼쪽 차로	승용자동차 및 경형·소형·중형 승합자동차
		오른쪽 차로	대형 승합자동차, 화물자동차, 특수자동차, 법 제2조제18호 나목에 따른 건설기계, 이륜자동차, 원동기장치자전거
고속도로	편도2차로	1차로	앞지르기를 하려는 모든 자동차. 다만, 차량통행량 증가 등 도로상황으로 인하여 부득이하게 시속 80km 미만으로 통행할 수밖에 없는 경우에는 앞지르기를 하는 경우가 아니라도 통행할 수 있다.
		2차로	모든 자동차
	편도3차로 이상	1차로	앞지르기를 하려는 승용자동차 및 앞지르기를 하려는 경형·소형·중형 승합자동차. 다만, 차량통행량 증가 등 도로상황으로 인하여 부득이하게 시속 80km 미만으로 통행할 수밖에 없는 경우에는 앞지르기를 하는 경우가 아니라도 통행할 수 있다.
		왼쪽 차로	승용자동차 및 경형·소형·중형 승합자동차
		오른쪽 차로	대형 승합자동차, 화물자동차, 특수자동차, 법 제2조제18호 나목에 따른 건설기계

SECTION 02 도로교통법령

※ 모든 차는 위 표에서 지정된 차로보다 오른쪽에 있는 차로로 통행할 수 있다.

※ 앞지르기를 할 때에는 위 표에서 지정된 차로의 왼쪽 바로 옆 차로로 통행할 수 있다.

※ 도로의 진출입 부분에서 진출입하는 때와 정차 또는 주차한 후 출발하는 때의 상당한 거리 동안은 이 표에서 정하는 기준에 따르지 아니할 수 있다.

※ 위 표에서 사용하는 용어의 뜻은 다음 각 목과 같다.

　가. "왼쪽 차로"란 다음에 해당하는 차로를 말한다.
　　1) 고속도로 외의 도로의 경우 : 차로를 반으로 나누어 1차로에 가까운 부분의 차로. 다만, 차로수가 홀수인 경우 가운데 차로는 제외한다.
　　2) 고속도로의 경우 : 1차로를 제외한 차로를 반으로 나누어 그 중 1차로에 가까운 부분의 차로. 다만, 1차로를 제외한 차로의 수가 홀수인 경우 그 중 가운데 차로는 제외한다.

　나. "오른쪽 차로"란 다음에 해당하는 차로를 말한다.
　　1) 고속도로 외의 도로의 경우 : 왼쪽 차로를 제외한 나머지 차로
　　2) 고속도로의 경우 : 1차로와 왼쪽 차로를 제외한 나머지 차로

※ 다음 각 목의 차마는 도로의 가장 오른쪽에 있는 차로로 통행하여야 한다.

　가. 자전거 및 개인형 이동장치
　나. 우마
　다. 법 제2조제18호 나목에 따른 건설기계 이외의 건설기계
　라. 다음의 위험물 등을 운반하는 자동차
　　1) 위험물안전관리법에 따른 지정수량 이상의 위험물
　　2) 총포·도검·화약류 등 단속법에 따른 화약류
　　3) 화학물질관리법에 따른 유독물질
　　4) 폐기물관리법에 따른 지정폐기물과 의료폐기물
　　5) 고압가스 안전관리법에 따른 고압가스
　　6) 액화석유가스의 안전관리 및 사업법에 따른 액화석유가스
　　7) 원자력안전법에 따른 방사성물질 또는 그에 따라 오염된 물질
　　8) 산업안전보건법에 따른 제조 등의 금지 유해물질과 허가대상 유해물질
　　9) 농약관리법에 따른 원제

참고 - 차로별 통행방법

4차로 고속도로

1차로	2차로	3차로	4차로
앞지르기 차로	왼쪽 차로	오른쪽 차로	오른쪽 차로

4차로 일반도로

1차로	2차로	3차로	4차로
왼쪽 차로	왼쪽 차로	오른쪽 차로	오른쪽 차로

3차로 일반도로

1차로	2차로	3차로
왼쪽 차로	오른쪽 차로	오른쪽 차로

(4) 전용차로의 종류 및 통행할 수 있는 차

종류	통행할 수 있는 차	
	고속도로	고속도로 외의 도로
버스전용차로	9인승 이상 승용자동차 및 승합자동차(승합자동차 또는 12인승 이하의 승합자동차는 6인 이상이 승차한 경우에 한함)	① 36인승 이상의 대형승합자동차 ② 36인승 미만의 사업용 승합자동차 ③ 신고필증을 교부받아 어린이를 운송할 목적으로 운행 중인 어린이통학버스 ④ 위 ①항 내지 ③항 외의 차로 시·도경찰청장이 지정한 다음의 어느 하나에 해당하는 승합자동차 ㉮ 노선을 지정하여 운행하는 통학·통근용 승합자동차 중 16인승 이상 승합자동차 ㉯ 국제행사 참가인원 수송 등 특히 필요하다고 인정되는 승합자동차(시·도경찰청장이 정한 기간 이내) ㉰ 관광진흥법에 따른 관광숙박업자 또는 여객자동차 운수사업법 시행령에 따른 전세버스운송사업자가 운행하는 25인승 이상의 외국인 관광객 수송용 승합자동차(외국인 관광객이 승차한 경우에 한함)
다인승전용차로	3인 이상 승차한 승용·승합자동차(다인승전용차로와 버스전용차로가 동시에 설치되는 경우에는 버스전용차로를 통행할 수 있는 차를 제외)	
자전거전용차로	자전거	

07 자동차의 속도

(1) 도로별, 차로수별 속도

도로 구분		최고속도	최저속도
일반도로	1. 주거지역·상업지역 및 공업지역의 일반도로	·50km/h 이내 ·단, 시·도경찰청장이 지정한 노선 또는 구간에서는 60km/h 이내	제한 없음
	2. 위 "1" 외의 일반도로	·60km/h 이내 ·단, 편도 2차로 이상의 도로에서는 80km/h 이내	
고속도로	편도 2차로 이상 - 모든 고속도로	·100km/h ·단, 적재중량 1.5톤 초과 화물자동차, 특수자동차, 건설기계, 위험물운반자동차는 80km/h	50km/h
	편도 2차로 이상 - 지정·고시한 노선 또는 구간의 고속도로	·120km/h 이내 ·단, 적재중량 1.5톤 초과 화물자동차, 특수자동차, 건설기계, 위험물운반자동차는 90km/h	50km/h
	편도1차로	80km/h	50km/h
자동차전용도로		90km/h	30km/h

(2) 비·안개·눈 등으로 인한 악천후 시 감속운행

운행속도	이상 기후 상태
최고속도의 100분의 20을 줄인 속도로 운행하여야 하는 경우	·비가 내려 노면이 젖어 있는 경우 ·눈이 20mm 미만 쌓인 경우
최고속도의 100분의 50을 줄인 속도로 운행하여야 하는 경우	·폭우·폭설·안개 등으로 가시거리가 100m 이내인 경우 ·노면이 얼어붙은 경우 ·눈이 20mm 이상 쌓인 경우

SECTION 02 도로교통법령

08 교차로 통행방법 등

(1) 교차로 통행방법

① 우회전하려는 경우에는 미리 도로의 우측 가장자리를 서행하면서 우회전하여야 한다. 이 경우 우회전하는 차의 운전자는 신호에 따라 정지하거나 진행하는 보행자 또는 자전거에 주의하여야 한다.

② 좌회전하려는 경우에는 미리 도로의 중앙선을 따라 서행하면서 교차로의 중심 안쪽을 이용하여 좌회전하여야 한다.(단, 시·도경찰청장이 교차로의 상황에 따라 특히 필요하다고 인정하여 지정한 곳에서는 교차로의 중심 바깥쪽을 통과할 수 있다.)

③ 우회전이나 좌회전을 하기 위하여 손이나 방향지시기 또는 등화로써 신호를 하는 차가 있는 경우에 그 뒤차의 운전자는 신호를 한 앞차의 진행을 방해하여서는 아니 된다.

④ 신호기로 교통정리를 하고 있는 교차로에 들어가려는 경우에는 진행하려는 진로의 앞쪽에 있는 차의 상황에 따라 교차로(정지선이 설치되어 있는 경우에는 그 정지선을 넘은 부분)에 정지하게 되어 다른 차의 통행에 방해가 될 우려가 있는 경우에는 그 교차로에 들어가서는 아니 된다.

⑤ 교통정리를 하고 있지 아니하고 일시정지 또는 양보를 표시하는 안전표지가 설치되어 있는 교차로에 들어가려고 할 때에는 다른 차의 진행을 방해하지 아니하도록 일시정지하거나 양보하여야 한다.

(2) 교통정리가 없는 교차로에서의 양보운전

① 먼저 진입한 차가 통행우선권을 갖는다.(단, 최우선 통행권을 갖는 긴급자동차를 제외한 경우임)

② 동시진입차간의 통행우선순위는 다음 순서에 따른다.

㉮ 통행 우선순위차(긴급 자동차, 지정을 받은 차) 우선

㉯ 넓은 도로에서 진입하는 차가 좁은 도로에서 진입하는 차보다 우선

㉰ 우측도로에서 진입하는 차가 좌측도로에서 진입하는 차보다 우선

㉱ 직진차가 좌회전 차보다 우선

09 긴급자동차의 우선 통행 등

(1) 긴급자동차의 우선 통행

① 긴급자동차는 긴급하고 부득이한 경우에는 도로의 중앙이나 좌측 부분을 통행할 수 있다.

② 긴급자동차는 도로교통법이나 이 법에 따른 명령에 따라 정지하여야 하는 경우에도 불구하고 긴급하고 부득이한 경우에는 정지하지 아니할 수 있다.

③ 모든 차의 운전자는 긴급자동차가 접근하는 경우에는 도로의 우측 가장자리(교차로 부근인 경우는 교차로를 피하여)에 일시정지하여야 한다. 다만, 일방통행으로 된 도로에서 우측 가장자리로 피하여 정지하는 것이 긴급자동차의 통행에 지장을 주는 경우에는 좌측 가장자리로 피하여 정지할 수 있다.

④ 모든 차의 운전자는 교차로나 그 부근 외의 곳에서 긴급자동차가 접근한 경우에는 긴급자동차가 우선통행할 수 있도록 진로를 양보하여야 한다.

⑤ 소방차·구급차·혈액 공급차량 등의 자동차 운전자는 해당 자동차를 그 본래의 긴급한 용도로 운행하지 아니하는 경우에는 경광등을 켜거나 사이렌을 작동하여서는 아니 된다. 다만, 범죄 및 화재 예방 등을 위한 순찰·훈련 등을 실시하는 경우에는 그러하지 아니하다.

(2) 긴급자동차에 대한 특례

긴급자동차에 대하여는 도로교통법상의 규정된 다음의 사항을 적용하지 아니한다.

① 자동차의 속도 제한(단, 긴급자동차에 대하여 속도를 제한한 경우에는 속도제한 규정을 적용)

② 앞지르기의 금지의 시기 및 장소(앞지르기 방법에 대해서는 특례가 적용되지 않는다는 점에 주의)

③ 끼어들기의 금지

10 서행 및 일시정지

(1) 서행해야 할 정소

① 교통정리를 하고 있지 아니하는 교차로

② 도로가 구부러진 부근

③ 비탈길의 고갯마루 부근

④ 가파른 비탈길의 내리막

⑤ 시·도경찰청장이 도로에서의 위험을 방지하고 교통의 안전과 원활한 소통을 확보하기 위하여 필요하다고 인정하여 안전표지로 지정한 곳

(2) 일시정지해야 할 장소

① 교통정리를 하고 있지 아니하고 좌우를 확인할 수 없거나 교통이 빈번한 교차로

② 시·도경찰청장이 도로에서의 위험을 방지하고 교통의 안전과 원활한 소통을 확보하기 위하여 필요하다고 인정하여 안전표지로 지정한 곳

11 정차 및 주차의 금지

(1) 정차와 주차가 모두 금지되는 곳

① 교차로·횡단보도·건널목이나 보도와 차도가 구분된 도로의 보도(주차장법에 따라 차도와 보도에 걸쳐서 설치된 노상주차장은 제외)

② 교차로의 가장자리 또는 도로의 모퉁이로부터 5m 이내인 곳

③ 안전지대가 설치된 도로에서는 그 안전지대의 사방으로부터 각각 10m 이내인 곳

④ 버스여객자동차의 정류지(停留地)임을 표시하는 기둥이나 표지판 또는 선이 설치된 곳으로부터 10m 이내인 곳. 다만, 버스여객자동차의 운전자가 그 버스여객자동차의 운행시간 중에 운행노선에 따르

는 정류장에서 승객을 태우거나 내리기 위하여 차를 정차하거나 주차하는 경우에는 예외임
⑤ 건널목의 가장자리 또는 횡단보도로부터 10m 이내인 곳
⑥ 다음 각 항목의 곳으로부터 5m 이내인 곳
㉠ 소방용수시설 또는 비상소화장치가 설치된 곳
㉡ 옥내소화전설비(호스릴옥내소화전설비를 포함)·스프링클러설비 등·물분무등소화설비의 송수구
㉢ 소화용수설비
㉣ 연결송수관설비·연결살수설비·연소방지설비의 송수구 및 무선통신보조설비의 무선기기접속단자
⑦ 시·도경찰청장이 도로에서의 위험을 방지하고 교통의 안전과 원활한 소통을 확보하기 위하여 필요하다고 인정하여 지정한 곳
⑧ 시장등이 지정한 어린이 보호구역

(2) 주차금지의 장소
① 터널 안
② 다리 위
③ 다음 각 목의 곳으로부터 5m 이내인 곳
㉠ 도로공사를 하고 있는 경우에는 그 공사 구역의 양쪽 가장자리
㉡ 다중이용업소의 영업장이 속한 건축물로 소방본부장의 요청에 의하여 시·도경찰청장이 지정한 곳
④ 시·도경찰청장이 도로에서의 위험을 방지하고 교통의 안전과 원활한 소통을 확보하기 위하여 필요하다고 인정하여 지정한 곳

경사진 곳에서의 정차 및 주차
경사진 곳에 정차하거나 주차하려는 자동차의 운전자는 고임목을 설치하거나 조향장치를 도로의 가장자리 방향으로 돌려놓는 등 미끄럼 사고의 발생을 방지하기 위한 조치를 취하여야 한다.

12 차의 등화

(1) 차의 등화를 켜야 하는 때
① 밤(해가 진 후부터 해가 뜨기 전까지)에 도로에서 차를 운행하거나 고장이나 그 밖의 부득이한 사유로 도로에서 차를 정차 또는 주차시키는 경우
② 안개가 끼거나 비 또는 눈이 올 때에 도로에서 차를 운행하거나 고장이나 그 밖의 부득이한 사유로 도로에서 차를 정차 또는 주차하는 경우
③ 터널 안을 운행하거나 고장 또는 그 밖의 부득이한 사유로 터널 안 도로에서 차를 정차 또는 주차하는 경우

(2) 차종별 켜야 하는 등화
① **도로에서 차를 운행하는 경우**
㉠ 자동차 : 전조등, 차폭등, 미등, 번호등, 실내조명등(단, 실내조명등은 승합자동차와 여객자동차 운송사업용 승용자동차에 한함)
㉡ 원동기장치자전거 : 전조등, 미등

㉢ 견인되는 차 : 미등, 차폭등, 번호등
㉣ 자동차등 외의 모든 차 : 시·도경찰청장이 정하여 고시하는 등화
② **도로에서 정차 또는 주차하는 경우**
㉠ 자동차(이륜자동차 제외) : 미등 및 차폭등
㉡ 이륜자동차 : 미등(후부반사기 포함)
㉢ 자동차등 외의 모든 차 : 시·도경찰청장이 정하여 고시하는 등화

(3) 등화의 조작
① 밤에 서로 마주보고 진행할 때에는 전조등의 밝기를 줄이거나 불빛의 방향을 아래로 향하게 하거나 잠시 전조등을 끌 것. 다만, 도로의 상황으로 보아 마주보고 진행하는 차의 교통을 방해할 우려가 없는 경우에는 그러하지 아니하다.
② 밤에 앞차의 바로 뒤를 따라가는 때에는 전조등 불빛의 방향을 아래로 향하게 하고, 전조등 불빛의 밝기를 함부로 조작하여 앞차의 운전을 방해할지 아니할 것
③ 모든 차의 운전자는 교통이 빈번한 곳에서 운행하는 때에는 전조등 불빛의 방향을 계속 아래로 유지하여야 한다. 다만, 시·도경찰청장이 교통의 안전과 원활한 소통을 확보하기 위하여 필요하다고 인정하여 지정한 지역에서는 그러하지 아니하다.

13 운전자 및 고용주 등의 의무

(1) 운전 등의 금지
① **무면허운전**(운전면허를 받지 않거나 운전면허의 효력이 정지된 경우) 금지
② **술에 취한 상태**(혈중알코올농도 0.03% 이상)에서의 운전금지
㉠ 경찰공무원은 술에 취한 상태에서 운전하였다고 인정할만한 상당한 이유가 있는 경우 호흡조사로 측정
㉡ 호흡조사 결과에 불복하는 운전자는 그 운전자의 동의를 받아 혈액 채취 등의 방법으로 다시 측정
③ **과로한 때 등의 운전금지** : 과로, 질병 또는 약물(마약, 대마 및 향정신성의약품)의 영향과 그 밖의 사유로 정상적으로 운전하지 못할 우려가 있는 상태에서의 운전금지

(2) 모든 운전자의 준수사항
① 도로에서 2명 이상이 공동으로 2대 이상의 자동차등을 정당한 사유 없이 앞뒤로 또는 좌우로 줄지어 통행하면서 다른 사람에게 위해를 끼치거나 교통상의 위험을 발생하게 하여서는 아니 된다.(공동 위험 행위의 금지)
② 물이 고인 곳을 운행할 때에는 고인 물을 튀게 하여 다른 사람에게 피해를 주는 일이 없도록 할 것
③ 다음의 어느 하나에 해당하는 때에는 일시정지할 것
㉠ 어린이가 보호자 없이 도로를 횡단하는 때
㉡ 어린이가 도로에 앉아 있거나 서 있을 때 또는 어린이가 도로에서 놀이를 할 때 등 어린이에 대한 교통사고의 위험이 있는 것을 발견한 경우

㉰ 앞을 보지 못하는 사람이 흰색 지팡이를 가지거나 장애인보조
견을 동반하는 등의 조치를 하고 도로를 횡단하고 있는 경우
㉱ 지하도나 육교 등 도로 횡단시설을 이용할 수 없는 지체장애인
이나 노인 등이 도로를 횡단하고 있는 경우
④ 자동차의 앞면 창유리와 운전석 좌우 옆면 창유리의 가시광선의
투과율이 다음의 기준보다 낮아 교통안전 등에 지장을 줄 수 있는
차를 운전하지 아니할 것
㉮ 앞면 창유리 : 70% 미만
㉯ 운전석 좌우 옆면 창유리 : 40% 미만

(3) 운송사업용자동차 운전자의 금지 행위
① 운행기록계가 설치되어 있지 아니하거나 고장 등으로 사용할 수
없는 운행기록계가 설치된 자동차를 운전하는 행위
② 운행기록계를 원래의 목적대로 사용하지 아니하고 자동차를 운전
하는 행위
③ 승차를 거부하는 행위

14 어린이통학버스 및 사고발생시 조치

(1) 어린이통학버스의 특별보호
① 어린이통학버스가 도로에 정차하여 어린이나 유아가 타고 내리는
중임을 표시하는 점멸등 등의 장치를 작동 중일 때에는 어린이
통학버스가 정차한 차로와 그 차로의 바로 옆 차로로 통행하는 차
의 운전자는 어린이통학버스에 이르기 전에 일시정지하여 안전을
확인한 후 서행하여야 한다.
② 중앙선이 설치되지 아니한 도로와 편도 1차로인 도로에서는 반대
방향에서 진행하는 차의 운전자도 어린이통학버스에 이르기 전에
일시정지하여 안전을 확인한 후 서행하여야 한다.
③ 모든 차의 운전자는 어린이나 유아를 태우고 있다는 표시를 한
상태로 도로를 통행하는 어린이통학버스를 앞지르지 못한다

(2) 어린이통학버스의 신고
① 어린이통학버스를 운영하려는 자는 미리 관할 경찰서장에게 신고
하고 신고증명서를 발급받아야 하며, 발급받은 신고증명서를 어린이
통학버스 안에 항상 갖추어야 한다.
② 어린이통학버스로 신고하여 사용할 수 있는 자동차
㉮ 승차정원 9인승(어린이 1명을 승차정원 1명으로 봄) 이상의
자동차
㉯ 자동차의 도색·표지, 보험가입, 소유관계 등 대통령령으로
정하는 요건을 갖추어야 함
③ 누구든지 어린이통학버스의 신고를 하지 아니하거나 어린이를
여객대상으로 하는 한정면허를 받지 아니하고 어린이통학버스와
비슷한 도색(어린이운송용 승합자동차의 색상은 황색) 및 표지를
따라하거나 이러한 도색 및 표지를 한 자동차를 운전하여서는
아니 된다.

(3) 어린이통학버스 운전자의 의무사항
① 어린이나 유아가 타고 내리는 경우에만 점멸등 등의 장치를 작동
하여야 하며, 어린이나 유아를 태우고 운행 중인 경우에만 어린이
또는 유아를 태우고 운행 중임을 표시하여야 한다.
② 어린이통학버스를 운전하는 사람은 어린이나 유아가 어린이통학
버스를 탈 때에는 승차한 모든 어린이나 유아가 좌석안전띠를
매도록 한 후에 출발하여야 하며, 내릴 때에는 보도나 길가장자리
구역 등 자동차로부터 안전한 장소에 도착한 것을 확인한 후에 출발
하여야 한다.
③ 어린이나 유아를 태울 때에는 다음에 해당하는 보호자를 함께
태우고 운행하여야 하며, 동승한 보호자는 어린이나 영유아가
안전하게 승하차하는 것을 확인하고 운행 중에는 어린이나 영유아
가 좌석에 앉아 좌석안전띠를 매고 있도록 하는 등 어린이 보호에
필요한 조치를 하여야 한다.
㉮ 유치원이나 초등학교 또는 특수학교의 교직원
㉯ 보육교직원
㉰ 학원의 강사
㉱ 체육시설의 종사자
㉲ 그 밖에 어린이통학버스를 운행하는 자가 지명한 사람
④ 어린이의 승차 또는 하차를 도와주는 보호자를 태우지 아니한
어린이통학버스를 운전하는 사람은 어린이가 승차 또는 하차하는
때에 자동차에서 내려서 어린이나 영유아가 안전하게 승차하는 것
을 확인하여야 한다.

(4) 어린이통학버스 운영자 등에 대한 안전교육
① 어린이통학버스를 운영하는 사람과 운전하는 사람은 도로교통
공단 또는 어린이교육시설을 관리하는 주무기관의 장이 실시하는
어린이통학버스의 안전운행 등에 관한 교육(어린이통학버스 안전
교육)를 받아야 한다.
② 어린이통학버스 안전교육은 다음의 구분에 따라 실시한다.
㉮ 신규 안전교육 : 어린이통학버스를 운영하려는 사람과 운전
하려는 사람을 대상으로 그 운영 또는 운전을 하기 전에 실시하
는 교육
㉯ 정기 안전교육 : 어린이통학버스를 계속하여 운영하는 사람과
운전하는 사람을 대상으로 2년마다 정기적으로 실시하는 교육
③ 어린이통학버스를 운영하거나 운전하는 사람은 직전에 어린이
통학버스 안전교육을 받은 날부터 기산하여 2년이 되는 날이
속하는 해의 1월 1일부터 12월 31일 사이에 정기 안전교육을 받아야
한다.
④ 어린이통학버스를 운영하는 사람은 어린이통학버스 안전교육을
받지 아니한 사람에게 어린이통학버스를 운전하게 하여서는 아니
된다.
⑤ 어린이통학버스 안전교육은 다음의 사항에 대하여 강의·시청각
교육 등의 방법으로 3시간 이상 실시한다.
㉮ 교통안전을 위한 어린이 행동특성
㉯ 어린이통학버스의 운영 등과 관련된 법령
㉰ 어린이통학버스의 주요 사고 사례 분석
㉱ 그 밖에 운전 중 승차·하차 중 어린이 보호를 위하여 필요한
사항

⑥ 안전교육을 실시한 기관의 장은 어린이통학버스 안전교육을 이수한 사람은 교육확인증을 발급하여야 하며, 어린이통학버스의 운영자와 운전자는 발급받은 교육확인증을 다음 각 호의 구분에 따라 비치하여야 한다.
㉮ 운영자 교육확인증 : 어린이교육시설 내부의 잘 보이는 곳
㉯ 운전자 교육확인증 : 어린이통학버스 내부

(5) 사고발생 시의 조치
① 교통사고를 발생시킨 운전자나 그 밖의 승무원은 즉시 정차하여 다음의 조치를 하여야 한다.
㉮ 사상자를 구호하는 등 필요한 조치
㉯ 피해자에게 인적 사항(성명·전화번호·주소 등) 제공
② 교통사고가 발생한 차의 운전자등은 경찰공무원이 현장이 있을 때에는 경찰공무원에게, 현장에 없을 때에는 경찰관서에 다음의 사항을 신고하여야 한다.(다만, 차만 손괴된 것이 분명하고 도로에서의 위험방지와 원활한 소통을 위하여 필요한 조치를 한 경우에는 예외)
㉮ 사고가 일어난 곳
㉯ 사상자 수 및 부상 정도
㉰ 손괴한 물건 및 손괴 정도
㉱ 그 밖의 조치사항 등
③ 긴급자동차, 부상자를 운반 중인 차 및 우편물자동차 등의 운전자는 긴급한 경우 동승자로 하여금 사상자 구로 조치나 신고를 하게 하고 운전을 계속할 수 있다.

15 고속도로 및 자동차전용도로에서의 특례

(1) 고속도로 및 자동차전용도로에서의 금지 사항
① 갓길(길어깨, 노견) 통행금지
② 횡단, 유턴, 후진 금지
③ 정차 및 주차의 금지

(2) 고속도로 또는 자동차전용도로에서 차를 정차 또는 주차시킬 수 있는 경우
① 법령의 규정 또는 경찰공무원(자치경찰공무원은 제외)의 지시에 따르거나 위험을 방지하기 위하여 일시 정차 또는 주차시키는 경우
② 정차 또는 주차할 수 있도록 안전표지를 설치한 곳이나 정류장에서 정차 또는 주차시키는 경우
③ 고장이나 그 밖의 부득이한 사유로 길가장자리구역(갓길을 포함)에 정차 또는 주차시키는 경우
④ 통행료를 내기 위하여 통행료를 받는 곳에서 정차하는 경우
⑤ 도로의 관리자가 고속도로 또는 자동차전용도로를 보수·유지 또는 순회하기 위하여 정차 또는 주차시키는 경우
⑥ 경찰용 긴급자동차가 고속도로 또는 자동차전용도로에서 범죄 수사, 교통단속이나 그 밖의 경찰임무를 수행하기 위하여 정차 또는 주차시키는 경우
⑦ 교통이 밀리거나 그 밖의 부득이한 사유로 움직일 수 없을 때에 고속도로 또는 자동차전용도로의 차로에 일시 정차 또는 주차시키는 경우

(3) 고장 등의 조치
① 고장 등으로 인해 고속도로등에서 자동차를 운행할 수 없게 되었을 때에는 고장자동차의 표지를 설치하여야 하며, 그 자동차를 고속도로등이 아닌 다른 곳으로 옮겨 놓은 등의 필요한 조치를 하여야 한다.
② 고장자동차의 표지를 설치하는 경우 그 자동차의 후방에서 접근하는 자동차의 운전자가 확인할 수 있는 위치에 설치하여야 한다.
③ 밤에는 고장자동차의 표지와 함께 사방 500m 지점에서 식별할 수 있는 적색의 섬광신호·전기제등 또는 불꽃신호를 추가로 설치하여야 한다.

16 특별교통안전교육

(1) 특별교통안전 의무교육을 받아야 하는 사람
① 운전면허 취소처분을 받은 사람으로서 운전면허를 다시 받으려는 사람(다음 제외)
㉮ 적성검사를 받지 아니하거나 그 적성검사에 불합격한 경우
㉯ 운전면허를 받은 사람이 자신의 운전면허를 실효시킬 목적으로 자진하여 운전면허를 반납한 경우
② 음주운전, 공동위험행위, 난폭운전, 고의 또는 과실로 교통사고를 일으킨 경우, 자동차를 이용하여 특수상행, 특수폭행, 특수협박 또는 특수손괴의 죄에 해당하여 운전면허 효력 정지처분을 받게 되거나 받은 사람으로서 그 정지기간이 끝나지 아니한 사람
③ 운전면허 취소처분 또는 운전면허효력 정지처분이 면제된 사람으로서 면제된 날부터 1개월이 지나지 아니한 사람
④ 운전면허효력 정지처분을 받게 되거나 받은 초보운전자로서 그 정지기간이 끝나지 아니한 사람

(2) 특별교통안전 의무교육의 연기
① 위 특별교통안전 의무교육 대상자 중 위 ②항~④항까지에 해당하는 사람이 다음의 각 항목에 해당하여 특별교통안전 의무교육을 받을 수 없을 때에는 연기신청서에 그 연기 사유를 증명할 수 있는 서류를 첨부하여 경찰서장에게 제출하여야 한다.
㉮ 질병이나 부상을 입어 거동이 불가능한 경우
㉯ 법령에 따라 신체의 자유를 구속당한 경우
㉰ 그 밖에 부득이한 사유라고 인정할 만한 상당한 이유가 있는 경우
② 특별교통안전 의무교육을 연기받은 사람은 그 사유가 없어진 날부터 30일 이내에 특별교통안전 의무교육을 받아야 한다.

(3) 특별교통안전 권장교육을 받을 수 있는 사람
① 교통법규 위반 중 특별교통안전 의무교육을 받아야 하는 사유 외의 사유로 인하여 운전면허효력 정지처분을 받게 되거나 받은 사람
② 교통법규 위반 등으로 인하여 운전면허효력 정지처분을 받을 가능성이 있는 사람

SECTION 02 도로교통법령

17 운전면허

(1) 자동차 운전에 필요한 적성의 검사기준

구분	검사항목	합격기준 기준
시력 (교정시력 포함)	제1종	두 눈을 동시에 뜨고 잰 시력이 0.8 이상이고, 양쪽 눈의 시력이 각각 0.5 이상일 것
	제2종	두 눈을 동시에 뜨고 잰 시력이 0.5 이상일 것. 다만, 한쪽 눈을 보지 못하는 사람은 다른 쪽 눈의 시력이 0.6 이상일 것
색채식별	제1·2종 공통	붉은색, 녹색 및 노란색을 구별할 수 있을 것
청력	제1종	55데시벨(보청기를 사용하는 사람은 40데시벨)의 소리를 들을 수 있을 것 ※ 청각 장애인의 경우 제1종 대형면허를 취득할 수 있음
기타	공통	조향장치나 그 밖의 장치를 뜻대로 조작할 수 없는 등 정상적인 운전을 할 수 없다고 인정되는 신체상 또는 정신상의 장애가 없을 것. 다만, 신체장애가 있는 사람은 본인의 신체상태에 적합하게 제작·승인된 자동차를 사용하여 정상적인 운전을 할 수 있다고 인정되는 경우에는 그러하지 아니하다

(2) 운전할 수 있는 차의 종류

운전면허		운전할 수 있는 차량
종별	구분	
제1종	대형면허	• 승용자동차, 승합자동차, 화물자동차 • 건설기계 — 덤프트럭, 아스팔트살포기, 노상안정기 — 콘크리트믹서트럭, 콘크리트펌프, 천공기(트럭 적재식) — 콘크리트믹서트레일러, 아스팔트콘크리트재생기 — 도로보수트럭, 3톤 미만의 지게차, 도로를 운행하는 3톤 미만의 지게차에 한정) • 특수자동차(대형견인차, 소형견인차 및 구난차는 제외) • 원동기장치자전거
	보통면허	• 승용자동차 • 승차정원 15인 이하의 승합자동차 • 적재중량 12톤 미만의 화물자동차 • 건설기계(도로를 운행하는 3톤 미만의 지게차에 한정) • 총중량 10톤 미만의 특수자동차(구난차 등은 제외) • 원동기장치자전거
	소형면허	• 3륜화물자동차 • 3륜승용자동차 • 원동기장치자전거
	특수면허	대형견인차	견인형 특수자동차 제2종 보통면허로 운전할 수 있는 차량
		소형견인차	총중량 3.5톤 이하의 견인형 특수자동차 제2종 보통면허로 운전할 수 있는 차량
		구난차	구난형 특수자동차 제2종 보통면허로 운전할 수 있는 차량

제2종	보통면허	• 승용자동차 • 승차정원 10인 이하의 승합자동차 • 적재중량 4톤 이하의 화물자동차 • 총중량 3.5톤 이하의 특수자동차(구난차 등은 제외) • 원동기장치자전거
	소형면허	• 이륜자동차(측차부를 포함) • 원동기장치자전거

(3) 운전면허 취득 응시기간의 제한

제한기간	세부 내용
5년	• 음주운전이나 과로운전, 공동위험행위운전(무면허운전 또는 운전면허 결격기간 중 운전 포함) 외의 다른 사유로 사람을 사상한 후 구호 및 신고조치를 아니한 경우 그 위반한 날로부터 5년 • 음주운전, 과로운전, 공동위험행위운전(무면허운전 또는 운전면허 결격기간 중 운전 포함) 중 사상사고 야기 후 구호 및 신고조치 아니한 경우 그 위반한 날로부터 5년
4년	무면허, 음주운전, 약물복용, 과로운전, 공동위험행위 외의 사유로 사고 야기 후 도주한 때 그 위반한 날로부터 4년
3년	• 음주운전을 하다가 2회 이상 교통사고를 야기한 경우 그 위반한 날로부터 3년 • 자동차 등을 이용하여 범죄행위를 하거나 다른 사람의 자동차 등을 훔치거나 빼앗은 자가 무면허로 그 자동차 등을 운전한 경우 그 위반한 날로부터 3년
2년	• 2회 이상의 음주운전, 측정불응 그 위반한 날로부터 2년 • 공동위험행위 2회 이상으로 운전면허가 취소된 경우 그 위반한 날로부터 2년 • 무자격자 면허취득, 거짓이나 부정한 방법으로 면허취득, 운전면허시험 대리응시를 한 날로부터 2년 • 다른 사람의 자동차 등을 훔치거나 빼앗은 사람이 운전면허가 취소된 경우 그 위반한 날로부터 2년
1년	• 상기 1년~2년의 경우 이외의 사유로 면허가 취소된 경우 그 취소된 날로부터 1년(원동기장치자전거면허를 받으려는 경우 6월) ※ 예외 : 적성검사를 받지 아니하거나 그 적성검사에 불합격되어 운전면허가 취소된 사람 또는 제1종 운전면허를 받은 사람이 적성검사에 불합격되어 다시 제2종 운전면허를 받으려는 경우에는 그러하지 아니하다.
기타	• 운전면허 효력의 정지처분을 받고 있는 경우에는 그 정지기간

(4) 특별교통안전교육의 내용 및 시간 등

① 교육방법 : 강의, 시청각교육 또는 현장체험교육 등
② 교육시간 : 3시간 이상 16시간 이하로 2시간 실시
③ 교육실시기관 : 도로교통공단

SECTION 02 도로교통법령

18 운전면허의 정지 및 취소처분 기준

(1) 벌점 및 벌점의 종합관리

① **벌점** : 행정처분의 기초자료로 활용하기 위하여 법규위반 또는 사고 야기에 대하여 그 위반의 경중, 피해의 정도 등에 따라 배점되는 점수

② **누산점수** : 위반·사고시의 벌점을 누적하여 합산한 점수에서 상계치(무위반·무사고 기간 경과 시에 부여되는 점수 등)를 뺀 점수, 즉 [누산점수 = 매 위반·사고 시 벌점의 누적 합산치 - 상계치]

③ **벌점의 종합관리** : 법규위반 또는 교통사고로 인한 벌점은 행정처분기준을 적용하고자 하는 당해 위반 또는 사고가 있었던 날을 기준으로 하여 과거 3년간의 모든 벌점을 누산하여 관리

④ **벌점 소멸 및 공제**
  ㉮ 처분벌점이 40점 미만인 경우에, 최종의 위반일 또는 사고일로부터 위반 및 사고 없이 1년이 경과한 때에는 그 처분벌점은 소멸
  ㉯ 교통사고(인적 피해사고)를 야기하고 도주한 차량을 검거하거나 신고하여 검거하게 한 운전자(교통사고의 피해자가 아닌 경우에 한함)에 대하여는 40점의 특혜점수를 부여하여 기간에 관계없이 그 운전자가 정지 또는 취소처분을 받게 될 경우, 검거 또는 신고별로 각1회에 한하여 누산점수에서 이를 공제

(2) 벌점 등 초과로 인한 운전면허의 취소·정지

① **면허 취소** : 1회의 위반·사고로 인한 벌점 또는 연간 누산점수가 다음의 벌점 또는 누산점수에 도달한 때에는 그 운전면허를 취소
  ㉮ 1년간 : 벌점 또는 누산점수 121점 이상
  ㉯ 2년간 : 벌점 또는 누산점수 201점 이상
  ㉰ 3년간 : 벌점 또는 누산점수 271점 이상

② **면허 정지** : 운전면허 정지처분은 1회의 위반·사고로 인한 벌점 또는 처분벌점이 40점 이상이 된 때부터 결정하여 집행하되, 원칙적으로 1점을 1일로 계산하여 집행

(3) 처분벌점 및 정지처분 집행일수의 감경

① 처분벌점이 40점 미만인 사람이 특별교통안전 권장교육 중 벌점감경교육을 마친 경우에는 경찰서장에게 교육필증을 제출한 날부터 처분벌점에서 20점을 감경한다.

② 운전면허 정지처분을 받게 되거나 받은 사람이 특별교통안전 의무교육이나 특별교통안전 권장교육 중 법규준수교육(권장)을 마친 경우에는 경찰서장에게 교육필증을 제출한 날부터 정지처분기간에서 20일을 감경한다.

③ 운전면허 정지처분을 받게 되거나 받은 사람이 특별교통안전 의무교육이나 특별교통안전 권장교육 중 법규준수교육(권장)을 마친 후에 특별교통안전 권장교육 중 현장참여교육을 마친 경우에는 경찰서장에게 교육필증을 제출한 날부터 정지처분기간에서 30일을 추가로 감경한다.

④ 모범운전자에 대하여는 면허 정지처분의 집행기간을 2분의 1로 감경한다. 다만, 처분벌점에 교통사고 야기로 인한 벌점이 포함된 경우에는 감경하지 아니한다.

⑤ 정지처분 집행일수의 계산에 있어서 단수는 이를 산입하지 아니하며, 본래의 정지처분 기간과 가산일수의 합계는 1년을 초과할 수 없다.

행정처분의 취소

교통사고(법규위반 포함)가 법원의 판결로 무죄확정(불기소 처분 포함)된 경우에는 즉시 그 운전면허 행정처분을 취소하고 당해 사고 또는 위반으로 인한 벌점을 삭제한다.

19 운전면허 행정처분기준

(1) 교통법규 위반 시 벌점기준

벌점	범칙행위
100	• 술에 취한 상태의 기준을 넘어서 운전한 때(혈중알코올 농도 0.03% 이상 0.08% 미만) • 자동차 등을 이용하여 형법상 특수상해 등(보복운전)을 하여 입건된 때 • 속도위반(100km/h 초과)
80	• 속도위반(80km/h 초과 100km/h 이하)
60	• 속도위반(60km/h 초과 80km/h 이하)
40	• 정차·주차위반에 대한 조치불응(단체에 소속되거나 다수인에 포함되어 경찰공무원의 3회 이상의 이동명령에 따르지 아니하고 교통을 방해한 경우에 한함) • 공동위험행위로 형사입건된 때 • 난폭운전으로 형사입건된 때 • 안전운전의무위반(단체에 소속되거나 다수인에 포함되어 경찰공무원의 3회 이상의 안전운전 지시에 따르지 아니하고 타인에게 위험과 장해를 주는 속도나 방법으로 운전한 경우에 한함) • 승객의 차내 소란행위 방치운전 • 출석기간 또는 범칙금 납부기간 만료일부터 60일이 경과될 때까지 즉결심판을 받지 아니한 때
30	• 통행구분 위반(중앙선 침범에 한함) • 속도위반(40km/h 초과 60km/h 이하) • 철길건널목 통과방법위반 • 어린이통학버스 특별보호 위반 • 어린이통학버스 운전자의 의무위반(좌석안전띠를 매도록 하지 아니한 운전자는 제외) • 고속도로·자동차전용도로 갓길통행 • 고속도로 버스전용차로·다인승전용차로 통행위반 • 운전면허증 등의 제시의무위반 또는 운전자 신원확인을 위한 경찰공무원의 질문에 불응
15	• 신호·지시위반 • 속도위반(20km/h 초과 40km/h 이하) • 속도위반(어린이 보호구역 안에서 오전 8시부터 오후 8시까지 사이에 제한속도를 20km/h 이내에서 초과한 경우에 한정) • 앞지르기 금지시기·장소위반 • 적재 제한 위반 또는 적재물 추락 방지 위반 • 운전 중 휴대용 전화 사용 • 운전 중 운전자가 볼 수 있는 위치에 영상 표시 • 운전 중 영상표시장치 조작 • 운행기록계 미설치 자동차 운전금지 등의 위반
10	• 통행구분 위반(보도침범, 보도 횡단방법 위반) • 지정차로 통행위반(진로변경 금지장소에서의 진로변경 포함) • 일반도로 전용차로 통행위반 • 안전거리 미확보(진로변경 방법위반 포함) • 앞지르기 방법위반 • 보행자 보호 불이행(정지선위반 포함) • 승객 또는 승하차자 추락방지조치위반 • 안전운전 의무 위반 • 노상 시비·다툼 등으로 차마의 통행 방해행위 • 돌·유리병·쇳조각이나 그 밖에 도로에 있는 사람이나 차마를 손상시킬 우려가 있는 물건을 던지거나 발사하는 행위 • 도로를 통행하고 있는 차마에서 밖으로 물건을 던지는 행위

SECTION 02 도로교통법령

20 범칙행위 및 범칙금액

(1) 범칙행위 및 범칙금액(승용자동차 운전자기준 예시)

범칙행위	범칙금액
• 속도위반(60km/h 초과) • 어린이통학버스 운전자의 의무위반(좌석안전띠를 매도록 하지 아니한 운전자는 제외) • 어린이통학버스 특별보호 위반	13만원
• 속도위반(40km/h 초과 60km/h 이하) • 승객의 차내 소란행위 방치운전 • 어린이통학버스 특별보호 위반	10만원
• 소통 위반 • 속도위반(20km/h 초과 40km/h 이하) • 중앙선침범, 통행구분 위반 • 횡단·유턴·후진 위반 • 앞지르기 방법 위반 • 앞지르기 금지 시기·장소 위반 • 철길건널목 통과방법 위반 • 회전교차로 통행방법 위반 • 어린이통학버스에 대한 특별보호 위반 • 고속도로·자동차전용도로 갓길통행 • 고속도로버스전용차로·다인승전용차로 통행위반 • 운전 중 영상표시장치 조작 • 운전 중 휴대전화 사용 • 운전 중 운전자가 볼 수 있는 위치에 영상 표시 • 고속도로 지정차로 통행 위반 • 고속도로·자동차전용도로 횡단·유턴·후진 위반 • 고속도로·자동차전용도로 정차·주차금지 위반(갓길 포함)	7만원

(2) 어린이보호 교통사고 경감에 따른 범칙기준

구분	범칙	내용
사망 1명마다	90	사고발생 시부터 72시간 이내에 사망한 때
중상 1명마다	15	3주 이상의 치료를 요하는 의사의 진단이 있는 사고
경상 1명마다	5	3주 미만 5일 이상의 치료를 요하는 의사의 진단이 있는 사고
부상신고 1명마다	2	5일 미만의 치료를 요하는 의사의 진단이 있는 사고

※ 비고
• 교통사고 발생 원인이 불가항력이거나 피해자의 명백한 과실인 때에는 행정처분을 하지 아니한다.
• 자동차 등 대 사람 교통사고의 경우 쌍방과실인 때에는 그 벌점을 1/2로 감경한다.
• 자동차 등 대 자동차 교통사고의 경우에는 그 사고원인 중 중한 위반행위를 한 운전자만 적용한다.
• 교통사고로 인한 벌점산정에 있어서 처분 받을 운전자 본인의 피해에 대해서는 벌점을 산정하지 아니한다.

(3) 교통사고 야기 시 조치 등 불이행에 따른 범칙기준

범칙	내용
15	• 물적 피해가 발생한 교통사고를 일으킨 후 도주한 때 • 교통사고를 일으킨 즉시(그때, 그 자리에서 곧) 사상자를 구호하는 등의 조치를 하지 아니하였으나 그 후 자진신고를 한 때
30	• 고속도로, 특별시·광역시 및 시의 관할구역과 군(광역시의 군 제외)의 관할구역 중 경찰관서가 위치하는 리 또는 동 지역에서 3시간(그 밖의 지역에서는 12시간) 이내에 자진신고를 한 때
60	• 위 벌점 30점에 해당하는 사유 후 48시간 이내에 자진신고를 한 때

범칙행위	범칙금액
• 속도위반(20km/h 이하) • 앞지르기 금지장소 • 통행금지 제한위반 • 일반도로 전용차로 통행위반 • 고속도로 갓길 통행 • 고속도로 버스전용차로·다인승전용차로 통행위반 • 운전 중 휴대전화 사용 • 안전운전의무 위반 • 노상시비·다툼 등으로 차마의 통행 방해행위 • 긴급자동차에 대한 양보·일시정지 위반 • 긴급한 용도나 그 밖에 허용된 사항 외에 경광등이나 사이렌 사용	5만원
• 통행금지 제한 위반 • 일반도로 전용차로 통행위반 • 일반도로 안전거리 미확보 • 보행자의 통행 방해 또는 보호 불이행 • 지정차로 통행위반·차로너비보다 넓은 차 통행금지 위반(진로 변경 금지장소에서 진로 변경 포함)	3만원
• 혼잡 완화조치 위반 • 속도위반(20km/h 이하) • 지정차로 통행위반 • 일반도로 안전거리 미확보 • 방향전환·진로변경 시 신호 불이행 • 운전석 이탈 시 안전 확보 불이행 • 동승자 등의 안전을 위한 조치 위반 • 시·도경찰청 지정·공고 사항 위반 • 좌석안전띠 미착용 • 이륜자동차·원동기장치자전거 안전모 미착용 • 어린이통학버스와 비슷한 도색·표지 금지 위반 • 최저속도 위반 • 일반도로 횡단·유턴·후진 위반 • 자동차 화물 적재제한 위반 • 자동차 승차 인원 초과 • 승객 또는 승하차자 추락방지조치 위반 • 어린이·앞을 보지 못하는 사람 등의 보호 위반	2만원

(2) 어린이보호구역 및 노인·장애인보호구역에서의 과태료 부과기준
(승합자동차 기준, 고용주에게 부과)

범칙행위		과태료
• 신호 또는 지시를 따르지 않은 차의 고용주		14만원
• 60km/h 초과 속도위반 차의 고용주		17만원
• 40km/h 초과 60km/h 이하 속도위반 차의 고용주		14만원
• 20km/h 초과 40km/h 이하 속도위반 차의 고용주		11만원
• 20km/h 이하 속도위반 차의 고용주		7만원
다음 각 호의 규정을 위반하여 정차 또는 주차를 한 차의 고용주 • 정차 및 주차의 금지 • 주차금지의 장소 • 정차 또는 주차의 방법 및 시간의 제한	어린이보호구역	13만원 (14만원)
	노인·장애인 보호구역	9만원 (10만원)

※ 과태료 금액에서 괄호 안의 금액은 같은 장소에서 2시간 이상 정차 또는 주차위반을 하는 경우에 적용한다.

(3) 어린이보호구역 및 노인·장애인보호구역에서의 범칙금액 부과기준(승합자동차 기준)

범칙행위		과태료
• 신호·지시 위반 • 횡단보도 보행자 횡단 방해		13만원
• 60km/h 초과 속도위반		16만원
• 40km/h 초과 60km/h 이하 속도위반		13만원
• 20km/h 초과 40km/h 이하 속도위반		10만원
• 20km/h 이하 속도위반		6만원
• 통행 금지·제한 위반 • 보행자 통행 방해 또는 보호 불이행 • 정차·주차금지 위반 • 주차금지 위반 • 정차·주차방법 위반 • 정차·주차 위반에 대한 조치 불응	어린이보호구역	13만원
	노인·장애인 보호구역	9만원

MEMO

SECTION 03

교통사고처리 특례법령

01 특례의 적용

(1) 특례 적용

① 교통사고처리특례법은 차의 교통으로 인하여 사고가 발생하여 운전자를 형사 처벌하여야 하는 경우에 적용되는 법으로 인적 피해 및 물적 피해에 대해 다음과 같이 적용한다.

㉮ 인적 피해를 야기한 경우 : 형법 제268조에 따른 업무상과실 · 중과실 치사상죄 적용

㉯ 물적 피해를 야기한 경우 : 도로교통법 제151조의 과실에 의한 재물손괴죄를 적용

② 보험 또는 공제에 가입된 경우의 특례 적용

㉮ 교통사고를 일으킨 차가 보험 또는 공제에 가입된 경우에는 교통사고처리특례법상의 특례 적용 사고가 발생한 경우에 운전자에 대하여 공소를 제기할 수 없다.

㉯ 다만, 다음 각 호의 어느 하나에 해당하는 경우에는 공소를 제기할 수 있다.

㉠ 교통사고처리특례법상 특례 적용이 배제되는 사고에 해당하는 경우

㉡ 피해자가 신체의 상해로 인하여 생명에 대한 위험이 발생하거나 불구(不具) 또는 불치(不治)나 난치(難治)의 질병이 생긴 경우

㉢ 보험계약 또는 공제계약이 무효로 되거나 해지되거나 계약상의 면책 규정 등으로 인하여 보험회사, 공제조합 또는 공제사업자의 보험금 또는 공제금 지급의무가 없어진 경우

벌칙 규정

- 형법 제268조(업무상과실 · 중과실 치사상죄) 업무상 과실 또는 중대한 과실로 인하여 사람을 사상에 이르게 한 자는 5년 이하의 금고 또는 2천만원 이하의 벌금에 처한다.
- 도로교통법 제151조(벌칙) 차의 운전자가 업무상 필요한 주의를 게을리하거나 중대한 과실로 다른 사람의 건조물이나 그 밖의 재물을 손괴한 때에는 2년 이하의 금고나 500만원 이하의 벌금에 처한다.

(2) 사고운전자가 형사처벌 대상이 되는 경우

① 사망사고

② 차의 교통으로 업무상과실치상죄 또는 중과실치상죄를 범하고 피해자를 구호하는 등의 조치를 하지 아니하고 도주하거나, 피해자를 사고장소로부터 옮겨 유기하고 도주한 경우

③ 차의 교통으로 업무상과실치상죄 또는 중과실치상죄를 범하고 음주측정요구에 불응한 경우(운전자가 채혈 측정을 요청하거나 동의한 경우는 제외)

④ 신호 · 지시 위반 사고

⑤ 중앙선침범 사고, 횡단, 유턴 또는 후진중 사고

⑥ 과속(20km/h 초과) 사고

⑦ 앞지르기의 방법 · 금지시기 · 금지장소 또는 끼어들기의 금지 위반하거나 고속도로에서의 앞지르기 방법 위반 사고

⑧ 철길건널목 통과방법 위반 사고

⑨ 횡단보도에서 보행자 보호의무 위반 사고

⑩ 무면허 운전중 사고

⑪ 주취 · 약물복용 운전중 사고

⑫ 보도침범, 통행방법 위반 사고

⑬ 승객추락방지의무 위반 사고

⑭ 어린이 보호구역내 어린이 보호의무 위반 사고

⑮ 자동차의 화물이 떨어지지 아니하도록 필요한 조치를 하지 아니하고 운전한 경우

⑯ 민사상 손해배상을 하지 않은 경우

⑰ 중상해 사고를 유발하고 형사상 합의가 안 된 경우

중상해의 범위

- 생명에 대한 위험 : 생명유지에 불가결한 뇌 또는 주요 장기에 중대한 손상
- 불구 : 사지절단 등 신체 중요부분의 상실 · 중대변형 또는 시각 · 청각 · 언어 · 생식기능 등 중요한 신체기능의 영구적 상실
- 불치나 난치의 질병 : 사고 후유증으로 중증의 정신장애 · 하반신 마비 등 완치 가능성이 없거나 희박한 중대질병

(3) 사고운전자 가중처벌

① 사고운전자가 피해자를 구호하는 등의 조치를 하지 아니하고 도주한 경우

㉮ 피해자를 사망에 이르게 하고 도주하거나, 도주 후에 피해자가 사망한 경우 : 무기 또는 5년 이상의 징역

㉯ 피해자를 상해에 이르게 한 경우 : 1년 이상의 유기징역 또는 500만원 이상 3천만원 이하의 벌금

② 사고운전자가 피해자를 사고 장소로부터 옮겨 유기하고 도주한 경우

㉮ 피해자를 사망에 이르게 하고 도주하거나, 도주 후에 피해자가 사망한 경우 : 사형, 무기 또는 5년 이상의 징역

㉯ 피해자를 상해에 이르게 한 경우 : 3년 이상의 유기징역

③ 위험운전 치사상의 경우

㉮ 음주 또는 약물의 영향으로 정상적인 운전이 곤란한 상태에서 자동차(원동기장치자전거 포함)를 운전하여 사람을 사망에 이르게 한 경우 : 무기 또는 3년 이상의 징역

SECTION 03 교통사고처리 특례법령

㉯ 음주 또는 약물의 영향으로 정상적인 운전이 곤란한 상태에서 자동차(원동기장치자전거 포함)를 운전하여 사람을 상해에 이르게 한 경우 : 1년 이상 15년 이하의 징역 또는 1천만원 이상 3천만원 이하의 벌금

02 중대 교통사고 유형 및 대처방법

(1) 사망사고

① 사망사고의 정의
  ㉮ 교통안전법령의 정의 : 교통사고가 주된 원인이 되어 교통사고 발생 시부터 30일 이내에 사람이 사망한 사고
  ㉯ 도로교통법령상의 정의 : 교통사고 발생 후 72시간 내 사망한 사고

② 사망사고 성립요건

항목	내용	예외 사항
장소적 요건	• 모든 장소 - 도로교통법 : 도로상으로 한정 - 교통사고처리특례법 : 모든 장소로 확대	-
운전자 과실	• 운전자로서 요구되는 업무상 주의의무를 소홀히 한 과실	• 자동차 본래의 운행목적이 아닌 작업 중 과실로 피해자가 사망한 경우(안전사고) • 운전자의 과실을 논할 수 없는 경우
피해자 요건	• 운행중인 자동차에 충격되어 사망한 경우	• 피해자의 과실 등 고의 사고 • 운행목적이 아닌 작업과실로 피해자가 사망한 경우(안전사고)

(2) 도주(뺑소니) 사고

① 도주(뺑소니)인 경우
  ㉮ 피해자 사상 사실을 인식하거나 예견됨에 가버린 경우
  ㉯ 피해자를 사고현장에 방치한 채 가버린 경우
  ㉰ 현장에 도착한 경찰관에게 거짓으로 진술한 경우
  ㉱ 사고운전자를 바꿔치기 하여 신고한 경우
  ㉲ 사고운전자가 연락처를 거짓으로 알려준 경우
  ㉳ 피해자가 이미 사망하였다고 사체 안치 후송 등의 조치 없이 가버린 경우
  ㉴ 피해자를 병원까지만 후송하고 계속 치료를 받을 수 있는 조치 없이 가버린 경우
  ㉵ 쌍방 업무상 과실이 있는 경우에 발생한 사고로 과실이 적은 차량이 도주한 경우
  ㉶ 자신의 의사를 제대로 표시하지 못하는 나이 어린 피해자가 '괜찮다'라고 하여 조치 없이 가버린 경우

② 도주(뺑소니)가 아닌 경우
  ㉮ 피해자가 부상 사실이 없거나 극히 경미하여 구호조치가 필요하지 않아 연락처를 제공하고 떠난 경우
  ㉯ 사고운전자가 심한 부상을 입어 타인에게 의뢰하여 피해자를 후송 조치한 경우
  ㉰ 사고 장소가 혼잡하여 불가피하게 일부 진행 후 정지하고 되돌아와 조치한 경우
  ㉱ 사고운전자가 급한 용무로 인해 동료에게 사고처리를 위임하고 가버린 후 동료가 사고 처리한 경우
  ㉲ 피해자 일행의 구타·폭언·폭행이 두려워 현장을 이탈한 경우
  ㉳ 사고운전자가 자기 차량 사고에 대한 조치 없이 가버린 경우

(3) 신호·지시위반 사고

① 신호·지시위반 사고 사례
  ㉮ 신호위반 사고 사례
    ㉠ 신호가 변경되기 전에 출발하여 인적피해를 야기한 경우
    ㉡ 황색 주의신호에 교차로에 진입하여 인적피해를 야기한 경우
    ㉢ 신호내용을 위반하고 진행하여 인적피해를 야기한 경우
    ㉣ 적색 차량신호에 진행하다 정지선과 횡단보도 사이에서 보행자를 충격한 경우
  ㉯ 지시위반 사고 사례 : 통행금지, 자동차통행금지, 화물자동차통행금지, 승합자동차통행금지 등 및 진입금지, 일시정지의 규제표지 등을 위반한 경우

② 신호·지시위반 사고의 성립요건

항목	내용	예외 사항
장소적 요건	• 신호기가 설치되어 있는 교차로나 횡단보도 • 경찰공무원등의 수신호 • 규제표지가 설치된 구역(통행금지, 진입금지, 일시정지)	• 진행방향에 신호기가 설치되지 않은 경우 • 신호기의 고장이나 황색 점멸 신호등의 경우 • 규제표지 외의 표지판이 설치된 구역
피해자 요건	• 신호·지시위반 차량에 충돌되어 인적피해를 입은 경우	• 대물피해만 입은 경우
운전자 과실	• 고의적 과실 • 의도적 과실 • 부주의에 의한 과실	• 불가항력적 과실 • 만부득이한 과실
시설물 설치 요건	• 특별시장·광역시장·제주특별도지사 또는 시장·군수(광역시의 군수 제외)가 설치한 신호기나 안전표지	• 아파트단지 등 특정구역 내부의 소통과 안전을 목적으로 자체적으로 설치된 경우는 제외(설치권한 없는 자가 설치)

(4) 중앙선침범 사고

① 중앙선 침범을 적용하는 경우(현저한 부주의)
  ㉮ 커브 길에서 과속으로 인한 중앙선침범의 경우
  ㉯ 빗길에서 과속으로 인한 중앙선침범의 경우
  ㉰ 졸다가 뒤늦은 제동으로 중앙선을 침범한 경우
  ㉱ 차내 잡담 또는 휴대폰 통화 등의 부주의로 중앙선을 침범한 경우

② 중앙선침범을 적용할 수 없는 경우(만부득이한 경우)
  ㉮ 사고를 피하기 위해 급제동하다 중앙선을 침범한 경우
  ㉯ 위험을 회피하기 위해 중앙선을 침범한 경우
  ㉰ 빙판길 또는 빗길에서 미끄러져 중앙선을 침범한 경우(제한속도 준수)

SECTION 03 교통사고처리 특례법령

③ 중앙선침범 사고의 성립요건

항목	내용	예외 사항
장소적 요건	• 황색실선이나 점선의 중앙선이 설치되어 있는 도로 • 자동차전용도로나 고속도로에서의 횡단·유턴·후진	• 중앙선이 설치되어 있지 않은 경우 • 아파트 단지 내 또는 군부대 내의 사설 중앙선 • 일반도로에서 횡단·유턴·후진
피해자 요건	• 중앙선침범 자동차에 충돌되어 인적피해를 입은 경우 • 자동차전용도로나 고속도로에서의 횡단·유턴·후진 자동차에 충돌되어 인적피해를 입은 경우	• 대물피해만 입은 경우
운전자 과실	• 고의적 과실 • 의도적 과실 • 현저한 부주의에 의한 과실	• 신호위반 차량에 충돌되어 피해를 입은 경우
시설물 설치 요건	• 도로교통법에 따라 시·도경찰청장이 설치한 중앙선	• 아파트단지 내 또는 군부대 등 특정구역 내부의 소통과 안전을 목적으로 설치된 경우 제외

중앙선 침범 적용

• 사고의 참혹성과 예방목적상 차체의 일부라도 걸리면 중앙선 침범이 적용된다.
• 중앙선이 황색점선인 경우라 하더라도 반대 방향의 교통에 충분한 주의를 기울이면서 중앙선을 침범하여 반대 차로로 넘어가는 경우가 아닌 한, 중앙선 침범에 해당한다.

(5) 과속(20km/h 초과) 사고

① 속도에 대한 정의

㉮ 규제속도 : 법정속도(도로교통법에 따른 도로별 최고·최저속도)와 제한속도(시·도경찰청장에 의한 지정속도)
㉯ 설계속도 : 도로설계의 기초가 되는 자동차의 속도
㉰ 주행속도 : 정지시간을 제외한 실제 주행거리의 평균 속도
㉱ 구간속도 : 정지시간을 포함한 주행거리의 평균 속도

② 과속사고의 성립요건

항목	내용	예외 사항
장소적 요건	• 도로	• 도로가 아닌 곳에서의 사고
피해자 요건	• 과속차량(20km/h 초과)에 충돌되어 인적피해를 입은 경우	• 제한속도 20km/h 이하 과속 차량에 충돌되어 인적피해를 입은 경우 • 제한속도 20km/h 초과 차량에 충돌되어 대물피해만 입은 경우
운전자 과실	• 제한속도를 20km/h 초과하여 과속운행 중 사고 야기한 경우(이상 기후 시 법령에 따른 법정 최고속도 이하로 감속 운행해야 하는 경우 감속하여 운행해야 하는 속도를 제한속도로 함)	• 제한속도 20km/h 이하로 과속하여 운행 중 사고를 야기한 경우 • 제한속도 20km/h 초과하여 운행 중 대물피해만 입힌 경우
시설물 설치 요건	• 시·도경찰청장이 설치한 안전표지 중 – 규제표지(최고속도 제한표지) – 노면표시(속도제한 표지, 어린이보호구역 내 속도제한 표시)	• 과속이 적용되지 않는 표지 – 서행표지 – 안전속도표지

(6) 앞지르기 방법·금지위반 사고

① 앞지르기 방법·금지위반 사고적용 법규

㉮ 앞지르기 방법
㉯ 앞지르기 금지의 시기 및 장소
㉰ 끼어들기의 금지
㉱ 갓길 통행금지

② 앞지르기 방법·금지위반 사고의 성립요건

항목	내용	예외 사항
장소적 요건	• 앞지르기 금지장소	• 앞지르기 금지장소 외의 지역
피해자 요건	• 앞지르기 방법·금지위반 차량에 충돌되어 인적피해를 입은 경우	• 앞지르기 방법·금지위반 차량에 충돌되어 대물피해만 입은 경우 • 불가항력적인 상황에서 앞지르기하던 차량에 충돌되어 인적피해를 입은 경우
운전자 과실	• 앞지르기 금지위반 사고 – 앞차의 좌측에 다른 차가 앞차와 나란히 가고 있을 때 앞지르기 – 앞차가 다른 차를 앞지르고 있거나 앞지르고자 할 때 앞지르기 – 경찰공무원의 지시를 따르거나 위험을 방지하기 위해 정지 또는 서행하고 있는 앞차 앞지르기 – 앞지르기 금지장소(교차로, 터널 안, 다리 위 등)에서의 앞지르기 • 앞지르기 방법 위반 사고 – 앞차의 우측으로 앞지르기	• 불가항력적인 상황에서 앞지르기하던 중 사고
시설물 설치 요건	• 시·도경찰청장이 설치한 안전표지 중 앞지르기 금지표지	• 특정구역 내부의 소통과 안전을 목적으로 권한 없는 사람이 설치한 안전표지

(7) 철길건널목 통과방법위반 사고

① 철길건널목의 종류

㉮ 제1종 건널목 : 차단기, 건널목경보기 및 교통안전표지가 설치되어 있는 경우
㉯ 제2종 건널목 : 건널목경보기 및 교통안전표지만 설치되어 있는 경우
㉰ 제3종 건널목 : 교통안전표지만 설치되어 있는 경우

② 철길건널목 통과방법위반 사고의 성립요건

항목	내용	예외 사항
장소적 요건	• 철길건널목	• 역 구내의 철길건널목
피해자 요건	• 철길건널목 통과방법 위반 사고로 인적피해를 입은 경우	• 철길건널목 통과방법 위반 사고로 대물피해만을 입은 경우
운전자 과실	• 철길건널목 통과방법 위반 과실 – 철길건널목 전에 일시정지 불이행 – 안전미확인 통행중 사고 – 차량이 고장난 경우 승객대피, 차량이동 조치 불이행 • 철길건널목 진입금지 – 차단기가 내려져 있는 경우 – 차단기가 내려지려고 하는 경우 – 경보기가 울리고 있는 경우	• 철길건널목 신호기, 경보기 등의 고장으로 일어난 사고 ※ 신호기 등이 표시하는 신호에 따르는 때에는 일시정지하지 아니하고 통과할 수 있다.

SECTION 03 교통사고처리 특례법령

(8) 보행자 보호의무위반 사고

① **보행자로 인정되는 경우와 아닌 경우**
   ㉮ 횡단보도 보행자에 해당하는 경우
      ㉠ 횡단보도를 걸어가는 사람
      ㉡ 횡단보도에서 원동기장치자전거나 자전거를 끌고 가는 사람
      ㉢ 횡단보도에서 원동기장치자전거나 자전거를 타고 가다 이를 세우고 한발은 페달에 다른 한발은 지면에 서 있는 사람
      ㉣ 세발자전거를 타고 횡단보도를 건너는 어린이
      ㉤ 손수레를 끌고 횡단보도를 건너는 사람
   ㉯ 횡단보도 보행자에 해당하지 않는 경우
      ㉠ 횡단보도에서 원동기장치자전거나 자전거를 타고 가는 사람
      ㉡ 횡단보도에 누워 있거나, 앉아 있거나, 엎드려 있는 사람
      ㉢ 횡단보도 내에서 교통정리를 하고 있는 사람
      ㉣ 횡단보도 내에서 택시를 잡고 있는 사람
      ㉤ 횡단보도 내에서 화물 하역작업을 하고 있는 사람
      ㉥ 보도에 서 있다가 횡단보도 내로 넘어진 사람

② **횡단보도로 인정되는 경우와 아닌 경우**
   ㉮ 횡단보도 노면표시가 있으나 횡단보도표지판이 설치되지 않은 경우에도 횡단보도로 인정
   ㉯ 횡단보도 노면표시가 포장공사로 반은 지워졌으나, 반이 남아 있는 경우에도 횡단보도로 인정
   ㉰ 횡단보도 노면표시가 완전히 지워지거나, 포장공사로 덮여졌다면 횡단보도 효력 상실

③ **보행자 보호의무위반 사고의 성립요건**

항목	내용	예외 사항
장소적 요건	• 횡단보도 내	• 보행신호가 적색등화일 때의 횡단보도
피해자 요건	• 횡단보도를 횡단하고 있는 보행자가 충돌되어 인적피해를 입은 경우	• 보행신호가 적색등화일 때 횡단을 시작한 보행자를 충돌한 경우 • 횡단보도를 건너는 것이 아닌 경우(횡단보도 내에 누워있거나 싸우고 있거나, 택시를 잡고 있는 등)
운전자 과실	• 횡단보도를 건너고 있는 보행자를 충돌한 경우 • 횡단보도 전에 정지한 차량을 추돌하여 추돌된 차량이 밀려나가 보행자를 충돌한 경우 • 보행신호가 녹색등화일 때 횡단보도를 진입하여 건너고 있는 보행자를 보행신호가 녹색등화의 점멸 또는 적색등화로 변경된 상태에서 충돌한 경우	• 적색등화에 횡단보도를 진입하여 건너고 있는 보행자를 충돌한 경우 • 횡단보도를 건너다가 신호가 변경되어 중앙선에 서 있는 보행자를 충돌한 경우 • 횡단보도를 건너다가 보행신호가 적색등화로 변경되어 되돌아가고 있는 보행자를 충돌한 경우 • 녹색등화가 점멸되고 있는 횡단보도를 진입하여 건너고 있는 보행자를 적색등화에 충돌한 경우
시설물 설치 요건	• 시 · 도경찰청장이 설치한 횡단보도	• 아파트 단지나 학교, 군부대 등 특정구역 내부의 소통과 안전을 목적으로 권한이 없는 자에 의해 설치된 경우 제외

(9) 무면허 운전

① **무면허 운전의 정의**
   ㉮ 정의 : 도로에서 운전면허를 받지 아니하고 운전하는 행위
   ㉯ 운전에 해당하지 않는 경우 : 조수석에서 차안의 기기를 만지는 도중 핸드 브레이크가 풀려 시동이 걸리지 않은 채 10m 미끄러져 내려가다 사고가 발생한 경우

② **무면허 운전의 유형**
   ㉮ 운전면허를 취득하지 않고 운전하는 행위
   ㉯ 운전면허 적성검사기간 만료일로부터 1년간의 취소유예기간이 지난 면허증으로 운전하는 행위
   ㉰ 운전면허 취소처분을 받은 후에 운전하는 행위
   ㉱ 운전면허 정지 기간 중에 운전하는 행위
   ㉲ 제2종 운전면허로 제1종 운전면허를 필요로 하는 자동차를 운전하는 행위
   ㉳ 제1종 대형면허로 특수면허가 필요한 자동차를 운전하는 행위
   ㉴ 운전면허시험에 합격한 후 운전면허증을 발급받기 전에 운전하는 행위

③ **무면허 운전 중 사고의 성립요건**

항목	내용	예외 사항
장소적 요건	• 도로나 그 밖에 현실적으로 불특정 다수의 사람 또는 차마의 통행을 위하여 공개된 장소로서 안전하고 원활한 교통을 확보할 필요가 있는 장소(불특정 다수인이 출입하는 공개된 장소로 경찰권이 미치는 곳)	• 불특정 다수의 사람 또는 차마가 사용되는 곳이 아닌 장소(특정인만이 출입하는 통제 · 관리되는 경찰권이 미치지 않는 곳)
피해자 요건	• 무면허로 운전하는 자동차에 충돌되어 인적피해를 입은 경우 • 무면허로 운전하는 자동차에 충돌되어 대물피해를 입은 경우로 보험면책으로 합의되지 않으면 공소권 있음	• 무면허로 운전하는 자동차에 충돌되어 대물피해를 입은 경우
운전자 과실	• 무면허 상태에서 운전하는 경우	• 운전면허 취소사유가 발생한 상태이나 취소처분을 받기 전에 운전하는 경우

(10) 주취 · 약물복용 운전중 사고

① **음주운전인 경우와 아닌 경우**
   ㉮ 불특정 다수인이 이용하는 도로와 특정인이 이용하는 주차장 또는 학교 경내 등에서의 음주운전도 형사처벌 대상. 단 특정인만이 이용하는 장소에서의 음주운전으로 인한 운전면허 행정처분은 불가
      ㉠ 공개되지 않은 통행로에서의 음주운전도 처벌 대상 : 공장이나 관공서, 학교, 사기업 등의 정문 안쪽 통행로와 같이 문, 차단기에 의해 도로와 차단되고 별도로 관리되는 장소의 통행로에서의 음주운전도 처벌 대상
      ㉡ 술을 마시고 주차장(주차선 안 포함)에서 음주운전 하여도 처벌 대상
      ㉢ 호텔, 백화점, 고층건물, 아파트 내 주차장 안의 통행로뿐만 아니라 주차선 안에서 음주운전해도 처벌 대상
      ㉣ 혈중알코올농도 0.03% 미만에서의 음주운전은 처벌 불가

SECTION 03 교통사고처리 특례법령

② 주취 · 약물복용 운전중 사고의 성립요건

항목	내용	예외 사항
장소적 요건	• 도로나 그 밖에 현실적으로 불특정 다수의 사람 또는 차마의 통행을 위하여 공개된 장소로서 안전하고 원활한 교통을 확보할 필요가 있는 장소 • 공개되지 않은 통행로로 문, 차단기에 의해 도로와 차단되고 별도로 관리되는 장소 • 주차장 또는 주차선 안	–
피해자 요건	• 음주운전 자동차에 충돌되어 인적사고를 입는 경우	• 음주운전 자동차에 충돌되어 대물피해를 입은 경우(보험에 가입되어 있다면 공소권 없음으로 처리)
운전자 과실	• 음주한 상태에서 자동차를 운전하여 일정거리 운행한 경우 • 혈중알코올농도가 0.03% 이상인 상태에서 음주측정에 불응한 경우 • 주차장 또는 주차선 안에서 운전하는 경우	• 혈중알코올농도가 0.03% 미만인 상태에서 음주측정에 불응

(11) 보도침범, 보도횡단방법위반 사고

① 보도의 개념

㉮ 보도 : 차와 사람의 통행을 분리시켜 보행자의 안전을 확보하기 위해 연석이나 방호울타리 등으로 차도와 분리하여 설치된 도로의 일부분으로 차도와 대응되는 개념

㉯ 보도침범 사고 : 보도에 차마가 들어서는 과정, 보도에 차마의 차체가 걸치는 과정, 보도에 주차시킨 차량을 전진 또는 후진시키는 과정에서 통행중인 보행자와 충돌한 경우

㉰ 보도횡단방법위반 사고 : 차마의 운전자는 도로에서 도로 외의 곳에 출입하기 위해서는 보도를 횡단하기 직전에 일시 정지하여 보행자의 통행을 방해하지 아니하도록 되어 있으나 이를 위반하여 보행자와 충돌하여 인적피해를 야기하는 경우

② 보도침범, 보도횡단방법위반 사고의 성립요건

항목	내용	예외 사항
장소적 요건	• 보도와 차도가 구분된 도로에서 보도 내 사고	• 보도와 차도의 구분이 없는 도로는 제외
피해자 요건	• 보도 내에서 보행 중 사고	• 피해자가 자전거 또는 원동기장치자전거를 타고 가던 중 사고는 제차로 간주되어 적용 제외
운전자 과실	• 고의적 과실 • 의도적 과실 • 현저한 부주의에 의한 과실	• 불가항력적 과실 • 만부득이한 과실 • 단순 부주의 과실
시설물 설치요건	• 보도설치 권한이 있는 행정관서에서 설치 · 관리하는 보도	• 학교 · 아파트 단지 등 특정 구역 내부의 소통과 안전을 목적으로 설치된 보도

(12) 승객추락방지의무위반 사고

① 승객추락방지의무에 해당하는 경우

㉮ 문을 연 상태에서 출발하여 타고 있는 승객이 추락한 경우

㉯ 승객이 타거나 또는 내리고 있을 때 갑자기 문을 닫아 문에 충격된 승객이 추락한 경우

㉰ 버스 운전자가 개 · 폐 안전장치인 전자감응장치가 고장난 상태에서 운행 중에 승객이 내리고 있을 때 출발하여 승객이 추락한 경우

② 승객추락방지의무에 해당하지 않는 경우

㉮ 승객이 임의로 차문을 열고 상체를 내밀어 차밖으로 추락한 경우

㉯ 운전자가 사고방지를 위해 취한 급제동으로 승객이 차밖으로 추락한 경우

㉰ 화물자동차 적재함에 사람을 태우고 운행 중에 운전자의 급가속 또는 급제동으로 피해자가 추락한 경우

③ 승객추락방지의무위반 사고의 성립요건

항목	내용	예외 사항
자동차 요건	• 승용, 승합, 화물, 건설기계 등 자동차에만 적용	• 이륜자동차 및 자전거는 제외
피해자 요건	• 탑승 승객이 문이 열려있는 상태로 출발한 차량에서 추락하여 피해를 입은 경우	• 적재되어 있는 화물의 추락 사고는 제외
운전자 과실	• 차의 문이 열려 있는 상태로 출발하는 행위	• 차량이 정지하고 있는 상태에서의 추락은 제외

(13) 어린이 보호구역내 어린이 보호의무위반 사고

① 어린이 보호구역으로 지정될 수 있는 장소

㉮ 유치원, 초등학교 또는 특수학교

㉯ 정원 100명 이상의 보육시설(관할 경찰서장과 협의된 경우에는 정원이 100명 미만의 보육시설 주변도로에 대해서도 지정 가능)

㉰ 학원 수강생이 100명 이상인 학원(관할 경찰서장과 협의된 경우에는 정원이 100명 미만의 학원 주변도로에 대해서도 지정 가능)

㉱ 외국인학교 또는 대안학교, 국제학교 및 외국교육기관 중 유치원 · 초등학교 교과과정이 있는 학교

② 어린이 보호의무위반 사고의 성립요건

항목	내용	예외 사항
장소적 요건	• 어린이 보호구역으로 지정된 장소	• 어린이 보호구역이 아닌 장소
피해자 요건	• 어린이가 상해를 입은 경우	• 성인이 상해를 입은 경우
운전자 과실	• 어린이에게 상해를 입힌 경우	• 성인에게 상해를 입힌 경우

03 교통사고 처리의 이해

(1) 용어의 정의

① **교통** : 차를 운전하여 사람 또는 화물을 이동시키거나 운반하는 등 차를 그 본래의 용법에 따라 사용하는 것

② **교통사고** : 차의 교통으로 인하여 사람을 사상하거나 물건을 손괴하는 것

③ **대형사고** : 3명 이상이 사망(교통사고 발생일부터 30일 이내에 사망)하거나 20명 이상의 사상자가 발생한 사고

④ **교통조사관** : 교통사고를 조사하여 검찰에 송치하는 등 교통사고 조사업무를 처리하는 경찰 공무원

⑤ **스키드 마크(Skid mark)** : 차의 급제동으로 인하여 타이어의 회전이 정지된 상태에서 노면에 미끄러져 생긴 타이어 마모흔적 또는 활주흔적

SECTION 03 교통사고처리 특례법령

⑥ **요 마크(Yaw mark)** : 급핸들 등으로 인하여 차의 바퀴가 돌면서 차축과 평행하게 옆으로 미끄러진 타이어의 마모흔적

⑦ **충돌** : 차가 반대방향 또는 측방에서 진입하여 그 차의 정면으로 다른 차의 정면 또는 측면을 충격한 것

⑧ **추돌** : 2대 이상의 차가 동일방향으로 주행 중 뒤차가 앞차의 후면을 충격한 것

⑨ **접촉** : 차가 추월, 교행 등을 하려다가 차의 좌우측면을 서로 스친 것

⑩ **전도** : 차가 주행 중 도로 또는 도로 이외의 장소에 차체의 측면이 지면에 접하고 있는 상태(지면에 좌측면이 접해 있으면 좌전도, 우측면이 접해 있으면 우전도)

⑪ **전복** : 차가 주행 중 도로 또는 도로 이외의 장소에 뒤집혀 넘어진 것

⑫ **추락** : 차가 도로변 절벽 또는 교량 등 높은 곳에서 떨어진 것

⑬ **뺑소니** : 교통사고를 야기한 차의 운전자가 피해자를 구호하는 등 도로교통법령에 따른 조치를 취하지 아니하고 도주한 것

(2) 수사기관의 교통사고 처리 기준

① **인피사고(사람을 사망하게 하거나 다치게 한 교통사고)의 처리**
  ㉮ 사람을 사망하게 한 교통사고의 가해자는 교통사고처리특례법을 적용하여 기소의견으로 송치
  ㉯ 부상사고의 피해자가 가해자에 대해 처벌을 희망하지 않는 의사표시를 한 때에는 교통사고처리특례법을 적용하여 불기소의견으로 송치. 다만, 사고의 원인행위에 대하여는 도로교통법을 적용하여 통고처분 또는 즉결심판 청구
  ㉰ 부상사고로 피해자가 가해자에 대하여 처벌을 희망하지 아니하는 의사표시가 없는 경우 교통사고처리특례법을 적용하여 기소의견으로 송치
  ㉱ 부상사고로 피해자가 가해자에 대하여 처벌을 희망하지 아니하는 의사표시가 없는 경우라도 보험 또는 공제에 가입된 경우에는 다음에 해당하는 경우를 제외하고 교통사고처리특례법을 적용하여 불기소의견으로 송치. 다만, 사고의 원인행위에 대하여는 도로교통법을 적용하여 통고처분 또는 즉결심판 청구
    ㉠ 피해자가 생명의 위험이 발생하거나 불구·불치·난치의 질병(중상해)에 이르게 된 경우
    ㉡ 보험등의 계약이 해지되거나 보험사 등의 보험금 등 지급의무가 없어진 경우

② **물피사고(다른 사람의 건조물이나 그 밖의 재물을 손괴한 교통사고)의 처리**
  ㉮ 피해자가 가해자에 대하여 처벌을 희망하지 아니하는 의사표시가 있는 경우 보험등에 가입된 경우에는 단순 물적피해 교통사고 조사보고서를 작성하고, 교통경찰 업무관리시스템(TCS)의 교통사고접수 처리대장에 입력한 후 종결
  ㉯ 피해자가 가해자에 대하여 처벌을 희망하지 아니하는 의사표시가 없거나 보험등에 가입되지 아니한 경우에는 기소의견으로 송치. 다만, 피해액이 20만원 미만인 경우에는 즉결심판을 청구하고 교통사고접수 처리대장에 입력한 후 종결

③ **뺑소니 사고의 처리**
  ㉮ 인피 뺑소니사고 : 특정범죄가중처벌 등에 관한 법률을 적용하여 기소의견으로 송치
  ㉯ 물피 뺑소니사고
    ㉠ 도로에서 교통상의 위험과 장해를 발생시키거나 발생시킬 우려가 있는 물피 뺑소니 사고에 대해서는 도로교통법을 적용하여 기소의견으로 송치
    ㉡ 주·정차된 차만 손괴한 것이 분명하고 피해자에게 인적사항을 제공하지 않은 물피 뺑소니사고에 대해서는 도로교통법을 적용하여 통고처분 또는 즉심청구하고 교통경찰 업무관리시스템(TCS)에서 결과보고서 작성한 후 종결

④ **주취운전 중 인피사고를 일으킨 운전자에 대하여는 다음 각 호의 사항을 종합적으로 고려하여 특정범죄가중처벌 등에 관한 법률을 적용하여 위험운전 치사상죄를 적용**
  ㉮ 가해자가 마신 술의 양
  ㉯ 사고발생 경위, 사고위치 및 피해정도
  ㉰ 비정상적 주행 여부, 똑바로 걸을 수 있는지 여부, 말할 때 혀가 꼬였는지 여부, 횡설수설하는지 여부, 사고 상황을 기억하는지 여부 등 사고 전·후의 운전자 행태

⑤ **피해자와의 손해배상 합의기간** : 교통조사관은 부상사고로써 사고를 일으킨 운전자가 보험등에 가입되지 아니한 경우 또는 중상해 사고를 야기한 운전자에게 특별한 사유가 없는 한 사고를 접수한 날부터 2주간 합의할 수 있는 기간을 주어야 한다.

> **교통사고로 처리하지 아니하는 경우**
> - 자살·자해행위로 인정되는 경우
> - 확정적 고의에 의하여 타인을 사상하거나 물건을 손괴한 경우
> - 낙하물에 의하여 차량 탑승자가 사상하였거나 물건이 손괴된 경우
> - 축대, 절개지 등이 무너져 차량 탑승자가 사상하였거나 물건이 손괴된 경우
> - 사람이 건물, 육교 등에서 추락하여 진행중인 차량과 충돌 또는 접촉하여 사상한 경우
> - 그 밖의 차의 교통으로 발생하였다고 인정되지 아니한 안전사고의 경우
> ※ 위에 해당하는 사고의 경우라도 운전자가 이를 피할 수 있었던 경우에는 교통사고로 처리

SECTION 04 주요 교통사고유형

01 안전거리 미확보 사고

(1) 안전거리의 개념
① **안전거리** : 같은 방향으로 가고 있는 앞차가 갑자기 정지하게 되는 경우 그 앞차와의 추돌을 피할 수 있는 필요한 거리로 정지거리보다 약간 긴 정도의 거리
② **정지거리** : 공주거리 + 제동거리
  ㉮ 공주거리 : 운전자가 위험을 느끼고 브레이크를 밟았을 때 자동차가 제동되기 전까지 주행한 거리
  ㉯ 제동거리 : 제동되기 시작하여 정지될 때까지 주행한 거리

(2) 안전거리 미확보
① 앞차의 정당한 급정지, 과실 있는 급정지라 하더라도 사고를 방지할 주의의무는 뒤차에게 있으며, 앞차에 과실이 있는 경우에는 손해보상 시 과실상계하여 처리한다.
② 앞차가 고의적으로 급정지하는 경우에 한하여 앞차에게 책임이 부과된다.

02 진로 변경(급차로 변경) 사고

(1) 고속도로에서 차로의 의미
① **주행차로** : 고속도로에서 주행할 때 통행하는 차로
② **가속차로** : 주행차로에 진입하기 위해 속도를 높이는 차로
③ **감속차로** : 주행차로를 벗어나 고속도로에서 빠져나가기 위해 감속하기 위한 차로
④ **오르막차로** : 오르막 구간에서 저속자동차와 다른 자동차를 분리하여 통행시키기 위한 차로

(2) 진로 변경(급차로 변경) 사고의 성립요건

항목	내용	예외 사항
장소적 요건	• 도로에서 발생	–
피해자 요건	• 옆 차로에서 진행 중인 차량이 갑자기 차로를 변경하여 불가항력적으로 충돌한 경우	• 동일방향 앞 · 뒤 차량으로 진행하던 중 앞차가 차로를 변경하는데 뒤차도 따라 차로를 변경하다가 앞차를 추돌한 경우 • 장시간 주차하다가 막연히 출발하여 좌측면에서 차로 변경 중인 차량의 후면을 충돌한 경우 • 차로 변경 후 상당 구간 진행 중인 차량을 뒤차가 추돌한 경우
운전자 과실	• 사고 차량이 차로를 변경하면서 변경 방향 차로 후방에서 진행하는 차량의 진로를 방해한 경우	–

03 후진사고

(1) 후진에 따른 용어의 정의
① **후진위반** : 후진하기 위해 주의를 기울였음에도 불구하고 다른 보행자나 차량의 정상적인 통행을 방해하여 다른 보행자나 차량을 충돌한 경우(일반도로에서 주로 발생)
② **안전운전 불이행** : 주의를 기울이지 않은 채 후진하여 다른 보행자나 차량을 충돌한 경우(골목길이나 주차장 등에서 주로 발생)
③ **통행구분위반** : 대로상에서 뒤에 있는 일정한 장소나 다른 길로 진입하기 위해 상당한 구간을 계속 후진하다가 정상진행 중인 차량과 충돌한 경우(역진행에 해당되는 것으로 보아 중앙선침범과 동일하게 취급)

(2) 후진사고의 성립요건

항목	내용	예외 사항
장소적 요건	• 도로에서 발생	–
피해자 요건	• 후진하는 차량에 충돌되어 피해를 입은 경우	• 정차 중 노면경사로 인해 차량이 뒤로 흘러 내려가 피해를 입은 경우
운전자 과실	• 일반사고로 처리하는 경우 – 교통 혼잡으로 인해 후진이 금지된 곳에서 후진하는 경우 – 후방에 교통보조자를 세우고 보조자의 유도에 따라 후진하지 않는 경우 – 후방에 대한 주시를 소홀히 한 채 후진하는 경우 • 차로가 설치되어 있는 도로에서 뒤에 있는 장소로 가기 위해 상당 구간을 후진하는 경우	• 뒤차의 전방주시나 안전거리 미확보로 앞차를 추돌하는 경우 • 고속도로나 자동차전용도로에서 정지 중 노면경사로 인해 차량이 뒤로 흘러 내려간 경우 • 고속도로나 자동차전용도로에서 긴급자동차, 도로보수 및 유지작업 자동차, 교통상의 위험방지제거 및 응급조치작업에 사용되는 자동차로 부득이하게 후진한 경우

04 교차로 통행방법위반 사고

(1) 교차로 통행방법위반 사고의 이해
① 앞지르기 금지와 교차로 통행방법위반 사고의 차이
  ㉮ 앞지르기 금지 사고 : 뒤차가 교차로에서 앞차의 측면을 통과한 후 앞차의 그 앞으로 들어가는 도중에 발생한 사고
  ㉯ 교차로 통행방법위반 사고 : 뒤차가 교차로에서 앞차의 측면을 통과하면서 앞차의 앞으로 들어가지 않고 앞차의 측면을 접촉하는 사고
② 가해자와 피해자 구분
  ㉮ 앞차가 너무 넓게 우회전하여 앞 · 뒤가 아닌 좌 · 우차의 개념으로 보는 상태에서 충돌한 경우 : 앞차가 가해자
  ㉯ 앞차가 일부 간격을 두고 우회전중인 상태에서 뒤차가 무리하게 끼어들며 진행하여 충돌한 경우 : 뒤차가 가해자

(2) 교차로 통행방법위반 사고의 성립요건

항목	내용	예외 사항
장소적 요건	• 2개 이상의 도로가 교차하는 장소(교차로)	–
피해자 요건	• 교차로 통행 중에 통행방법을 위반한 차량에 충돌되어 피해를 입은 경우	• 신호위반 차량에 충돌되어 피해를 입은 경우

운전자 과실	• 교차로 통행방법을 위반한 과실
	  – 교차로에서 좌회전하는 경우
	  – 교차로에서 우회전하는 경우
	• 안전운전 불이행 과실
		• 앞차의 후진이나 고의 사고로 인한 경우
		• 신호를 위반한 경우

05 신호등 없는 교차로 사고

(1) 신호등 없는 교차로 가해자 판독 방법
  ① 교차로 진입 전 일시정지 또는 서행하지 않은 경우
  ② 교차로 진입 전 일시정지 또는 서행하였으나, 교차로 앞·좌우 교통상황을 확인하지 않은 경우

(2) 교차로 진입할 때 통행우선권을 이행하지 않은 경우
  ① 교차로에 이미 진입하여 진행하고 있는 차량이 있거나 교차로에 들어가고 있는 차량과 충돌한 경우
  ② 통행 우선 순위가 같은 상태에서 우측 도로에서 진입한 차량과 충돌한 경우
  ③ 교차로에 동시 진입한 상태에서 폭이 넓은 도로에서 진입한 차량과 충돌한 경우
  ④ 교차로에 진입하여 좌회전하고 있는 상태에서 직진 또는 우회전 차량과 충돌한 경우

06 서행·일시정지 위반 사고

(1) 서행·일시정지 등의 용어 구분
  ① **서행** : 차가 즉시 정지할 수 있는 느린 속도로 진행하는 것을 의미 (위험을 예상한 상황적 대비)
  ② **일시정지** : 반드시 차가 멈추어야 하되, 얼마간의 시간동안 정지 상태를 유지해야 하는 교통상황의 의미(정지상황의 일시적 전개)
  ③ **정지** : 자동차가 완전히 멈추는 상태. 즉, 당시의 속도가 0km/h인 상태

(2) 서행·일시정지 위반 사고의 성립요건

항목	내용	예외 사항
장소적 요건	• 도로에서 발생	–
피해자 요건	• 서행·일시정지 위반 차량에 충돌되어 피해를 입은 경우	–
운전자 과실	• 서행·일시정지 의무가 있는 곳에서 이를 위반한 경우	• 일시정지 표지판이 설치된 곳에서 치상피해를 입은 경우 (지시위반 사고로 처리)
시설물 설치 요건	• 서행 장소에 안전표지 중 규제표지인 서행표지나 노면표시인 서행표시가 설치된 경우	• 규제표지인 일시정지표지나 노면표시인 일시정지표시가 설치된 경우에는 지시위반 사고로 처리

07 안전운전 불이행 사고

(1) 안전운전
  ① 모든 자동차 장치를 정확히 조작하여 운전하는 경우
  ② 도로의 교통상황과 차의 구조 및 성능에 따라 다른 사람에게 위험과 방해를 주지 않는 속도나 방법으로 운전하는 경우

(2) 난폭운전
  ① 고의나 인식할 수 있는 과실로 타인에게 현저한 위해를 초래하는 운전을 하는 경우
  ② 타인의 통행을 현저히 방해하는 운전을 하는 경우
  ③ **난폭운전 사례** : 급차로변경, 지그재그 운전, 좌·우로 핸들을 급조작하는 운전, 지선도로에서 간선도로로 진입할 때 일시정지 없이 급진입하는 운전

MEMO

적중 예상문제

CHECK POINT QUESTION

CHAPTER 01 | 교통 · 운수관련 법규 및 교통사고 유형

SECTION 1 여객자동차 운수사업법령

01 여객자동차 운수사업법의 목적과 거리가 먼 것은?

① 여객자동차 운수사업에 관한 질서 확립
② 여객의 원활한 운송
③ 여객자동차 운수사업의 종합적인 발달 도모
④ 운수종사자의 복지 향상

> **해설** 여객자동차 운수사업법은 여객자동차 운수사업에 관한 질서를 확립하고 여객의 원활한 운송과 여객자동차 운수사업의 종합적인 발달을 도모하여 공공복리를 증진하는 것을 목적으로 한다.

02 다음 중 여객자동차 운수사업법상 "노선(路線) 여객자동차운송사업"에 속하지 않는 것은?

① 시내버스운송사업
② 전세버스운송사업
③ 마을버스운송사업
④ 농어촌버스운송사업

> **해설** **여객자동차운송사업의 종류**
> • 노선(路線) 여객자동차운송사업 : 시내버스운송사업, 농어촌버스운송사업, 마을버스운송사업, 시외버스운송사업
> • 구역(區域) 여객자동차운송사업 : 전세버스운송사업, 특수여객자동차운송사업
> • 수요응답형 여객자동차운송사업

03 여객자동차 운수사업법상 "시내버스운송사업"의 운행형태에 따른 구분이 아닌 것은?

① 광역급행형
② 직행좌석형
③ 좌석형
④ 고속형

> **해설** **노선 여객자동차운송사업의 운행형태에 따른 구분**
>
> | 운송사업의 종류 | 운행형태에 따른 구분 |
> |---|---|
> | 시내버스운송사업 | 광역급행형, 직행좌석형, 좌석형, 일반형 |
> | 농어촌버스운송사업 | 직행좌석형, 좌석형, 일반형 |
> | 마을버스운송사업 | – |
> | 시외버스운송사업 | 고속형, 직행형, 일반형 |

04 일반적으로 구역 여객자동차운송사업 중 '전세버스운송사업'은 1개의 운송계약에 따라 승차정원 몇 명의 승합자동차를 사용하여 여객을 운송하는 사업을 말하는가?

① 29인승 이상
② 29인승 이하
③ 16인승 이상
④ 16인승 이하

> **해설** 전세버스운송사업은 운행계통을 정하지 아니하고 전국을 사업구역으로 하여 1개의 운송계약에 따라 승차정원 16인승 이상의 승합자동차를 사용하여 여객을 운송하는 사업을 말한다.

05 주로 농촌과 어촌을 기점 또는 종점으로 하는 경우로서 운행계통 · 운행시간 · 운행횟수를 여객의 요청에 따라 탄력적으로 운영하여 여객을 운송하는 사업은?

① 구역 여객자동차운송사업
② 수요응답형 여객자동차운송사업
③ 농어촌버스운송사업
④ 시외버스운송사업

> **해설** 수요응답형 여객자동차운송사업은 농촌과 어촌을 기점 또는 종점으로 하는 경우 또는 대중교통 현황조사에서 대중교통이 부족하다고 인정되는 지역을 운행하는 경우로서 운행계통·운행시간·운행횟수를 여객의 요청에 따라 탄력적으로 운영하여 여객을 운송하는 사업을 말한다.

06 다음의 보기는 시외버스운송사업의 운행형태 중 '고속형'에 대한 설명이다. 괄호 안에 들어갈 내용으로 알맞은 것은?

시외고속버스 또는 시외우등고속버스를 사용하여 운행거리가 (a) 이상이고, 운행구간의 (b) 이상을 고속국도로 운행하며, 기점과 종점의 중간에서 정차하지 아니하는 운행형태

① a. 150km − b. 50%
② a. 100km − b. 60%
③ a. 150km − b. 60%
④ a. 100km − b. 50%

> **해설** **시외버스운송사업의 운행형태**
> • 고속형 : 시외고속버스 또는 시외우등고속버스를 사용하여 운행거리가 100km 이상이고, 운행구간의 60% 이상을 고속국도로 운행하며, 기점과 종점의 중간에서 정차하지 아니하는 운행형태
> • 직행형 : 시외(우등)직행버스를 사용하여 기점 또는 종점이 있는 특별시·광역시·특별자치시 또는 시·군의 행정구역이 아닌 다른 행정구역에 있는 1개소 이상의 정류소에 정차하면서 운행하는 형태
> • 일반형 : 시외(우등)일반버스를 사용하여 각 정류소에 정차하면서 운행하는 형태

07 여객자동차운송사업에 사용되는 자동차의 바깥쪽에 외부에서 알아보기 쉽도록 차체 면에 인쇄하는 표시 내용이 잘못된 것은?

① 시외우등고속버스 : "우등고속"
② 전세버스운송사업용 자동차 : "전세"
③ 특수여객자동차운송사업용 자동차 : "특수"
④ 마을버스운송사업용 자동차 : "마을버스"

> **해설** 시외버스의 경우 자동차 표시 내용 : 시외우등고속버스("우등고속"), 시외고속버스("고속"), 시외우등직행버스("우등직행"), 시외직행버스("직행"), 시외우등일반버스("우등일반"), 시외일반버스("일반")

08 여객자동차 운수사업법상 "중대한 교통사고"에 해당되지 않는 것은?

① 전복(顚覆) 사고
② 화재가 발생한 사고
③ 중상자 없이 사망자가 1명인 사고
④ 사망자 없이 중상자가 6명 이상인 사고

> **해설** **중대한 교통사고의 범위**
> • 전복(顚覆) 사고
> • 화재가 발생한 사고보고
> • 사망자 2명 이상 발생한 사고
> • 사망자 1명과 중상자 3명 이상 발생한 사고
> • 중상자 6명 이상 발생한 사고

정답 01 ④ 02 ② 03 ④ 04 ③

버스운전 자격시험 총정리문제집

정답 05 ② 06 ② 07 ③ 08 ③

09 여객자동차 운수사업법상 중대한 교통사고 발생 시 운송사업자는 몇 시간 이내에 사고의 개략적인 상황을 관한 시·도지사에게 보고하여야 하는가?

① 12시간　　② 24시간
③ 72시간　　④ 96시간

해설 운송사업자는 중대한 교통사고가 발생하였을 때에는 24시간 이내에 사고의 일시·장소 및 피해사항 등 사고의 개략적인 상황을 관할 시·도지사에게 보고한 후 72시간 이내에 사고보고서를 작성하여 관할 시·도지사에게 제출하여야 한다.

10 여객자동차 운수사업법상 운송사업자는 신규 채용한 운수종사자의 명단을 며칠 이내에 시·도지사에게 알려야 하는가?

① 3일　　② 5일
③ 7일　　④ 10일

해설 운송사업자는 신규 채용하거나 퇴직한 운수종사자의 명단을 신규 채용일이나 퇴직일로부터 7일 이내에 시·도지사에게 알려야 한다.

11 운송사업자가 전월 말일 현재의 운수종사자 현황을 시·도지사에게 알려야 하는 시기로 옳은 것은?

① 매월 30일까지
② 매월 10일까지
③ 매월 15일까지
④ 매월 20일까지

해설 운송사업자는 전월 말일 현재의 운수종사자 현황과 전월 각 운수종사자에 대한 휴식시간 보장내역을 매월 10일까지 시·도지사에게 알려야 한다.

12 여객자동차 운수사업법상 버스운전업무 종사자격의 요건으로 틀린 것은?

① 19세 이상으로서 운전경력이 1년 이상일 것
② 사업용 자동차를 운전하기에 적합한 운전면허를 보유하고 있을 것
③ 운전적성 정밀검사 기준에 적합할 것
④ 버스운전자격시험에 합격하고 자격증을 취득할 것

해설 20세 이상으로서 운전경력이 1년 이상이어야 한다.

13 도로교통법상의 음주운전 또는 약물 등에 의한 운전으로 운전면허가 취소된 사람의 경우 자격시험일 기준으로 버스운전자격을 몇 년간 취득할 수 없는가?

① 1년간　　② 3년간
③ 5년간　　④ 7년간

해설 자격시험일 전 5년간 다음의 어느 하나에 해당하는 사람은 버스운전자격을 취득할 수 없다.
- 도로교통법상의 음주운전 또는 약물 등에 의한 운전으로 운전면허가 취소된 사람
- 무면허 운전으로 벌금형 이상의 형을 선고받거나 운전면허가 취소된 사람
- 운전 중 고의 또는 과실로 3명 이상이 사망하거나 20명 이상의 사상자가 발생한 사고를 일으켜 운전면허가 취소된 사람

14 여객자동차 운수사업법상 운전적성정밀검사의 종류에 해당되지 않은 것은?

① 신규검사　　② 특별검사
③ 자격유지검사　　④ 정기검사

해설 운전적성정밀검사의 종류
- 신규검사
- 특별검사
- 자격유지검사

15 신규검사의 적합판정을 받은 자로서 운전적성정밀검사를 받은 날부터 3년 이내에 취업하지 않은 사람이 받아야 하는 운전적성정밀검사의 종류는?

① 신규검사
② 특별검사
③ 자격유지검사
④ 정기검사

해설 신규검사 대상자
- 신규로 여객자동차 운송사업용 자동차를 운전하려는 자
- 여객자동차 운송사업용 자동차 또는 화물자동차 운송사업용 자동차의 운전업무에 종사하다가 퇴직한 자로서 신규검사를 받은 날부터 3년이 지난 후 재취업하려는 자. 다만, 재취업일까지 무사고 운전한 경우는 제외
- 신규검사의 적합판정을 받은 자로서 운전적성정밀검사를 받은 날부터 3년 이내에 취업하지 아니한 자

16 다음 중 '버스운전자격증'을 잃어버리거나 헐어 못 쓰게 된 경우 재발급 신청은 어디에 하여야 하는가?

① 관할 구청
② 한국교통안전공단
③ 도로교통공단
④ 관할 경찰서

해설 운전자격증 또는 운전자격증명에 다음의 사항이 있는 경우 재발급에 필요한 구비서류를 첨부하여 한국교통안전공단 또는 운전자격증명 발급기관에 신청하여야 한다.
- 기록사항에 착오가 있거나 변경된 내용이 있어 정정을 받으려는 경우
- 운전자격증 등을 잃어버리거나 헐어 못 쓰게 된 경우

17 여객자동차운송사업용 자동차의 운전업무에 종사하는 사람이 퇴직할 때 운전자격증명은 누구에게 반납하여야 하는가?

① 운송사업자
② 한국교통안전공단
③ 시·도지사
④ 여객자동차 운송사업조합

해설 운수종사자가 퇴직하는 경우에는 본인의 운전자격증명을 운송사업자에게 반납하여야 하며, 운송사업자는 지체없이 해당 운전자격증명 발급기관에 그 운전자격증명을 제출하여야 한다.

18 여객자동차 운수사업법령상 운송사업자가 차내에 운전자격증명을 항상 게시하지 않은 경우 1차 위반 시 행정처분은?

① 운행정지 5일
② 운행정지 10일
③ 운행정지 20일
④ 감차명령

해설 운송사업자가 차내에 운전자격증명을 게시하지 않은 때에는 운행정지 5일의 행정처분에 처해진다.

19 여객자동차 운수사업법령상 운수종사자의 자격요건을 갖추지 않은 사람을 운전업무에 종사하지 못하도록 한 규정을 1차 위반한 경우 특수여객자동차운송사업자에게 부과되는 과징금은 얼마인가?

① 300만원　　② 360만원
③ 500만원　　④ 800만원

해설 운수종사자의 자격요건을 갖추지 않은 사람을 운전업무에 종사하지 못하도록 한 규정을 1차 위반한 경우 특수여객자동차운송사업자에게 부과되는 과징금은 360만원(2차 위반 시 720만원)이며, 그 외의 버스운송사업자(시내버스, 농어촌버스, 마을버스, 시외버스, 전세버스)는 500만원(2차 위반 시 1000만원)이다.

적중 예상문제

제 01 장 Ⅰ 교통 · 운수관련 법규 및 교통사고 유형

20 운전자격의 취소 및 효력정지의 처분기준과 관련하여 감경의 사유가 아닌 것은?

① 위반행위가 고의나 중대한 과실이 아닌 사소한 부주의나 오류로 인한 것으로 인정되는 경우
② 위반행위를 한 사람이 처음 해당 위반행위를 한 경우로서, 5년 이상 해당 여객자동차운송사업의 운수종사자로서 모범적으로 근무해 온 사실이 인정되는 경우
③ 여객자동차운수사업에 대한 정부 정책상 필요하다고 인정되는 경우
④ 위반의 내용정도가 중대하여 이용객에게 미치는 피해가 크다고 인정되는 경우

해설 **가중사유**
• 위반행위가 사소한 부주의나 오류가 아닌 고의나 중대한 과실에 의한 것으로 인정되는 경우
• 위반의 내용정도가 중대하여 이용객에게 미치는 피해가 크다고 인정되는 경우

21 운전자격의 취소 및 효력정지의 처분과 관련하여 처분기준이 다른 하나는?

① 부정한 방법으로 버스운전자격을 취득한 경우
② 면허의 결격사유에 해당하게 된 경우
③ 도로교통법 위반으로 사업용 자동차를 운전할 수 있는 운전면허가 취소된 경우
④ 정당한 사유없이 법에서 정한 운수종사자의 교육을 받지 않은 경우

해설 보기 중 ①, ②, ③항은 자격취소, ④항은 자격정지 5일에 처분된다.

22 여객자동차 운수사업법령에서 정한 운수종사자의 준수사항을 이행하지 않아 1년간 세 번의 과태료 처분을 받은 사람이 같은 위반행위를 한 경우 운전자격의 처분기준은?

① 자격정지 15일
② 자격정지 50일
③ 자격취소
④ 자격정지 5일

해설 법에서 정한 운수종사자의 준수사항을 이행하지 않아 1년간 세 번의 과태료 처분을 받은 사람이 같은 위반행위를 한 경우 운전자격이 취소된다.

23 정당한 사유없이 여객자동차 운수사업법에서 정한 운수종사자의 교육을 받지 않은 경우 운전자격의 처분기준은?

① 자격정지 15일
② 자격정지 30일
③ 자격취소
④ 자격정지 5일

해설 **자격정지 5일에 해당하는 위반행위**
• 운행기록증을 식별하기 어렵게 하거나 그러한 자동차를 운행한 경우
• 정당한 사유없이 법에서 정한 운수종사자의 교육을 받지 않은 경우

24 여객자동차 운수사업법령상 교통사고로 인하여 사망자 2명 이상의 사망자가 발생한 경우 운전자격의 처분기준은?

① 자격취소
② 자격정지 60일
③ 자격정지 50일
④ 자격정지 40일

해설 **인명피해 교통사고에 따른 운전자격 처분기준**
• 사망자 2명 이상 : 자격정지 60일
• 사망자 1명 및 중상자 3명 이상 : 자격정지 50일
• 중상자 6명 이상 : 자격정지 40일

25 여객자동차 운수사업법령상 운수종사자에 대한 교육의 종류에 해당되지 않는 것은?

① 신규교육
② 정기교육
③ 수시교육
④ 보수교육

해설 운수종사자 교육의 종류 : 신규교육, 보수교육, 수시교육

26 운송사업자는 새로 채용한 운수종사자에 대해 운전업무 시작 전 서비스의 질을 높이기 위한 교육을 실시하여야 한다. 이때의 교육시간으로 알맞은 것은?

① 16시간
② 10시간
③ 8시간
④ 4시간

해설 새로 채용한 운수종사자(사업용자동차를 운전하다가 퇴직한 후 2년 이내에 다시 채용된 사람은 제외)에 대한 신규교육 교육시간은 16시간이다.

27 법령위반 운수종사자를 대상으로 하는 운수종사자 교육과 그 교육시간이 올바르게 연결된 것은?

① 신규교육 – 4시간
② 보수교육 – 8시간
③ 보수교육 – 4시간
④ 수시교육 – 8시간

해설 **보수교육**

교육대상자	교육시간	교육주기
무사고·무벌점 기간이 5년 이상 10년 미만인 운수종사자	4	격년
무사고·무벌점 기간이 5년 미만인 운수종사자		매년
법령위반 운수종사자	8	수시

28 자가용자동차를 유상운송용으로 제공하거나 임대할 수 있는 경우에 해당되지 않은 것은?

① 출퇴근 때 승용자동차를 함께 타는 경우
② 천재지변이나 그 밖에 이에 준하는 비상사태로 인하여 수송력 공급의 증가가 긴급히 필요한 경우
③ 사업용자동차 및 철도 등 대중교통수단의 운행이 불가능하여 이를 일시적으로 대체하기 위한 수송력 공급이 긴급히 필요한 경우
④ 개인 사업체 소유의 자동차로서 장애인 등의 교통편의를 위하여 운행하는 경우

해설 국가 또는 지방자치단체 소유의 자동차로서 장애인 등의 교통편의를 위하여 운행하는 경우 자가용자동차를 유상운송용으로 제공하거나 임대할 수 있다.

29 특수여객자동차 운송사업용의 대형 승합자동차의 차령 기준은?

① 6년
② 10년
③ 11년
④ 9년

해설 **사업의 구분에 따른 차령 기준**

차종	사업의 구분		차령
승용자동차	특수여객자동차 운송사업용	경형·중형·소형	6년
		대형	10년
승합자동차	전세버스운송사업용 또는 특수여객자동차운송사업용		11년
	그 밖의 사업용		9년

정답 20 ④ 21 ④ 22 ③ 23 ④ 24 ②

정답 25 ② 26 ① 27 ② 28 ④ 29 ③

30 다음 보기의 괄호 안에 들어갈 내용으로 알맞은 것은?

> 국토교통부장관 또는 시·도지사는 여객자동차 운수사업자에게 사업정지처분을 하여야 하는 경우에 그 사업정지 처분이 그 여객자동차 운수사업을 이용하는 사람들에게 심한 불편을 주거나 공익을 해칠 우려가 있는 때에는 그 사업정지 처분을 갈음하여 ( ) 이하의 과징금을 부과·징수할 수 있다.

① 2천만원　　② 3천만원
③ 5천만원　　④ 7천만원

해설 국토교통부장관 또는 시·도지사는 여객자동차 운수사업자에게 사업정지처분을 하여야 하는 경우에 그 사업정지처분이 그 여객자동차 운수사업을 이용하는 사람들에게 심한 불편을 주거나 공익을 해칠 우려가 있는 때에는 그 사업정지 처분을 갈음하여 5천만원 이하의 과징금을 부과·징수할 수 있다.

31 여객자동차 운수사업법상 사업정지 처분에 갈음하여 부과되는 과징금의 사용 용도로 적합하지 않은 것은?

① 터미널 시설의 정비·확충
② 벽지노선 등을 운행하여 생긴 손실의 보전(補塡)
③ 지방자치단체가 설치하는 터미널을 건설하는 데에 필요한 자금의 지원
④ 운수종사자의 복지 향상을 위한 자금 지원

해설 과징금의 사용 용도
- 벽지노선이나 그 밖에 수익성이 없는 노선 등을 운행하여 생긴 손실의 보전(補塡)
- 운수종사자의 양성, 교육훈련, 그 밖의 자질 향상을 위한 시설과 운수종사자에 대한 지도 업무를 수행하기 위한 시설의 건설 및 운영
- 지방자치단체가 설치하는 터미널을 건설하는 데에 필요한 자금의 지원
- 터미널 시설의 정비·확충
- 여객자동차 운수사업의 경영 개선이나 여객자동차 운수사업의 발전을 위하여 필요한 사업
- 여객자동차운수사업법을 위반하는 행위를 예방 또는 근절하기 위하여 지방자치단체가 추진하는 사업

32 여객자동차 운수사업법령상 여객이 동반하는 6세 미만인 어린아이 1명은 운임이나 요금을 받지 아니하고 운송하여야 한다는 규정을 위반하여 어린아이의 운임을 받은 경우 1회 시의 과태료 금액은?

① 3만원　　② 5만원
③ 7만원　　④ 10만원

해설 1회 5만원, 2회 10만원, 3회 10만원

33 여객자동차 운수사업법령상 운수종사자가 차량의 출발 전에 여객이 좌석안전띠를 착용하도록 안내하지 않은 경우 1회 위반 시에 부과되는 과태료 금액은?

① 3만원　　② 5만원
③ 10만원　　④ 20만원

해설 1회 3만원, 2회 5만원, 3회 10만원

34 다음 보기 중 여객자동차 운수사업법령상 1회 위반 시의 과태료 금액이 다른 하나는?

① 운수종사자 취업현황을 알리지 않은 경우
② 중대한 교통사고 시의 조치를 하지 않은 경우
③ 휴식시간 보장내역을 알리지 않거나 거짓으로 알린 경우
④ 여객이 착용하는 좌석안전띠가 정상적으로 작동될 수 있는 상태를 유지하지 않은 경우

해설 1회 위반 시 보기 중 ①, ②, ③항은 50만원, ④항은 20만원의 과태료가 부과된다.

SECTION 2 도로교통법령

35 다음 중 '차도와 보도를 구분하는 돌 등으로 이어진 선'을 무엇이라 하는가?

① 구분선　　② 차선
③ 연석선　　④ 경계선

해설 용어의 정의
- 연석선 : 차도와 보도를 구분하는 돌 등으로 이어진 선
- 차선 : 차로와 차로를 구분하기 위하여 그 경계지점을 안전표지로 표시한 선

36 도로교통법상 연석선, 안전지대나 그와 비슷한 인공구조물로 경계를 표시하여 보행자가 통행할 수 있도록 한 도로의 부분은?

① 보도
② 길가장자리구역
③ 횡단보도
④ 자전거횡단도

해설 보도란 연석선(차도와 보도를 구분하는 돌 등으로 이어진 선), 안전지대나 그와 비슷한 인공구조물로 경계를 표시하여 보행자가 통행할 수 있도록 한 도로의 부분을 말한다.

37 도로교통법상 정차란 운전자가 ( )을 초과하지 아니하고 차를 정지시키는 것으로서 주차 외의 정지상태를 말한다. ( ) 안에 맞는 것은?

① 5분　　② 7분
③ 9분　　④ 10분

해설 "정차"란 운전자가 5분을 초과하지 아니하고 차를 정지시키는 것으로서 주차 외의 정지 상태를 말한다.

38 다음 중 도로교통법상의 '자동차'에 속하지 않는 것은?

① 승용자동차　　② 특수자동차
③ 화물자동차　　④ 원동기장치자전거

해설 자동차관리법에 따른 이륜자동차 가운데 배기량 125cc 이하의 이륜자동차 또는 배기량 50cc 미만(전기를 동력으로 하는 경우에는 정격출력 0.59kW 미만)의 원동기를 단 차를 도로교통법에서는 원동기장치자전거라 하며, 원동기장치자전거는 도로교통법상 자동차와 구분되어 있다.

39 어린이통학버스로 신고할 수 있는 자동차의 승차정원 기준으로 맞는 것은?

① 11인승 이상　　② 16인승 이상
③ 17인승 이상　　④ 9인승 이상

해설 어린이통학버스로 신고할 수 있는 자동차는 승차정원 9인승 이상의 자동차로 한다.

40 원형등화 차량신호등이 '녹색의 등화'일 때 신호의 뜻으로 틀린 것은?

① 차마는 직진할 수 있다.
② 차마는 우회전할 수 있다.
③ 차마는 좌회전할 수 있다.
④ 비보호좌회전표지 또는 비보호좌회전표시가 있는 곳에서는 좌회전할 수 있다.

해설 비보호좌회전표지 또는 비보호좌회전표시가 있는 곳에서만 좌회전할 수 있다.

적중 예상문제

41 도로교통법상 안전표지의 종류가 아닌 것은?

① 주의표지　　　　　② 안내표지
③ 규제표지　　　　　④ 노면표시

> **해설** 도로교통법상의 안전표지란 교통안전에 필요한 주의·규제·지시 등을 표시하는 표지판이나 도로의 바닥에 표시하는 기호·문자 또는 선 등을 말하는 것으로 주의표지, 규제표지, 지시표지, 보조표지 및 노면표시로 구분된다.

42 도로교통교통안전시설이 표시하는 신호 또는 지시와 교통정리를 하는 경찰공무원의 신호 또는 지시가 서로 다른 경우 운전자가 취해야 할 조치는?

① 교통안전시설이 표시하는 신호 또는 지시에 따른다.
② 경찰공무원의 신호 또는 지시에 따른다.
③ 둘 중 어느 것에 따라도 상관없다.
④ 서로 다른 신호 또는 지시이므로 따를 의무가 없다.

> **해설** 교통안전시설이 표시하는 신호 또는 지시와 교통정리를 위한 경찰공무원 또는 경찰보조자의 신호 또는 지시가 서로 다른 경우에는 경찰공무원 등의 신호 또는 지시에 따라야 한다.

43 도로교통법상 '안전표지'의 종류에 속하지 않는 것은?

① 주의표지
② 노면표시
③ 지시표지
④ 경고표지

> **해설** 안전표지에는 주의표지, 규제표지, 지시표지, 보조표지, 노면표시가 있다.

44 다음 안전표지에 대한 설명으로 맞는 것은?

① 다인승차량 전용차로 표지이다.
② 어린이통학버스 전용차로 표지이다.
③ 버스 전용차로 표지이다.
④ 승합자동차 전용차로 표지이다.

> **해설** 버스전용차로를 알리는 지시표지이다.

45 다음 중 편도 4차로인 고속도로에서 대형승합자동차의 통행차로는?

① 1차로
② 2차로
③ 2차로 및 3차로
④ 3차로 및 4차로

> **해설** 편도 4차로의 고속도로에서 차로에 따른 통행구분
> • 1차로 : 앞지르기하려는 승용자동차 및 경형·소형·중형 승합자동차의 앞지르기 차로
> • 2차로(왼쪽 차로) : 승용자동차 및 경형·소형·중형 승합자동차
> • 3차로 및 4차로(오른쪽 차로) : 대형 승합자동차, 화물자동차, 특수자동차 및 건설기계

46 다음 중 편도 3차로 고속도로 외의 도로에서 차로에 따른 통행차의 기준을 설명한 것으로 잘못된 것은?

① 중형 승합자동차가 1차로를 주행하였다.
② 승용자동차가 2차로를 주행하였다.
③ 대형 승합자동차가 1차로를 주행하였다.
④ 건설기계가 3차로를 주행하였다.

> **해설** 편도 3차로인 일반도로에서 1차로는 왼쪽 차로로 승용자동차 및 경형·소형·중형 승합자동차의 주행차로이다.

47 편도 3차로 고속도로에서 1차로가 차량 통행량 증가 등으로 인하여 부득이하게 시속 (　) 킬로미터 미만 으로 통행할 수밖에 없는 경우에는 앞지르기를 하는 경우가 아니더라도 통행할 수 있다. (　) 안의 기준으로 맞는 것은?

① 80　　　　　② 90
③ 100　　　　 ④ 110

> **해설** 차량통행량 증가 등 도로상황으로 인하여 부득이하게 시속 80km 미만으로 통행할 수밖에 없는 경우에는 앞지르기를 하는 경우가 아니라도 고속도로의 앞지르기 차로인 1차로를 통행할 수 있다.

48 도로교통법상 전용차로의 종류에 해당되지 않는 것은?

① 버스전용차로
② 다인승전용차로
③ 자전거전용차로
④ 승용차전용차로

> **해설** 도로교통법 시행령에 명시된 전용차로의 종류는 버스전용차로, 다인승전용차로, 자전거전용차로의 3가지이다.

49 도로 위 청색 실선으로 표시된 노면표시의 뜻은?

① 버스전용차로 표시
② 차로변경 제한선 표시
③ 승용차 차로변경 금지 표시
④ 주·정차 금지표시

> **해설** 노면표시의 색
> • 황색 : 중앙선 표시, 노상장애물 중 도로중앙장애물 표시, 주차금지 표시, 정차·주차금지 표시 및 안전지대 표시
> • 청색 : 버스전용차로 표시 및 다인승차량 전용차선 표시
> • 적색 : 어린이보호구역 또는 주거지역 안에 설치하는 속도제한 표시의 테두리선

50 고속도로 외의 도로에 설치된 버스전용차로로 통행할 수 없는 차는?

① 36인승 이상의 대형승합자동차
② 36인승 미만의 사업용 승합자동차
③ 노선을 지정하여 운행하는 16인승 미만의 통학용 승합자동차
④ 신고필증을 교부받아 어린이를 운송할 목적으로 운행 중인 어린이통학버스

> **해설** 고속도로 외의 도로에 설치된 버스전용차로로 통행할 수 있는 차
> • 보기 중 ①, ②, ④항
> • 보기 ①, ②, ④항 외의 차로서 시·도경찰청장이 지정한 다음 중 하나에 해당하는 승합자동차
> – 노선을 지정하여 운행하는 통학·통근용 승합자동차 중 16인승 이상 승합자동차
> – 국제행사 참가인원 수송 등 특히 필요하다고 인정되는 승합자동차(시·도경찰청장이 정한 기간 이내에 한함)
> – 관광숙박업자 또는 전세버스운송사업자가 운행하는 25인승 이상의 외국인 관광객 수송용 승합자동차(외국인 관광객이 승차한 경우에 한함)

정답　41 ②　42 ②　43 ④　44 ③　45 ④

정답　46 ③　47 ①　48 ④　49 ①　50 ③

51 고속도로 버스전용차로를 통행할 수 있는 9인승 승용자동차는 ( ) 명 이상 승차한 경우로 한정한다. ( ) 안에 맞는 것은?

① 3　　② 4
③ 5　　④ 6

해설) 승용자동차 또는 12인승 이하의 승합자동차는 6인 이상이 승차한 경우에만 고속도로 버스전용차로를 통행할 수 있다.

52 다음 중 편도 2차로 이상의 고속도로에서 최고속도 중 옳은 것은(단, 지정·고시한 노선 또는 구간의 고속도로는 제외)?

① 특수자동차 – 90km/h
② 승합자동차 – 110km/h
③ 승용차 – 120km/h
④ 적재중량 1.5톤 초과 화물자동차 – 80km/h

해설) 편도 2차로 이상의 고속도로에서 최고속도는 100km/h(적재중량 1.5톤을 초과하는 화물자동차, 특수자동차, 위험물운반자동차, 건설기계는 80km/h)이며, 지정·고시한 노선 또는 구간의 고속도로에서는 120km/h(적재중량 1.5톤을 초과하는 화물자동차, 특수자동차, 위험물운반자동차, 건설기계는 90km/h)이다.

53 편도 1차로인 고속도로에서 자동차의 최고속도는?

① 60km/h　　② 80km/h
③ 100km/h　　④ 120km/h

해설) 편도 1차로인 고속도로에서 자동차의 최고속도는 80km/h이며, 최저속도는 50km/h이다.

54 자동차전용도로에서 자동차의 최고속도 기준은?

① 120km/h　　② 110km/h
③ 100km/h　　④ 90km/h

해설) 자동차전용도로에서 자동차의 최고속도는 90km/h, 최저속도는 30km/h이다.

55 다음 중 최고속도의 100분의 50을 줄인 속도로 운행해야 하는 경우가 아닌 것은?

① 폭우, 폭설, 안개 등으로 가시거리가 100m 이내인 경우
② 비가 내려 노면이 젖어 있는 경우
③ 노면이 얼어붙은 경우
④ 눈이 20mm 이상 쌓인 경우

해설) 비가 내려 노면이 젖어 있는 경우, 눈이 20mm 미만 쌓인 경우는 최고속도의 20/100을 줄인 속도로 운행하여야 한다.

56 최고제한속도가 80km/h인 도로에 눈이 20mm 이상 쌓인 경우 자동차의 최고속도는?

① 100km/h　　② 80km/h
③ 64km/h　　④ 40km/h

해설) 노면이 얼어붙은 경우, 눈이 20mm 이상 쌓인 경우, 가시거리가 100m 이내인 경우 100분의 50을 줄인 속도로 운행해야 하므로, 40km/h가 최고속도가 된다.

57 다음은 앞지르기에 대한 설명이다. 올바른 운전방법은?

① 다른 차를 앞지르려면 앞차의 좌측으로 통행하여야 한다.
② 앞지르기를 할 때는 해당 도로의 최고속도 기준을 넘을 수 있다.
③ 필요한 경우 앞차의 우측으로 앞지르기하거나 2대 이상을 앞지르기할 수 있다.
④ 앞차가 다른 차를 앞지르려고 하는 경우에도 앞지르기할 수 있다.

해설) 모든 차의 운전자는 다른 차를 앞지르려면 앞차의 좌측으로 통행하여야 한다. 다만, 자전거의 운전자는 서행하거나 정지한 다른 차를 앞지르려면 앞차의 우측으로 통행할 수 있다. 이 경우 자전거의 운전자는 정지한 차에서 승차하거나 하차하는 사람의 안전에 유의하여 서행하거나 필요한 경우 일시정지하여야 한다.

58 긴급자동차의 우선 통행에 대한 설명으로 틀린 것은?

① 긴급자동차는 긴급하고 부득이한 경우에는 도로의 중앙이나 좌측 부분을 통행할 수 있다.
② 긴급자동차는 정지하여야 하는 경우에도 불구하고 긴급하고 부득이한 경우에는 정지하지 아니할 수 있다.
③ 본래의 긴급한 용도로 사용되고 있는 경우 앞지르기 금지시기 및 장소에서 앞지르기할 수 있다.
④ 본래의 긴급한 용도로 사용되고 있는 경우 앞차의 우측으로 앞지르기할 수 있다.

해설) 긴급자동차에 대한 특례(긴급자동차에 대하여는 적용하지 않는 규정)
• 자동차의 속도 제한(단, 긴급자동차에 대하여 속도를 제한한 경우에는 속도제한 규정을 적용)
• 앞지르기의 금지의 시기 및 장소
• 끼어들기의 금지

59 도로교통법상 차의 운전자가 그 차의 바퀴를 일시적으로 완전히 정지시키는 것은?

① 서행　　② 정차
③ 주차　　④ 일시정지

해설) "일시정지"란 차의 운전자가 그 차의 바퀴를 일시적으로 완전히 정지시키는 것을 말한다.

60 다음 중 반드시 일시정지해야 할 장소는?

① 교통정리를 하고 있지 않는 교차로
② 교통정리가 없고 좌우를 확인할 수 없거나 교통이 빈번한 교차로
③ 도로가 구부러진 부근
④ 비탈길의 고갯마루 부근

해설) 일시정지해야 하는 장소
• 교통정리를 하고 있지 아니하고 좌우를 확인할 수 없거나 교통이 빈번한 교차로
• 시·도경찰청장이 필요하다고 인정하여 안전표지(일시정지)로 지정한 곳

61 어린이가 보호자 없이 도로를 횡단하고 있는 경우 운전자의 올바른 운전요령은?

① 속도를 줄이고 횡단하고 있는 어린이를 피해 지나간다.
② 경음기를 울려 어린이에게 주의를 주면서 진행하던 속도로 지나간다.
③ 일시정지하여 횡단이 끝난 것을 확인한 뒤 지나간다.
④ 즉시 정지할 수 있는 정도의 속도로 줄여서 천천히 지나간다.

해설) 어린이가 보호자 없이 도로를 횡단하는 때, 어린이가 도로에 앉아 있거나 서 있을 때 또는 어린이가 도로에서 놀이를 할 때 등 어린이에 대한 교통사고의 위험이 있는 것을 발견한 경우 모든 운전자는 일시정지 하여야 한다.

정답 51 ④　52 ④　53 ②　54 ④　55 ②　56 ④

정답 57 ①　58 ④　59 ④　60 ②　61 ③

적중 예상문제

제 01 장 | 교통·운수관련 법규 및 교통사고 유형

62 야간에 도로에서 차를 운행하는 경우 승합자동차가 켜야 하는 등화는?

① 전조등, 차폭등
② 전조등, 차폭등, 미등
③ 전조등, 차폭등, 미등, 번호등
④ 전조등, 차폭등, 미등, 번호등, 실내조명등

해설 밤에 도로에서 차를 운행하는 경우 자동차는 전조등, 차폭등, 미등, 번호등과 실내조명등(실내조명등은 승합자동차와 여객자동차 운수사업법에 의한 여객자동차운송사업용 승용자동차에 한한다)을 켜야 한다.

63 도로교통법에서 정한 운전이 금지되는 술에 취한 상태의 기준으로 맞는 것은?

① 혈중알코올농도 0.03% 이상인 상태로 운전
② 혈중알코올농도 0.05% 이상인 상태로 운전
③ 혈중알코올농도 0.07% 이상인 상태로 운전
④ 혈중알코올농도 0.1% 이상인 상태로 운전

해설 운전이 금지되는 술에 취한 상태의 기준은 혈중알코올농도가 0.03% 이상으로 한다.(2019년 6월 25일 개정 법령에 따라 0.03% 이상으로 강화되었다.)

64 편도 2차로 도로에서 1차로로 어린이통학버스가 어린이나 영·유아를 태우고 있음을 알리는 표시를 하며 주행 중이다. 가장 안전한 운전방법은?

① 2차로가 비어 있어도 앞지르기를 하지 않는다.
② 2차로로 앞지르기하여 주행한다.
③ 경음기를 울려 전방 진로를 비켜 달라는 표시를 한다.
④ 반대 차로의 상황을 보다 중앙선을 넘어 앞지르기 한다.

해설 보기 중 가장 안전한 운전 방법은 2차로가 비어 있어도 앞지르기를 하지 않는 것이다. 모든 차의 운전자는 어린이나 영·유아를 태우고 있다는 표시를 한 상태로 도로를 통행하는 어린이통학버스를 앞지르지 못한다.

65 도로교통법상 어린이 통학버스 안전교육 대상자의 교육시간 기준으로 맞는 것은?

① 1시간 이상
② 3시간 이상
③ 5시간 이상
④ 6시간 이상

해설 어린이 통학버스의 안전교육은 교통안전을 위한 어린이 행동특성, 어린이 통학버스의 운영 등과 관련된 법령, 어린이 통학버스의 주요 사고 사례 분석, 그 밖에 운전 및 승차·하차 중 어린이 보호를 위하여 필요한 사항 등에 대하여 강의·시청각교육 등의 방법으로 3시간 이상 실시한다.

66 도로교통법상 밤에 고속도로에서 자동차가 고장난 경우, 고장자동차의 표지(안전삼각대)와 함께 사방 (   ) 미터 지점에서 식별할 수 있는 불꽃신호를 추가로 설치하여야 한다. (   )안에 맞는 것은?

① 100
② 200
③ 500
④ 600

해설 밤에는 고장자동차의 표지와 함께 사방 500m 지점에서 식별할 수 있는 적색의 섬광신호·전기제등 또는 불꽃신호를 추가로 설치하여야 한다.

67 다음 중 특별교통안전 권장교육 대상자가 아닌 사람은?

① 운전면허를 받은 사람 중 교육을 받으려는 날에 65세 이상인 사람
② 운전면허효력 정지처분을 받고 그 정지기간이 끝나지 아니한 초보운전자로서 특별교통안전 의무교육을 받은 사람
③ 교통법규 위반 등으로 인하여 운전면허효력 정지처분을 받을 가능성이 있는 사람
④ 적성검사를 받지 않아 운전면허가 취소된 사람

해설 특별교통안전 권장교육을 받을 수 있는 사람
• 교통법규 위반 중 특별교통안전 의무교육을 받아야 하는 사유 외의 사유로 인하여 운전면허효력 정지처분을 받게 되거나 받은 사람
• 교통법규 위반 등으로 인하여 운전면허효력 정지처분을 받을 가능성이 있는 사람
• 특별교통안전 의무교육을 받은 사람
• 운전면허를 받은 사람 중 교육을 받으려는 날에 65세 이상인 사람

68 제1종 운전면허의 시력(교정시력 포함) 기준으로 알맞은 것은?

① 두 눈을 동시에 뜨고 잰 시력이 0.8 이상이고, 양쪽 눈의 시력이 각각 0.5 이상일 것
② 두 눈을 동시에 뜨고 잰 시력이 0.5 이상일 것
③ 두 눈을 동시에 뜨고 잰 시력이 0.5 이상일 것. 다만, 한쪽 눈을 보지 못하는 사람은 다른 쪽 눈의 시력이 0.6 이상일 것
④ 두 눈을 동시에 뜨고 잰 시력이 0.8 이상일 것

해설 보기 중 ①항은 제1종, ③항은 제2종 운전면허의 시력 기준이다.

69 범칙행위에 따른 벌점이 30점에 해당하는 행위는?

① 승객의 차내 소란행위 방치운전
② 어린이통학버스 특별보호 위반
③ 앞지르기 금지시기·장소 위반
④ 승객 또는 승하차자 추락방지조치 위반

해설 ① 40점, ② 30점, ③ 15점, ④ 10점

70 인적피해 교통사고 결과에 따른 벌점 기준으로 틀린 것은?

① 사망 1명마다 – 90점
② 중상 1명마다 – 30점
③ 경상 1명마다 – 5점
④ 부상신고 1명마다 – 2점

해설 중상 1명마다 15점의 벌점이 부과된다. 참고로 중상은 3주 이상의 치료를 요하는 의사의 진단이 있는 사고를 말한다.

71 교통행정상 교통사고에 의한 사망은 교통사고 발생 후 몇 시간 이내에 사망한 경우인가?

① 12시간
② 24시간
③ 48시간
④ 72시간

해설 교통사고에 의한 사망은 교통사고 발생 후 72시간 내 사망한 것을 말한다. 그러나 이는 행정상의 구분일 뿐 72시간 이후라도 사망원인이 교통사고라면 형사적 책임이 부과된다.

정답 62 ④ 63 ① 64 ① 65 ② 66 ③

버스운전 자격시험 총정리문제집

정답 67 ④ 68 ① 69 ② 70 ② 71 ④

적중 예상문제

72 승합자동차 운전자의 과속행위에 대한 범칙금 기준으로 맞는 것은?(단, 어린이 보호구역 또는 노인·장애인보호구역이 아닌 경우이다.)

① 시속 60km 초과 - 범칙금 13만원
② 시속 40km 초과 60km 이하 - 범칙금 9만원
③ 시속 20km 초과 40km 이하 - 범칙금 6만원
④ 시속 20km 이하 - 범칙금 2만원

> **해설** 속도위반 범칙금액(승합자동차)
> • 60km/h 초과 : 13만원
> • 40km/h 초과 60km/h 이하 : 10만원
> • 20km/h 초과 40km/h 이하 : 7만원
> • 20km/h 이하 : 3만원

73 대형승합자동차 운행 중 승객의 차내 소란행위를 방치한 상태로 운전하였을 경우 운전자에 대한 범칙금과 벌점기준은?

① 범칙금 9만원, 벌점 30점
② 범칙금 10만원, 벌점 40점
③ 범칙금 11만원, 벌점 50점
④ 범칙금 12만원, 벌점 60점

> **해설** 차내 소란행위 방치운전의 경우 범칙금 10만원에 벌점 40점이 부과된다.

SECTION 3 교통사고처리 특례법령

74 차의 운전자가 업무상 과실 또는 중대한 과실로 인하여 사람을 사상에 이르게 한 경우 이에 대한 형법상 벌칙은?

① 5년 이하의 금고 또는 2천만원 이하의 벌금
② 5년 이하의 징역 또는 3천만원 이하의 벌금
③ 3년 이하의 금고 또는 1천만원 이하의 벌금
④ 1년 이하의 징역 또는 3천만원 이하의 벌금

> **해설** 형법 제268조(업무상과실·중과실 치사상) 업무상 과실 또는 중대한 과실로 인하여 사람을 사상에 이르게 한 자는 5년 이하의 금고 또는 2천만원 이하의 벌금에 처한다.

75 도로교통법상 차의 운전자가 중대한 과실로 다른 사람의 건조물을 손괴한 경우의 처벌은?

① 2년 이하의 금고나 2천만원 이하의 벌금
② 2년 이하의 금고나 500만원 이하의 벌금
③ 5년 이하의 금고 또는 2천만원 이하의 벌금
④ 5년 이하의 금고 또는 500원 이하의 벌금

> **해설** 도로교통법 제151조(벌칙) 차의 운전자가 업무상 필요한 주의를 게을리하거나 중대한 과실로 다른 사람의 건조물이나 그 밖의 재물을 손괴한 때에는 2년 이하의 금고나 500만원 이하의 벌금에 처한다.

76 사고운전자가 형사처벌 대상이 되는 경우가 아닌 것은?

① 사망사고인 경우
② 무면허 운전 중 사고
③ 사고를 유발하고 형사상 합의가 이루어진 경우
④ 음주운전 중 사고

> **해설** 사고운전자가 형사처벌 대상이 되는 경우
> • 사망사고
> • 차의 교통으로 업무상과실치상죄 또는 중과실치상죄를 범하고 피해자를 구호하는 등의 조치를 하지 아니하고 도주하거나, 피해자를 사고장소로부터 옮겨 유기하고 도주한 경우
> • 차의 교통으로 업무상과실치상죄 또는 중과실치상죄를 범하고 음주측정요구에 불응한 경우(운전자가 채혈 측정을 요청하거나 동의한 경우는 제외)
> • 신호·지시 위반 사고
> • 중앙선침범 사고, 횡단, 유턴 또는 후진중 사고
> • 과속(20km/h 초과) 사고
> • 앞지르기의 방법·금지시기·금지장소 또는 끼어들기의 금지 위반하거나 고속도로에서의 앞지르기 방법 위반 사고
> • 철길건널목 통과방법 위반 사고
> • 횡단보도에서 보행자 보호의무 위반 사고
> • 무면허 운전중 사고
> • 주취·약물복용 운전중 사고
> • 보도침범, 통행방법 위반 사고
> • 승객추락방지의무 위반 사고
> • 어린이 보호구역내 어린이 보호의무 위반 사고
> • 자동차의 화물이 떨어지지 아니하도록 필요한 조치를 하지 아니하고 운전한 경우
> • 민사상 손해배상을 하지 않은 경우
> • 중상해 사고를 유발하고 형사상 합의가 안 된 경우

77 다음 중 교통사고처리특례법상 중상해의 범위에 속하지 않는 것은?

① 뇌의 중대한 손상
② 사지절단
③ 중증의 정신장애
④ 일시적인 시각 장애

> **해설** 중상해의 범위
> • 생명에 대한 위험 : 생명유지에 불가결한 뇌 또는 주요 장기에 중대한 손상
> • 불구 : 사지절단 등 신체 중요부분의 상실·중대변형 또는 시각·청각·언어·생식기능 등 중요한 신체기능의 영구적 상실
> • 불치나 난치의 질병 : 사고 후유증으로 중증의 정신장애·하반신 마비 등 완치 가능성이 없거나 희박한 중대질병

78 사고운전자가 피해자를 사고 장소로부터 옮겨 유기하고 도주하여 피해자가 사망한 경우의 처벌은?

① 무기 또는 5년 이상의 징역
② 사형, 무기 또는 5년 이상의 징역
③ 3년 이상의 유기징역
④ 10년 이하의 징역 또는 500만원 이상 3천만원 이하의 벌금

> **해설** 사고운전자가 피해자를 사고 장소로부터 옮겨 유기하고 도주한 경우
> • 피해자를 사망에 이르게 하고 도주하거나, 도주 후에 피해자가 사망한 경우 : 사형, 무기 또는 5년 이상의 징역
> • 피해자를 상해에 이르게 한 경우 : 3년 이상의 유기징역

79 도로교통법령상 교통사고에 의한 사망은 교통사고 발생 후 몇 시간 이내에 사망한 경우인가?

① 12시간
② 24시간
③ 48시간
④ 72시간

> **해설** 사망사고의 정의
> • 교통안전법령의 정의 : 교통사고가 주된 원인이 되어 교통사고 발생 시부터 30일 이내에 사람이 사망한 사고
> • 도로교통법령상의 정의 : 교통사고 발생 후 72시간 내 사망한 사고

정답 72 ① 73 ② 74 ① 75 ② 76 ③   77 ④ 78 ② 79 ④

적중 예상문제

제 01 장 ㅣ 교통·운수관련 법규 및 교통사고 유형

80 중대 교통사고의 유형 중 도주(뺑소니) 사고로 볼 수 있는 경우는?

① 사고운전자를 바꿔치기 하여 신고한 경우
② 사고운전자가 자기 차량 사고에 대한 조치 없이 가버린 경우
③ 사고운전자가 급한 용무로 인해 동료에게 사고처리를 위임하고 가버린 후 동료가 사고 처리한 경우
④ 피해자가 부상 사실이 없거나 극히 경미하여 구호조치가 필요하지 않아 연락처를 제공하고 떠난 경우

해설 도주(뺑소니)가 아닌 경우
• 피해자가 부상 사실이 없거나 극히 경미하여 구호조치가 필요하지 않아 연락처를 제공하고 떠난 경우
• 사고운전자가 심한 부상을 입어 타인에게 의뢰하여 피해자를 후송 조치한 경우
• 사고 장소가 혼잡하여 불가피하게 일부 진행 후 정지하고 되돌아와 조치한 경우
• 사고운전자가 급한 용무로 인해 동료에게 사고처리를 위임하고 가버린 후 동료가 사고 처리한 경우
• 피해자 일행의 구타·폭언·폭행이 두려워 현장을 이탈한 경우
• 사고운전자가 자기 차량 사고에 대한 조치 없이 가버린 경우

81 다음 보기 중 중앙선 침범을 적용하는 경우는?

① 사고를 피하기 위해 급제동하다 중앙선을 침범한 경우
② 빗길에서 과속으로 인한 중앙선침범의 경우
③ 위험을 회피하기 위해 중앙선을 침범한 경우
④ 제한 속도로 운행 중 빗길에서 미끄러져 중앙선을 침범한 경우

해설 중앙선 침범을 적용하는 경우(현저한 부주의)
• 커브 길에서 과속으로 인한 중앙선침범의 경우
• 빗길에서 과속으로 인한 중앙선침범의 경우
• 졸다가 뒤늦은 제동으로 중앙선을 침범한 경우
• 차내 잡담 또는 휴대폰 통화 등의 부주의로 중앙선을 침범한 경우

82 다음 중 교통사고처리특례법상에서 말하는 과속은 도로교통법에 규정된 법정 속도와 지정속도를 얼마나 초과한 경우를 말하는가?

① 10km/h
② 20km/h
③ 30km/h
④ 40km/h

해설 일반적인 과속이란 도로교통법에 규정된 법정속도와 지정속도를 초과한 경우를 말하고, 교통사고처리특례법상 과속이란 도로교통법에 규정된 법정속도와 지정속도를 20km/h 초과한 경우를 말한다.

83 철길 건널목의 종류 중 교통안전표지만 설치되어 있는 건널목은?

① 제1종 건널목
② 제2종 건널목
③ 제3종 건널목
④ 제4종 건널목

해설 철길 건널목의 종류
• 제1종 건널목 : 차단기, 건널목경보기 및 교통안전표지가 설치되어 있는 경우
• 제2종 건널목 : 건널목경보기 및 교통안전표지만 설치되어 있는 경우
• 제3종 건널목 : 교통안전표지만 설치되어 있는 경우

84 횡단보도 보행자 보호의무위반 사고로 인정되는 운전자 과실이 아닌 경우는?

① 횡단보도를 건너고 있는 보행자를 충돌한 경우
② 횡단보도 전에 정지한 차량을 추돌하여 추돌된 차량이 밀려나가 보행자를 충돌한 경우
③ 보행신호가 녹색등화일 때 횡단보도를 진입하여 건너고 있는 보행자를 충돌한 경우
④ 녹색등화가 점멸되고 있는 횡단보도를 진입하여 건너고 있는 보행자를 적색등화에 충돌한 경우

해설 운전자 과실 예외사항
• 적색등화에 횡단보도를 진입하여 건너고 있는 보행자를 충돌한 경우
• 횡단보도를 건너다가 신호가 변경되어 중앙선에 서 있는 보행자를 충돌한 경우
• 횡단보도를 건너다가 보행신호가 적색등화로 변경되어 되돌아가고 있는 보행자를 충돌한 경우
• 녹색등화가 점멸되고 있는 횡단보도를 진입하여 건너고 있는 보행자를 적색등화에 충돌한 경우

85 무면허 운전으로 횡단보도를 횡단 중인 보행자를 다치게 한 교통사고의 처리는?

① 종합보험 또는 공제조합에 가입되어 있는 경우 공소권 없는 사고이다.
② 종합보험 또는 공제조합 가입 여부를 불문하고 형사처벌 된다.
③ 피해자와 합의하면 형사처벌 되지 않는다.
④ 교통사고처리특례법상 12개 중대 법규 위반 사고에 해당되지 않는다.

해설 교통사고를 야기한 운전자가 종합보험(공제)에 가입한 경우에는 형사처벌이 되지 않는 것이 원칙이며, 발생한 피해는 보험회사(공제)가 보상한다. 다만 사망사고, 뺑소니 사고, 중상해 사고 그리고 12대 중요 법규위반으로 인한 인명피해 사고의 경우에는 운전자가 형사처벌된다.

86 다음 중 도로교통법상 무면허운전이 아닌 경우는?

① 운전면허시험에 합격한 후 면허증을 교부받기 전에 운전하는 경우
② 연습면허를 받고 도로에서 운전연습을 하는 경우
③ 운전면허 효력 정지 기간 중 운전하는 경우
④ 운전면허가 없는 사람이 단순히 군 운전면허를 가지고 군용차량이 아닌 일반차량을 운전하는 경우

해설 무면허 운전 해당 사항
• 운전면허를 받지 않고 운전하는 경우
• 운전면허가 없는 사람이 단순히 군 운전면허를 가지고 군용차량이 아닌 차량을 운전하는 경우
• 운전면허증의 종별에 따른 자동차 이외의 자동차를 운전한 경우
• 면허가 취소된 자가 그 면허로 운전한 경우
• 면허취소처분을 받은 자가 운전하는 경우
• 운전면허 효력정지기간 중에 운전하는 경우
• 운전면허시험에 합격한 후 면허증을 교부받기 전에 운전하는 경우
• 연습면허를 받지 않고 운전연습을 하는 경우
• 외국인이 입국 후 1년이 지난 상태에서의 국제운전면허를 가지고 운전하는 경우
• 외국인이 국제면허를 인정하지 않는 국가에서 발급받은 국제면허를 가지고 운전하는 경우 등

87 다음 중 승객추락방지의무위반 사고에 해당되지 않는 것은?

① 문을 연 상태에서 출발하여 타고 있는 승객이 추락한 경우
② 운전자가 사고방지를 위해 취한 급제동으로 승객이 차 밖으로 추락한 경우
③ 승객이 타거나 또는 내리고 있을 때 갑자기 문을 닫아 문에 충격된 승객이 추락한 경우
④ 버스 운전자가 개·폐 안전장치인 전자감응장치가 고장 난 상태에서 운행 중에 승객이 내리고 있을 때 출발하여 승객이 추락한 경우

해설 승객추락방지의무위반 사고에 해당되지 않는 경우
• 승객이 임의로 차문을 열고 상체를 내밀어 차 밖으로 추락한 경우
• 운전자가 사고방지를 위해 취한 급제동으로 승객이 차 밖으로 추락한 경우
• 화물자동차 적재함에 사람을 태우고 운행 중에 운전자의 급가속 또는 급제동으로 피해자가 추락한 경우

44

정답 80 ① 81 ② 82 ② 83 ③ 84 ④

정답 85 ② 86 ② 87 ②

버스운전 자격시험 총정리문제집

88 다음 중 교통사고처리특례법상 어린이 보호구역 내에서 매시 40km로 주행 중 어린이를 다치게 한 경우의 처벌로 맞는 것은?

① 피해자가 형사처벌을 요구할 경우에만 형사처벌된다.
② 피해자의 처벌 의사에 관계없이 형사처벌된다.
③ 종합보험에 가입되어 있는 경우에는 형사처벌되지 않는다.
④ 피해자와 합의하면 형사처벌되지 않는다.

> **해설** 어린이 보호구역 내에서 주행 중 어린이를 다치게 한 경우 피해자의 처벌 의사에 관계없이 형사처벌된다.

89 교통사고 처리에서 대형사고와 관련하여 ( ) 안에 들어갈 내용으로 맞는 것은?

> 대형사고란 (㉠) 이상의 사망(교통사고 발생일부터 30일 이내에 사망)하거나 (㉡) 이상의 사상자가 발생한 사고를 말한다.

① ㉠ 1명, ㉡ 10명
② ㉠ 1명, ㉡ 20명
③ ㉠ 3명, ㉡ 10명
④ ㉠ 3명, ㉡ 20명

> **해설** 대형사고란 3명 이상의 사망(교통사고 발생일부터 30일 이내에 사망)하거나 20명 이상의 사상자가 발생한 사고를 말한다.

90 교통조사관은 부상사고로써 사고를 일으킨 운전자가 보험등에 가입되지 아니한 경우 사고를 접수한 날부터 얼마간의 합의할 수 있는 기간을 주어야 하는가?

① 1주간
② 2주간
③ 3주간
④ 한 달

> **해설** 교통조사관은 부상사고로써 사고를 일으킨 운전자가 보험등에 가입되지 아니한 경우 또는 중상해 사고를 야기한 운전자에게 특별한 사유가 없는 한 사고를 접수한 날부터 2주간 합의할 수 있는 기간을 주어야 한다.

SECTION 4 주요 교통사고유형

91 다음은 차간거리에 대한 설명으로 올바르게 표현된 것은?

① 공주거리는 위험을 발견하고 브레이크 페달을 밟아 브레이크가 듣기 시작할 때까지의 거리를 말한다.
② 정지거리는 앞차가 급정지할 때 추돌하지 않을 정도의 거리를 말한다.
③ 안전거리는 브레이크를 작동시켜 완전히 정지할 때까지의 거리를 말한다.
④ 제동거리는 위험을 발견한 후 차량이 완전히 정지할 때까지의 거리를 말한다.

> **해설** **안전거리의 개념**
> - 안전거리 : 같은 방향으로 가고 있는 앞차가 갑자기 정지하게 되는 경우 그 앞차와의 추돌을 피할 수 있는 필요한 거리로 정지거리보다 약간 긴 정도의 거리
> - 정지거리 : 공주거리 + 제동거리
> - 공주거리 : 운전자가 위험을 느끼고 브레이크를 밟았을 때 자동차가 제동되기 전까지 주행한 거리
> - 제동거리 : 제동되기 시작하여 정지될 때까지 주행한 거리

92 안전거리 미확보 사고를 판단하는 운전자 과실로 볼 수 없는 경우는?

① 앞차의 정당한 급정지로 인한 경우
② 앞차의 과실이 인정될 수 있는 급정지로 인한 경우
③ 앞차의 상당한 이유가 있는 급정지로 인한 경우
④ 앞차의 의도적인 급정지로 인한 경우

> **해설** **운전자 과실 예외사항**
> - 앞차가 후진하는 경우
> - 앞차가 고의로 급정지하는 경우
> - 앞차가 의도적으로 급정지하는 경우

93 고속도로에서 주행차로에 진입하기 위해 사용되는 차로는?

① 주행차로
② 가속차로
③ 감속차로
④ 오르막차로

> **해설** **고속도로에서 차로의 의미**
> - 주행차로 : 고속도로에서 주행할 때 통행하는 차로
> - 가속차로 : 주행차로에 진입하기 위해 속도를 높이는 차로
> - 감속차로 : 주행차로를 벗어나 고속도로에서 빠져나가기 위해 감속하기 위한 차로
> - 오르막차로 : 오르막 구간에서 저속자동차와 다른 자동차를 분리하여 통행시키기 위한 차로

94 고속도로 진입 방법으로 옳은 것은?

① 반드시 일시정지하여 교통 흐름을 살핀 후 신속하게 진입한다.
② 진입 전 일시정지하여 주행 중인 차량이 있을 때 급진입한다.
③ 진입할 공간이 부족하더라도 뒤차를 생각하여 무리하게 진입한다.
④ 가속차로를 이용하여 일정 속도를 유지하면서 충분한 공간을 확보한 후 진입한다.

> **해설** 고속도로에 진입할 때는 가속차로를 이용하여 점차 속도를 높이면서 진입해야 한다. 천천히 진입하거나 일시정지할 경우 가속이 힘들기 때문에 오히려 위험할 수 있다.

95 교차로 진입 전방에 양보표지가 설치되어 있다. 교차로 통행방법으로 맞는 것은?

① 서행하여 통과한다.
② 정지선 직전에 정지하지 않고 통과한다.
③ 다른 차량을 보낸 후 통과한다.
④ 속도를 높여 통과한다.

> **해설** 교통정리가 행하고 있지 아니하고 일시정지 또는 양보를 표시하는 안전표지가 설치되어 있는 교차로 진입 시 일시정지하거나 양보하여 다른 차의 진행을 방해하여서는 안 된다.

96 도로교통법상 신호등이 없고 좌·우를 확인할 수 없는 교차로에 진입 시 가장 안전한 운행 방법은?

① 주변 상황에 따라 서행으로 안전을 확인한 다음 통과한다.
② 경음기를 울리고 전조등을 점멸하면서 진입한 다음 서행하며 통과한다.
③ 반드시 일시정지 후 안전을 확인한 다음 우선순위에 따라 통과한다.
④ 먼저 진입하면 최우선이므로 주변을 살피면서 신속하게 통과한다.

> **해설** 신호등이 없고 좌우를 확인할 수 없는 교차로에 진입 시에는 반드시 일시정지하여 안전을 확인한 다음 우선순위에 따라 통행하여야 한다.

정답 88 ② 89 ④ 90 ② 91 ①
정답 92 ④ 93 ② 94 ④ 95 ③ 96 ③

적중 예상문제

제 01 장 | 교통·운수관련 법규 및 교통사고 유형

97 도로교통법상 차의 운전자가 그 차의 바퀴를 일시적으로 완전히 정지시키는 것은?

① 서행
② 정차
③ 주차
④ 일시정지

해설 서행과 일시정지
• 서행 : 차가 즉시 정지할 수 있는 느린 속도로 진행하는 것을 의미(위험을 예상한 상황적 대비)
• 일시정지 : 반드시 차가 멈추어야 하되, 얼마간의 시간동안 정지상태를 유지해야 하는 교통상황의 의미(정지상황의 일시적 전개)

98 차량이 주유소나 상가를 출입하기 위해 보도를 통과할 경우 가장 안전한 운전 방법은?

① 전조등을 번쩍이며 통과한다.
② 경음기를 울리며 통과한다.
③ 보행자가 방해를 받지 않도록 신속히 통과한다.
④ 일시정지 후 안전을 확인하고 통과한다.

해설 보도와 차도가 구분된 도로에서 도로외의 곳을 출입하는 때에는 보도를 횡단하기 직전에 일시정지하여야 한다.

MEMO

정답 97 ④

버스운전 자격시험 총정리문제집

정답 98 ④

CHAPTER

02

자동차 관리 요령

SECTION 01

자동차 관리

01 자동차 점검

(1) 일상점검

① **일상점검의 개념** : 자동차를 운행하는 사람이 매일 자동차를 운행하기 전에 점검하는 것

② **일상점검 시 주의사항**
  ㉮ 경사가 없는 평탄한 장소에서 점검한다.
  ㉯ 변속레버는 P(주차)에 위치시킨 후 주차 브레이크를 당겨 놓는다.
  ㉰ 엔진 시동 상태에서 점검해야 할 사항이 아니면 엔진 시동을 끄고 한다.
  ㉱ 점검은 환기가 잘 되는 장소에서 실시한다.
  ㉲ 엔진을 점검할 때에는 반드시 엔진을 끄고, 식은 다음에 실시한다(화상예방)
  ㉳ 연료장치나 배터리 부근에서는 불꽃을 멀리 한다.(화재예방)
  ㉴ 배터리, 전기 배선을 만질 때에는 미리 배터리의 (−) 단자를 분리한다.(감전예방)

> **잔류간극과 자유간극**
> • 잔류간극 : 브레이크 페달을 힘껏 밟았을 때 브레이크 페달과 차체 바닥과의 거리
> • 자유간극 : 손으로 브레이크 페달을 눌러 보았을 때 아무런 제동없이 움직이는 거리

(2) 운행 전 점검사항

① **운전석에서 점검**
  ㉮ 연료 게이지량
  ㉯ 브레이크 페달 유격 및 작동상태
  ㉰ 에어압력 게이지 상태
  ㉱ 룸미러 각도, 경음기 작동상태, 계기 점등상태
  ㉲ 와이퍼 작동상태
  ㉳ 스티어링 휠(핸들) 및 운전석 조정

② **엔진점검**
  ㉮ 엔진오일의 양은 적당하며 불순물은 없는지?
  ㉯ 냉각수의 양은 적당하며 색이 변하지는 않았는가?
  ㉰ 각종 벨트의 장력은 적당하며 손상된 곳은 없는가?
  ㉱ 배선은 깨끗이 정리되어 있으며 배선이 벗겨져 있거나 연결 부분에서 합선 등 누전의 염려는 없는가?

③ **외관점검**
  ㉮ 유리는 깨끗하며 깨진 곳은 없는가?
  ㉯ 차체에 굴곡된 곳은 없으며 우드(보닛)의 고정은 이상이 없는가?

  ㉰ 타이어의 공기압력 마모 상태는 적절한가?
  ㉱ 차체가 기울지는 않았는가?
  ㉲ 후사경의 위치는 바르며 깨끗한가?
  ㉳ 차체에 먼지나 외관상 바람직하지 않은 것은 없는가?
  ㉴ 반사기 및 번호판의 오염, 손상은 없는가?
  ㉵ 휠 너트의 조임 상태는 양호한가?
  ㉶ 파워스티어링 및 브레이크 액의 양과 상태는 양호한가?
  ㉷ 차체에서 오일이나 연료, 냉각수 등이 누출되는 곳은 없으며 라디에이터 캡과 연료탱크 캡은 이상 없이 채워져 있는가?
  ㉸ 각종 등화는 이상 없이 잘 작동되는가?

(3) 운행 중 점검사항

① **출발 전 확인사항**
  ㉮ 엔진 시동시 배터리의 출력은 충분한가?
  ㉯ 시동시에 잡음이 없고 잘 시동 되는가?
  ㉰ 각종 계기장치 및 등화장치는 정상 작동인가?
  ㉱ 브레이크, 엑셀레이터 페달 작동은 이상이 없는가?
  ㉲ 공기 압력은 충분하며 잘 충전되고 있는가?
  ㉳ 후사경의 위치와 각도는 적절한가?
  ㉴ 클러치 작동과 기어접속은 이상이 없는가?
  ㉵ 엔진소리에 잡음은 없는가?

② **운행 중 유의사항**
  ㉮ 조향장치는 부드럽게 작동되고 있는가?
  ㉯ 제동장치는 잘 작동되며, 한쪽으로 쏠리지는 않는가?
  ㉰ 각종 계기장치는 정상위치를 가리키고 있는가?
  ㉱ 엔진소리에 이상음이 발생하지는 않는가?
  ㉲ 차체가 이상하게 흔들리거나 진동하지는 않는가?
  ㉳ 각종 계기는 정상적으로 작동하고 있는가?
  ㉴ 클러치 작동은 원활하며 동력전달에 이상은 없는가?
  ㉵ 차내에서 이상한 냄새가 나지는 않는가?

(4) 운행 후 점검사항

① **외관점검**
  ㉮ 차체가 기울지 않았는가?
  ㉯ 차체에 굴곡이나 손상된 곳 또는 부품이 없어진 곳은 없는가?
  ㉰ 각종 등화는 이상 없이 잘 작동되는가?
  ㉱ 후드(보닛)의 고리가 빠지지는 않았는가?

② **엔진점검**
  ㉮ 냉각수, 엔진오일의 이상소모는 없는가?
  ㉯ 배터리액이 넘쳐 흐르지는 않았는가?
  ㉰ 배선이 흐트러지거나, 빠지거나 잘못된 곳은 없는가?
  ㉱ 오일이나 냉각수가 새는 곳은 없는가?

SECTION 01 자동차 관리

③ **하체점검**
- ㉮ 타이어는 정상으로 마모되고 있는가?
- ㉯ 볼트, 너트가 풀린 곳은 없는가?
- ㉰ 조향장치, 완충장치의 나사 풀림은 없는가?
- ㉱ 휠 너트가 빠져 없거나 풀리지는 않았는가?
- ㉲ 에어가 누설되는 곳은 없는가?
- ㉳ 각종 액체가 새는 곳은 없는가?

02 주행 전·후 안전수칙

(1) 운행 전 안전수칙

① **안전벨트를 착용**
- ㉮ 가까운 거리라도 반드시 안전벨트를 착용한다.
- ㉯ 안전벨트는 신체보호 효과가 감소하는 것을 방지하기 위해 꼬이지 않도록 하여 착용한다.
- ㉰ 허리부위 안전벨트는 골반 위치에 착용한다.(복부에 착용하면 충돌 시 장파열 등의 우려가 있음)

② 운전에 방해되는 물건을 제거하고 운전석 주변은 항상 깨끗하게 유지한다.

③ **올바른 운전 자세를 유지한다.**
- ㉮ 운전자 몸의 중심이 핸들 중심과 정면으로 일치되도록 한다.
- ㉯ 등은 펴서 시트에 가까이 붙이도록 앉는다.
- ㉰ 브레이크 페달, 클러치 페달을 끝까지 밟았을 때 무릎이 약간 굽혀지도록 한다.
- ㉱ 손목이 핸들의 가장 먼 곳에 닿아야 한다.
- ㉲ 머리지지대(헤드레스트)의 높이가 조절되는 차량은 운전자의 귀 상단 또는 눈의 높이가 머리지지대 중심에 올 수 있도록 조정한다.

④ 좌석, 핸들, 후사경을 알맞게 조절한다.

⑤ 일상점검을 생활화한다.

⑥ 인화성·폭발성 물질의 차내 방치를 금지하고 소화기를 비치하여 화재 발생 시 초기 진화가 가능하도록 한다.

(2) 운행 중 안전수칙
① 음주 및 과로한 상태에서의 운전을 금지한다.
② 창문 밖으로 손이나 얼굴 등을 내밀지 않도록 주의한다.
③ 주행 중에는 엔진을 정지시키지 말아야 한다.
④ 비탈길을 내려올 때 계속 풋 브레이크만 사용하면 제동효율이 떨어지므로 엔진 브레이크를 사용한다.
⑤ 도어 개방상태에서의 운행을 금지한다.
⑥ 터널 밖이나 다리 위에서는 특히 돌풍에 주의한다.
⑦ 높이 제한이 있는 도로를 주행할 때에는 항상 차량의 높이에 주의하도록 한다.

(3) 운행 후 안전수칙

① **차에서 내리거나 후진할 때에는 차 밖의 안전을 확인한다.**
- ㉮ 차에서 내릴 때에는 차 밖의 주위 상황을 확인하고 도어를 연다.
- ㉯ 차를 후진할 때에는 백미러에만 의존하지 않고 직접 후방을 확인한다.

② 주·정차하거나 워밍업을 할 경우에는 배기관 주변을 확인한다.

③ 밀폐된 공간에서의 워밍업이나 자동차 점검을 금지한다.

④ **주차 시 주의사항**
- ㉮ 주차할 때에는 반드시 주차 브레이크 작동시킨다.
- ㉯ 오르막길에서는 1단, 내리막길에서는 R(후진)로 놓고 바퀴에 고임목을 설치한다.
- ㉰ 급경사 길에는 가급적 주차하지 않는다.
- ㉱ 습기가 많고 통풍이 잘되지 않는 차고에는 주차하지 않는다.

03 자동차 관리 요령

(1) 터보차저
① 터보차저는 고속 회전운동(수만 rpm 이상)을 하는 부품으로 회전부의 원활한 윤활과 함께 이물질이 들어가지 않도록 하는 것이 중요하다.
② 시동 전 오일량을 확인하고 시동 후 오일압력이 정상적으로 상승되는지 확인한다.
③ 초기 시동 시 냉각된 엔진이 따뜻해질 때까지 3~10분 정도 공회전을 시켜 주어 엔진이 정상적으로 가동할 수 있도록 운행 전 예비회전을 시켜준다.
④ 터보차저는 운행 중 고온 상태이므로 급속한 엔진 정지 시 열 방출이 안되어 터보차저 베어링부의 소착 등이 발생될 수 있으므로 충분한 공회전을 실시하여 터보차저의 온도를 식힌 후 엔진을 끄도록 한다.
⑤ 공회전 또는 워밍업 시의 무부하 상태에서 급가속을 하는 것도 터보차저 각부의 손상을 가져올 수 있으므로 이를 삼간다.

(2) 세차시기
① 겨울철에 동결방지제(염화칼슘 등)를 뿌린 도로를 주행하였을 경우
② 해안지대를 주행하였을 경우
③ 진흙 및 먼지 등이 현저하게 붙어 있는 경우
④ 옥외에서 장시간 주차하였을 때
⑤ 매연이나 분진, 철분 등이 묻어 있는 경우
⑥ 타르, 모래, 콘크리트 가루 등이 묻어 있는 경우
⑦ 새의 배설물, 벌레 등이 붙어 있는 경우

> **참고**
> **세차 시 주의사항**
> - 엔진룸의 전기장치 배선에 수분 침투 시 오류가 발생할 수 있으므로 엔진룸은 에어(air)를 이용하여 세척한다.
> - 겨울철에 세차하는 경우에는 물기를 완전히 제거한다.
> - 기름 또는 왁스가 묻어 있는 걸레로 전면유리를 닦지 않는다.

(3) 외장 및 내장 손질 시 유의사항

① **외장 손질 시 유의사항**

㉮ 자동차의 더러움이 심할 때에는 고무 제품의 변색을 예방하기 위해 가정용 중성세제 대신에 자동차 전용 세척제를 사용한다.

㉯ 범퍼나 차량 외부의 합성수지 부품이 더러워진 때에는 딱딱한 브러시나 수세미 대신에 부드러운 브러시나 스펀지를 사용하여 닦아낸다.

㉰ 차체의 먼지나 오물을 마른 걸레로 닦아내면 표면에 자국이 발생한다.

㉱ 차체 표면에 깊게 파인 자국이나 돌멩이 자국 등으로 노출된 금속 표면은 빨리 녹슬어 차의 표면을 크게 손상시킬 수 있다.

② **내장 손질 시 유의사항**

㉮ 자동차 내장을 아세톤, 에나멜 및 표백제 등으로 세척할 경우에는 변색되거나 손상이 발생할 수 있다.

㉯ 액상 방향제가 유출되어 계기판 부위나 인스트루먼트 패널 및 공기통풍구에 묻으면 액상 방향제의 고유 성분으로 인해 손상될 수 있다.

㉰ 실내등을 청소할 때에는 실내등이 꺼져있는지 확인하여 화상이나 전기충격을 받지 않도록 한다.

04 압축천연가스(CNG) 자동차

(1) 자동차 연료로써 천연가스의 특징

① 천연가스는 메탄(CH_4)을 주성분으로(83~99%)하는 탄소량이 적은 탄화수소연료이다. 메탄 이외에 소량의 에탄(C_2H_2), 프로판(C_3H_8), 부탄(C_4H_{10}) 등이 함유되어 있다.

② 메탄의 비등점은 $-162℃$이고, 상온에서는 기체이다. 단위 에너지당 연료 용적은 경유 연료를 1로 하였을 때 CNG는 3.7배, LNG는 1.65배이다.

③ 옥탄가가 비교적 높고(RON : 120~136), 세탄가는 낮다. 따라서 오토 사이클 엔진에 적합한 연료이다.

④ 가스 상태로 엔진 내부로 흡입되어 혼합기 형성이 용이하고, 희박연소가 가능하다.

⑤ $-20℃ \sim -30℃$의 저온인 대기 온도에서도 가스 상태로서 저온 시동성이 우수하다.

⑥ 불완전 연소로 인한 입자상 물질의 생성이 적다.

⑦ 탄소량이 적으므로 발열량당 CO_2 배출량이 적다.

⑧ 유황분을 포함하지 않으므로 SO_2 가스를 방출하지 않는다.

⑨ 탄화수소 연료 중의 탄소수가 적고 독성도 낮다.

⑩ 부품 재료의 내식성 등의 재료 특성은 가솔린, 경유와 유사한 특성을 갖는다.

(2) 가스 형태별 종류

① LNG(액화천연가스, Liquefied Natural Gas) : 천연가스를 액화시켜 부피를 현저히 작게 만들어 저장, 운반 등 사용상의 효용성을 높이기 위한 액화가스

② CNG(압축천연가스, Compressed Natural Gas) : 천연가스를 고압으로 압축하여 고압압력용기에 저장한 기체 상태의 연료

③ LPG(액화석유가스, Liquefied Petroleum Gas) : 프로판과 부탄을 섞어서 제조된 가스로써 석유 정제과정의 부산물로 이루어진 혼합가스

천연가스의 형태별 분류
LNG(액화천연가스), CNG(압축천연가스)

(3) 압축천연가스 자동차 점검 시 주의사항

① 압축천연가스를 사용하는 버스에서 가스누출 냄새가 나면 주변의 화재원인 물질을 제거하고 전기장치의 작동을 피한다.

② 압축천연가스 누출 시에는 고압가스의 급격한 압력팽창으로 주위의 온도가 급강하여 가스가 직접 피부에 접촉하면 동상이나 부상이 발생할 수 있다.

③ 운전자는 가스라인과 용기밸브와의 연결부분의 이상 유무를 운행 전·후에 눈으로 직접 확인하는 자세가 필요하다.

④ 계기판의 CNG 램프가 점등되면 가스 연료량의 부족으로 엔진의 출력이 낮아져 정상적인 운행이 불가능할 수 있으므로 가스를 재충전한다.

⑤ 엔진정비 및 가스필터 교환, 연료라인정비를 할 때에는 배관 내 가스를 모두 소진시켜 엔진이 자동으로 정지된 후 작업을 한다.

⑥ 엔진시동이 걸린 상태에서 엔진오일 라인, 냉각수 라인, 가스연료 라인 등의 파이프나 호스를 조이거나 풀어서는 안 된다.

⑦ 차량에 별도의 전기장치를 장착하고자 하는 경우에는 압축천연가스와 관련된 부품의 전기배선을 이용해서는 안 된다.

⑧ 교통사고나 화재사고가 발생하면 시동을 끈 후 계기판의 스위치 중 메인 스위치와 비상차단 스위치를 끄고 대피한다.

⑨ 가스를 충전할 때에는 승객이 없는 상태에서 엔진시동을 끄고 가스를 주입한다. 주입이 완료된 후에는 충전도어의 닫힌 상태를 확인하여야 한다.

⑩ 지하주차장 또는 밀폐된 차고와 같은 장소에 장시간 주·정차할 경우 가스가 누출되면 통풍이 되지 않아 화재나 폭발의 위험이 있으므로 반드시 환기나 통풍이 잘되는 곳에 주·정차한다.

⑪ 가스 주입구 도어가 열리면 엔진시동이 걸리지 않도록 되어 있으므로 임의로 배관이나 밸브 실린더 보호용 덮개를 제거하지 않는다.

(4) 가스공급라인 등 연결부에서 가스가 누출될 때 등의 조치요령

① 차량 부근으로 화기 접근을 금하고, 엔진시동을 끈 후 메인전원 스위치를 차단한다.

② 탑승하고 있는 승객을 안전한 곳으로 대피시킨 후 누설 부위를 비눗물 또는 가스검진기 등으로 확인한다.

③ 스테인리스 튜브 등 가스공급라인의 몸체가 파열된 경우에는 교환한다.

④ 커넥터 등 연결 부위에서 가스가 새는 경우에는 새는 부위의 너트를 조금씩 누출이 멈출 때까지 반복해서 조여 준다. 만약 계속해서 가스가 누출되면 사람의 접근을 차단하고 실린더 내의 가스가 모두 배출될 때까지 기다린다.

05 운행 시 자동차 조작 요령

(1) 브레이크 조작
① 브레이크를 밟을 때 2~3회에 나누어 밟게 되면 안정된 성능을 얻을 수 있고, 뒤따라오는 자동차에게 제동정보를 제공함으로써 후미 추돌을 방지할 수 있다.
② 내리막길에서 계속 풋 브레이크를 작동시키면 브레이크 파열, 브레이크의 일시적인 작동불능 등의 우려가 있다.
③ 고속 주행 상태에서 엔진 브레이크를 사용할 때에는 주행 중인 단보다 한 단계 낮은 저단으로 변속하면서 서서히 속도를 줄인다.(한 번에 여러 단을 급격히 낮추게 되면 변속기 및 엔진에 치명적인 손상을 가할 수 있다.)
④ 주행 중에 제동할 때에는 핸들을 붙잡고 기어가 들어가 있는 상태에서 제동한다.
⑤ 내리막길에서 운행할 때 기어를 중립에 두고 탄력 운행을 하지 않는다.(엔진 및 배기브레이크의 효과가 나타나지 않으며, 제동 공기압의 감소로 제동력이 저하될 수 있다.)

(2) 경제적인 운행방법
① 급발진, 급가속 및 급제동을 금지한다.
② 경제속도를 준수한다.
③ 불필요한 공회전은 금지한다.
④ 에어컨은 필요한 경우에만 작동시킨다.
⑤ 불필요한 화물을 적재하지 않는다.
⑥ 창문을 열어 둔 상태에서 고속주행을 금지한다.
⑦ 적정 타이어 공기압를 유지한다.
⑧ 목적지를 확실하게 파악한 후 운행하도록 한다.

(3) 고속도로 운행
① 고속도로 운행 전에는 연료, 냉각수, 엔진오일, 각종 벨트, 타이어 공기압 등을 점검한다.
② 고속도로를 벗어날 경우에는 미리 출구를 확인하고 방향지시등을 작동시킨다.
③ 터널 출구 부분을 나올 경우에는 바람의 영향으로 차체가 흔들릴 수 있으므로 속도를 줄인다.
④ 고속으로 운행할 경우 풋 브레이크만을 많이 사용하면 브레이크 장치가 과열되어 브레이크 기능이 저하되므로 엔진 브레이크와 함께 효율적으로 사용한다.

(4) ABS(Anti-lock Brake System) 조작
① ABS 장치는 급제동 시 또는 미끄러운 도로에서 제동 시 구르던 바퀴가 잠기면서 노면 위에서 미끄러지는 현상을 방지하여 핸들의 조향성능을 유지시켜 주는 장치이다.
② 급제동 시 ABS가 정상적으로 작동하기 위해서는 브레이크 페달을 힘껏 밟고 버스가 완전히 급정지할 때까지 계속 밟고 있어야 한다.
③ ABS 차량은 급제동 시에도 핸들의 조향이 가능하다.
④ ABS 차량이라도 옆으로 미끄러지는 위험은 방지할 수 없으며, 자갈길이나 평평하지 않은 도로 등 접지면이 부족한 경우에는 일반 브레이크보다 제동거리가 더 길어질 수 있다.
⑤ ABS 경고등은 키 스위치를 ON 하면 일반적으로 3초 동안 점등된 후, ABS가 정상이면 경고등은 소등된다. 만약 계속 점등된다면 점검이 필요하다.

(5) 기타 사항
① 브레이크 장치가 물에 젖으면 제동력이 떨어지므로 물이 고인 곳을 주행했을 때에는 여러 번에 걸쳐 브레이크를 짧게 밟아 브레이크를 건조시킨다.
② 눈길, 진흙길, 모랫길인 경우에는 2단 기어를 사용하여 차바퀴가 헛돌지 않도록 천천히 가속한다.
③ 얼음, 눈, 모랫길에 빠졌을 때는 모래, 타이어체인 또는 미끄러지지 않는 물건을 바퀴 아래 놓아 구동력이 발생하도록 한다.
④ 비포장도로와 같은 험한 도로를 주행할 때에는 저단기어로 가속페달을 일정하게 밟고 기어변속이나 가속은 피한다.
⑤ 안개가 끼었거나 기상조건이 나빠 시계가 불량할 경우에는 속도를 줄이고, 미등 및 안개등 또는 전조등을 점등하고 운행한다.
⑥ 차바퀴가 빠져 헛도는 경우에 엔진을 갑자기 가속하면 바퀴가 헛돌면서 더 깊이 빠질 수 있다. 변속레버를 '1단'과 'R(후진)' 위치로 번갈아 두면서 가속페달을 부드럽게 밟으면서 탈출을 시도한다.
⑦ 야간운행 시 마주 오는 자동차와 교행할 때에는 전조등을 하향등으로 작동시켜 교행하는 운전자의 눈부심을 방지한다.

SECTION 02 자동차장치 사용 요령

01 자동차 키 및 도어

(1) 자동차 키(key)의 사용
① 차를 떠날 때는 짧은 시간일지라도 안전을 위해 반드시 키를 뽑아 지참한다.
② 자동차 키에는 시동키와 화물실 전용키 2종류가 있다.
③ 시동키 스위치가 「ST」에서 「ON」 상태로 되돌아오지 않게 되면 시동 후에도 스타터가 계속 작동되어 스타터 손상 및 배선의 과부하로 화재의 원인이 된다.
④ 키를 차 안에 둔 상태로 어린이들만 차내에 남겨 두지 않는다.

(2) 연료 주입구 개폐
① 연료 주입구 개폐 절차
⑦ 연료 주입구에 키 홈이 있는 차량은 키를 꽂아 잠금 해제시킨 후 연료주입구 커버를 연다.
⑭ 시계 반대방향으로 돌려 연료 주입구 캡을 분리한다.
⑮ 연료를 보충한다.
⑯ 연료 주입구 캡을 닫으려면 시계방향으로 돌린다.
⑰ 연료 주입구 커버를 닫고 가볍게 눌러 원위치시킨 후 확실하게 닫혔는지 확인한 다음 키 홈이 있는 차량은 키를 이용하여 잠근다.
② 연료 주입구 개폐할 때의 주의사항
⑦ 연료 캡을 열 때에는 연료에 압력이 가해져 있을 수 있으므로 천천히 분리한다.
⑭ 연료 캡에서 연료가 새거나 바람 빠지는 소리가 들리면 연료 캡을 완전히 분리하기 전에 이런 상황이 멈출 때까지 대기한다.
⑮ 연료를 충천할 때에는 항상 엔진을 정지시키고 연료 주입구 근처에 불꽃이나 화염을 가까이 하지 않는다.

(3) 엔진 후드(보닛) 개폐
① 대형버스의 경우 일반적으로 엔진계통의 점검·정비가 용이하도록 자동차 후방에 엔진룸이 있다.
② 도어를 닫은 후에는 확실히 닫혔는지 확인한다. 키 홈이 장착되어 있는 자동차는 키를 사용하여 잠근다.
③ 엔진 시동 상태에서 시스템 점검이 필요한 경우를 제외하고는 엔진 시동을 끄고 키를 뽑고 나서 엔진룸을 점검한다.
④ 엔진 시동 상태에서 점검 및 작업을 해야 할 경우에는 넥타이, 손수건, 목도리 및 옷소매 등이 엔진 또는 라디에이터 팬 가까이 닿지 않도록 주의한다.

02 운전석 및 안전장치

(1) 운전석
① 운행 전에 좌석의 전·후 간격, 각도, 높이를 조절하여야 하며, 운전석 전·후 위치 조절은 일반적으로 다음의 순서 따른다.
⑦ 좌석 쿠션에 있는 조절 레버를 당긴다.
⑭ 좌석을 전·후 원하는 위치로 조절한다.
⑮ 조절 레버를 놓으면 고정된다.
⑯ 조절 후에는 좌석을 앞·뒤로 가볍게 흔들어 고정되었는지 확인한다.
② 머리지지대(헤드레스트, head rest) 조절 및 분리
⑦ 머리지지대는 자동차의 좌석에서 등받이 맨 위쪽의 머리를 받치는 부분을 말한다.
⑭ 머리지지대는 주행 안락감과 충돌사고 발생 시 머리와 목을 보호하는 역할을 한다.
⑮ 머리지대의 높이는 머리지지대 중심 부분과 운전자의 귀 상단이 일치하도록 조절한다.
⑯ 운전석에서 머리지지대와 머리 사이는 주먹 하나 사이가 될 수 있도록 한다.

(2) 안전장치
① 히터 사용 중 발열, 저온 및 화상 등의 위험이 발생할 수 있는 승객
⑦ 유아, 어린이, 노인, 신체가 불편하거나 기타 질병이 있는 승객
⑭ 피부가 연약한 승객
⑮ 피로가 누적된 승객(과로한 승객)
⑯ 술을 많이 마신 승객(과음한 승객)
⑰ 졸음이 올 수 있는 수면제 또는 감기약 등을 복용한 승객
② 안전벨트 착용 방법
⑦ 안전벨트를 착용할 때에는 좌석 등받이에 기대어 똑바로 앉는다.
⑭ 안전벨트가 꼬이지 않도록 주의한다.
⑮ 어깨벨트는 어깨 위와 가슴 부위를 지나도록 한다.
⑯ 허리벨트는 골반 위를 지나 엉덩이 부위를 지나도록 한다.
⑰ 안전벨트에 별도의 보조장치를 장착하지 않는다.(안전벨트의 보호효과 감소)
⑱ 안전벨트를 복부에 착용하지 않는다.(충돌 시 강한 복부 압박으로 장파열 등의 신체 위해를 가할 수 있다)

03 계기판

(1) 계기판 용어
① **속도계** : 자동차의 단위 시간당 주행거리를 나타낸다.
② **회전계(타코미터)** : 엔진의 분당 회전수(rpm)를 나타낸다.
③ **수온계** : 엔진 냉각수의 온도를 나타낸다.
④ **연료계** : 연료탱크에 남아있는 연료의 잔류량을 나타낸다.
⑤ **적산거리계** : 자동차가 주행한 총거리(km 단위)를 나타낸다.
⑥ **엔진오일 압력계** : 엔진오일의 압력을 나타낸다.
⑦ **공기 압력계** : 브레이크 공기 탱크내의 공기압력을 나타낸다.
⑧ **전압계** : 배터리의 충전 및 방전 상태를 나타낸다.

동절기 연료
동절기에는 연료 탱크 내부로 수분이 침투하는 것을 방지하기 위해 연료를 가급적 충만한 상태를 유지한다.

(2) 주요 경고등 및 표시등

명칭	경고등 및 표시등	내용
주행빔(상향등) 작동 표시등	≣D	전조등이 상향일 때 점등
안전벨트 미착용 경고등		시동키 ON 했을 때 안전벨트 미착용 시 점등
연료잔량 경고등		연료의 잔류량이 적을 때 점등
엔진오일 압력 경고등	OIL	엔진오일이 부족하거나 유압이 낮아지면 경고등이 점등
브레이크 에어 경고등	BRAKE AIR	AOH 브레이크 장착 차량의 에어 탱크 공기압이 적정 기압 이하가 되면 점등
비상경고 표시등	⇦⇨	비상경고등 스위치를 누르면 점멸
배터리 충전 경고등		벨트가 끊어졌을 때나 충전장치 고장 시 점등
주차 브레이크 경고등	PARKING	주차 브레이크 작동 시에만 점등
배기 브레이크 경고등		배기 브레이크 스위치 작동시 작동 중임을 표시
제이크 브레이크 경고등		제이크 브레이크 작동 중임을 표시
엔진 정비 지시등	CHECK ENGINE	각종 센서에 이상이 있을 때 점등
엔진 예열작용 표시등		엔진 예열상태에서 점등, 완료 시 소등
냉각수 경고등	WATER	냉각수가 규정 이하일 경우 점등
수온 경고등	OVER HEAT	엔진 냉각수 온도가 과도하게 높아지면 점등
속도 제한기 작동 표시등	SPEED LIMIT	차량의 속도를 제한함으로써 과속을 방지

04 스위치

(1) 전조등(Lighting)
① 전조등 스위치 조절
  ㉮ 1단계 : 차폭등, 미등, 번호판등, 계기판등
  ㉯ 2단계 : 차폭등, 미등, 번호판등, 계기판등, 전조등
② 전조등 사용 시기
  ㉮ 변환빔(하향) : 마주오는 차가 있거나 앞차를 따라갈 경우
  ㉯ 주행빔(상향) : 야간 운행 시 시야확보를 원할 경우(마주오는 차 또는 앞차가 없을 때에 한하여 사용)
  ㉰ 상향점멸 : 다른 차의 주의를 환기시킬 경우(스위치를 2~3회 정도 당겨 올림)

방향지시등 교환
방향지시등이 평상시보다 빠르게 작동하면 방향지시등의 전구가 끊어진 것이므로 교환하여야 한다.

(2) 와이퍼(Wiper)
① 와셔액 탱크가 비어 있을 때 와이퍼를 작동시키면 모터가 손상된다.
② 겨울철에 와이퍼가 얼어 붙어있는 경우, 와이퍼를 모터의 힘으로 작동시키면 와이퍼 링크가 이탈하거나 모터가 손상될 수 있다.
③ 동절기에 와셔액을 사용하면 유리창에 와셔액이 얼어붙어 시야를 가릴 수 있다.
④ 엔진 냉각수 또는 부동액을 와셔액으로 사용하면 차량 도장부분의 손상은 물론 운행 도중 시야를 가려 사고를 유발할 수 있다.

05 전자제어 현가장치 시스템

(1) 전자제어 현가장치 시스템(ECAS)
전자제어 현가장치 시스템(ECAS)은 차고센서로부터 ECAS ECU(Electronic control unit)가 차량 높이의 변화를 감지하여 ECAS 솔레노이드 밸브를 제어함으로써 에어 스프링의 압력과 차량 높이를 조절하는 전자제어 에어 서스펜션 시스템을 말한다.

(2) 주요 기능
① 차량 주행 중에는 에어 소모가 감소한다.
② 차량 하중 변화에 따른 차량 높이 조정이 자동으로 빠르게 이루어진다.
③ 도로조건이나 기타 주행조건에 따라서 운전자가 스위치를 조작하여 차량의 높이를 조정할 수 있다.
④ 안전성이 확보된 상태에서 차량의 높이 조정 및 닐링(Kneeling, 차체의 앞부분을 내려가게 만드는 차체 기울임 시스템) 기능을 할 수 있다.
⑤ 자기진단 기능을 보유하고 있어 정비성이 용이하고 안전하다.

SECTION 03 자동차 응급조치 요령

01 상황별 응급조치

(1) 오감을 이용한 점검방법

감각	점검방법	적용사례
시각	부품·장치의 외부 굽음·변형·부식 등	물·오일·연료의 누설, 자동차의 기울어짐
청각	이상한 음(소리)	마찰음, 걸리는 쇳소리, 노킹소리, 긁히는 소리 등
촉각	느슨함, 흔들림, 발열 상태 등	볼트 너트의 이완, 유격, 브레이크 시 차량이 한쪽으로 쏠림, 전기 배선 불량 등
후각	이상 발열·냄새	배터리액의 누출, 연료 누설, 전선 등이 타는 냄새 등

(2) 진동과 소리

① **엔진의 회전수에 비례하여 '쇠가 마주치는 소리'** : 대부분 밸브장치에서 나는 소리로, 밸브 간극 조정으로 고쳐질 수 있다.

② **가속 페달을 힘껏 밟는 순간 '끼익!'하는 소리** : 팬 벨트 또는 기타의 V벨트가 이완되어 걸려 있는 풀리와의 미끄러짐에 의해 일어난다.

③ **클러치를 밟고 있을 때 '달달달'떨리는 소리와 차체의 떨림** : 클러치 릴리스 베어링의 고장으로 정비공장에 가서 교환하여야 한다.

④ **브레이크 페달을 밟아 차를 세우려고 할 때 바퀴에서 '끽!'하는 소리** : 브레이크 라이닝의 마모가 심하거나 라이닝이 불량한 경우 일어나는 현상이다.

⑤ **핸들이 어느 속도에 이르면 극단적으로 흔들리는 경우** : 앞차륜 정렬(휠 얼라인먼트)이 맞지 않거나 바퀴 자체의 휠 밸런스가 맞지 않을 때 주로 나타나는 증상이다.

⑥ **주행 중 하체 부분에서 비틀거리는 흔들림이 일어나는 경우** : 바퀴의 휠 너트의 이완이나 타이어의 공기가 부족할 때가 많다.

⑦ **비포장도로의 울퉁불퉁한 험한 노면 상을 달릴 때 '딱각딱각'하는 소리나 '킁킁'하는 소리** : 현가장치인 쇽업쇼버의 고장으로 볼 수 있다.

(3) 냄새와 열

① **전기장치 부분** : 고무 같은 것이 타는 냄새가 날 때는 대개 엔진실 내의 전기배선 등의 피복이 녹아 벗겨져 합선에 의해 전선이 타면서 나는 냄새가 대부분이다. 이 경우 보닛을 열고 잘 살펴보면 문제가 된 부위를 발견할 수 있다.

② **브레이크 장치 부분** : 단내가 심하게 나는 경우는 주 브레이크의 간격이 좁든가, 주차 브레이크를 당겼다 풀었으나 완전히 풀리지 않았을 경우이다. 또한, 긴 언덕길을 내려갈 때 계속 브레이크를 밟는다면 이러한 현상이 일어나기 쉽다.

③ **바퀴 부분** : 바퀴마다 드럼에 손을 대보면 어느 한쪽만 뜨거운 경우가 있는데, 이때는 브레이크 라이닝 간격이 좁아 브레이크가 끌리기 때문이다.

(4) 배출가스

① **무색 또는 약간 엷은 청색** : 완전 연소시 배출 가스의 색으로 정상 상태이다.

② **검은색** : 농후한 혼합 가스가 들어가 불완전 연소되는 경우이다. 초크 고장이나 에어클리너 엘리먼트의 막힘, 연료 장치 고장 등이 원인이다.

③ **백색** : 엔진 안에서 다량의 엔진오일이 실린더 위로 올라와 연소되는 경우로 헤드 개스킷 파손, 밸브의 오일 씰(seal) 노후 또는 피스톤 링의 마모 등 엔진 보링을 할 시기가 됐음을 알려 주는 것이다.

노킹(knocking)
압축된 공기와 연료 혼합물의 일부가 내연기관의 실린더에서 비정상적으로 폭발할 때 나는 날카로운 소리

(4) 엔진 오버히트

① **오버히트의 발생 원인**
   ㉮ 냉각수가 부족한 경우
   ㉯ 엔진 내부가 얼어 냉각수가 순환하지 않는 경우

② **엔진 오버히트가 발생할 때의 징후**
   ㉮ 운행 중 수온계가 H 부분을 가리키는 경우
   ㉯ 엔진 출력이 갑자기 떨어지는 경우
   ㉰ 노킹 소리가 들리는 경우

③ **엔진 오버히트가 발생할 때의 안전조치**
   ㉮ 비상경고등을 작동한 후 도로 가장자리로 안전하게 이동하여 정차한다.
   ㉯ 여름에는 에어컨, 겨울에는 히터의 작동을 중지시킨다.
   ㉰ 엔진이 작동하는 상태에서 보닛(bonnet)을 열어 엔진을 냉각시킨다.
   ㉱ 엔진을 충분히 냉각시킨 다음에는 냉각수의 양 점검, 라디에이터 호스 연결부위 등의 누수여부 등을 확인한다.
   ㉲ 특이한 사항이 없다면 냉각수를 보충하여 운행하고, 누수나 오버히트가 발생할 만한 문제가 발견된다면 점검을 받도록 한다.

(6) 타이어 펑크

① 운행 중 타이어 펑크 시 한 쪽으로 쏠리는 현상을 예방하기 위해 핸들이 돌아가지 않도록 견고히 잡고, 비상경고등을 작동시킨다.

② 가속페달에서 발을 떼어 속도를 서서히 감속시키면서 길 가장자리로 이동한다. 이때 급브레이크를 밟게 되면 양쪽 바퀴의 제동력 차이로 자동차가 회전하게 되므로 서서히 감속시켜야 한다.

③ 브레이크를 밟아 차를 도로 옆 평탄하고 안전한 장소에 주차한 후 주차 브레이크를 당겨 놓는다.

버스운전 자격시험 총정리문제집

④ 잭을 사용하여 차체를 들어 올릴 때 자동차가 밀려나가는 현상을 방지하기 위해 교환할 타이어의 대각선에 있는 타이어에 고임목을 설치한다.

(7) 기타 응급조치

① **풋 브레이크가 작동하지 않는 경우** : 고단 기어에서 저단 기어로 한 단씩 줄여 감속한 뒤에 주차 브레이크를 이용하여 정지시킨다.

② **견인자동차를 이용한 견인**
㉮ 구동되는 바퀴를 들어 올려 견인되도록 한다.
㉯ 견인되기 전 주차 브레이크를 해제한 후 변속레버를 중립(N)에 놓는다.
㉰ 에어 서스펜션 장착 차량의 견인을 위해 차체를 들어 올릴 때는 에어 스프링이 이탈되지 않도록 주의한다.

02 장치별 응급조치

(1) 엔진계통 응급조치요령

유형	추정원인	조치사항
엔진 시동 불량	• 연료가 떨어졌다. • 예열작동이 불충분하다. • 연료필터가 막혀 있다.	• 연료를 보충한 후 공기빼기를 한다. • 예열시스템을 점검한다. • 연료필터를 교환한다.
시동모터 작동 불량	• 배터리가 방전되었다. • 배터리 단자의 부식, 이완, 빠짐 현상이 있다. • 접지 케이블이 이완되어 있다. • 엔진오일의 점도가 너무 높다.	• 배터리를 충전하거나 교환한다. • 배터리 단자의 부식부분을 깨끗하게 처리하고 단단하게 고정한다. • 접지 케이블을 단단하게 고정한다. • 적정 점도의 오일로 교환한다.
저속 회전 시 엔진 꺼짐	• 공회전 속도가 낮다. • 에어클리너 필터가 오염되었다. • 연료필터가 막혀 있다. • 밸브 간극이 비정상이다.	• 공회전 속도를 조절한다. • 에어클리너 필터를 청소 또는 교환한다. • 연료필터를 교환한다. • 밸브 간극을 조정한다.
엔진오일 과다 소모	• 사용되는 오일이 부적당하다. • 엔진오일이 누유되고 있다.	• 규정에 맞는 엔진오일로 교환한다. • 오일 계통을 점검, 풀려 있는 부분은 다시 조인다.
연료 소비량 과다 발생	• 연료누출이 있다. • 타이어 공기압이 부족하다. • 클러치가 미끄러진다. • 브레이크가 제동된 상태에 있다.	• 연료계통을 점검하고 누출 부위를 정비한다. • 적정 공기압으로 조정한다. • 클러치 간극을 조정하거나 클러치 디스크를 교환한다. • 브레이크 라이닝 간극을 조정한다.
배기가스 색이 검다	• 에어클리너 필터가 오염되었다. • 밸브 간극이 비정상이다.	• 에어클리너 필터를 청소 또는 교환한다. • 밸브 간극을 조정한다.
엔진 과열 (오버히트)	• 냉각수가 부족하거나 누수되고 있다. • 팬벨트의 장력이 지나치게 느슨하다. • 냉각팬이 작동되지 않는다. • 라디에이터 캡의 장착이 불완전하다. • 서모스탯(온도조절기)이 정상 작동하지 않는다.	• 냉각수 보충 또는 누수 부위를 수리한다. • 팬벨트 장력을 조정한다. • 냉각팬의 전기배선 등을 수리한다. • 라디에이터 캡을 확실하게 장착한다. • 서모스탯을 교환한다.

(2) 조향계통 응급조치요령

유형	추정원인	조치사항
핸들 무거움	• 앞바퀴의 공기압이 부족하다. • 파워스티어링 오일이 부족하다.	• 적정 공기압으로 조정한다. • 파워스티어링 오일을 보충한다.
핸들 떨림	• 타이어의 무게중심이 맞지 않는다. • 휠 너트(허브 너트)가 풀려 있다. • 타이어 공기압이 각 타이어마다 다르다. • 타이어가 편마모 되어있다.	• 타이어를 점검하여 무게중심을 조정한다. • 규정 토크로 조인다. • 적정 공기압으로 조정한다. • 타이어를 교환한다.

(3) 제동계통 응급조치요령

유형	추정원인	조치사항
브레이크 제동효과 나쁨	• 공기압이 과다하다. • 공기누설(타이어 공기가 빠져나가는 현상)이 있다. • 라이닝 간극 과다 또는 마모 상태가 심하다. • 타이어 마모가 심하다.	• 적정 공기압으로 조정한다. • 브레이크 계통을 점검하여 풀려 있는 부분은 다시 조인다. • 라이닝 간극을 조정 또는 라이닝을 교환한다. • 타이어를 교환한다.
브레이크 편제동	• 좌·우 타이어 공기압이 다르다. • 타이어가 편마모 되어 있다. • 좌·우 라이닝 간극이 다르다.	• 적정 공기압으로 조정한다. • 편마모된 타이어를 교환한다. • 라이닝 간극을 조정한다.

(4) 전기계통 응급조치요령

유형	추정원인	조치사항
배터리가 자주 방전됨	• 배터리 단자의 벗겨짐, 풀림, 부식이 있다. • 팬벨트가 느슨하게 되어 있다. • 배터리액이 부족하다. • 배터리 수명이 다 되었다.	• 배터리 단자의 부식 부분을 제거하고 조인다. • 팬벨트의 장력을 조정한다. • 배터리액을 보충한다. • 배터리를 교환한다.

SECTION 04 자동차의 구조 및 특성

01 동력전달장치

(1) 클러치

클러치는 엔진의 동력을 변속기에 전달하거나 차단하는 역할을 하며, 엔진 시동을 작동시킬 때나 기어를 변속할 때에는 동력을 끊고, 출발할 때는 엔진의 동력을 서서히 연결하는 일을 한다.

① 클러치의 필요성
  ㉮ 엔진을 작동시킬 때 엔진을 무부하 상태로 유지한다.
  ㉯ 변속기의 기어를 변속할 때 엔진의 동력을 일시 차단한다.
  ㉰ 관성운전을 가능하게 한다.

② 클러치의 구비조건
  ㉮ 냉각이 잘 되어 과열하지 않아야 한다.
  ㉯ 구조가 간단하고, 다루기 쉬우며 고장이 적어야 한다.
  ㉰ 회전력 단속 작용이 확실하며, 조작이 쉬워야 한다.
  ㉱ 회전 부분의 평형이 좋아야 한다.
  ㉲ 회전 관성이 적어야 한다.

③ 클러치 미끄러짐 현상 등
  ㉮ 클러치가 미끄러지는 원인
    ㉠ 클러치 페달의 자유간극(유격)이 없다.
    ㉡ 클러치 디스크의 마멸이 심하다.
    ㉢ 클러치 디스크에 오일이 묻어 있다.
    ㉣ 클러치 스프링의 장력이 약하다.
  ㉯ 클러치가 미끄러질 때의 영향
    ㉠ 연료 소비량이 증가한다.
    ㉡ 엔진이 과열된다.
    ㉢ 등판능력이 감소한다.
    ㉣ 구동력이 감소하여 출발이 어렵고, 증속이 잘되지 않는다.
  ㉰ 클러치 차단이 잘 안되는 원인
    ㉠ 클러치 페달의 자유간극이 크다.
    ㉡ 릴리스 베어링이 손상되었거나 파손되었다.
    ㉢ 클러치 디스크의 흔들림이 크다.
    ㉣ 유압장치에 공기가 혼입되었다.
    ㉤ 클러치 구성부품이 심하게 마멸되었다.

클러치의 미끄러짐
클러치가 미끄러진다는 것은 출발 또는 주행 중 가속을 하였을 때 엔진의 회전속도는 상승하지만 출발이 잘 안되거나 주행속도가 올라가지 않는 경우를 말한다.

(2) 변속기

변속기는 도로의 상태, 주행속도, 적재 하중 등에 따라 변하는 구동력에 대응하기 위해 엔진과 추진축 사이에 설치되어 엔진의 출력을 자동차 주행속도에 알맞게 회전력과 속도로 바꾸어서 구동바퀴에 전달하는 장치를 말한다.

① 변속기의 필요성
  ㉮ 엔진과 차축 사이에서 회전력을 변환시켜 전달한다.
  ㉯ 엔진을 시동할 때 엔진을 무부하 상태로 한다.
  ㉰ 자동차를 후진시키기 위해 필요하다.

② 변속기의 구비조건
  ㉮ 가볍고, 단단하며, 다루기 쉬워야 한다.
  ㉯ 조작이 쉽고, 신속ㆍ확실하며, 작동 시 소음이 적어야 한다.
  ㉰ 연속적으로 또는 자동적으로 변속이 되어야 한다.
  ㉱ 동력전달 효율이 좋아야 한다.

③ 자동변속기
  ㉮ 자동변속기의 장점
    ㉠ 기어변속이 자동으로 이루어져 운전이 편리하다.
    ㉡ 발진과 가ㆍ감속이 원활하여 승차감이 좋다.
    ㉢ 조작 미숙으로 인한 시동 꺼짐이 없다.
    ㉣ 유체가 댐퍼 역할을 하기 때문에 충격이나 진동이 적다.
  ㉯ 자동변속기의 단점
    ㉠ 구조가 복잡하고 가격이 비싸다.
    ㉡ 차를 밀거나 끌어서 시동을 걸 수 없다.
    ㉢ 연료소비율이 약 10% 정도 많아진다.
  ㉰ 자동변속기의 오일 색
    ㉠ 정상 : 투명도가 높은 붉은 색
    ㉡ 갈색 : 가혹한 상태에서 사용되거나, 장시간 사용한 경우
    ㉢ 투명도가 없어지고 검은색을 띨 때 : 자동변속기 내부의 클러치 디스크 마멸로 인해 발생한 분말에 의한 오손, 기어가 마멸된 경우
    ㉣ 니스 모양으로 된 경우 : 오일이 매우 높은 온도에 노출된 경우
    ㉤ 백색 : 오일에 수분이 다량으로 유입된 경우

(3) 타이어

① 주요기능
  ㉮ 자동차의 하중을 지탱하는 기능을 한다.
  ㉯ 엔진의 구동력 및 브레이크의 제동력을 노면에 전달하는 기능을 한다.
  ㉰ 노면으로부터 전달되는 충격을 완화시키는 기능을 한다.
  ㉱ 자동차의 진행 방향을 전환 또는 유지시키는 기능을 한다.

SECTION 04 자동차의 구조 및 특성

② 튜브리스 타이어의 장·단점
   ㉮ 튜브 타이어에 비해 공기압을 유지하는 성능이 좋다.
   ㉯ 못에 찔려도 공기가 급격히 새지 않는다.
   ㉰ 타이어 내부의 공기가 직접 림에 접촉하고 있기 때문에 주행 중 발생하는 열의 발산이 좋아 발열이 적다.
   ㉱ 튜브 물림 등 튜브로 인한 고장이 없다.
   ㉲ 튜브 조립이 없으므로 펑크 수리가 간단하고 작업능률이 향상된다.
   ㉳ 림이 변형되면 타이어와의 밀착이 불량하여 공기가 새기 쉽다.
   ㉴ 유리 조각 등에 의해 손상되면 수리가 어렵다.

튜브리스 타이어(튜브가 없는 타이어)
자동차의 고속 주행 중 타이어의 펑크 위험으로부터 운전자와 자동차를 보호하기 위해 개발된 타이어를 말한다.

③ 타이어 형상에 따른 타이어의 분류
   ㉮ 바이어스 타이어(Bias tire)
   ㉯ 레디얼 타이어(Radial tire)
      ㉠ 접지면적이 크고, 타이어 수명이 길다.
      ㉡ 고속주행 시 안정성이 크고, 스탠딩웨이브 현상이 잘 일어나지 않는다.
   ㉰ 스노우 타이어(Snow tire)
      ㉠ 눈길에서의 미끄러짐이 적은 타이어로 바퀴가 고정되면 제동거리가 길어진다.
      ㉡ 트레드부가 50% 이상 마멸되면 제 기능을 발휘하지 못한다.

④ 타이어의 특성
   ㉮ 스탠딩 웨이브(Standing wave) 현상
      ㉠ 자동차가 고속 주행할 때 타이어 접지부에 열이 축적되어 변형(주름)이 나타나는 현상이다.
      ㉡ 일반구조의 승용차용 타이어의 경우 대략 150km/h 전후의 주행속도에서 발생하며, 조건이 나쁠 때는 150km/h 이하의 속도에서도 발생할 수 있다.
   ㉯ 수막 현상(Hydroplaning)
      ㉠ 자동차가 물이 고인 노면을 고속으로 주행할 때 타이어의 배수 기능이 감소되어 노면으로부터 떠올라 물 위를 미끄러지는 현상이다.
      ㉡ 발생하는 최저의 물 깊이는 타이어의 속도 및 마모 정도, 노면의 거침 등에 따라 다르지만 일반적으로 2.5mm~10mm 정도이다.

수막 현상 방지대책
• 저속으로 주행한다.
• 마모된 타이어를 사용하지 않는다.
• 공기압을 조금 높게 한다.
• 배수효과가 좋은 리브형 타이어를 사용한다.

02 완충(현가)장치

(1) 완충장치의 주요기능
   ① 적정한 자동차의 높이를 유지한다.
   ② 상·하 방향이 유연하여 차체가 노면에서 받는 충격을 완화시킨다.
   ③ 올바른 휠 얼라인먼트를 유지한다.
   ④ 차체의 무게를 지탱한다.
   ⑤ 타이어의 접지상태를 유지한다.
   ⑥ 주행방향을 일부 조정한다.

(2) 완충장치의 구성
   ① **스프링** : 차체와 차축 사이에 설치되어 주행 중 노면에서의 충격이나 진동을 흡수하여 차체에 전달되지 않게 하는 것
      ㉮ 판 스프링
         ㉠ 적당히 구부린 띠 모양의 스프링 강을 몇 장 겹쳐 그 중심에서 볼트로 조인 것으로 버스나 화물차에 사용한다.
         ㉡ 스프링 자체의 강성으로 차축을 정해진 위치에 지지할 수 있어 구조가 간단하고, 내구성이 크다.
         ㉢ 판간 마찰에 의한 진동의 억제작용이 크지만, 마찰로 인해 작은 진동은 흡수가 곤란하다.
      ㉯ 코일 스프링
         ㉠ 스프링 강을 코일 모양으로 감아서 제작한 것으로 승용차에 많이 사용된다.
         ㉡ 단위중량당 에너지 흡수율이 판 스프링보다 크고 유연하지만, 구조가 복잡하다.
         ㉢ 판간 마찰작용이 없기 때문에 진동에 대한 감쇠작용을 못하며, 옆 방향 작용력에 대한 저항력도 없다.
      ㉰ 토션 바 스프링
         ㉠ 비틀었을 때 탄성에 의해 원위치하려는 성질을 이용한 스프링 강의 막대이다.
         ㉡ 단위중량당 에너지 흡수율이 다른 스프링에 비해 가장 크기 때문에 가볍게 할 수 있고, 구조도 간단하다.
         ㉢ 설치방식에는 차체에 평행하게 설치하는 세로방식과 차체에 직각으로 설치하는 가로방식이 있다.(세로방식이 많이 사용됨)
      ㉱ 공기 스프링
         ㉠ 공기의 탄성을 이용한 스프링으로 승차감이 우수하기 때문에 장거리 주행 자동차 및 대형버스에 사용된다.
         ㉡ 차량무게의 증감에 관계없이 언제나 차체의 높이를 일정하게 유지할 수 있으며, 짐을 실었을 때나 비었을 때의 승차감에는 차이가 없다.
         ㉢ 구조가 복잡하고 제작비가 비싸다.
   ② **속업소버**
      ㉮ 노면에서 발생한 스프링의 진동을 재빨리 흡수하여 승차감을 향상시키고 동시에 스프링의 피로를 줄이기 위해 설치하는 장치이다.
      ㉯ 움직임을 멈추려고 하지 않는 스프링에 대하여 역 방향으로 힘을 발생시켜 진동의 흡수를 앞당긴다.

SECTION 04 자동차의 구조 및 특성

라 스프링의 상·하 운동에너지를 열에너지로 변환시켜 준다.
마 노면에서 발생하는 진동에 대해 일정 상태까지 그 진동을 정지시키는 힘인 감쇠력이 좋아야 한다.

③ 스태빌라이저
㉮ 좌·우 바퀴가 동시에 상·하 운동을 할 때는 작용을 하지 않으나 좌·우 바퀴가 서로 다르게 상·하 운동을 할 때 작용하여 차체의 기울기를 감소시켜 주는 장치이다.
㉯ 커브 길에서 자동차가 선회할 때 원심력 때문에 차체가 기울어지는 것을 감소시켜 차체가 롤링(좌·우 진동)하는 것을 방지하여 준다.
㉰ 토션 바의 일종으로 양 끝이 좌·우의 로어 컨트롤 암에 연결되며 가운데는 차체에 설치된다.

02 조향장치

(1) 조향장치의 구비조건
① 조향 조작이 주행 중의 충격에 영향을 받지 않아야 한다.
② 조작이 쉽고, 방향 전환이 원활하게 이루어져야 한다.
③ 진행방향을 바꿀 때 섀시 및 바디(body) 각 부에 무리한 힘이 작용하지 않아야 한다.
④ 고속주행에서도 조향 조작이 안정적이어야 한다.
⑤ 조향 핸들의 회전과 바퀴 선회 차이가 크지 않아야 한다.
⑥ 수명이 길고 정비하기 쉬워야 한다.

(2) 조향장치의 고장 원인
① 조향 핸들이 무거운 원인
㉮ 타이어의 공기압이 부족하다.
㉯ 조향기어의 톱니바퀴가 마모되었다.
㉰ 조향기어 박스 내의 오일이 부족하다.
㉱ 앞바퀴의 정렬 상태가 불량하다.
㉲ 타이어의 마멸이 과다하다.

② 조향 핸들이 한쪽으로 쏠리는 원인
㉮ 타이어의 공기압이 불균일하다.
㉯ 앞바퀴의 정렬 상태가 불량하다.
㉰ 쇽업소버의 작동 상태가 불량하다.
㉱ 허브 베어링의 마멸이 과다하다.

(3) 동력조향장치
① 동력조향장치 : 가볍고 원활한 조향 조작을 위해 엔진의 동력으로 오일펌프를 구동시켜 발생한 유압을 이용하여 조향 핸들의 조작력을 경감시키는 장치

② 동력조향장치의 장점
㉮ 조향 조작력이 작아도 된다.
㉯ 노면에서 발생한 충격 및 진동을 흡수한다.
㉰ 앞바퀴의 시미현상(바퀴가 좌·우로 흔들리는 현상)을 방지할 수 있다.
㉱ 조향조작이 신속하고 경쾌하다.
㉲ 앞바퀴가 펑크 났을 때 조향 핸들이 갑자기 꺾이지 않아 위험도

가 낮다.
③ 동력조향장치의 단점
㉮ 기계식에 비해 구조가 복잡하고 값이 비싸다.
㉯ 고장이 발생한 경우에는 정비가 어렵다.
㉰ 오일펌프 구동에 엔진의 출력이 일부 소비된다.

(4) 휠 얼라인먼트(차륜정렬)
① 캠버(Camber)
㉮ 자동차를 앞에서 보았을 때 앞바퀴가 수직선에 대해 어떤 각도를 두고 설치되어 있는 것을 말한다.
㉯ 바퀴의 윗부분이 바깥쪽으로 기울어진 상태를 '정의 캠버', 바퀴의 중심선이 수직일 때를 '0의 캠버', 바퀴의 윗부분이 안쪽으로 기울어진 상태를 '부의 캠버'라 한다.
㉰ 캠버는 조향축(킹핀) 경사각과 함께 조향 핸들의 조작을 가볍게 하고, 수직 방향 하중에 의한 앞 차축의 휨을 방지하며, 하중을 받았을 때 앞바퀴의 아래쪽이 벌어지는 것(부의 캠버)을 방지한다.

② 캐스터(Caster)
㉮ 자동차 앞바퀴를 옆에서 보았을 때 앞 차축을 고정하는 조향축(킹핀)이 수직선과 어떤 각도를 두고 설치되어 있는 것을 말한다.
㉯ 조향축 윗부분이 자동차의 뒤쪽으로 기울어진 상태를 '정의 캐스터', 조향축의 중심선이 수직선과 일치된 상태를 '0의 캐스터', 조향축의 윗부분이 앞쪽으로 기울어진 상태를 '부의 캐스터'라 한다.
㉰ 주행 중 조향바퀴에 방향성을 부여한다. 조향하였을 때에는 직진 방향으로의 복원력을 준다.

③ 토인(Toe-in)
㉮ 자동차 앞바퀴를 위에서 내려다보면 양쪽 바퀴의 중심선 사이의 거리가 앞쪽이 뒤쪽보다 약간 작게 되어 있는 것을 말한다.
㉯ 토인은 앞바퀴를 평행하게 회전시키며, 앞바퀴가 옆방향으로 미끄러지는 것과 타이어 마멸을 방지하고, 조향 링키지의 마멸에 의해 토아웃(Toe-out) 되는 것을 방지한다.

④ 휠 얼라인먼트가 필요한 시기
㉮ 자동차 하체가 충격을 받았거나 사고가 발생한 경우
㉯ 타이어를 교환한 경우
㉰ 핸들의 중심이 어긋난 경우
㉱ 타이어 편마모가 발생한 경우
㉲ 자동차가 한쪽으로 쏠림현상이 발생한 경우
㉳ 자동차에서 롤링(좌·우진동)이 발생한 경우
㉴ 핸들이나 자동차의 떨림이 발생한 경우

휠 얼라인먼트의 역할
• 조향 핸들의 조작을 확실하게 하고 안전성을 준다 : 캐스터의 작용
• 조향 핸들에 복원성을 부여한다 : 캐스터와 조향축(킹핀) 경사각의 작용
• 조향 핸들의 조작을 가볍게 한다 : 캠버와 조향축(킹핀) 경사각의 작용
• 타이어 마멸을 최소로 한다 : 토인의 작용

04 제동장치

(1) 공기식 브레이크

① **공기식 브레이크** : 엔진으로 공기압축기를 구동하여 발생한 압축공기를 동력원으로 사용하는 방식으로서 버스나 트럭 등 대형차량에 주로 사용된다.

② **공기식 브레이크의 구조와 관련된 장치** : 공기압축기, 공기탱크, 브레이크 밸브, 릴레이 밸브, 퀵 릴리스 밸브, 브레이크 체임버, 저압 표시기, 체크 밸브

③ **공기식 브레이크의 장·단점**
  ㉮ 장점
  ㉠ 자동차 중량에 제한을 받지 않는다.
  ㉡ 공기가 다소 누출되어도 제동성능이 현저하게 저하되지 않아 안전도가 높다.
  ㉢ 베이퍼 록 현상이 발생할 염려가 없다.
  ㉣ 페달을 밟는 양에 따라 제동력이 조절된다.
  ㉤ 압축공기의 압력을 높이면 더 큰 제동력을 얻을 수 있다.
  ㉯ 단점
  ㉠ 구조가 복잡하고 유압 브레이크보다 값이 비싸다.
  ㉡ 엔진출력을 사용하므로 연료 소비량이 많다.

(2) 공기 브레이크와 유압 배력 브레이크의 비교

구분	공기 브레이크	유압 배력식 브레이크
차량 중량	제한을 받지 않는다.	제한을 받는다.
오일·공기 누설	다소 누출되어도 제동성능이 저하되지 않는다.	누설되면 유압이 현저하게 저하되어 위험하다.
마찰열	베이퍼 록의 발생 염려가 없다.	베이퍼 록이 발생한다.
제동력	페달의 밟은 양에 따라 변화한다.	페달의 밟는 힘에 따라 변화한다.
에너지 소비	공기압축기 구동에 많은 에너지가 소비된다.	에너지 소비가 작다.
정비성	구조가 복잡하여 정비하기 어렵다.	구조가 간단하여 정비하기 쉽다.
경제성	비교적 고가이다.	저렴하다.

(3) ABS(Anti-lock Break System)

① **ABS** : 자동차 주행 중 제동할 때 타이어의 고착 현상을 미연에 방지하여 노면에 달라붙는 힘을 유지하므로 사전에 사고의 위험성을 감소시키는 예방 안전장치이다.

② **ABS의 특징**
  ㉮ 바퀴의 미끄러짐이 없는 제동 효과를 얻을 수 있다.
  ㉯ 자동차의 방향 안정성, 조종성능을 확보해 준다.
  ㉰ 앞바퀴의 고착에 의한 조향 능력 상실을 방지한다.
  ㉱ 노면이 비에 젖더라도 우수한 제동효과를 얻을 수 있다.

(4) 감속 브레이크

① **감속 브레이크** : 풋 브레이크의 보조로 사용되는 브레이크로 자동차가 고속 대형화함에 따라 풋 브레이크를 자주 사용하는 것은 베이퍼 록이나 페이드 현상이 발생할 가능성이 높아져 안전한 운전을 할 수 없게 됨에 따라 개발된 것

② **감속 브레이크는 제3의 브레이크라고도 하며, 다음과 같은 것들이 있다.**
  ㉮ 엔진 브레이크 : 엔진의 회전 저항을 이용한 것으로 언덕길을 내려갈 때 가속 페달을 놓거나, 저속기어를 사용하면 회전저항에 의한 제동력이 발생한다.
  ㉯ 제이크 브레이크 : 엔진 내 피스톤 운동을 억제시키는 브레이크이다.
  ㉰ 배기 브레이크 : 배기관 내에 설치된 밸브를 통해 배기가스 또는 공기를 압축한 후 배기 파이프 내의 압력이 배기 밸브 스프링 장력과 평형이 될 때까지 높게 하여 제동력을 얻는다.
  ㉱ 리타더 브레이크 : 유압을 이용하여 동력이 전달되는 회전방향과 반대로 터빈을 작동시켜 제동력을 발생시키는 장치이다.

③ **감속 브레이크의 장점**
  ㉮ 풋 브레이크를 사용하는 횟수가 줄기 때문에 주행할 때의 안전도가 향상되고, 운전자의 피로를 줄일 수 있다.
  ㉯ 브레이크 슈, 드럼 혹은 타이어의 마모를 줄일 수 있다.
  ㉰ 눈, 비 등으로 인한 타이어의 미끄러짐을 줄일 수 있다.
  ㉱ 클러치 사용횟수가 줄게 됨에 따라 클러치 관련 부품의 마모가 감소한다.
  ㉲ 브레이크가 작동할 때 이상 소음을 내지 않으므로 승객에게 불쾌감을 주지 않는다.

SECTION 05 자동차 검사 및 보험

01 자동차 검사

(1) 자동차 종합검사(배출가스 검사 + 안전도 검사)

① 자동차 종합검사의 개요
㉮ 자동차 정기검사와 배출가스 정밀검사 및 특정경유자동차 배출가스 검사의 검사항목을 하나의 검사로 통합하고 검사 시기를 자동차 정기검사 시기로 통합한 검사이다.

㉯ 다음의 검사를 받은 경우 자동차 정기검사, 배출가스 정밀검사 및 특정경유자동차검사를 받은 것으로 본다.
- ㉠ 자동차의 동일성 확인 및 배출가스 관련 장치 등의 작동 상태 확인을 관능검사(사람의 감각기관으로 자동차의 상태를 확인하는 검사) 및 기능검사로 하는 공통 분야
- ㉡ 자동차 안전검사 분야
- ㉢ 자동차 배출가스 정밀검사 분야

② 자동차 종합검사의 대상과 유효기간

검사 대상				검사 유효기간
차종	사업용 구분	규모	대상 차령	
승용 자동차	비사업용	경형·소형·중형·대형	차령이 4년 초과인 자동차	2년
	사업용	경형·소형·중형·대형	차령이 2년 초과인 자동차	1년
승합 자동차	비사업용	경형·소형	차령이 4년 초과인 자동차	1년
		중형	차령이 3년 초과인 자동차	차령 8년까지는 1년, 이후부터는 6개월
		대형	차령이 3년 초과인 자동차	차령 8년까지는 1년, 이후부터는 6개월
	사업용	경형·소형	차령이 4년 초과인 자동차	1년
		중형	차령이 2년 초과인 자동차	차령 8년까지는 1년, 이후부터는 6개월
		대형	차령이 2년 초과인 자동차	차령 8년까지는 1년, 이후부터는 6개월
화물 자동차	비사업용	경형·소형	차령이 4년 초과인 자동차	1년
		중형	차령이 3년 초과인 자동차	차령 5년까지는 1년, 이후부터는 6개월
		대형	차령이 3년 초과인 자동차	차령 5년까지는 1년, 이후부터는 6개월
화물 자동차	사업용	경형·소형	차령이 2년 초과인 자동차	1년
		중형	차령이 2년 초과인 자동차	차령 5년까지는 1년, 이후부터는 6개월
		대형	차령이 2년 초과인 자동차	6개월
특수 자동차	비사업용	경형·소형·중형·대형	차령이 3년 초과인 자동차	차령 5년까지는 1년, 이후부터는 6개월
	사업용	경형·소형·중형·대형	차령이 2년 초과인 자동차	차령 5년까지는 1년, 이후부터는 6개월

③ 자동차 종합검사 유효기간
㉮ 검사 유효기간 계산 방법
- ㉠ 자동차관리법에 따라 신규등록을 하는 경우 : 신규등록일부터 계산
- ㉡ 자동차 종합검사기간 내에 종합검사를 신청하여 적합 판정을 받은 경우 : 직전 검사 유효기간 마지막 날의 다음 날부터 계산
- ㉢ 자동차 종합검사기간 전 또는 후에 자동차 종합검사를 신청하여 적합 판정을 받은 경우 : 자동차 종합검사를 받은 날의 다음 날부터 계산
- ㉣ 재검사 결과 적합 판정을 받은 경우 : 자동차 종합검사를 받은 것으로 보는 날의 다음 날부터 계산

㉯ 자동차 소유자가 자동차 종합검사를 받아야 하는 기간
- ㉠ 자동차 종합검사 유효기간의 마지막 날(검사 유효기간을 연장하거나 검사를 유예한 경우에는 그 연장 또는 유예된 기간의 마지막 날) 전후 각각 31일 이내에 받아야 한다.
- ㉡ 소유권 변동 또는 사용본거지 변경 등의 사유로 자동차 종합검사의 대상이 된 자동차 중 자동차 정기검사의 기간 중에 있거나 자동차 정기검사의 기간이 지난 자동차는 변경등록을 한 날부터 62일 이내에 자동차 종합검사를 받아야 한다.

④ 자동차 종합검사 재검사기간
㉮ 자동차 종합검사기간 내에 종합검사를 신청한 경우 : 부적합 판정을 받은 날부터 자동차 종합검사기간 만료 후 10일 까지

㉯ 자동차 종합검사기간 전 또는 후에 종합검사를 신청한 경우 : 부적합 판정을 받은 날의 다음 날부터 10일 이내

㉰ 종합검사기간 내에 종합검사를 신청하였으나 최고속도제한장치의 미설치, 무단 해체·해제 및 미작동으로 부적합 판정을 받은 경우 : 부적합 판정을 받은 날부터 10일 이내

㉱ 자동차 종합검사 재검사기간 내에 적합 판정을 받은 자동차 : 자동차 종합검사 결과표 또는 자동차 기능 종합진단서를 받은 날에 자동차 종합검사를 받은 것으로 본다.

㉲ 자동차 종합검사 결과 부적합 판정을 받은 자동차의 소유자가 재검사 기간 내에 재검사를 신청하지 아니한 경우 또는 재검사 기간 내에 재검사를 신청하였으나 그 기간 내에 적합 판정을 받지 못한 경우 : 종합검사를 받지 아니한 것으로 본다.

㉳ 자동차 종합검사 결과 부적합 판정을 받은 자동차가 특정경유자동차의 배출허용기준에 맞는지에 대한 검사가 면제되는 경우 : 자동차 배출가스 정밀검사 분야에 대해서는 재검사기간 내에 적합 판정을 받은 것으로 본다.

⑤ 자동차 종합검사 유효기간 연장 사유에 해당하는 경우
㉮ 전시·사변 또는 이에 준하는 비상사태로 인하여 관할지역에서 자동차 종합검사 업무를 수행할 수 없다고 판단되는 경우(대상 자동차, 유예기간 및 대상 지역 등이 공고된 경우만 해당)

㉮ 자동차를 도난당한 경우, 사고발생으로 인하여 자동차를 장기간 정비할 필요가 있는 경우, 형사소송법 등에 따라 자동차가 압수되어 운행할 수 없는 경우, 운전면허 취소 등으로 인하여 자동차를 운행할 수 없는 경우
㉯ 자동차 소유자가 폐차를 하려는 경우

자동차 검사의 필요성
- 자동차 결함으로 인한 교통사고 예방으로 국민의 생명을 보호한다.
- 자동차 배출가스로 인한 대기환경을 개선한다.
- 불법개조 등 안전기준 위반 차량 색출로 운행질서 및 거래질서를 확립한다.
- 자동차보험 미가입 자동차의 교통사고로부터 국민피해를 예방한다.

(2) 자동차 정기검사(안전도 검사)
① **자동차 정기검사의 개요**
㉮ 개념 : 자동차관리법에 따라 종합검사 시행지역 외 지역에 대하여 안전도 분야에 대한 검사를 시행하며, 배출가스검사는 공회전상태에서 배출가스 측정
㉯ 검사방법 및 항목 : 종합검사의 안전도 검사 분야의 검사방법 및 검사항목과 동일하게 시행

② **자동차 정기검사의 대상과 유효기간**

구분				검사 유효기간
차종	사업용 구분	규모	차령	
승용 자동차	비사업용	경형·소형· 중형·대형	모든 차령	2년 (신규검사를 받은 신조차의 최초 유효기간은 5년)
	사업용	경형·소형· 중형·대형	모든 차령	1년 (신규검사를 받은 신조차의 최초 유효기간은 2년)
승합 자동차	비사업용	경형·소형	4년 이하인 경우	2년
			4년 초과인 경우	1년
		중형·대형	8년 이하인 경우	1년 (신규검사를 받은 5.5m 미만 신조차의 최초 유효기간은 2년)
			8년 초과인 경우	6개월
	사업용	경형·소형	4년 이하인 경우	2년
			4년 초과인 경우	1년
		중형·대형	8년 이하인 경우	1년
			8년 초과인 경우	6개월
화물 자동차	비사업용	경형·소형	4년 이하인 경우	2년
			4년 초과인 경우	1년
		중형·대형	5년 이하인 경우	1년
			5년 초과인 경우	6개월
	사업용	경형·소형	모든 차령	1년 (신규검사를 받은 신조차의 최초 유효기간은 2년)
		중형	5년 이하인 경우	1년
			5년 초과인 경우	6개월
		대형	2년 이하인 경우	1년
			2년 초과인 경우	6개월
특수 자동차	비사업용 및 사업용	경형·소형· 중형·대형	5년 이하인 경우	1년
			5년 초과인 경우	6개월

자동차종합검사 및 정기검사 미시행에 따른 과태료
- 검사를 받아야 하는 기간만료일부터 30일 이내인 경우 : 4만원
- 검사를 받아야 하는 기간만료일부터 30일을 초과 114일 이내인 경우 : 4만원에 31일째부터 계산하여 3일 초과 시마다 2만원을 더한 금액
- 검사를 받아야 하는 기간만료일부터 115일 이상인 경우(과태료 최고한도) : 60만원

(3) 튜닝검사
① **튜닝검사의 개요**
㉮ 개념 : 튜닝의 승인을 받은 날부터 45일 이내에 한국교통안전공단 자동차검사소에서 안전기준 적합여부 및 승인받은 내용대로 변경하였는가에 대하여 검사를 받아야 하는 일련의 행정절차
㉯ 튜닝승인신청 구비 서류
㉠ 튜닝승인신청서 : 자동차 소유자가 신청, 대리인인 경우 소유자(운송회사)의 위임장 및 인감증명서 첨부 필요
㉡ 튜닝 전·후 주요제원 대비표 : 제원변경이 있는 경우만 해당
㉢ 튜닝 전·후 자동차의 외관도 : 외관도 및 설계도면에 변경내용(축간거리, 승객좌석간 거리 등)이 정확히 표시·기재되어 있어야 함(외관변경이 있는 경우에 한함)
㉣ 튜닝하고자 하는 구조·장치의 설계도 : 특수한 장치 등을 설치할 경우 장치에 대한 상세면 또는 설계도 포함

② **구조·장치 변경승인 불가 항목**
㉮ 총중량이 증가되는 튜닝
㉯ 승차정원 또는 최대적재량의 증가를 가져오는 승차장치 또는 물품적재장치의 튜닝
㉰ 자동차의 종류가 변경되는 튜닝
㉱ 튜닝 전보다 성능 또는 안전도가 저하될 우려가 있는 경우의 변경

③ **튜닝검사 신청서류**
㉮ 자동차등록증
㉯ 튜닝승인서
㉰ 튜닝 전·후의 주요제원 대비표
㉱ 튜닝 전·후의 자동차 외관도(외관의 변경이 있는 경우)
㉲ 튜닝하려는 구조·장치의 설계도

(4) 임시검사
① **임시검사를 받는 경우**
㉮ 불법튜닝 등에 대한 안전성 확보를 위한 검사
㉯ 사업용 자동차의 차령연장을 위한 검사
㉰ 자동차 소유자의 신청을 받아 시행하는 검사

② **임시검사 신청서류**
㉮ 자동차 검사 신청서
㉯ 자동차등록증
㉰ 자동차점검·정비·검사 또는 원상복구명령서(해당하는 경우만 첨부)

(5) 신규검사
① **개념** : 신규등록을 하고자 할 때 받는 검사
② **신규검사를 받아야 하는 경우**
㉮ 여객자동차 운수사업법에 의하여 면허, 등록, 인가 또는 신고가 실효하거나 취소되어 말소한 경우

SECTION 05 자동차 검사 및 보험

⑭ 자동차를 교육 · 연구목적으로 사용하는 등 대통령령이 정하는 사유에 해당하는 경우
　㉠ 자동차 자기인증을 하기 위해 등록한 자
　㉡ 국가간 상호인증 성능시험을 대행할 수 있도록 지정된 자
　㉢ 자동차 연구개발 목적의 기업부설연구소를 보유한 자
　㉣ 해외자동차업체와 계약을 체결하여 부품개발 등의 개발업무를 수행하는 자
　㉤ 전기자동차 등 친환경 · 첨단미래형 자동차의 개발 · 보급을 위하여 필요하다고 국토교통부장관이 인정하는 자
⑮ 자동차의 차대번호가 등록원부상의 차대번호와 달라 직권 말소된 자동차
⑯ 속임수나 그 밖의 부정한 방법으로 등록되어 말소된 자동차
⑰ 수출을 위해 말소한 자동차
⑱ 도난당한 자동차를 회수한 경우

③ 신규검사 신청서류
㉮ 신규검사 신청서
㉯ 출처증명서류(말소사실증명서 또는 수입신고서, 자기인증 면제확인서)
㉰ 제원표(이미 자기인증된 자동차와 같은 제원의 자동차인 경우에는 제원표 첨부 생략 가능)

02 자동차 보험 및 공제

(1) 책임보험 등의 가입
① **책임보험 등의 가입 의무** : 자동차보유자는 자동차의 운행으로 다른 사람이 사망하거나 부상한 경우에 피해자(피해자가 사망한 경우에는 손해배상을 받을 권리를 가진 자를 말함)에게 대통령령으로 정하는 금액을 지급할 책임을 지는 책임보험이나 책임공제에 가입하여야 한다.
② **공제에 의무 가입**
㉮ 자동차보유자는 책임보험등에 가입하는 것 외에 자동차의 운행으로 다른 사람의 재물이 멸실되거나 훼손된 경우에 피해자에게 대통령령으로 정하는 금액을 지급할 책임을 지는 보험업법에 따른 보험이나 여객자동차 운수사업법에 따른 공제에 가입하여야 한다.

㉯ 여객자동차 운송사업자는 책임보험등에 가입하는 것 외에 자동차 운행으로 인하여 다른 사람이 사망하거나 부상한 경우에 피해자에게 책임보험등의 배상책임한도를 초과하여 대통령령으로 정하는 금액을 지급할 책임을 지는 보험업법에 따른 보험이나 여객자동차 운수사업법에 따른 공제에 가입하여야 한다.

(2) 자동차 보험 및 공제 미가입에 따른 과태료
① 자동차 운행으로 다른 사람이 사망하거나 부상한 경우에 피해자에게 책임보험금을 지급할 책임을 지는 책임보험이나 책임공제에 미가입한 경우
㉮ 가입하지 아니한 기간이 10일 이내인 경우 : 3만원
㉯ 가입하지 아니한 기간이 10일을 초과한 경우 : 3만원에 11일째부터 1일마다 8천원을 가산한 금액
㉰ 최고 한도금액 : 자동차 1대당 100만원
② 책임보험 또는 책임공제에 가입하는 것 외에 자동차의 운행으로 다른 사람의 재물이 멸실되거나 훼손된 경우에 피해자에게 사고 1건당 2천만원의 범위에서 사고로 인하여 피해자에게 발생한 손해액을 지급할 책임을 지는 보험업법에 따른 보험이나 여객자동차 운수사업법에 따른 공제에 미가입한 경우
㉮ 가입하지 아니한 기간이 10일 이내인 경우 : 5천원
㉯ 가입하지 아니한 기간이 10일을 초과한 경우 : 5천원에 11일째부터 1일마다 2천원을 가산한 금액
㉰ 최고 한도금액 : 자동차 1대당 30만원
③ 책임보험 또는 책임공제에 가입하는 것 외에 자동차 운행으로 인하여 다른 사람이 사망하거나 부상한 경우에 피해자에게 책임보험 및 책임공제의 배상책임한도를 초과하여 피해자 1명당 1억원 이상의 금액 또는 피해자에게 발생한 모든 손해액을 지급할 책임을 지는 보험업법에 따른 보험이나 여객자동차 운수사업법에 따른 공제에 미가입한 경우
㉮ 가입하지 아니한 기간이 10일 이내인 경우 : 3만원
㉯ 가입하지 아니한 기간이 10일을 초과한 경우 : 3만원에 11일째부터 1일마다 8천원을 가산한 금액
㉰ 최고 한도금액 : 자동차 1대당 100만원

MEMO

적중 예상문제

CHAPTER 02 | 자동차 관리 요령

SECTION 1 자동차 관리

01 자동차 일상점검 시의 주의사항으로 거리가 먼 것은?

① 경사가 없는 평탄한 장소에서 점검한다.
② 변속레버는 P(주차)에 위치시킨 후 주차 브레이크를 당겨 놓는다.
③ 점검은 환기가 잘되는 장소에서 실시한다.
④ 엔진을 점검할 때에는 반드시 엔진 시동상태에서 점검한다.

해설 엔진 시동상태에서 점검해야 할 사항이 아니면 엔진시동을 끄고 한다.

02 다음은 버스 운행 후 점검사항이다. 해당되지 않는 것은?

① 외관점검   ② 엔진점검
③ 운전석 점검   ④ 하체점검

해설 운행 후 점검사항
• 외관점검 : 차체 기울기, 차체 손상 여부 등
• 엔진점검 : 냉각수 및 엔진오일의 이상소모 여부 및 상태, 배선 상태 등
• 하체점검 : 타이어 마모 상태, 볼트 및 너트의 풀림 여부, 에어누설 상태 등

03 다음은 버스운전자가 운행 중 지켜야 할 안전수칙이다. 맞지 않는 것은?

① 음주, 과로한 상태에서 운전은 금지한다.
② 창문 밖으로 손이나 얼굴 등을 내밀지 않도록 주의한다.
③ 좌석, 핸들, 미러를 조정한다.
④ 도어 개방 상태에서의 운행을 금지한다.

해설 좌석, 핸들, 미러 등은 운행 전에 미리 조정한다.

04 차내의 인화성, 폭발성 물질이 특히 위험한 시기는 언제인가?

① 봄
② 여름
③ 가을
④ 겨울

해설 여름철과 같이 차안의 온도가 급상승하는 경우에는 인화성·폭발성 물질이 폭발할 수 있다.

05 주차 시의 주의사항으로 옳지 않은 것은?

① 주차할 때는 반드시 주차 브레이크를 작동시킨다.
② 오르막길에서는 후진, 내리막길에서는 1단에 놓고 바퀴에 고임목을 설치한다.
③ 급경사 길에는 가급적 주차하지 않는다.
④ 습기가 많고 통풍이 잘 되지 않는 차고에는 주차하지 않는다.

해설 오르막길에서는 1단, 내리막길에서는 R(후진)로 놓고 바퀴에 고임목을 설치한다.

06 다음은 터보차저에 대한 설명이다. 옳지 않은 것은?

① 회전부의 원활한 윤활과 터보차저에 이물질이 들어가지 않도록 한다.
② 시동 전 오일량을 확인하고 시동 후 오일압력이 정상적으로 상승되는지 확인한다.
③ 초기 시동 시 냉각된 엔진이 따뜻해질 때까지 3~10분 정도 공회전을 시켜주어 엔진이 정상적으로 가동할 수 있도록 운행 전 예비회전을 시켜준다.
④ 터보차저는 운행 중 고온상태이므로 정지 후 곧바로 엔진을 끄도록 한다.

해설 차량 정지 후 충분한 공회전을 실시하여 터보차저의 온도를 식힌 후 엔진을 끄도록 한다.

07 세차할 때의 주의사항 중 틀린 것은?

① 외장 손질 시 자동차의 더러움이 심할 때에는 가정용 중성세제를 이용하여 세척한다.
② 엔진룸은 에어를 이용하여 세척한다.
③ 겨울철에 세차하는 경우에는 물기를 완전히 제거한다.
④ 기름 또는 왁스가 묻어 있는 걸레로 전면유리를 닦지 않는다.

해설 외장 손질 시 자동차의 더러움이 심할 때에는 고무제품의 변색을 예방하기 위하여 자동차 전용 세척제를 사용한다.

08 천연가스 주성분이 아닌 것은?

① 메탄(CH_4)
② 에탄(C_2H_2)
③ 유황(SO_2)
④ 프로판(C_3H_8)

해설 천연가스는 메탄(CH_4)을 주성분으로 하는 탄소량이 적은 탄화수소연료이다. 메탄 이외에 소량의 에탄(C_2H_2), 프로판(C_3H_8), 부탄(C_4H_{10}) 등이 함유되어 있다.

09 다음 중 천연가스를 고압으로 압축하여 만든 기체 상태의 연료는?

① LPG(액화석유가스)
② LNG(액화천연가스)
③ PNG(파이프라인천연가스)
④ CNG(압축천연가스)

해설 천연가스의 형태별 종류
• LNG(액화천연가스) : 천연가스를 액화시켜 부피를 현저히 작게 만들어 저장, 운반 등 사용상의 효용성을 높이기 위한 액화가스
• CNG(압축천연가스) : 천연가스를 고압으로 압축하여 고압압력용기에 저장한 기체 상태의 연료

정답 01 ④ 02 ③ 03 ③ 04 ② 05 ②
정답 06 ④ 07 ① 08 ③ 09 ④

적중 예상문제

제 02 장 ㅣ 자동차 관리 요령

10 CNG 자동차의 구조 중에서 실린더의 파열을 방지하기 위해 가스를 배출시켜 주는 장치는?

① 과류방지밸브
② 플렉시블 연료호스
③ 압력방출장치
④ 리셉터클

해설 **CNG 자동차의 부품**
- 과류방지밸브 : 유량이 설계 설정값을 초과하는 경우 자동으로 흐름을 차단하거나 제한하는 밸브
- 압력방출장치 : 실린더의 파열을 방지하기 위해 가스를 배출시켜 주는 일회용 소모성 장치
- 리셉터클 : CNG연료주입 노즐과 결합하여 차량에 연료를 보내주는 장치

11 차량 운행 시 브레이크 조작과 관련한 설명으로 옳은 것은?

① 브레이크를 밟을 때는 한 번에 큰 힘으로 밟는 것이 좋다.
② 내리막길에서 계속 풋 브레이크를 작동시키면 브레이크 파열의 우려가 있다.
③ 내리막길에서 운행할 때 기어를 중립에 두고 탄력 운행을 하는 것이 좋다.
④ 고속 주행 상태에서 엔진 브레이크를 사용할 때는 주행 중인 단보다 한 단계 높은 단으로 변속한다.

해설
- 브레이크를 밟을 때 2~3회에 나누어 밟게 되면 안정된 성능을 얻을 수 있고, 뒤따라오는 자동차에게 제동정보를 제공함으로써 후미추돌을 방지할 수 있다.
- 내리막길에서 운행할 때 기어를 중립에 두고 탄력 운행을 하지 않는다.
- 고속 주행 상태에서 엔진 브레이크를 사용할 때에는 주행 중인 단보다 한 단계 낮은 저단으로 변속하면서 서서히 속도를 줄인다.

12 친환경 경제운전 방법으로 가장 적절한 것은?

① 가능한 빨리 가속한다.
② 내리막길에서는 시동을 끄고 내려온다.
③ 타이어 공기압을 낮춘다.
④ 급가속 및 급감속 되도록 피한다.

해설 타이어 공기압을 지나치게 낮추면 타이어의 직경이 줄어들어 연비가 낮아지며, 내리막길에서 시동을 끄게 되면 브레이크 배력 장치가 작동되지 않아 제동이 되지 않으므로 올바르지 못한 운전방법이다.

13 다음은 겨울철 버스 운행에 대한 설명이다. 옳지 않은 것은?

① 엔진 시동 후에는 적당한 워밍업을 한 후 운행한다.
② 눈길이나 빙판에서는 가속 페달이나 핸들을 급하게 조작하면 위험하다.
③ 타이어 체인을 장착한 경우에는 50km/h 이내 또는 체인 제작사에서 추천하는 규정 속도 이하로 주행한다.
④ 차의 하체 부위에 있는 얼음덩어리를 운행 전에 제거한다.

해설 타이어 체인을 장착한 경우에는 30km/h 이내 또는 체인 제작사에서 추천하는 규정속도 이하로 주행한다.

14 야간에 마주 오는 차의 전조등 불빛으로 인한 눈부심을 피하는 방법으로 올바른 것은?

① 전조등 불빛을 정면으로 보지 말고 자기 차로의 바로 아래쪽을 본다.
② 전조등 불빛을 정면으로 보지 말고 도로 우측의 가장자리 쪽을 본다.
③ 눈을 가늘게 뜨고 자기 차로 바로 아래쪽을 본다.
④ 눈을 가늘게 뜨고 좌측의 가장자리 쪽을 본다.

해설 마주오는 차량의 전조등에 의해 눈이 부실 때는 전조등의 불빛을 정면으로 보지 말고, 도로 우측의 가장자리 쪽을 보면서 운전하는 것이 바람직하다.

15 ABS(Anti-lock Brake System) 조작과 관련된 설명으로 틀린 것은?

① ABS 장치는 급제동 시 핸들의 조향성능을 유지시켜 주는 장치이다.
② ABS 차량은 급제동 시에도 핸들의 조향이 가능하다.
③ 급제동 시 ABS가 정상적으로 작동하기 위해서는 브레이크 페달을 한 번 밟고 뗀다.
④ 키 스위치를 ON 했을 때 ABS 경고등이 3초 동안 점등된 후 소등되면 정상이다.

해설 급제동 시 ABS가 정상적으로 작동하기 위해서는 브레이크 페달을 힘껏 밟고 버스가 완전히 급정지할 때까지 계속 밟고 있어야 한다.

SECTION 2 자동차장치 사용 요령

16 다음의 보기 상자는 일반적인 운전석 전·후 위치 조절 순서에 대한 내용이다. 위치 조절 과정을 순서대로 나열한 것은?

a. 좌석 쿠션 아래에 있는 조절 레버를 당긴다.
b. 조절 레버를 놓으면 고정된다.
c. 좌석을 전·후 원하는 위치로 조절한다.
d. 좌석을 앞·뒤로 가볍게 흔들어 고정되었는지 확인한다.

① a → b → c → d
② a → c → b → d
③ a → d → b → c
④ a → b → d → c

해설 운전석 전·후 위치 조절 순서 : 좌석 쿠션 아래에 있는 조절 레버를 당긴다. → 좌석을 전후 원하는 위치로 조절한다. → 조절 레버를 놓으면 고정된다. → 좌석을 앞뒤로 가볍게 흔들어 고정되었는지 확인한다.

17 자동차의 좌석에서 등받이 맨 위쪽의 머리를 받치는 부분은?

① 머리지지대
② 에어시트
③ 좌석쿠션
④ 안전장치

해설 머리지지대(헤드레스트, head rest)는 자동차의 좌석에서 등받이 맨 위쪽의 머리를 받치는 부분으로 주행 안락감과 충돌사고 발생 시 머리와 목을 보호하는 역할을 한다.

18 계기판 용어 중 잘못된 것은?

① 속도계 : 자동차의 시간당 주행속도를 나타낸다.
② 전압계 : 배터리의 충전 및 방전 상태를 나타낸다.
③ 회전계 : 엔진의 분당 회전수(rpm)를 나타낸다.
④ 적산거리계 : 자동차의 시간당 주행거리를 나타낸다.

해설 적산거리계는 자동차가 주행한 총거리를 km 단위로 나타낸다.

19 일반적으로 겨울철에 연료를 가급적 가득 채우는 이유로 옳은 것은?

① 연료가 적으면 증발하여 손실되므로
② 연료가 적으면 출렁거리기 때문에
③ 공기 중의 수분이 응축되어 물이 생기기 때문에
④ 연료 게이지에 고장이 발생하기 때문에

해설 겨울철에는 연료탱크에 있는 공기와 밖의 온도 차이 때문에 응축수가 발생하게 된다. 따라서, 연료 탱크를 가득 채워서 이를 방지하는 것이 좋다.

정답 10 ③ 11 ② 12 ④ 13 ③ 14 ②   버스운전 자격시험 총정리문제집   정답 15 ③ 16 ② 17 ① 18 ④ 19 ③

20 다음 중 명칭과 경고등 및 표시등이 서로 다른 것은?

① 상향등 작동 표시등
② 안전벨트 미착용 경고등
③ 엔진오일 압력 경고등
④ 브레이크 에어 경고등

해설 브레이크 에어 경고등

21 다음 중 명칭과 경고등 및 표시등이 서로 다른 것은?

① 비상 경고 표시등 : CHECK ENGINE
② 배터리 충전 경고등
③ 엔진 예열작동 표시등
④ 냉각수 경고등 : WATER

해설
- 비상 경고 표시등 : ⇦⇨
- 엔진 정비 지시등 : CHECK ENGINE

22 1단계 스위치만 조작 시 점등되지 않는 등화는?

① 차폭등   ② 미등
③ 번호판등 ④ 전조등

해설 전조등 스위치 조절
- 1단계 : 차폭등, 미등, 번호판등, 계기판등
- 2단계 : 차폭등, 미등, 번호판등, 계기판등, 전조등

23 주행빔(상향등)을 사용할 수 있는 시기로 가장 적당한 것은?

① 마주오는 차가 있을 때
② 앞차를 따라서 주행할 때
③ 야간운행 시 시야확보가 필요할 때
④ 다른 차에게 주의를 주고 싶을 때

해설 전조등 사용 시기
- 변환빔(하향) : 마주오는 차가 있거나 앞차를 따라갈 경우
- 주행빔(상향) : 야간 운행 시 시야확보를 원할 경우(마주오는 차 또는 앞차가 없을 경우에 한하여 사용)
- 상향점멸 : 다른 차의 주의를 환기시킬 경우(스위치를 2~3회 정도 당겨 올림)

24 전자제어 현가장치 시스템(ECS)의 주요 기능에 대한 설명으로 틀린 것은?

① 차량 하중 변화에 따른 차량 높이 조정이 자동으로 빠르게 이루어진다.
② 차량 주행 중에는 에어 소모가 증가한다.
③ 도로조건이나 기타 주행조건에 따라서 운전자가 스위치를 조작하여 차량의 높이를 조정할 수 있다.
④ 자기진단 기능을 보유하고 있어 정비성이 용이하고 안전하다.

해설 차량 주행 중에는 에어 소모가 감소하며, 안전성이 확보된 상태에서 차량의 높이 조정 및 닐링(Kneeling, 차체의 앞부분을 내려가게 만드는 차체 기울임 시스템) 기능을 할 수 있다.

SECTION 3 자동차 응급조치 요령

25 다음은 자동차 운전 중 진동과 소리가 날 때의 원인과 응급조치에 관한 설명이다. 옳지 않은 것은?

① 쇠가 마주치는 소리가 날 때에는 밸브장치에서 나는 소리로, 밸브 간극 조정으로 고쳐질 수 있다.
② 가속페달을 힘껏 밟는 순간 '끼익!'하는 소리가 나는 경우는 팬벨트 또는 기타의 V벨트가 이완되어 걸려있는 풀리와의 미끄러짐에 의해 일어난다.
③ 클러치를 밟고 있을 때 '달달달'떨리는 소리와 함께 차체가 떨리고 있다면 클러치 릴리스 베어링의 고장이다. 정비공장에서 교환하여야 한다.
④ 브레이크 페달을 밟아 차를 세우려고 할 때 바퀴에서 '끽!'하는 소리가 나는 경우는 바퀴의 휠너트의 이완이나 공기 부족일 때 나는 소리이다.

해설 브레이크 페달을 밟아 차를 세우려고 할 때 바퀴에서 '끽!'하는 소리가 나는 경우는 브레이크 라이닝의 마모가 심하거나 라이닝에 오일이 묻어 있을 때 일어나는 현상이다.

26 자동차 배출 가스가 검은색인 경우의 원인으로 거리가 먼 것은?

① 초크 고장
② 에어클리너 엘리먼트의 막힘
③ 피스톤 링의 마모
④ 연료 장치 고장

해설 배출가스가 검은색이면 농후한 혼합 가스가 들어가 불완전 연소되는 경우로 초크 고장이나 에어클리너 엘리먼트의 막힘, 연료 장치 고장 등이 원인이다. 참고로 피스톤 링이 마모되거나 헤드 개스킷 파손, 밸브의 오일 실(seal)이 노후되면 엔진 오일이 실린더 위로 올라와 연소되기 때문에 배출가스는 백색을 나타낸다.

27 자동차의 배출가스 색이 흰색인 경우는?

① 불완전 연소가 일어나고 있다.
② 엔진오일이 함께 연소되고 있다.
③ 유사 휘발유가 섞인 연료를 사용하고 있다.
④ 냉각수와 함께 연소되고 있다.

해설 배출가스의 색은 무색이거나 약간 엷은 청색이면 정상이다. 검은색은 불완전 연소가 일어나고 있는 경우이고, 흰색은 엔진오일이 함께 연소되는 경우이므로 점검이 필요하다.

28 배터리 방전 시의 응급조치 요령으로 틀린 것은?

① 주차 브레이크를 작동시켜 차량이 움직이지 않도록 한다.
② 시동이 걸린 후 배터리가 일부 충전되면 점프 케이블의 '+'단자를 먼저 분리한 후 '-'단자를 분리한다.
③ 변속기는 '중립'에 위치시킨다.
④ 방전된 배터리가 충분히 충전되도록 일정시간 시동을 걸어둔다.

해설 시동이 걸린 후 배터리가 일부 충전되면 점프 케이블의 '-'단자를 먼저 분리한 후 '+'단자를 분리한다.

적중 예상문제 제 02 장 l 자동차 관리 요령

29 다음은 엔진 오버히트가 발생할 때의 안전조치 사항이다. 옳지 않은 것은?

① 엔진을 멈추고 보닛을 열어 엔진을 냉각시킨다.
② 여름에는 에어컨, 겨울에는 히터의 작동을 중지시킨다.
③ 냉각수 부족으로 엔진이 과열되었을 때는 급하게 차가운 냉각수를 공급하면 엔진에 균열이 발생할 수 있다.
④ 엔진 시동을 즉시 끄게 되면 수온이 급상승하여 엔진이 고착될 수 있다.

해설 엔진이 작동하는 상태에서 보닛을 열어 엔진을 냉각시킨다.

30 시동모터가 작동되나 시동이 걸리지 않는 경우 조치사항이다. 틀린 것은?

① 연료를 보충한 후 공기 빼기를 한다.
② 예열시스템을 점검한다.
③ 적정 점도의 오일로 교환한다.
④ 연료 필터를 교환한다.

해설 적정 점도의 오일로 교환하는 조치사항은 시동모터가 작동되지 않거나 천천히 회전하는 경우 조치사항이다.

31 연료소비량이 많을 경우의 조치사항이다. 틀린 것은?

① 연료 누출여부를 (연료계통) 점검한다.
② 적정 타이어 공기압으로 조정한다.
③ 브레이크 라이닝 간극을 조정한다.
④ 에어클리어 필터 청소 또는 교환한다.

해설 에어클리어 필터 청소 또는 교환하는 조치사항은 배출가스가 검은색인 경우의 조치사항이다.

32 스티어링 휠(핸들)이 떨리는 현상의 원인으로 추정되는 것이 아닌 것은?

① 타이어 공기압이 과다하다.
② 타이어의 무게 중심이 맞지 않는다.
③ 휠 너트(허브 너트)가 풀려 있다.
④ 타이어가 편마모 되어 있다.

해설 **핸들 떨림의 추정원인**
• 타이어의 무게중심이 맞지 않는다.
• 휠 너트(허브 너트)가 풀려 있다.
• 타이어 공기압이 각 타이어마다 다르다.
• 타이어가 편마모 되어 있다.

33 차량의 배터리가 자주 방전되는 원인과 가장 거리가 먼 것은?

① 배터리 수명이 다 되었다.
② 팬벨트가 느슨하게 되어 있다.
③ 배터리 단자에 부식이 있다.
④ 배터리액이 과다하다.

해설 **배터리가 자주 방전되는 원인**
• 배터리 단자의 벗겨짐, 풀림, 부식이 있다.
• 팬벨트가 느슨하게 되어 있다.
• 배터리액이 부족하다.
• 배터리 수명이 다 되었다.

SECTION 4 자동차의 구조 및 특성

34 엔진의 동력을 변속기에 전달하거나 차단하는 역할을 하는 장치는?

① 변속기
② 클러치
③ 현가장치
④ 완충장치

해설 클러치는 엔진의 동력을 변속기에 전달하거나 차단하는 역할을 하며, 엔진 시동을 작동시킬 때나 기어를 변속할 때에는 동력을 끊고, 출발할 때는 엔진의 동력을 서서히 연결하는 일을 한다.

35 자동차 클러치의 구비조건이 아닌 것은?

① 회전 부분의 평형이 좋을 것
② 회전 관성이 클 것
③ 회전력 단속이 확실할 것
④ 과열되지 않을 것

해설 **클러치의 구비조건**
• 냉각이 잘 되어 과열하지 않아야 한다.
• 구조가 간단하고, 다루기 쉬우며 고장이 적어야 한다.
• 회전력 단속 작용이 확실하며, 조작이 쉬워야 한다.
• 회전 부분의 평형이 좋아야 한다.
• 회전 관성이 적어야 한다.

36 변속기의 필요성과 가장 거리가 먼 것은?

① 엔진의 회전력을 증대시키기 위하여
② 엔진을 무부하 상태로 있게 하기 위하여
③ 자동차의 후진을 위하여
④ 바퀴의 회전속도를 추진축의 회전속도보다 높이기 위하여

해설 **변속기의 필요성**
• 엔진과 차축 사이에서 회전력을 변환시켜 전달한다.
• 엔진을 시동할 때 엔진을 무부하 상태로 한다.
• 자동차를 후진시키기 위하여 필요하다.

37 자동변속기의 장점 및 단점에 대한 설명으로 틀린 것은?

① 구조가 간단하고 가격이 저렴하다.
② 조작 미숙으로 인한 시동 꺼짐이 없다.
③ 발진과 가·감속이 원활하여 승차감이 좋다.
④ 유체가 댐퍼 역할을 하기 때문에 충격이나 진동이 적다.

해설 **자동변속기의 단점**
• 구조가 복잡하고 가격이 비싸다.
• 차를 밀거나 끌어서 시동을 걸 수 없다.
• 연료소비율이 10% 정도 많아진다.

38 수막현상의 원인과 예방 대책에 관한 설명으로 가장 적절한 것은?

① 수막현상이 발생하더라도 핸들 조작의 결과는 평소와 별 차이가 없다.
② 새 타이어에서 수막현상의 발생 가능성이 높다.
③ 타이어와 노면 사이의 접촉면이 좁을수록 수막현상의 가능성이 높아진다.
④ 수막현상을 예방하기 위해서 가장 중요한 것은 빗길에서 평소보다 감속하는 것이다.

해설 수막현상이 발생하면 핸들 조작이 어렵고 새 타이어일수록 수막현상이 발생할 가능성이 낮다. 또한, 타이어와 노면 사이의 접촉면이 좁을수록 수막현상의 가능성이 낮다.

정답 29 ① 30 ③ 31 ④ 32 ① 33 ④

정답 34 ② 35 ② 36 ④ 37 ① 38 ④

39 완충장치의 구성품인 스프링의 종류 중 승차감이 우수하며, 장거리 주행 자동차 및 대형버스에 사용되는 스프링은?

① 공기 스프링
② 판 스프링
③ 토션 바 스프링
④ 코일 스프링

> **해설** 공기 스프링
> • 승차감이 우수하기 때문에 장거리 주행 자동차 및 대형버스에 사용된다.
> • 짐을 실었을 때나 비었을 때의 승차감에는 차이가 없다.
> • 구조가 복잡하고 제작비가 비싸다.

40 자동차가 고속으로 선회할 때 차체의 좌우 진동을 완화하는 기능을 하는 것은?

① 타이로드
② 토인
③ 판 스프링
④ 스태빌라이저

> **해설** 스태빌라이저는 좌·우 바퀴가 동시에 상·하 운동을 할 때는 작용을 하지 않으나 좌·우 바퀴가 서로 다르게 상·하 운동을 할 때 작용하여 차체의 기울기를 감소시켜 주는 장치로 커브 길에서 자동차가 선회할 때 원심력 때문에 차체가 기울어지는 것을 감소시켜 차체가 롤링(좌우 진동)하는 것을 방지하여 준다.

41 조향장치가 갖추어야 할 조건으로 틀린 것은?

① 노면의 충격이 조향 휠에 전달되지 않아야 한다.
② 회전 반지름이 커야 한다.
③ 진행 방향을 바꿀 때 새시 및 보디 각부에 무리한 힘이 작용하지 않아야 한다.
④ 고속주행 중에는 조향 휠이 안정되고 복원력이 좋아야 한다.

> **해설** 조향장치는 조향 핸들의 회전과 바퀴 선회 차이가 크지 않아야 한다.

42 앞바퀴 얼라인먼트의 역할이 아닌 것은?

① 조향 핸들의 조향 조작을 쉽게 한다.
② 조향 핸들에 알맞은 유격을 준다.
③ 타이어의 마모를 최소화 한다.
④ 조향 핸들에 복원성을 준다.

> **해설** 휠 얼라인먼트의 역할
> • 조향 핸들의 조작을 확실하게 하고 안전성을 준다.
> • 조향 핸들에 복원성을 부여한다.
> • 조향 핸들의 조작을 가볍게 한다.
> • 타이어 마멸을 최소로 한다.

43 차량 속도를 감속하거나 정지시키기 위한 장치는?

① 현가장치
② 조향장치
③ 주행장치
④ 제동장치

> **해설** 제동장치는 주행 중인 자동차의 속도를 감속시키거나 정지시키고, 주차상태를 유지시키는 장치이다.

44 공기식 브레이크 특징으로 옳은 것은?

① 차량 중량의 제한을 받지 않는다.
② 에너지 소비가 작다.
③ 구조가 간단하다.
④ 저가이다.

> **해설** 공기식 브레이크의 장점
> • 자동차 중량에 제한을 받지 않는다.
> • 공기가 다소 누출되어도 제동성능이 현저하게 저하되지 않아 안전도가 높다.
> • 베이퍼 록 현상이 발생할 염려가 없다.
> • 페달을 밟는 양에 따라 제동력이 조절된다.
> • 압축공기의 압력을 높이면 더 큰 제동력을 얻을 수 있다.

45 자동차의 ABS에 대한 설명으로 옳은 것은?

① 모든 차륜에 동시에 최대 제동력을 작용시킨다.
② 페달 답력에 따라 각 차륜에 작용하는 브레이크 압력을 제어한다.
③ 차륜이 블로킹되지 않고 회전을 계속하도록 각 차륜에 작용하는 브레이크 압력을 제어한다.
④ 차륜과 노면 사이에 미끄럼마찰이 발생되도록 브레이크 압력을 제어한다.

> **해설** ABS(Anti-lock Break System)는 자동차 주행 중 제동할 때 타이어의 고착 현상을 미연에 방지하여 노면에 달라붙는 힘을 유지하므로 사전에 사고의 위험성을 감소시키는 예방 안전장치로 모든 차륜에 동시에 최대 제동력을 작용시킨다.

SECTION 5 자동차 검사 및 보험

46 다음 중 자동차 종합검사 대상 및 검사유효기간이 틀린 것은?

① 사업용 승용자동차 – 차령이 2년 초과인 자동차는 1년
② 비사업용 승용자동차 – 차령이 4년 초과인 자동차는 3년
③ 사업용 경형 및 소형승합자동차 – 차령이 4년 초과인 자동차는 1년
④ 사업용 중형 및 대형승합자동차 – 차령이 2년 초과인 자동차는 차령 8년까지는 1년, 이후부터는 6개월

> **해설** 자동차 종합검사 대상 및 유효기간
>
> | 차종 | 사업용 구분 | 규모 | 대상 차령 | 검사 유효기간 |
> |---|---|---|---|---|
> | 승용 자동차 | 비사업용 | 경형·소형·중형·대형 | 차령이 4년 초과인 자동차 | 2년 |
> | | 사업용 | 경형·소형·중형·대형 | 차령이 2년 초과인 자동차 | 1년 |
> | 승합 자동차 | 비사업용 | 경형·소형 | 차령이 4년 초과인 자동차 | 1년 |
> | | | 중형 | 차령이 3년 초과인 자동차 | 차령 8년까지는 1년, 이후부터는 6개월 |
> | | | 대형 | 차령이 3년 초과인 자동차 | 차령 8년까지는 1년, 이후부터는 6개월 |
> | | 사업용 | 경형·소형 | 차령이 4년 초과인 자동차 | 1년 |
> | | | 중형 | 차령이 2년 초과인 자동차 | 차령 8년까지는 1년, 이후부터는 6개월 |
> | | | 대형 | 차령이 2년 초과인 자동차 | 차령 8년까지는 1년, 이후부터는 6개월 |

47 자동차 소유자가 자동차 종합검사를 받아야 하는 기간이 맞는 것은?

① 자동차 종합 검사 유효기간의 마지막 날 전후 각각 31일 이내
② 자동차 종합 검사 유효기간의 마지막 날 전후 각각 21일 이내
③ 자동차 종합 검사 유효기간의 마지막 날 전후 각각 15일 이내
④ 자동차 종합 검사 유효기간의 마지막 날 전후 각각 10일 이내

> **해설** 자동차 종합검사 유효기간의 마지막 날(검사 유효기간을 연장하거나 검사를 유예한 경우에는 그 연장 또는 유예된 기간의 마지막 날) 전후 각각 31일 이내에 받아야 한다.

적중 예상문제

제 02 장 ㅣ 자동차 관리 요령

48 소유권 변동 또는 사용본거지 변경 등의 사유로 자동차 종합검사의 대상이 된 자동차 중 자동차 정기검사의 기간이 지난 자동차는 변경등록을 한 날부터 (   ) 이내에 자동차 종합검사를 받아야 한다. (   ) 안에 알맞은 것은?

① 31일
② 45일
③ 62일
④ 90일

해설 소유권 변동 또는 사용본거지 변경 등의 사유로 자동차 종합검사의 대상이 된 자동차 중 자동차 정기검사의 기간 중에 있거나 자동차 정기검사의 기간이 지난 자동차는 변경등록을 한 날부터 62일 이내에 자동차 종합검사를 받아야 한다.

49 자동차 종합검사를 받아야 하는 기간만료일부터 30일 이내인 경우 과태료 부과 기준은?

① 10만원
② 5만원
③ 4만원
④ 2만원

해설 자동차 종합검사를 받지 아니한 경우의 과태료 부과기준
• 자동차 종합검사를 받아야 하는 기간만료일부터 30일 이내인 경우 : 4만원
• 자동차 종합검사를 받아야 하는 기간만료일부터 30일을 초과 114일 이내인 경우 : 4만원에 31일째부터 계산하여 3일 초과 시마다 2만원을 더한 금액
• 자동차 종합검사를 받아야 하는 기간만료일부터 115일 이상인 경우 : 60만원

50 비사업용 신규 승용자동차의 자동차 정기검사 최초검사 유효기간은?

① 1년
② 2년
③ 5년
④ 8년

해설 비사업용 승용자동차 및 피견인자동차의 검사 유효기간은 2년(신조차로서 신규검사를 받은 것으로 보는 자동차의 최초검사 유효기간은 5년)이다.

51 차령이 8년 초과인 사업용 중형 및 대형승합자동차의 자동차 정기검사 유효 기간으로 맞는 것은?

① 6개월
② 1년
③ 2년
④ 4년

해설 자동차 정기검사 유효기간

구분				검사 유효기간
차종	사업용 구분	규모	차령	
승합 자동차	비사업용	경형·소형	4년 이하인 경우	2년
			4년 초과인 경우	1년
		중형·대형	8년 이하인 경우	1년 (신조차로서 신규검사를 받은 것으로 보는 자동차 중 길이 5.5m 미만인 자동차의 최초 검사 유효기간은 2년)
			8년 초과인 경우	6개월
	사업용	경형·소형	4년 이하인 경우	2년
			4년 초과인 경우	1년
		중형·대형	8년 이하인 경우	1년
			8년 초과인 경우	6개월

52 구조변경 차량에 대한 안전도를 점검하기 위한 검사는?

① 신규검사
② 정기검사
③ 외관검사
④ 튜닝검사

해설 자동차 소유자가 자동차를 튜닝하고자 하는 경우 자동차관리법에서 정한 구조 및 장치를 사전에 한국교통안전공단으로부터 승인을 얻어서 변경하도록 규정하고 있다.

53 자동차의 구조 및 장치 변경승인 불가한 항목이 아닌 것은?

① 총중량이 증가되는 튜닝
② 승차정원의 증가를 가져오는 승차장치의 튜닝
③ 자동차의 종류가 변경되는 튜닝
④ 튜닝 전보다 안전도가 높아지는 경우의 변경

해설 구조·장치 변경승인 불가 항목
• 총중량이 증가되는 튜닝
• 승차정원 또는 최대적재량의 증가를 가져오는 승차장치 또는 물품적재장치의 튜닝
• 자동차의 종류가 변경되는 튜닝
• 튜닝 전보다 성능 또는 안전도가 저하될 우려가 있는 경우의 변경

54 자동차 운행으로 다른 사람이 사망하거나 부상한 경우에 피해자에게 책임보험 금을 지급할 책임을 지는 책임보험이나 책임공제에 미가입한 경우로 가입하지 아니한 기간이 10일 이내인 경우의 과태료는?

① 3만원
② 5만원
③ 7만원
④ 10만원

해설 자동차 운행으로 다른 사람이 사망하거나 부상한 경우에 피해자에게 책임보험금을 지급할 책임을 지는 책임보험이나 책임공제에 미가입한 경우
• 가입하지 아니한 기간이 10일 이내인 경우 : 3만원
• 가입하지 아니한 기간이 10일을 초과한 경우 : 3만원에 11일째부터 1일마다 8천원을 가산한 금액
• 최고 한도금액 : 자동차 1대당 100만원

55 자동차종합검사 또는 정기검사를 받지 않은 경우 과태료 최고한도 금액은 얼마인가?

① 30만원
② 60만원
③ 100만원
④ 150만원

해설 자동차 종합검사 또는 정기검사를 받지 않은 경우 과태료 부과기준
• 검사를 받아야 하는 기간만료일부터 30일 이내인 경우 : 4만원
• 검사를 받아야 하는 기간만료일부터 30일을 초과 114일 이내인 경우 : 4만 원에 31일째부터 계산하여 3일 초과 시마다 2만원을 더한 금액
• 검사를 받아야 하는 기간만료일부터 115일 이상인 경우 : 60만원(최고한도)

정답 48 ③ 49 ③ 50 ③ 51 ①

버스운전 자격시험 총정리문제집

정답 52 ④ 53 ④ 54 ① 55 ②

CHAPTER

03

안전운행요령

SECTION
01 교통사고 요인과 운전자의 자세

01 교통사고의 제요인

(1) 교통사고의 요인

요인	내용
인적요인	• 신체, 생리, 심리, 적성, 습관, 태도 요인 등을 포함 • 운전자 또는 보행자의 신체적 생리적 조건, 위험의 인지와 회피에 대한 판단, 심리적 조건 등에 관한 것 • 운전자의 적성과 자질, 운전습관, 내적 태도 등에 관한 것
차량요인	• 차량구조장치 • 부속품 또는 적하(積荷)

도로·환경 요인	도로요인	• 도로구조 : 도로의 선형, 노면, 차로수, 노폭, 구배 • 안전시설 : 신호기, 노면표시, 방호책
	환경요인	• 자연환경 : 기상, 일광 등 자연조건 • 교통환경 : 차량 교통량, 운행차 구성, 보행자 교통량 등의 교통상황 • 사회환경 : 일반국민·운전자·보행자 등의 교통도덕, 정부의 교통정책, 교통단속과 형사처벌 등 • 구조환경 : 교통여건변화, 차량점검 및 정비관리자와 운전자의 책임한계 등

(2) 가장 기여도가 큰 요인은 인간요인

① 교통사고의 결과를 토대로 사고와 관련한 제 요인을 추출하기란 그렇게 간단하지 않다. 일상적으로 교통사고의 위험요인은 교통의 구성요인인 인간, 도로환경 그리고 차량의 측면으로 구분할 수 있다. 이들 각각이 단일 요인으로 사고에 직접적인 영향을 미치는 경우보다는 정도의 차이가 있을지라도 각 요인이 복합적으로 사고에 기여하는 것이 일반적이다.

② 교통사고는 차량 운행 전의 심신상태, 차량 정비요인, 날씨 등에 의한 도로 환경요인, 운전 중의 예측 및 판단 과정 등이 상호작용적으로 시간적으로 연쇄과정을 거치면서 발생한다. 즉 사고 직전 행동이나 상황은 다음 행동과 상황의 원인 및 결과가 되는 연쇄과정을 반복한다. 이 중 가장 기여도가 큰 요인은 인간요인이다.

(3) 인간에 의한 사고원인

① **신체·생리적 요인** : 피로, 음주, 약물, 신경성 질환의 유무 등

② **태도 요인** : 운전 태도 및 사고에 대한 태도

㉮ 운전태도 : 교통법규 및 단속에 대한 인식, 속도지향성 및 자기중심성 등

㉯ 사고에 대한 태도 : 운전상황에서의 위험에 대한 경험, 사고발생확률에 대한 믿음과 사고의 심리적 측면

③ **사회환경 요인** : 근무환경, 직업에 대한 만족도, 주행환경에 대한 친숙성 등

④ **운전기술 요인** : 차로 유지 및 대상의 회피와 같은 두 과제의 처리에 있어 주의를 분할하거나 이를 통합하는 능력 등

02 버스 교통사고의 주요 유형

(1) 유형1 회전, 급정거 등으로 인한 차내 승객 사고(사고 빈도 1위)

① **발생 상황**

㉮ 버스 직진 또는 회전

㉯ 커브, 타 차량 등으로 인한 급격한 차로변경 및 회전, 급정거 등

② **발생 원인** : 전방 멀리까지의 교통상황 관찰 및 주의의 결여, 차간 거리 유지 실패

(2) 유형2 동일방향 후미추돌사고

① **발생 상황**

㉮ 버스 직진 및 앞 차량 추돌

㉯ 타 차량 등의 끼어들기로 인한 선행 차의 갑작스러운 정지 또는 감속 등에 따른 위험 등

㉰ 급제동, 차로변경

② **발생 원인** : 전방 멀리까지의 교통상황 관찰 및 주의의 결여, 차간 거리 유지 실패, 빗길 및 눈길 제동방법 및 주행방법 등에 대한 숙지의 미숙

(3) 유형3 진로변경 중 접촉사고

① **발생 상황**

㉮ 버스 직진

㉯ 전방의 장애물, 교차로, 진입 등으로 인한 진로변경

② **발생 원인** : 버스의 사각 지점에 들어온 차량 등에 대한 관찰 및 주의의 결여, 진입 간격 유지의 실패

(4) 유형4 회전 중 주·정차, 진행 차량, 보행자 등과의 접촉사고

① **발생 상황**

㉮ 버스 좌회전 또는 우회전

㉯ 회전 방향의 다른 차량 등에 대한 주의의 고착, 부적절한 속도

② **발생 원인** : 회전 방향의 불법 주·정차 차량 또는 보행자 등에 대한 부주의

(5) 유형5 승·하차 시 사고

① **발생 상황**

㉮ 버스 정차 및 승·하차

㉯ 이륜차의 진행 시 하차 중인 승객의 위험

② **발생 원인** : 버스 정차 위치, 버스 운전자의 개문(開門)에 대한 판단 착오, 정차차량 등으로 인한 시야 장애, 이륜차에 대한 주의 결여 등

(6) 유형6 횡단 보행자 등과의 사고
  ① 발생 상황
    ㉮ 버스 직진 중
    ㉯ 횡단보도 부근, 이면도로 진·출입부 주변 접근
  ② 발생 원인 : 보행자, 자전거, 이륜차 등의 횡단에 대한 부주의

(7) 유형7 가장자리 차로 진행 중 사고
  ① 발생 상황
    ㉮ 버스 직진 중
    ㉯ 가장자리 차로 주행, 장애물
  ② 발생 원인 : 가장자리 차로의 주차차량, 보행자, 자전거, 이륜차 등에 대한 부주의

(8) 유형8 교차로 신호위반 사고
  ① 발생 상황
    ㉮ 버스 직진, 좌·우회전
    ㉯ 신호 바뀌기 전·후
  ② 발생 원인 : 조급함과 좌우 관찰의 결여, 신호에 대한 자의적 해석 등

(9) 유형9 눈, 빗길 미끄러짐 사고
  ① 발생 상황
    ㉮ 버스 직진 또는 회전
    ㉯ 커브, 미끄러운 노면 등에서의 과속 등
  ② 발생 원인 : 눈·비 시 젖은 노면에 대한 관찰 및 주의의 결여, 제동방법의 미숙 등

(10) 유형10 1차사고로 인한 후속 사고
  ① 발생 상황
    ㉮ 버스 직진
    ㉯ 앞차 등의 근접 추종
  ② 발생 원인 : 전방 상황에 대한 주의의 결여, 인지 지연, 조작 실수 등

> **참고**
>
> **버스 교통사고와 관련된 주요 특성**
> - 버스의 길이는 승용차의 2배 정도 길이이고, 무게는 10배 이상이나 된다. 그만큼 도로상에서 점유하는 공간이 크며, 다른 물체와 충돌하더라도 승용차의 10배 이상의 파괴력을 갖는다.
> - 버스 주위에 접근하더라도 버스의 운전석에서는 잘 볼 수 없는 부분이 승용차 등에 비해 훨씬 넓다.
> - 버스의 좌·우회전시의 내륜차는 승용차에 비해 훨씬 크다. 그만큼 회전 시에 주변에 있는 물체와 접촉할 가능성이 높아진다.
> - 버스의 급가속, 급제동은 승객의 안전에 영향을 바로 미친다.
> - 버스 운전자는 승객들의 운전방해 행위(운전자와의 대화 시도, 간섭, 승객 간의 고성 대화, 장난 등) 쉽게 주의가 분산된다.
> - 버스정류장에서의 승객 승·하차 관련 위험에 노출되어 있다.

03 버스 운전자로서의 기본 자세

(1) 운전 중 위험사태에 대한 판단
  ① 객관적 안전과 주관적 안전
    ㉮ 객관적 안전(OS) : 말 그대로 객관적으로 인정되는 안전
    ㉯ 주관적 안전(SS) : 실제의 안전 정도와 관계없이 운전자 스스로가 특정 상황에 대해 인식하는 안전의 정도
  ② 운전 중의 위험사태 판단과 관련된 능력은 개인차가 있지만 대체로 운전경험과 밀접한 관계를 갖는다.

(2) 운전경험에 따른 변화
  ① 초심자는 주관적 안전이 객관적 안전보다도 낮게 인식되지만, 어느 정도 지나 운전에 대한 자신감을 갖게 되면 오히려 주관적 안전을 객관적 안전의 정도보다 크게 자각함으로써 위험이 증가한다.
  ② 대략 개인의 주행거리가 약 10만 km를 넘어서게 되면 운전경험의 축적에 의해 주관적 안전과 객관적 안전이 균형을 이루게 됨으로써 위험은 그만큼 줄어든다.
  ③ 버스 운전자의 경우는 이 정도의 경험만으로는 충분하지 않으며, 평생 안전운전을 배워나가는 자세를 유지해야 한다.

SECTION 02 운전자요인과 안전운행

01 시력과 운전

(1) 정지시력

① 정지시력의 정의 및 측정방법

㉮ 정의 : 일정 거리에서 일정한 시표를 보고 모양을 확인할 수 있는지를 가지고 측정하는 시력

㉯ 측정방법 : 란돌트 시표(Landolt's rings)에 의해 측정

② 운전면허 취득에 필요한 정지시력 기준

㉮ 제1종 운전면허 : 두 눈을 동시에 뜨고 잰 시력이 0.8 이상이고, 양쪽 눈의 시력이 각각 0.5 이상

㉯ 제2종 운전면허 : 두 눈을 동시에 뜨고 잰 시력이 0.5 이상일 것. 다만, 한쪽 눈을 보지 못하는 사람은 다른 쪽 눈의 시력이 0.6 이상

(2) 동체시력

① 동체시력의 정의 : 움직이는 물체 또는 움직이면서 다른 자동차나 사람 등의 물체를 보는 시력

② 특징

㉮ 물체의 이동속도가 빠를수록 동체시력은 저하된다. 정지시력이 1.2인 사람이 시속 50km로 운전한다면 동체시력은 0.7이하로, 시속 90km라면 0.5 이하로 떨어진다.

㉯ 정지시력과 어느 정도 비례 관계에 있으며, 정지시력이 저하되면 동체시력도 저하된다.

㉰ 조도(밝기)가 낮은 상황에서는 쉽게 저하되며, 50대 이상에서는 야간에 움직이는 물체를 제대로 식별하지 못하는 것이 주요 사고 요인으로도 작용한다.

(3) 시야

① 중심시와 주변시

㉮ 중심시 : 인간이 전방의 어떤 사물을 주시할 때, 그 사물을 분명하게 볼 수 있게 하는 눈의 영역

㉯ 주변시 : 중심시 좌우로 움직이는 물체 등을 인식할 수 있게 하는 눈의 영역

② 시야

㉮ 중심시와 주변시를 포함해서 주위의 물체를 확인할 수 있는 범위 또는 눈의 위치를 바꾸지 않고도 볼 수 있는 좌우의 범위

㉯ 정지상태에서의 시야는 정상인의 경우 한쪽 눈 기준 대략 160° 정도, 양안 시야는 보통 약 180~200°정도

③ 시야에 영향을 주는 조건

㉮ 시야는 움직이는 상태에 있을 때는 움직이는 속도에 따라 축소되는 특성을 갖는다.(운전 중인 운전자의 시야는 시속 40km로 주행 중일 때는 약 100°정도로 축소, 시속 100km로 주행 중인 때는 약 40°정도로 축소)

㉯ 한 곳에 주의가 집중되어 있을 때 인지할 수 있는 시야 범위는 좁아지는 특성이 있다. 운전 중 교통사고가 발생한 곳으로 시선이 집중되어 있다면 이에 비례하여 시야의 범위가 좁아진다.

> **참고**
>
> **깊이지각**
> - 양안 또는 단안 단서를 이용하여 물체의 거리를 효과적으로 판단하는 능력을 말한다.
> - 조도가 낮은 상황에서 깊이지각 능력은 매우 떨어지기 때문에 야간에 자주 운전하는 특정 직업의 운전자들에게는 문제가 될 수 있다. 깊이를 지각하는 능력을 흔히 입체시라고도 부른다.

(4) 야간시력

① 암순응

㉮ 일광 또는 조명이 밝은 조건에서 어두운 조건으로 변할 때 사람의 눈이 그 상황에 적응하여 시력을 회복하는 것을 말한다.

㉯ 맑은 날 낮 시간에 터널 밖을 운행하던 운전자가 갑자기 어두운 터널 안으로 주행하는 순간 일시적으로 일어나는 운전자의 심한 시각장애로 주간 운전 시 터널을 막 진입하였을 때 더욱 조심스러운 안전운전이 요구되는 이유이다.

② 명순응

㉮ 일광 또는 조명이 어두운 조건에서 밝은 조건으로 변할 때 사람의 눈이 그 상황에 적응하여 시력을 회복하는 것을 말한다.

㉯ 어두운 터널을 벗어나 밝은 도로로 주행할 때 운전자가 일시적으로 주변의 눈부심으로 인해 물체가 보이지 않는 시각장애로 명순응에 걸리는 시간은 암순응보다 빨라 수초~1분에 불과하다.

③ 야간시력 관련 주요 현상

㉮ 현혹현상 : 운행 중 갑자기 빛이 눈에 비치면 순간적으로 장애물을 볼 수 없는 현상으로 마주 오는 차량의 전조등 불빛을 직접 보았을 때 순간적으로 시력이 상실되는 현상

㉯ 증발현상 : 야간에 대향차(마주오는 차)의 전조등 눈부심으로 인해 순간적으로 보행자를 잘 볼 수 없게 되는 현상으로 보행자가 교차하는 차량의 불빛 중간에 있게 되면 운전자가 순간적으로 보행자를 전혀 보지 못하는 현상

02 심신 상태와 운전

(1) 감정과 운전

① 흥분된 감정 상태가 운전에 미치는 영향
  ㉮ 부주의와 집중력 저하
  ㉯ 정보 처리 능력의 저하

② 운전 중의 스트레스와 흥분을 최소화하는 방법
  ㉮ 사전에 준비한다.
  ㉯ 다른 운전자의 실수를 예상한다.
  ㉰ 기분 나쁘거나 우울한 상태에서는 운전을 피한다.

(2) 피로와 졸음운전

① 운전피로
  ㉮ 피로상태의 문제점 : 주의력 및 동체시력의 저하, 시야의 범위 축소로 인한 위험 상황 인식의 어려움
  ㉯ 피로의 가장 큰 원인 : 수면 부족, 전날의 음주

② 운전 중 피로를 낮추는 법
  ㉮ 차 안에는 항상 신선한 공기가 충분히 유입되도록 한다. 차가 너무 덥거나 환기 상태가 나쁘면, 쉽게 피로감과 졸음을 느끼게 된다.
  ㉯ 태양 빛이 강하거나 눈의 반사가 심할 때는 선글라스를 착용한다.
  ㉰ 지루하게 느껴지거나 졸음이 올 때는 라디오를 틀거나, 노래 부르기, 휘파람 불기 또는 혼자 소리 내어 말하기 등의 방법을 써 본다.
  ㉱ 정기적으로 차를 멈추어 차에서 나와, 몇 분 동안 산책을 하거나 가벼운 체조를 한다.
  ㉲ 운전 중에 계속 피곤함을 느끼게 된다면, 운전을 지속하기보다는 차를 멈추는 편이 낫다.

③ 졸음운전의 대처법
  ㉮ 신선한 공기 흡입
  ㉯ 가벼운 목운동, 어깨 운동

(3) 음주와 약물 운전의 회피

① 술에 대한 잘못된 상식
  ㉮ 운동을 하거나 사우나를 하는 것, 그리고 커피를 마시면 술이 빨리 깬다.
  ㉯ 알코올은 음식이나 음료일 뿐이다.
  ㉰ 술을 마시면 생각이 더 명료해 진다.
  ㉱ 술 마시면 얼굴이 빨개지는 사람은 건강하기 때문이다.
  ㉲ 술 마실 때는 담배 맛이 좋다.
  ㉳ 간이 튼튼하면 아무리 술을 마셔도 괜찮다.

② 알코올이 운전에 미치는 영향
  ㉮ 심리-운동 협응능력 저하
  ㉯ 시력의 지각능력 저하
  ㉰ 주의 집중능력 감소
  ㉱ 정보 처리능력 둔화
  ㉲ 판단능력 감소
  ㉳ 차선을 지키는 능력 감소

③ 음주운전이 위험한 이유
  ㉮ 발견지연으로 인한 사고 위험 증가
  ㉯ 운전에 대한 통제력 약화로 과잉조작에 의한 사고 증가
  ㉰ 시력 저하와 졸음 등으로 인한 사고의 증가
  ㉱ 2차 사고유발
  ㉲ 사고의 대형화
  ㉳ 마신 양에 따른 사고위험도의 지속적 증가

④ 향정신성 의약품(중추신경계와 뇌에 영향을 미침)의 영향
  ㉮ 진정제 : 반사 능력을 둔화시키고 조정능력을 약화시킨다.
  ㉯ 흥분제 : 도취감을 낳아 운전과 관련한 위험 감이 증가하게 된다.
  ㉰ 환각제 : 인간의 인지·판단·조작 등 제반 기능을 왜곡시킴으로써 운전상황에 적절히 대응할 수 없게 만든다.

03 교통약자 등과의 도로 공유

(1) 보행자

① 보행자 옆을 지나갈 때
  ㉮ 도로에 차도가 설치되지 아니한 좁은 도로, 안전지대 등 보행자의 옆을 지나는 때에는 안전한 거리를 두고 서행해야 한다.
  ㉯ 주·정차하고 있는 차 옆을 지나는 때에는 차문을 열고 사람이 내리거나 갑자기 사람이 튀어나오는 경우가 있으므로 서행하면서 확인하는 주의가 필요하다.

② 횡단하는 보행자의 보호
  ㉮ 시야가 차단된 상황에서 나타나는 보행자를 특히 조심한다.
  ㉯ 차량 신호가 녹색이라도 완전히 비어 있는지를 확인하지 않은 상태에서 횡단보도에 들어가서는 안 된다.
  ㉰ 신호에 따라 횡단하는 보행자의 앞뒤에서 그들을 압박하거나 재촉해서는 안 된다.
  ㉱ 회전할 때는 언제나 회전 방향의 도로를 건너는 보행자가 있을 수 있음을 유의한다.
  ㉲ 어린이 보호구역 내에서는 특별히 주의한다.
  ㉳ 주거지역 내에서는 어린이의 존재 여부를 주의 깊게 관찰한다.
  ㉴ 맹인이나 장애인에게는 우선적으로 양보를 한다.

③ 어린이통학버스의 특별보호
  ㉮ 어린이통학버스가 어린이나 영유아를 태우고 있다는 표시를 한 상태로 도로를 통행하는 때에 모든 차의 운전자는 어린이통학버스를 앞지르지 못한다.
  ㉯ 어린이나 유아를 타고 내리는 중임을 나타내는 어린이통학버스가 정차한 차로와 그 차로의 바로 옆 차로를 통행하는 차의 운전자는 어린이통학버스에 이르기 전 일시정지하여 안전을 확인한 후 서행한다.
  ㉰ 중앙선이 설치되지 아니한 도로와 편도 1차로인 도로의 반대방향에서 진행하는 차의 운전자는 어린이통학버스에 이르기 전 일시정지하여 안전을 확인한 후 서행한다.

SECTION 02 운전자요인과 안전운행

제 03 장 ㅣ 안전운행요령

(2) 고령운전자와 안전운전

① **고령운전자** : 만 65세 이상의 운전면허소지자

② **고령운전자의 특성**

㉮ 시각적 특성

㉠ 식별능력의 저하 : 사물을 구별하는 식별능력 저하

㉡ 대비(對比)감도 감소 : 구별이 뚜렷하지 않은 물체를 식별하는 능력의 저하

㉢ 조도 순응 및 색채지각 능력의 감소 : 밝은 곳에서 어두운 곳으로 이동할 때의 암순응 시간 증가 및 색채 구별의 어려움

㉯ 청각적 특성

㉠ 65~74세 고령자의 24%, 75세 이상 고령자의 39%가 청각장애에 해당

㉡ 70세 이상이 되면 고음과 더불어 중저음역의 청력 저하

㉰ 정신적 특성

㉠ 신경계와 사고과정의 기능 저하로 인해 순간 대처능력 저하

㉡ 근육 운동력의 저하로 인한 반응시간의 지연

(3) 자전거와 이륜자동차, 대형자동차

① **자전거와 이륜자동차**

㉮ 자전거, 이륜차에 대해서는 차로 내에서 점유할 공간을 내주어야 한다.

㉯ 운전 중에 자전거, 이륜차 이용자에게 접근할 때는 어느 공간을 정도 벌린 다음(적어도 1m), 속도를 줄여 앞지르도록 한다.

㉰ 교차로에서는 특별히 자전거나 이륜차가 있는지를 잘 살핀다.

㉱ 길가에 주ㆍ정차를 하려 하거나 주ㆍ정차 상태에서 출발하려고 할 때는 특별히 자전거나 이륜차의 접근에 주의하여야 한다.

㉲ 이륜차나 자전거의 갑작스러운 움직임에 대해 예측한다.

㉳ 야간에 가장자리 차로로 주행할 때는 자전거의 주행 여부에 주의한다.

② **대형자동차**

㉮ 다른 차와는 충분한 안전거리를 유지한다.

㉯ 승용차 등이 대형차의 사각지점에 들어오지 않도록 주의한다.

㉰ 앞지를 때는 충분한 공간 간격을 유지하여야 하며, 후사경 등으로 그 차의 전면 전체를 볼 수 있을 때까지는 차 앞으로 들어가지 말아야 한다.

㉱ 회전반경이 넓은 대형차로 회전할 때는 회전할 수 있는 충분한 공간 간격을 확보한다. 또한, 회전 공간 주변에 이륜차나 보행자 등이 있는지를 특히 주의하여야 한다.

04 사업용자동차 위험운전행태 분석

(1) 운행기록장치의 정의 및 자료 관리

① **운행기록장치의 정의**

㉮ 운행기록장치 : 자동차의 속도, 위치, 방위각, 가속도, 주행거리 및 교통사고 상황 등을 기록하는 자동차의 부속장치 중 하나인 전자식 장치

㉯ 운행기록장치 장착

㉠ 여객자동차 운송사업자는 그 운행하는 차량에 운행기록장치를 장착하여야 한다.

㉡ 전자식 운행기록장치의 장착 시 이를 수평상태로 유지하여야 하며, 수평상태의 유지가 불가능할 경우 그에 따른 보정값을 만들어 수평상태와 동일한 운행기록을 표출할 수 있게 하여야 한다.

㉢ 전자식 운행기록장치의 구조

㉠ 센서 : 운행기록 관련 신호를 발생

㉡ 증폭장치 : 신호를 변환

㉢ 타이머 : 시간 신호를 발생

㉣ 연산장치 : 신호를 처리하여 필요한 정보를 변환

㉤ 표시장치 : 정보를 가시화

㉥ 기억장치 : 운행기록을 저장

㉦ 전송장치 : 기억장치의 자료를 외부기기에 전달

㉧ 외부기기 : 분석 및 출력

② **운행기록의 보관 및 제출 방법**

㉮ 운행기록의 보관 기한 : 차량의 운행기록이 누락 혹은 훼손되지 않도록 배열순서에 맞추어 운행기록장치 또는 저장장치에 6개월 동안 보관하여야 한다.

㉯ 제출방법 및 저장

㉠ 한국교통안전공단에 운행기록을 제출하고자 하는 경우 저장장치에 저장하여 인터넷 또는 무선통신을 이용하여 운행기록분석시스템으로 전송하여야 한다.

㉡ 한국교통안전공단은 운송사업자가 제출한 운행기록 자료를 운행기록분석시스템이 보관ㆍ관리하여야 하며, 1초 단위의 운행기록 자료는 6개월간 저장하여야 한다.

(2) 운행기록시스템의 활용

① **운행기록분석시스템의 분석항목**

㉮ 자동차의 운행경로에 대한 궤적의 표기

㉯ 운전자별ㆍ시간대별 운행속도 및 주행거리의 비교

㉰ 진로변경 횟수와 사고위험도 측정, 과속ㆍ급가속ㆍ급감속ㆍ급출발ㆍ급정지 등 위험운전행동 분석

㉱ 그 밖에 자동차의 운행 및 사고발생 상황의 확인

② **운행기록분석결과의 활용**

㉮ 자동차의 운행관리

㉯ 운전자에 대한 교육ㆍ훈련

㉰ 운전자의 운전습관 교정

㉱ 운송사업자의 교통안전관리 개선

㉲ 교통수단 및 운행체계의 개선

㉳ 교통행정기관의 운행계통 및 운행경로 개선

㉴ 그 밖에 사업용 자동차의 교통사고 예방을 위한 교통안전정책의 수립

SECTION 03 자동차요인과 안전운행

01 자동차의 물리적 현상

(1) 원심력
① 원심력의 개요
  ㉮ 원심력은 속도의 제곱에 비례하여 변한다.(시속 50km로 커브를 도는 차량은 시속 25km로 도는 차량보다 4배의 원심력)
  ㉯ 원심력은 속도가 빠를수록, 커브가 작을수록, 또 중량이 무거울수록 커지게 되는데, 특히 속도의 제곱에 비례해서 커진다.
② 원심력과 안전운전
  ㉮ 커브에 진입하기 전에 속도를 줄여 노면에 대한 타이어의 접지력(grip)이 원심력을 안전하게 극복할 수 있도록 하여야 한다.
  ㉯ 커브가 예각을 이룰수록 원심력은 커지므로 안전하게 회전하려면 속도를 줄여야 한다.
  ㉰ 타이어의 접지력은 노면의 모양과 상태에 의존한다. 노면이 젖어있거나 얼어있으면 타이어의 접지력은 감소한다.

(2) 스탠딩 웨이브 현상(Standing wave)
① 스탠딩 웨이브 현상의 개요
  ㉮ 고속주행 시 타이어의 회전속도가 빨라지면 접지면에서 발생한 타이어의 변형이 다음 접지 시점까지 복원되지 않고 진동의 물결로 남게 되는 현상을 스탠딩 웨이브라 한다.
  ㉯ 스탠딩 웨이브 현상이 계속되면 타이어 내부의 고열로 인해 타이어는 쉽게 과열되어 파손될 수 있다.
② 스탠딩 웨이브 현상의 예방
  ㉮ 주행 중인 속도를 줄인다.
  ㉯ 타이어 공기압을 평소보다 높인다.
  ㉰ 과다 마모된 타이어나 재생 타이어를 사용하지 않는다.

(3) 수막현상(Hydroplaning)
① 수막현상의 개요
  ㉮ 자동차가 물이 고인 노면을 고속으로 주행할 때 타이어의 트레드 홈 사이에 있는 물을 헤치는 기능이 감소되어 노면 접지력을 상실하게 되는 현상으로 타이어 접지면 앞쪽에서 들어오는 물의 압력에 의해 타이어가 노면으로부터 떠올라 물 위를 미끄러지는 현상을 수막현상이라 한다. 이러한 물의 압력은 자동차 속도의 2배 그리고 유체밀도에 비례한다.
  ㉯ 수막현상이 발생하면 제동력은 물론 모든 타이어는 본래의 운동기능이 소실되어 핸들로 자동차를 통제할 수 없게 된다.
② 수막현상의 예방
  ㉮ 고속으로 주행하지 않는다.
  ㉯ 과다 마모된 타이어를 사용하지 않는다.
  ㉰ 타이어 공기압을 평소보다 조금 높게 한다.
  ㉱ 배수효과가 좋은 타이어 패턴(리브형 타이어)을 사용한다.

(4) 페이드 현상 및 워터 페이드 현상
① 페이드(Fade) 현상
  ㉮ 내리막길을 내려갈 때 브레이크를 반복하여 사용하면 마찰열이 라이닝에 축적되어 브레이크의 제동력이 저하되는 현상을 페이드라 한다.
  ㉯ 페이드가 발생하는 이유는 브레이크 라이닝의 온도상승으로 과열되어 라이닝의 마찰계수가 저하되기 때문이다.
② 워터 페이드(Water fade) 현상
  ㉮ 브레이크 마찰재가 물에 젖으면 마찰계수가 작아져 브레이크의 제동력이 저하되는 현상을 워터 페이드라 한다.
  ㉯ 물이 고인 도로에 자동차를 정차시켰거나 수중 주행을 하였을 때 이 현상이 일어날 수 있으며 브레이크가 전혀 작동되지 않을 수도 있다.
  ㉰ 워터 페이드 현상이 발생하면 마찰열에 의해 브레이크가 회복되도록 브레이크 페달을 반복해 밟으면서 천천히 주행한다.

(5) 베이퍼 록(Vapour lock) 현상
① 긴 내리막길에서 브레이크를 지나치게 사용하면 차륜 부분의 마찰열 때문에 휠 실린더나 브레이크 파이프 속에서 브레이크액이 기화되고, 브레이크 회로 내에 공기가 유입된 것처럼 기포가 발생하여 브레이크 페달을 밟아도 스펀지를 밟는 것 같고 유압이 제대로 전달되지 않아 브레이크가 작용하지 않는 현상을 베이퍼 록이라 한다.
② 베이퍼 록 현상이 발생하는 주요 이유
  ㉮ 긴 내리막길에서 계속 브레이크를 사용하여 브레이크 드럼이 과열되었을 때
  ㉯ 브레이크 드럼과 라이닝 간격이 작아 라이닝이 끌리게 됨에 따라 드럼이 과열되었을 때
  ㉰ 불량한 브레이크 오일을 사용하였을 때
  ㉱ 브레이크 오일의 변질로 비등점이 저하되었을 때
③ 베이퍼 록 현상 방지
  ㉮ 엔진 브레이크를 사용하여 저단 기어를 유지한다.
  ㉯ 풋 브레이크 사용을 줄인다.

(6) 모닝 록(Morning lock) 현상
① 비가 자주 오거나 습도가 높은 날 또는 오랜 시간 주차한 후에는 브레이크 드럼에 미세한 녹이 발생하게 되는데 이러한 현상을 모닝 록(Morning Lock)이라 한다.
② 모닝 록 현상이 발생하였을 때 평소의 감각대로 브레이크를 밟게 되면 급제동이 되어 사고가 발생할 수 있다.
③ 아침에 운행을 시작할 때나 장시간 주차한 다음 운행을 시작하는 경우에는 출발하기 전에 브레이크를 몇 차례 밟아 녹을 일부 제거하여 주는 것이 좋다.

SECTION 03 자동차요인과 안전운행

(7) 선회 특성과 방향 안정성

① **언더 스티어(Under steer)** : 전륜구동(Front wheel Front drive) 차량에서 주로 발생하며, 코너링 상태에서 구동력이 원심력보다 작아 타이어가 그립의 한계를 넘어서 핸들을 돌린 각도만큼 라인을 타지 못하고 코너 바깥쪽으로 밀려 나가는 현상이다.

② **오버 스티어(Over steer)** : 후륜구동(Front wheel Rear drive) 차량에서 주로 발생하며, 코너링 시 운전자가 핸들을 꺾었을 때 그 꺾은 범위보다 차량 앞쪽이 진행 방향의 안쪽(코너 안쪽)으로 더 돌아가려고 하는 현상이다.

(8) 내륜차와 외륜차

① **내륜과 외륜차의 개요**

㉮ 핸들을 돌렸을 때 앞바퀴의 궤적과 뒷바퀴의 궤적 간에는 차이가 발생한다. 이때 앞바퀴의 안쪽과 뒷바퀴의 안쪽 궤적 간의 차이를 내륜차라 하고 바깥 바퀴의 궤적 간의 차이를 외륜차라 한다.

㉯ 소형차에 비해 축간거리가 긴 대형차에서 내륜차 또는 외륜차가 크게 발생한다.

② **내륜차에 의한 사고 위험**

㉮ 전진주차를 위해 주차공간으로 진입 도중 차의 뒷부분이 주차되어 있는 차와 충돌할 수 있다.

㉯ 커브길에서 원활한 회전을 위해 확보한 공간으로 끼어든 이륜차나 소형승용차를 발견하지 못해 충돌사고가 발생할 수 있다.

㉰ 차량이 보도 위에 서 있는 보행자를 차의 뒷부분으로 스치고 지나가거나, 보행자의 발등을 뒷바퀴가 타고 넘어갈 수 있다.

③ **외륜차에 의한 사고 위험**

㉮ 후진주차를 위해 주차공간으로 진입 도중 차의 앞부분이 다른 차량이나 물체와 충돌할 수 있다.

㉯ 버스가 1차로에서 좌회전하는 도중에 차의 뒷부분이 2차로에서 주행 중이던 승용차와 충돌할 수 있다.

(9) 타이어 마모에 영향을 주는 요소

요소	설명
공기압	• 타이어의 공기압이 낮으면 승차감은 좋아지나, 타이어 숄더 부분에 마찰력이 집중되어 타이어 수명이 짧아지게 된다. • 타이어의 공기압이 높으면 승차감이 나빠지며, 트레드 중앙 부분의 마모가 촉진된다.
차의 하중	• 타이어에 걸리는 차의 하중이 커지면 공기압이 부족한 것처럼 타이어는 크게 굴곡 되어 타이어의 마모를 촉진하게 된다. • 타이어에 걸리는 차의 하중이 커지면 마찰력과 발열량이 증가하여 타이어의 내마모성을 저하시키게 된다.
차의 속도	• 타이어가 노면과의 사이에서 미끄럼을 생기게 하는 마찰력은 타이어의 마모를 촉진시킨다. • 속도가 증가하면 타이어의 내부온도도 상승하여 트레드 고무의 내마모성이 저하된다.
커브	• 차가 커브를 돌 때에는 관성에 의한 원심력과 타이어의 구동력 간의 마찰력 차이에 의해 미끄러짐 현상이 발생하면 타이어 마모를 촉진하게 된다. • 커브의 구부러진 상태나 커브 구간이 반복될수록 타이어 마모는 촉진된다.
브레이크	• 고속주행 중에 급제동한 경우는 저속주행 중에 급제동한 경우보다 타이어 마모는 증가한다. • 브레이크를 밟는 횟수가 많으면 많을수록 또는 브레이크를 밟기 직전의 속도가 빠르면 빠를수록 타이어의 마모량은 커진다.
노면	• 포장도로는 비포장도로를 주행하였을 때보다 타이어 마모를 줄일 수 있다. • 콘크리트 포장도로는 아스팔트 포장도로보다 타이어 마모가 더 발생한다.
기타	• 정비불량, 기온 상승, 운전자의 운전습관, 타이어의 트레드 패턴 등도 타이어 마모에 영향을 준다.

02 자동차의 정지거리

(1) 공주거리와 공주시간

① **공주거리** : 운전자가 자동차를 정지시켜야 할 상황임을 인지하고 브레이크 페달로 발을 옮겨 브레이크가 작동을 시작하기 전까지 이동한 거리

② **공주시간** : 자동차가 공주거리만큼 진행한 시간

(2) 제동거리와 제동시간

① **제동거리** : 운전자가 브레이크 페달에 발을 올려 브레이크가 작동을 시작하는 순간부터 자동차가 완전히 정지할 때까지 이동한 거리

② **제동시간** : 자동차가 완전히 정지하기 전까지 제동거리만큼 진행한 시간

(3) 정지거리와 정지시간

① **정지거리** : 운전자가 위험을 인지하고 자동차를 정지시키려고 시작하는 순간부터 자동차가 완전히 정지할 때까지 이동한 거리(공주거리 + 제동거리)

② **정지시간** : 정지거리 동안 자동차가 진행한 시간(공주시간 + 제동시간)

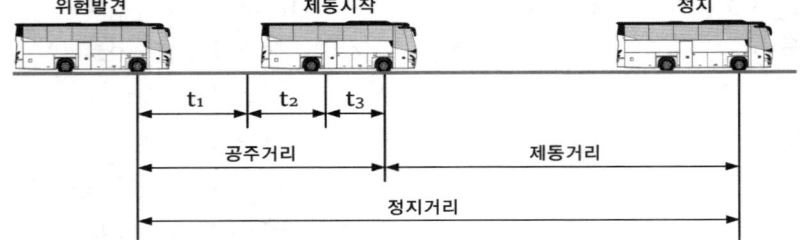

※ t_1 : 위험을 발견하고 오른발이 가속페달에서 떨어질 때까지 이동한 거리

※ t_2 : 오른발이 가속페달에서 떨어져 브레이크 페달로 옮겨질 때까지 이동한 거리

※ t_3 : 브레이크 페달을 밟아 실제 제동력이 발휘되기 전까지 이동한 거리

참고

정지거리에 영향을 주는 요소

• 운전자 요인 : 인지반응속도, 운행속도, 피로도, 신체적 특성 등
• 자동차 요인 : 자동차의 종류, 타이어의 마모정도, 브레이크의 성능 등
• 도로 요인 : 노면종류, 노면상태 등

SECTION 04 도로요인과 안전운행

01 용어의 정의 및 설명

(1) 가변차로
① 가변차로는 방향별 교통량이 특정 시간대에 현저하게 차이가 발생하는 도로에서 교통량이 많은 쪽으로 차로수가 확대될 수 있도록 신호기에 의하여 차로의 진행방향을 지시하는 차로를 말한다.
② **가변차로의 기대 효과**
  ㉮ 차량의 운행속도를 향상시켜 구간 통행시간을 줄여준다.
  ㉯ 차량의 지체를 감소시켜 에너지 소비량과 배기가스 배출량의 감소 효과를 기대할 수 있다.

(2) 양보차로
① 양보차로는 양방향 2차로 앞지르기 금지구간에서 자동차의 원활한 소통을 도모하고, 도로 안전성을 제고하기 위해 길어깨 쪽으로 설치하는 저속 자동차의 주행차로를 말한다.
② 양보차로는 저속 자동차로 인해 동일 진행방향 뒤차의 속도감소를 유발시키고, 반대차로를 이용한 앞지르기가 불가능할 경우 원활한 소통을 위해 설치하게 된다.
③ 양보차로가 효과적으로 운영되기 위해서는 하나의 자동차라도 저속 자동차를 뒤따를 때는 양보하는 것이 바람직하다.

(3) 앞지르기차로
① 저속 자동차로 인한 뒤차의 속도감소를 방지하고, 반대차로를 이용한 앞지르기가 불가능할 경우 원활한 소통을 위해 도로 중앙 측에 설치하는 고속 자동차의 주행차로를 말한다.
② 앞지르기차로는 2차로 도로에서 주행속도를 확보하기 위해 오르막차로와 교량 및 터널구간을 제외한 구간에 설치된다.

(4) 그 밖의 차로
① **오르막차로** : 오르막구간에서 저속자동차와의 안전사고를 예방하기 위하여 저속 자동차와 다른 자동차를 분리하여 통행시키기 위해 설치하는 차로이다.
② **회전차로** : 교차로 등에서 자동차가 우회전, 좌회전 또는 유턴을 할 수 있도록 직진차로와는 별도로 설치하는 차로로 좌회전차로, 우회전차로, 유턴차로 등이 있다.
③ **변속차로** : 고속 주행하는 자동차가 감속하여 다른 도로로 유입할 경우 또는 저속의 자동차가 고속주행하고 있는 자동차들 사이로 유입할 경우에 본선의 다른 고속 자동차의 주행을 방해하지 않고 안전하게 감속 또는 가속하도록 설치하는 차로로 전자를 감속차로, 후자를 가속차로라 한다.

(5) 도류화
① 도류화란 자동차와 보행자를 안전하고 질서 있게 이동시킬 목적으로 회전차로, 변속차로, 교통섬, 노면표시 등을 이용하여 상충하는 교통류를 분리시키거나 통제하여 명확한 통행경로를 지시해 주는 것을 말한다.
② **도류화의 목적**
  ㉮ 안전성과 쾌적성을 향상시킨다.
  ㉯ 두 개 이상 자동차 진행방향이 교차하지 않도록 통행경로를 제공한다.
  ㉰ 자동차가 합류, 분류 또는 교차하는 위치와 각도를 조정한다.
  ㉱ 교차로 면적을 조정함으로써 자동차 간에 상충되는 면적을 줄인다.
  ㉲ 자동차가 진행해야 할 경로를 명확히 제공한다.
  ㉳ 보행자 안전지대를 설치하기 위한 장소를 제공한다.
  ㉴ 자동차의 통행속도를 안전한 상태로 통제한다.
  ㉵ 분리된 회전차로는 회전차량의 대기장소를 제공한다.

(6) 교통섬
① 교통섬이란 보행자의 안전한 횡단을 위한 대피섬과 자동차의 교통을 유도하는 분리대를 총칭하여 말한다.
② **교통섬 설치 목적**
  ㉮ 도로교통의 흐름을 안전하게 유도
  ㉯ 보행자가 도로를 횡단할 때 대피섬 제공
  ㉰ 신호등, 도로표지, 안전표지, 조명 등 노상시설의 설치장소 제공

(7) 기타 용어

용어	설명
차로수	양방향 차로(오르막차로, 회전차로, 변속차로 및 양보차로를 제외)의 수를 합한 것
측대	길어깨 또는 중앙분리대의 일부분으로 포장 끝부분 보호, 측방의 여유 확보, 운전자의 시선을 유도하는 기능
주·정차대	자동차의 주차 또는 정차에 이용하기 위하여 차도에 설치하는 도로의 부분
분리대	자동차의 통행 방향에 따라 분리하거나 성질이 다른 같은 방향의 교통을 분리하기 위하여 설치하는 도로의 부분이나 시설물
편경사	평면곡선부에서 자동차가 원심력에 저항할 수 있도록 하기 위하여 설치하는 횡단경사
교통약자	장애인, 고령자, 임산부, 영유아를 동반한 사람, 어린이 등 생활함에 있어 이동에 불편을 느끼는 사람
시거(視距)	운전자가 자동차 진행방향에 있는 장애물 또는 위험 요소를 인지하고 제동하여 정지하거나 또는 장애물을 피해서 주행할 수 있는 거리
상충	2개 이상의 교통류가 동일한 도로공간을 사용하려 할 때 발생되는 교통류의 교차, 합류 또는 분류되는 현상

SECTION **04** 도로요인과 안전운행　　　　　　　　제 03 장 ㅣ 안전운행요령

02　도로의 선형과 교통사고

(1) 평면선형과 교통사고
① 도로의 곡선반경이 작을수록 사고발생 위험이 증가하므로 급격한 평면곡선 도로를 운행하는 경우에는 운전자의 각별한 주의가 요구된다.

② 평면곡선 도로를 주행할 때에는 원심력에 의해 곡선 바깥쪽으로 진행하려는 힘을 받게 되므로 평면곡선 도로 진입 전에 충분히 속도를 줄여야 한다.

③ **방호울타리의 주요기능**
㉮ 자동차의 차도 이탈을 방지하는 것
㉯ 탑승자의 상해 및 자동차의 파손을 감소시키는 것
㉰ 자동차를 정상적인 진행방향으로 복귀시키는 것
㉱ 운전자의 시선을 유도하는 것

(2) 종단선형과 교통사고
① 일반적으로 종단경사(오르막 내리막 경사)가 커짐에 따라 자동차 속도 변화가 커 사고 발생이 증가할 수 있으며, 내리막길에서의 사고율이 오르막길에서보다 높은 것으로 나타나고 있다.

② 종단경사가 변경되는 부분에서는 일반적으로 종단곡선이 설치된다. 이때 종단곡선의 정점(산꼭대기, 산등성이)에서는 전방에 대한 시거가 단축되어 운전자에게 불안감을 조성할 수 있다.

③ 양호한 선형조건에서 제한되는 시거가 불규칙적으로 나타나면 평균사고율보다 높은 사고율을 보일 수 있다.

03　도로의 횡단면과 교통사고

(1) 차로와 교통사고
① 일반적으로 횡단면의 차로폭이 넓을수록 운전자의 안정감이 증진되어 교통사고 예방효과가 있으나, 차로폭이 과다하게 넓으면 운전자의 경각심이 사라져 제한속도보다 높은 속도로 주행하여 교통사고가 발생할 수 있다.

② 차로를 구분하기 위해 차선을 설치한 경우에는 차선을 설치하지 않은 경우보다 교통사고 발생률이 낮다.

(2) 중앙분리대와 교통사고
① 중앙분리대는 대향하는 차량의 정면충돌을 방지하기 위하여 도로면보다 높게 콘크리트 방호벽 또는 방호울타리를 설치하는 것을 말하며, 분리대와 측대로 구성된다.

② 중앙분리대는 정면충돌사고를 차량단독사고로 변환시킴으로써 사고로 인한 위험을 감소시킨다.

③ 중앙분리대의 폭이 넓을수록 대향차량과의 충돌 위험은 감소한다.

(3) 길어깨(갓길)와 교통사고
① **길어깨의 기능**
㉮ 고장차가 대피할 수 있는 공간을 제공하여 교통 혼잡을 방지하는 역할을 한다.

㉯ 도로 측방의 여유 폭은 교통의 안전성과 쾌적성을 확보할 수 있다.
㉰ 도로관리 작업공간이나 지하매설물 등을 설치할 수 있는 장소를 제공한다.
㉱ 곡선도로의 시거가 증가하여 교통의 안전성이 확보된다.
㉲ 보도가 없는 도로에서는 보행자의 통행 장소로 제공된다.

② **포장된 길어깨의 장점**
㉮ 긴급자동차의 주행을 원활하게 한다.
㉯ 차도 끝의 처짐이나 이탈을 방지한다.
㉰ 물의 흐름으로 인한 노면 패임을 방지한다.
㉱ 보도가 없는 도로에서는 보행의 편의를 제공한다.

(4) 교량과 교통사고
① 교량의 폭, 교량 접근부 등은 교통사고와 밀접한 관계에 있다.
② 교량 접근로의 폭에 비하여 교량의 폭이 좁으면 사고 위험이 증가한다.
③ 교량의 접근로 폭과 교량의 폭이 같을 때는 사고 위험이 감소한다.
④ 교량의 접근로 폭과 교량의 폭이 서로 다른 경우에도 안전표지, 시선유도시설, 접근도로에 노면표시 등을 설치하면 운전자의 경각심을 불러일으켜 사고 감소효과가 발생할 수 있다.

04　회전교차로

(1) 회전교차로의 정의 및 특징
① **회전교차로의 정의** : 교통류가 신호등 없이 교차로 중앙의 원형교통섬을 중심으로 회전하여 교차부를 통과하도록 하는 평면교차로의 한 종류

② **회전교차로의 일반적인 특징**
㉮ 회전교차로로 진입하는 자동차가 교차로 내부의 회전차로에서 주행하는 자동차에게 양보한다.
㉯ 신호등이 없는 교차로에 비해 상충 횟수가 적다.
㉰ 교차로 진입은 저속으로 운영하여야 한다.
㉱ 교차로 진입과 대기에 대한 운전자의 의사결정이 간단하다.
㉲ 교통상황의 변화로 인한 운전자 피로를 줄일 수 있다.
㉳ 신호교차로에 비해 유지관리 비용이 적게 든다.
㉴ 인접 도로 및 지역에 대한 접근성을 높여 준다.
㉵ 사고빈도가 낮아 교통안전 수준을 향상시킨다.
㉶ 지체시간이 감소되어 연료 소모와 배기가스를 줄일 수 있다.

(2) 회전교차로와 로터리(교통서클)의 차이점

구분	회전교차로	로터리 또는 교통서클
진입방식	• 진입자동차가 양보 • 회전자동차에게 통행우선권	• 회전자동차가 양보 • 진입자동차에게 통행우선권
진입부	• 저속 진입	• 고속 진입
회전부	• 고속으로 회전차로 운행 불가 • 소규모 회전반지름 위주	• 고속으로 회전차로 운행 가능 • 대규모 회전반지름 위주
분리교통섬	• 감속 또는 방향 분리를 위해 필수 설치	• 선택 설치

05 도로의 안전시설

(1) 시선유도시설
① 주간 또는 야간에 운전자의 시선을 유도하기 위해 설치된 안전시설을 말한다.
② **주요 시선유도시설**
- ㉮ 시선유도표지 : 직선 및 곡선 구간에서 운전자에게 전방의 도로조건이 변화되는 상황을 반사체를 사용하여 안내해 줌으로써 안전하고 원활한 차량주행을 유도하는 시설물
- ㉯ 갈매기표지 : 급한 곡선 도로에서 운전자의 시선을 명확히 유도하기 위해 곡선 정도에 따라 갈매기표지를 사용하여 운전자의 원활한 차량주행을 유도하는 시설물
- ㉰ 표지병 : 야간 및 악천후에 운전자의 시선을 명확히 유도하기 위해 도로 표면에 설치하는 시설물
- ㉱ 시인성 증진 안전시설 : 장애물 표적표지, 구조물 도색 및 빗금표지, 시선유도봉

(2) 방호울타리
① 주행 중에 진행 방향을 잘못 잡은 차량이 도로 밖, 대향차로 또는 보도 등으로 이탈하는 것을 방지하거나 차량이 구조물과 직접 충돌하는 것을 방지하여 탑승자의 상해 및 자동차의 파손을 최소한도로 줄이고 자동차를 정상 진행 방향으로 복귀시키도록 설치된 시설을 말한다.
② 방호울타리는 운전자의 시선을 유도하고 보행자의 무단 횡단을 방지하는 기능도 갖고 있다.
③ **방호울타리의 구분(설치 위치 및 기능에 따라)**
- ㉮ 노측용 방호울타리 : 자동차가 도로 밖으로 이탈하는 것을 방지하기 위하여 도로의 길어깨(갓길) 측에 설치
- ㉯ 중앙분리대용 방호울타리 : 왕복방향으로 통행하는 자동차들이 대향차도 쪽으로 이탈하는 것을 방지하기 위해 도로 중앙의 분리대 내에 설치
- ㉰ 보도용 방호울타리 : 자동차가 도로 밖으로 벗어나 보도를 침범하여 일어나는 교통사고로부터 보행자 등을 보호하기 위하여 설치
- ㉱ 교량용 방호울타리 : 교량 위에서 자동차가 차도로부터 교량 바깥, 보도 등으로 벗어나는 것을 방지하기 위해서 설치

(3) 과속방지시설
① 도로 구간에서 낮은 주행속도가 요구되는 일정지역에서 통행 자동차의 과속 주행을 방지하기 위해 설치하는 시설을 말한다.
② **과속방지시설의 설치 장소**
- ㉮ 학교, 유치원, 어린이 놀이터, 근린공원, 마을 통과 지점 등으로 자동차의 속도를 저속으로 규제할 필요가 있는 구간
- ㉯ 보·차도의 구분이 없는 도로로서 보행자가 많거나 어린이의 놀이로 교통사고 위험이 있다고 판단되는 구간
- ㉰ 공동주택, 근린 상업시설, 학교, 병원, 종교시설 등 자동차의 출입이 많아 속도규제가 필요하다고 판단되는 구간
- ㉱ 자동차의 통행속도를 30km/h 이하로 제한할 필요가 있다고 인정되는 구간

(4) 도로반사경
① 운전자의 시거 조건이 양호하지 못한 장소에서 거울면을 통해 사물을 비추어줌으로써 운전자가 적절하게 전방의 상황을 인지하고 안전한 행동을 취할 수 있도록 하기 위해 설치하는 시설을 말한다.
② 도로반사경은 교차하는 자동차, 보행자, 장애물 등을 가장 잘 확인할 수 있는 위치에 설치
- ㉮ 단일로의 경우 : 곡선반경이 작아 시거가 확보되지 않는 장소에 설치
- ㉯ 교차로의 경우 : 비신호 교차로에서 교차로 모서리에 장애물이 위치해 있어 운전자의 좌·우시거가 제한되는 장소에 설치

(5) 조명시설
① 도로이용자가 안전하고 불안감 없이 통행할 수 있도록 적절한 조명환경을 확보해줌으로써 운전자에게 심리적 안정감을 제공하는 동시에 운전자의 시선을 유도해 준다.
② **조명시설의 주요기능**
- ㉮ 주변이 밝아짐에 따라 교통안전에 도움이 된다.
- ㉯ 도로 이용자인 운전자 및 보행자의 불안감을 해소해 준다.
- ㉰ 운전자의 피로가 감소한다.
- ㉱ 범죄 발생을 방지하고 감소시킨다.
- ㉲ 운전자의 심리적 안정감 및 쾌적감을 제공한다.
- ㉳ 운전자의 시선 유도를 통해 보다 편안하고 안전한 주행 여건을 제공한다.

(6) 기타 안전시설
① **미끄럼방지시설** : 특정한 구간에서 노면의 미끄럼 저항이 낮아진 곳이나 도로선형이 불량한 구간에서 노면의 미끄럼 저항을 높여 제동거리를 짧게 하거나, 운전자의 주의를 환기시켜 자동차의 안전주행을 확보해 주는 시설
② **노면요철포장** : 졸음운전 또는 운전자의 부주의로 인해 차로를 이탈하는 것을 방지하기 위해 노면에 인위적인 요철을 만들어 자동차가 통과할 때 타이어에서 발생하는 마찰음과 차체의 진동을 통해 운전자의 주의를 환기시켜 자동차가 원래의 차로로 복귀하도록 유도하는 시설
③ **긴급제동시설** : 제동장치에 이상이 발생하였을 때 자동차가 안전한 장소로 진입하여 정지하도록 함으로써 도로이탈 및 충돌사고 등으로 인한 위험을 방지하는 시설

SECTION 04 도로요인과 안전운행

06 도로의 부대시설

(1) 버스정류시설

① 버스정류시설의 종류 및 의미
㉮ 버스정류장(Bus bay) : 버스승객의 승 · 하차를 위하여 본선 차로에서 분리하여 설치된 띠 모양의 공간
㉯ 버스정류소(Bus stop) : 버스승객의 승 · 하차를 위하여 본선의 오른쪽 차로를 그대로 이용하는 공간
㉰ 간이버스정류장 : 버스승객의 승 · 하차를 위하여 본선 차로에서 분리하여 최소한의 목적을 달성하기 위하여 설치하는 공간

② 버스정류장 또는 정류소 위치에 따른 종류
㉮ 교차로 통과 전(Near-side) 정류장 또는 정류소 : 진행방향 앞에 있는 교차로를 통과하기 전에 있는 정류장
㉯ 교차로 통과 후(Far-side) 정류장 또는 정류소 : 진행방향 앞에 있는 교차로를 통과한 다음에 있는 정류장
㉰ 도로구간 내(Mid-block) 정류장 또는 정류소 : 교차로와 교차로 사이에 있는 단일로의 중간에 있는 정류장

③ 중앙버스전용차로의 버스정류소 위치에 따른 장 · 단점
㉮ 교차로 통과 전(Near-side) 정류소
　㉠ 장점 : 교차로 통과 후 버스전용차로 상의 교통량이 많을 때 발생할 수 있는 혼잡을 최소화할 수 있다. 버스가 출발할 때 교차로를 가속거리로 이용할 수 있다.
　㉡ 단점 : 버스전용차로에 있는 자동차와 좌회전하려는 자동차의 상충이 증가한다. 교차로 통과 전 버스전용차로 오른쪽에 정차한 자동차들의 시야가 제한받을 수 있다.
㉯ 교차로 통과 후(Far-side) 정류소
　㉠ 장점 : 버스전용차로 상에 있는 자동차와 좌회전하려는 자동차의 상충이 최소화된다. 교차로가 버스전용차로 상에 있는 차량의 감소에 이용된다.
　㉡ 단점 : 출 · 퇴근 시간대에 버스전용차로 상에 버스들이 교차로까지 대기할 수 있다. 버스정류장에 대기하는 버스로 인해 횡단하는 자동차들은 시야를 제한받을 수 있다.
㉰ 도로구간 내(Mid-block) 정류소
　㉠ 장점 : 버스를 타고자 하는 사람의 진 · 출입 동선이 일원화되어 가고자 하는 방향의 정류장으로의 접근이 편리하다.
　㉡ 단점 : 정류장간 무단으로 횡단하는 보행자로 인해 사고 발생 위험이 있다.

④ 가로변 버스정류장 또는 정류소 위치에 따른 장 · 단점
㉮ 교차로 통과 전(Near-side) 정류장 또는 정류소
　㉠ 장점 : 일반 운전자가 보행자 및 접근하는 버스의 움직임 확인이 용이하다. 버스에 승차하려는 사람이 횡단보도에 인접한 버스 접근이 용이하다.
　㉡ 단점 : 정차하려는 버스와 우회전 하려는 자동차가 상충될 수 있다. 횡단하는 보행자가 정차되어 있는 버스로 인해 시야를 제한받을 수 있다.
㉯ 교차로 통과 후(Far-side) 정류장 또는 정류소
　㉠ 장점 : 우회전하려는 자동차 등과의 상충을 최소화할 수 있다.
　㉡ 단점 : 정차하려는 버스로 인해 교차로 상에 대기차량이 발생할 수 있다.
㉰ 도로구간 내(Mid-block) 정류장 또는 정류소
　㉠ 장점 : 자동차와 보행자 사이에 발생할 수 있는 시야제한이 최소화된다.
　㉡ 단점 : 정류장 주변에 횡단보도가 없는 경우 버스 승객의 무단횡단에 따른 사고 위험이 존재하며, 도로 건너편에 있는 승객은 버스 탑승을 위해 정류장 최단거리에 있는 횡단보도까지 우회하여야 한다.

(2) 비상주차대
① 우측 길어깨의 폭이 협소한 장소에서 고장난 차량이 도로에서 벗어나 대피할 수 있도록 제공되는 공간을 말한다.

② 설치되는 장소
㉮ 고속도로에서 길어깨(갓길) 폭이 2.5m 미만으로 설치되는 경우
㉯ 길어깨(갓길)를 축소하여 건설되는 긴 교량의 경우
㉰ 긴 터널의 경우 등

(3) 규모에 따른 휴게시설의 종류
① **일반휴게소** : 사람과 자동차가 필요로 하는 서비스를 제공할 수 있는 시설로 주차장, 녹지공간, 화장실, 급유소, 식당, 매점 등으로 구성
② **간이휴게소** : 짧은 시간 내에 차의 점검 및 운전자의 피로회복을 위한 시설로 주차장, 녹지공간, 화장실 등으로 구성
③ **화물차 전용휴게소** : 화물차 운전자를 위한 전용휴게소로 이용자 특성을 고려한 시설로 식당, 숙박시설, 샤워실, 편의점 등으로 구성
④ **쉼터휴게소(소규모 휴게소)** : 운전자의 생리적 욕구만 해소하기 위한 시설로 최소한의 주차장, 화장실과 최소한의 휴식공간으로 구성

SECTION 05 안전운전의 기술

01 방어운전의 기술

(1) 안전운전과 방어운전의 개념

구분	내용
안전운전	• 운전자가 자동차를 그 본래의 목적에 따라 운행함에 있어서 운전자 자신이 위험한 운전을 하거나 교통사고를 유발하지 않도록 주의하여 운전하는 것을 말한다.
방어운전	• 운전자가 다른 운전자나 보행자가 교통법규를 지키지 않거나 위험한 행동을 하더라도 이에 대처할 수 있는 운전자세를 갖추어 미리 위험한 상황을 피하여 운전하는 것 • 위험한 상황을 만들지 않고 운전하는 것 • 위험한 상황에 직면했을 때는 이를 효과적으로 회피할 수 있도록 운전하는 것

(2) 방어운전의 기본

① **능숙한 운전기술** : 적절하고 안전하게 운전하는 기술을 몸에 익혀야 한다.

② **정확한 운전지식** : 교통표지판, 교통 관련 법규 등 운전에 필요한 지식을 익힌다.

③ **세심한 관찰력** : 언제든지 다른 운전자의 행태를 잘 관찰하고 타산지석으로 삼는다.

④ **예측능력과 판단력** : 안전을 위협하는 운전 상황의 변화요소를 재빠르게 파악하는 예측능력과 교통상황에 적절하게 대응하고 이에 맞게 자신의 행동을 통제하고 조절하면서 운행하는 판단력이 필요하다.

⑤ **양보와 배려의 실천** : 운전은 자기 혼자만 하는 것이 아니라 주위에서 같이 달리는 자동차의 운전자와 길을 건너고자 하는 많은 보행자를 같이 생각해야 하는 것인 만큼 양보와 배려가 습관화 되도록 한다.

⑥ **반성의 자세** : 자신의 운전행동에 대한 반성을 통하여 더욱 안전한 운전자로 거듭날 수 있다.

⑦ **무리한 운행 배제** : 졸음상태, 음주상태, 기분이 나쁜 상태 등 신체적 심리적으로 건강하지 않은 상태에서는 무리한 운전을 하지 않는다. 또한 자동차에 고장이나 이상이 있는 경우에는 아무리 사소한 것이라도 수리·정비한 다음이 아니면 무리하게 차를 운행하지 않는다.

02 상황별 운전 요령

(1) 시가지 교차로에서의 방어운전

① **교차로에서의 방어운전**

㉮ 신호는 운전자의 눈으로 직접 확인한 후 앞선 신호에 따라 진행하는 차가 없는지 확인하고 출발한다. 즉, 앞서 직진, 좌회전, 우회전 또는 U턴하는 차량 등에 주의한다.

㉯ 신호에 따라 진행하는 경우에도 신호를 무시하고 갑자기 달려드는 차 또는 보행자가 있다는 사실에 주의한다.

㉰ 좌·우회전할 때는 방향신호등을 정확히 점등한다.

㉱ 성급한 우회전은 횡단하는 보행자와 충돌할 위험이 증가한다.

㉲ 통과하는 앞차를 맹목적으로 따라가면 신호를 위반할 가능성이 높다.

㉳ 교통정리가 행하여지고 있지 아니하고 좌·우를 확인할 수 없거나 교통이 빈번한 교차로에 진입할 때는 일시정지하여 안전을 확인한 후 출발한다.

㉴ 내륜차에 의한 사고에 주의한다.

② **교차로 황색신호에서의 방어운전**

㉮ 황색신호일 때는 멈출 수 있도록 감속하여 접근한다.

㉯ 황색신호일 때 모든 차는 정지선 바로 앞에 정지하여야 한다.

㉰ 이미 교차로 안으로 진입하여 있을 때 황색신호로 변경된 경우에는 신속히 교차로 밖으로 빠져나간다.

㉱ 교차로 부근에는 무단 횡단하는 보행자 등 위험요인이 많으므로 돌발 상황에 대비한다.

㉲ 가급적 딜레마구간에 도달하기 전에 속도를 줄여 신호가 변경되면 바로 정지할 수 있도록 준비한다.

(2) 이면도로를 안전하게 통행하는 방법

① **항상 보행자의 출현 등 돌발 상황에 대비한 방어운전을 한다.**

㉮ 차량의 속도를 줄인다.

㉯ 자동차나 어린이가 갑자기 출현할 수 있다는 생각을 가지고 운전한다.

㉰ 언제라도 곧 정지할 수 있는 마음의 준비를 갖춘다.

② **위험한 대상물은 계속 주시한다.**

㉮ 돌출된 간판 등과 충돌하지 않도록 주의한다.

㉯ 위험스럽게 느껴지는 자동차나 자전거, 손수레, 보행자 등을 발견하였을 때는 그의 움직임을 주시하면서 운행한다.

> **참고**
>
> **이면도로 운전의 위험성**
> • 도로의 폭이 좁고, 보도 등의 안전시설이 없다.
> • 좁은 도로가 많이 교차하고 있다.
> • 주변에 점포와 주택 등이 밀집되어 있으므로, 보행자 등이 아무 곳에서나 횡단이나 통행을 한다.
> • 길가에서 어린이들이 뛰노는 경우가 많으므로, 어린이들과의 사고가 일어나기 쉽다.

SECTION 05 안전운전의 기술

(3) 커브길에서의 방어운전

① 커브길 주행방법

㉮ 커브길에 진입하기 전에 경사도나 도로의 폭을 확인하고 엔진 브레이크를 작동시켜 속도를 줄인다.

㉯ 엔진 브레이크만으로 속도가 충분히 줄지 않으면 풋 브레이크를 사용하여 회전 중에 더 이상 감속하지 않도록 줄인다.

㉰ 감속된 속도에 맞는 기어로 변속한다.

㉱ 회전이 끝나는 부분에 도달하였을 때는 핸들을 바르게 한다.

㉲ 가속 페달을 밟아 속도를 서서히 높인다.

② 커브길 주행 시의 주의 사항

㉮ 커브길에서는 기상상태, 노면상태 및 회전속도 등에 따라 차량이 미끄러지거나 전복될 위험이 증가하므로 부득이한 경우가 아니면 급핸들 조작이나 급제동은 하지 않는다.

㉯ 시력이 볼 수 있는 범위(시야)가 제한되어 있다면 주간에는 경음기, 야간에는 전조등을 사용하여 내 차의 존재를 반대 차로 운전자에게 알린다.

㉰ 급커브길 등에서의 앞지르기는 대부분 규제표지 및 노면표시 등 안전표지로 금지하고 있으나, 금지표지가 없다고 하더라도 전방의 안전이 확인 안 되는 경우에는 절대 하지 않는다.

㉱ 겨울철 커브길은 노면이 얼어있는 경우가 많으므로 사전에 충분히 감속하여 안전사고가 발생하지 않도록 주의한다.

커브길 핸들조작 요령

- 슬로우-인, 패스트-아웃(Slow-in, Fast-out) 원리에 입각하여 커브 진입 직전에 핸들 조작이 자유로울 정도로 속도를 감속한다.
- 커브가 끝나는 조금 앞에서 핸들을 조작하여 차량의 방향을 안정되게 유지한다.
- 속도를 증가(가속)하여 신속하게 통과한다.

(4) 언덕길에서의 방어운전

① 내리막길에서의 안전운전 및 방어운전

㉮ 내리막길을 내려가기 전에는 미리 감속하여 천천히 내려가며 엔진 브레이크로 속도를 조절하는 것이 바람직하다.

㉯ 엔진 브레이크를 사용하면 페이드(fade) 현상 및 베이퍼 록(Vapour lock) 현상을 예방하여 운행 안전도를 더욱 높일 수 있다.

㉰ 배기 브레이크가 장착된 차량의 경우 배기 브레이크를 사용하면 운행의 안전도를 더욱 높일 수 있다.

㉱ 도로의 오르막길 경사와 내리막길 경사가 같거나 비슷한 경우라면, 변속기 기어의 단수도 오르막 내리막을 동일하게 사용하는 것이 적절하다.

㉲ 커브 주행 시와 마찬가지로 중간에 불필요하게 속도를 줄인다든지 급제동하는 것은 금물이다.

㉳ 내리막길에서 기어를 변속할 때는 다음과 같은 요령으로 한다.

　㉠ 변속할 때 클러치 및 변속 레버의 작동은 신속하게 한다.

　㉡ 변속 시에는 머리를 숙이는 등으로 다른 곳에 주의를 빼앗기지 말고 눈은 교통상황 주시상태를 유지한다.

　㉢ 왼손은 핸들을 조정하며 오른손과 양발은 신속히 움직인다.

② 오르막길에서의 안전운전 및 방어운전

㉮ 정차할 때는 앞차가 뒤로 밀려 충돌할 가능성을 염두에 두고 충분한 차간 거리를 유지한다.

㉯ 오르막길의 사각지대는 정상 부근이다. 마주 오는 차가 바로 앞에 다가올 때까지는 보이지 않으므로 서행하여 위험에 대비한다.

㉰ 정차 시에는 풋 브레이크와 핸드 브레이크를 동시에 사용한다.

㉱ 출발 시에는 핸드 브레이크를 사용하는 것이 안전하다.

㉲ 오르막길에서 앞지르기 할 때는 힘과 가속력이 좋은 저단 기어를 사용하는 것이 안전하다.

배기 브레이크 사용 시 효과

- 브레이크액의 온도상승 억제에 따른 베이퍼 록 현상을 방지한다.
- 드럼의 온도상승을 억제하여 페이드 현상을 방지한다.
- 브레이크 사용 감소로 라이닝의 수명을 연장시킬 수 있다.

(5) 철길건널목 방어운전

① 철길건널목에서의 방어운전

㉮ 철길건널목에 접근할 때는 속도를 줄여 접근한다.

㉯ 일시정지 후에는 철도 좌·우의 안전을 확인한다.

㉰ 건널목을 통과할 때는 기어를 변속하지 않는다.

㉱ 건널목 건너편 여유 공간을 확인한 후에 통과한다.

② 철길건널목 통과 중에 시동이 꺼졌을 때의 조치방법

㉮ 즉시 동승자를 대피시키고, 차를 건널목 밖으로 이동시키기 위해 노력한다.

㉯ 철도공무원, 건널목 관리원이나 경찰에게 알리고 지시에 따른다.

㉰ 건널목 내에서 움직일 수 없을 때는 열차가 오고 있는 방향으로 뛰어가면서 옷을 벗어 흔드는 등 기관사에게 위급상황을 알려 열차가 정지할 수 있도록 안전조치를 취한다.

(6) 고속도로 진·출입부에서의 방어운전

① 고속도로 진입부에서의 방어운전

㉮ 본선 진입 의도를 다른 차량에게 방향지시등으로 알린다.

㉯ 본선 진입 전 충분히 가속하여 본선 차량의 교통흐름을 방해하지 않도록 한다.

㉰ 진입을 위한 가속차로 끝부분에서 감속하지 않도록 주의한다.

㉱ 고속도로 본선을 저속으로 진입하거나 진입 시기를 잘못 맞추면 추돌사고 등 교통사고가 발생할 수 있다.

② 고속도로 진출부에서의 방어운전

㉮ 본선 진출 의도를 다른 차량에게 방향지시등으로 알린다.

㉯ 진출부 진입 전에 충분히 감속하여 진출이 용이하도록 한다.

㉰ 본선 차로에서 천천히 진출부로 진입하여 출구로 이동한다.

(7) 앞지르기할 때의 방어운전

① 자차가 다른 차를 앞지르기할 때

㉮ 앞지르기에 필요한 속도가 그 도로의 최고속도 범위 이내일 때 앞지르기를 시도한다(과속은 금물).

㉯ 앞지르기에 필요한 충분한 거리와 시야가 확보되었을 때 앞지르기를 시도한다.

㉰ 앞차가 앞지르기를 하고 있을 때는 앞지르기를 시도하지 않는다.

㉱ 앞차의 오른쪽으로 앞지르기하지 않는다.

㉲ 점선의 중앙선을 넘어 앞지르기하는 때는 대향차의 움직임에 주의한다.

② 다른 차가 자차를 앞지르기할 때
  ㉮ 앞지르기를 시도하는 차가 원활하게 본선으로 진입할 수 있도록 자차의 속도를 줄여준다. 앞지르기를 시도하는 차가 안전하고 신속하게 앞지르기를 완료할 수 있도록 함으로써 자차와의 충돌 위험을 줄일 수 있기 때문이다.
  ㉯ 앞지르기 금지 장소 등에서도 앞지르기를 시도하는 차가 있다는 사실을 항상 염두에 두고 방어운전을 한다.

03 야간, 악천후시의 운전

(1) 야간운전

① 야간운전의 위험성
  ㉮ 야간에는 시야가 전조등의 불빛으로 식별할 수 있는 범위로 제한됨에 따라 노면과 앞차의 후미 등 전방만을 보게 되므로 가시거리가 100m 이내인 경우에는 최고속도를 50% 정도 감속하여 운행한다.
  ㉯ 커브길이나 길모퉁이에서는 전조등 불빛이 회전하는 방향을 제대로 비춰지지 않는 경향이 있으므로 속도를 줄여 주행한다.
  ㉰ 야간에는 운전자의 좁은 시야로 인해 앞차와의 차간거리를 좁혀 근접 주행하는 경향이 있으며, 이렇게 한정된 시야로 주행하다 보면 안구 동작이 활발하지 못해 자극에 대한 반응이 둔해지고, 심하면 근육이나 뇌파의 반응이 저하되어 졸음운전을 하게 되니 더욱 주의해야 한다.
  ㉱ 마주 오는 대향차의 전조등 불빛으로 인해 도로 보행자의 모습을 볼 수 없게 되는 증발현상과 운전자의 눈 기능이 순간적으로 저하되는 현혹현상 등이 발생할 수 있다. 이럴 때는 약간 오른쪽을 바라보며 대향차의 전조등 불빛을 정면으로 보지 않도록 한다.
  ㉲ 원근감과 속도감이 저하되어 과속으로 운행하는 경향이 발생할 수 있다.
  ㉳ 술 취한 사람이 갑자기 도로에 뛰어들거나, 도로에 누워있는 경우가 발생하므로 주의해야 한다.
  ㉴ 밤에는 낮보다 장애물이 잘 보이지 않거나, 발견이 늦어 조치시간이 지연될 수 있다.

② 야간의 안전운전
  ㉮ 해가 지기 시작하면 곧바로 전조등을 켜 다른 운전자들에게 자신을 알린다. 위험이 예견되거나 상대방이 나를 발견하지 못한다고 판단되면 나의 존재를 알려주어 위험을 방지할 수 있도록 조치한다.
  ㉯ 주간보다 시야가 제한되므로 속도를 줄여 운행한다.
  ㉰ 흑색 등 어두운 색의 옷차림을 한 보행자는 발견하기 곤란하므로 보행자의 확인에 더욱 세심한 주의를 기울인다.
  ㉱ 승합자동차는 야간에 운행할 때에 실내조명등을 켜고 운행한다.
  ㉲ 선글라스를 착용하고 운전하지 않는다.
  ㉳ 커브길에서는 상향등과 하향등을 적절히 사용하여 자신이 접근하고 있음을 알린다.
  ㉴ 대향차의 전조등을 직접 바라보지 않는다.
  ㉵ 자동차가 서로 마주보고 진행하는 경우에는 전조등 불빛의 방향을 아래로 향하게 한다.
  ㉶ 밤에 앞차의 바로 뒤를 따라갈 때는 전조등 불빛의 방향을 아래로 향하게 한다.
  ㉷ 장거리를 운행할 때는 운행계획에 휴식시간을 포함시켜 세운다.
  ㉸ 불가피한 경우가 아니면 도로 위에 주·정차 하지 않는다.
  ㉹ 문제가 발생하여 도로 위에 정차할 때는 후방에서 접근하는 자동차의 운전자가 확인할 수 있는 위치에 고장 자동차의 표시와 사방 500m 지점에서 식별할 수 있는 적색의 섬광신호·전기제등 또는 불꽃신호를 추가로 설치하여야 한다.
  ㉺ 전조등이 비추는 범위의 앞쪽까지 살핀다.
  ㉻ 앞차의 미등만 보고 주행하지 않는다. 앞차의 미등만 보고 주행하게 되면 도로변에 정지하고 있는 자동차까지도 진행하고 있는 것으로 착각하게 되어 위험을 초래하게 된다.

(2) 안개길 운전

① 안개길 운전의 위험성
  ㉮ 안개로 인해 운전시야 확보가 곤란하다.
  ㉯ 주변의 교통안전표지 등 교통정보 수집이 곤란하다.
  ㉰ 다른 차량 및 보행자의 위치 파악이 곤란하다.

② 안개길 안전운전
  ㉮ 전조등, 안개등 및 비상점멸표시등을 켜고 운행한다.
  ㉯ 가시거리가 100m 이내인 경우에는 최고속도를 50% 정도 감속하여 운행한다.
  ㉰ 앞차와의 차간거리를 충분히 확보하고, 앞차의 제동이나 방향지시등의 신호를 예의 주시하며 운행한다.
  ㉱ 앞을 분간하지 못할 정도의 짙은 안개로 운행이 어려울 때는 차를 안전한 곳에 세우고 잠시 기다린다. 이때는 지나가는 차에게 내 차량의 위치를 알릴 수 있도록 미등과 비상점멸표시등(비상등) 등을 점등시켜 충돌사고 등이 발생하지 않도록 조치한다.
  ㉲ 커브길 등에서는 경음기를 울려 자신이 주행하고 있다는 것을 알린다.
  ㉳ 고속도로를 주행하고 있을 때 안개지역을 통과할 때는 다음을 최대한 활용한다.
    ㉠ 도로전광판, 교통안전표지 등을 통해 안개 발생구간을 확인한다.
    ㉡ 갓길에 설치된 안개시정표지를 통해 시정거리 및 앞차와의 거리를 확인한다.
    ㉢ 중앙분리대 또는 갓길에 설치된 반사체인 시선유도표지를 통해 전방의 도로선형을 확인한다.
    ㉣ 도로 갓길에 설치된 노면요철포장의 소음 또는 진동을 통해 도로이탈을 확인하고 원래 차로로 신속히 복귀하여 평균 주행속도보다 감속하여 운행한다.

(3) 빗길 운전

① 빗길 운전의 위험성
  ㉮ 비로 인해 운전시야 확보가 곤란하다. 앞 유리창에 김이 서리거나, 흐르는 물방울 및 물기는 운전자의 시야를 방해하고, 시계는 와이퍼(Wiper)의 작동 범위에 한정되므로 좌·우의 안전을 확인하기 쉽지 않다.
  ㉯ 타이어와 노면과의 마찰력이 감소하여 정지거리가 길어진다.

㉕ 수막현상 등으로 인해 조향조작 및 브레이크 기능이 저하될 수 있다.
㉖ 보행자의 주의력이 약해지는 경향이 있다. 비가 오면 보행자는 우산을 받쳐 들고 노면을 바라보며 걷는 경향이 있으며, 자동차나 신호기에 대한 주의력이 평상시보다 떨어질 수 있다.
㉗ 비오는 날에는 경음기를 울려도 빗소리로 인해 보행자가 잘 듣지 못할 수도 있다.
㉘ 젖은 노면에 토사가 흘러내려 진흙이 깔려 있는 곳은 다른 곳보다 더욱 미끄럽다.

② 빗길 안전운전
㉮ 비가 내려 노면이 젖어있는 경우에는 최고속도의 20%를 줄인 속도로 운행한다.
㉯ 폭우로 가시거리가 100m 이내인 경우에는 최고속도의 50%를 줄인 속도로 운행한다.
㉰ 물이 고인 길을 통과할 때는 속도를 줄여 저속으로 통과한다. 브레이크에 물이 들어가면 브레이크 기능이 약해지거나 불균등하게 제동되면서 제동력을 감소시킬 수 있다.
㉱ 물이 고인 길을 벗어난 경우에는 브레이크를 여러 번 나누어 밟아 마찰열로 브레이크 패드나 라이닝의 물기를 제거한다.
㉲ 보행자 옆을 통과할 때는 속도를 줄여 흙탕물이 튀기지 않도록 주의한다.
㉳ 공사현장의 철판 등을 통과할 때는 사전에 속도를 충분히 줄여 미끄러지지 않도록 천천히 통과하여야 하며, 급브레이크를 밟지 않는다.
㉴ 급출발, 급핸들, 급브레이크 등의 조작은 미끄러짐이나 전복사고의 원인이 되므로 엔진 브레이크를 적절히 사용하고, 브레이크를 밟을 때는 페달을 여러 번 나누어 밟는다.

04 경제운전

(1) 경제운전의 개념과 효과
① **경제운전의 기본적인 방법**
㉮ 가속 및 감속을 부드럽게 한다.
㉯ 불필요한 공회전을 피한다.
㉰ 급회전을 피한다. 차가 전방으로 나가려는 운동에너지를 최대한 활용해서 부드럽게 회전한다.
㉱ 일정한 차량속도를 유지한다.

② **경제운전의 효과**
㉮ 차량관리비용, 고장수리 비용, 타이어 교체비용 등의 감소효과
㉯ 고장수리 작업 및 유지관리 작업 등의 시간 손실 감소효과
㉰ 공해배출 등 환경문제의 감소효과
㉱ 교통안전 증진 효과
㉲ 운전자 및 승객의 스트레스 감소 효과

경제운전
운전 중 접하게 되는 여러 가지 외적 조건(기상, 도로, 차량, 교통상황 등)에 따라 운전방식을 맞추어감으로써 연료 소모율을 낮추고, 공해 배출을 최소화하며, 심지어는 안전의 효과를 가져오고자 하는 운전방식으로 에코드라이빙(eco driving)이라고도 한다.

(2) 경제운전에 영향을 미치는 요인
① **교통상황**
㉮ 교통체증 상황에서는 가·감속 및 기어변속 등이 잦게 됨에 따라 에너지 소모량도 증가한다. 부드러운 가속 즉, 불필요한 가속과 제동을 피하는 것이 에너지 소모량을 최소화하는 것이다.
㉯ 공격적 운전 방식은 급가속 및 급제동, 앞차량의 근접 추종 등이 많은 운전이며, 경제운전 방식은 부드러운 가속, 제동의 최소화, 예측운전 등의 방식이다. 실험에 따르면 리무진 버스급에서 공격적 운전은 정상 운전보다 45%의 연료소모 증가, 경제운전은 22%의 연료소모 감소율을 보일 정도로 차이가 나는 것을 알 수 있다.

② **도로조건**
㉮ 젖은 노면은 구름저항을 증가시킨다.
㉯ 경사도는 구배저항에 영향을 미침으로서 연료소모를 증가시킨다.

③ **기상조건**
㉮ 맞바람은 공기저항을 증가시켜 연료 소모율을 높인다.
㉯ 기온이 높아지면 에어컨을 작동시키지 않는 조건에서는 연료 소모율이 감소한다.

④ **차량의 타이어**
㉮ 타이어 트레드는 차량과 노면 간에 힘을 전달하며, 물과 오염물질을 밀어내는 역할을 하고, 타이어를 식히는 역할을 한다. 따라서 바퀴가 닳아서 홈의 깊이가 얕아져 있으면 그만큼 구름저항이 커진다.
㉯ 타이어 공기압은 가장 중요하다. 타이어의 공기압이 적정압력보다 15~20% 낮으면 연료 소모량은 약 5~8% 증가하는 것으로 나타나고 있다.
㉰ 급가속 및 급제동과 같은 공격적 운전방식, 과적과 부적절한 휠 얼라인먼트는 타이어 수명에도 영향을 준다.

⑤ **엔진과 공기역학**
㉮ 엔진은 동력을 생산하는 가장 중요한 장치로 엔진효율이 곧 연료 소모율을 결정한다. 엔진도 정기적인 점검을 통해 효율을 높일 수 있도록 하는 것이 중요하다.
㉯ 버스가 유선형일수록 연료 소모율을 낮출 수 있다. 주행 중 창문을 열 경우 공기저항이 증가하여 연료 소모율이 높아질 수 있다.

(3) 주행방법과 연료 소모율
① **시동 및 출발**
㉮ 버스 엔진의 시동을 걸 때는 적정 속도로 엔진을 회전시켜 적정한 오일 압력이 유지되도록 하여야 한다. 오일이 엔진의 다양한 윤활지점에 도달하여야 이상 없이 출발할 수 있다. 일단 오일 압력이 적정해 지면 부드럽게 출발한다. 이때 적정한 공회전 시간은 여름은 20~30초, 겨울은 1~2분 정도가 적당하다.
㉯ 외국의 연구에 따르면 엔진이 차가운 상태에서 주행하게 되면 엔진이 더워진 상태에서 주행하는 것보다 약 15% 정도 연료 소모율이 증가한다. 조건에 따라 다르기는 하지만 엔진이 적당히 워밍업 될 때까지는 차량의 속도를 시속 30km 이하로 주행해야 한다. 처음에는 1단 기어로 연료 주입을 최소화한 상태에서 움직이기 시작해야 한다. 교차로나 철길건널목 등 비교적

SECTION 05 안전운전의 기술

대기 시간이 1분 이상으로 긴 곳에서는 시동을 껐다가 다시 출발하는 것이 바람직하다. 대기오염을 줄이고, 연료 소비를 줄이는 일거양득의 효과가 있기 때문이다.

② 속도
㉮ 경제운전을 위해서는 가능한 한 일정 속도로 주행하는 것이 매우 중요하다. 일정 속도란 평균속도가 아니고, 도중에 가감속이 없는 속도를 의미한다.
㉯ 가·감속과 제동을 자주하며 공격적인 운전으로 평균 시속 40km를 유지하는 것이 시속 40km의 일정 속도로 주행할 때보다 연료 소모가 훨씬 많다. 평균속도와 일정 속도에서의 연료 소모량의 차이는 20%에까지 이른다.

③ 기어 변속
㉮ 기어 변속은 엔진회전속도가 2000~3000 RPM 상태에서 고단 기어 변속이 바람직하다.
㉯ 경제운전을 위해서는 반드시 저단 기어 상태에서 차를 멈출 필요는 없다. 가능한 한 빨리 고단 기어로 변속하는 것이 좋다. 기어 변속시 반드시 순차적으로 해야 하는 것은 아니다.

④ 제동과 관성 주행
㉮ 운전 중 교차로에 접근하든가 할 때 가속페달에서 발을 떼고 관성으로 차를 움직이게 할 수 있을 때는 제동을 피하는 것이 좋다.
㉯ 관성주행은 가속페달에서 발을 떼서 엔진을 브레이크로 이용하는 것이다. 이때 연료공급이 차단되어 연료소모가 줄어들고, 제동장치와 타이어의 불필요한 마모도 줄일 수 있다.

⑤ 기타 사항
㉮ 교통류에의 합류와 분류 : 흔히 지선에서 차량속도가 높은 본선으로 합류할 때는 강한 가속이 필수적이다. 이 경우는 경제운전보다 안전이 더 중요하기 때문이다.
㉯ 위험예측운전 : 위험예측 운전은 자신의 운전행동을 도로 및 교통조건에 맞추어 나가는 것이다.
㉰ 경제운전과 방어운전 : 방어운전은 사고를 회피하는 것뿐 아니라 연료 소비 감소까지 가져오는 효과가 있기 때문에 본질적으로는 방어운전이지만 경제운전이 될 수도 있다.

05 계절별 안전운전

(1) 봄철 안전운전

① 봄철 교통사고의 특징

요인	내용
도로조건	날씨가 풀리면서 겨울 내 얼어있던 땅이 녹아 지반 붕괴로 인한 도로의 균열이나 낙석의 위험이 큼
운전자	춘곤증에 의한 졸음운전으로 전방주시태만과 관련된 사고의 위험이 높음(1초 졸음시=16.7m 주행)
보행자	교통상황에 대한 판단능력이 부족하고 어린이와 신체능력이 약화된 노약자들의 보행이나 교통수단이용이 겨울에 비해 늘어나는 계절적인 특성으로 어린이 노약자 관련 교통사고 증가

② 봄철 자동차관리
㉮ 세차 : 전문 세차장을 찾아 차체를 들어 올리고 구석구석 세차 (노면의 결빙을 막기 위해 뿌려진 염화칼슘 제거)
㉯ 월동장비 정리 : 스노우 타이어, 체인 등 월동장비를 잘 정리해서 보관
㉰ 엔진오일 점검 : 주행거리나 오일의 상태에 따라 교환해 주거나 부족 시 보충
㉱ 배선상태 점검 : 배선 상태를 잘 살펴보고 낡은 배선은 교환해 주어 화재 예방

(2) 여름철 안전운전

① 여름철 교통사고의 특징

요인	내용
도로조건	도로 노면의 물은 빙판 못지않게 미끄러워 교통사고를 유발
운전자	기온과 습도 상승으로 불쾌지수가 높아지고 수면부족과 피로로 인한 졸음운전 등도 집중력 저하 요인으로 작용
보행자	불쾌지수가 증가하여 위험한 상황에 대한 인식이 둔해지고 안전수칙을 무시하려는 경향이 강함

② 여름철 자동차관리
㉮ 냉각장치 점검 : 냉각수의 양은 충분한지, 냉각수가 누수 여부, 팬 벨트의 장력은 적절한지 수시 확인
㉯ 와이퍼의 작동상태 점검 : 장마철 운전에 없어서는 안 될 와이퍼의 작동이 정상상태인지 확인
㉰ 타이어 마모상태 점검 : 노면과 맞닿는 부분의 트레드 홈 깊이가 최저 1.6mm 이상이 되는지를 확인 및 적정 공기압 유지 여부를 점검
㉱ 차량 내부의 습기 제거 : 차량 내부에 습기가 찰 때는 습기를 제거하여 차체의 부식과 악취 발생 방지

(3) 가을철 안전운전

① 가을철 교통사고의 특징

요인	내용
도로조건	추석 교통량 증가, 다른 계절에 비해 도로조건은 비교적 양호
운전자	푸른 하늘, 단풍 등의 경치로 인해 집중력 저하 우려
보행자	단체 관광객의 증가 등으로 주의력 저하 우려

② 가을철 자동차관리
㉮ 세차 및 차체 점검 : 여름철 바닷가로 여행을 다녀온 차량은 바닷가의 염분이 차체를 부식시키므로 세차 및 차체 점검
㉯ 서리제거용 열선 점검 : 기온의 하강으로 발생하는 유리창 서리를 제거하기 위한 열선이 정상적으로 작동하는 지 점검
㉰ 장거리 운행 전 점검사항
　㉠ 타이어의 공기압은 적절하고, 상처난 곳은 없는지, 스페어 타이어는 이상 없는지를 점검
　㉡ 보닛을 열어보아 냉각수와 브레이크액의 양을 점검하고, 엔진오일은 양 뿐만 아니라 상태에 대한 점검을 병행하며, 팬 벨트의 장력은 적정한지, 손상된 부분은 없는지 점검하고 여유분 한 개를 더 휴대
　㉢ 헤드라이트, 방향지시등과 같은 각종 램프의 작동여부 점검
　㉣ 운행 중의 고장이나 점검에 필요한 휴대용 작업등, 손전등을 준비
　㉤ 출발 전 연료를 가득 채우고 지도를 휴대하는 것도 필요

(4) 겨울철 안전운전

① 겨울철 교통사고의 특징

요인	내용
도로조건	눈이 녹지 않고 쌓여 적은 양의 눈이 내려도 빙판이 되기 때문에 충돌 · 추돌 · 도로 이탈 등의 사고가 많이 발생함. 폭설이 도로조건을 열악하게 하는 가장 큰 요인
운전자	음주운전의 우려, 두꺼운 옷으로 인해 위기상황에 대한 민첩한 대처능력이 감소
보행자	추위와 바람을 피하고자 두꺼운 외투, 방한복 등을 착용하고 앞만 보면서 목적지까지 최단거리로 이동하려는 경향

② 겨울철 자동차관리

㉮ 월동장비 점검 : 눈길이나 빙판길을 안전하게 주행하기 위해 스노우 타이어, 체인 등 점검 및 휴대

㉯ 부동액 점검 : 냉각수의 동결을 방지하기 위해 부동액의 양 및 점도 점검

㉰ 정온기 상태 점검 : 정온기를 점검하여 엔진의 워밍업이 길어지거나, 히터의 기능 저하 예방

㉱ 월동장구의 점검

　㉠ 스노우 체인 없이는 안전한 곳까지 운전할 수 없는 상황에 놓일 수 있으므로 자신의 타이어에 맞는 적절한 수의 체인과 여분의 크로스 체인을 구비

　㉡ 체인의 절단이나 마모 부분은 없는지 점검하며 체인을 채우는 방법을 미리 습득

06 고속도로 교통안전

(1) 고속도로 교통사고의 특성

① 빠르게 달리는 도로의 특성상 다른 도로에 비해 치사율이 높다.

② 운전자 전방주시 태만과 졸음운전으로 인한 2차(후속)사고 발생 가능성이 높다.

③ 운행 특성상 장거리 통행이 많고 특히 영업용 차량(화물차, 버스) 운전자의 장거리운행으로 인한 과로로 졸음운전이 발생할 가능성이 매우 높다.

④ 화물차, 버스 등 대형차량의 안전운전 불이행으로 대형사고가 발생하고, 사망자도 대폭 증가하고 있는 추세이다. 또한, 화물차의 적재불량 과적은 도로상에 낙하물을 발생시키고 교통사고의 원인이 되고 있다.

⑤ 최근 고속도로 운전 중 휴대폰 사용, DMB 시청 등 기기사용 증가로 인해 전방 주시에 소홀해지고 이로 인한 교통사고 발생 가능성이 더욱 높아지고 있다.

(2) 고속도로 안전운전 방법

① 전방 주시

② 진입은 안전하게 천천히, 진입 후 가속은 빠르게

③ 주변 교통흐름에 따라 적정속도 유지

④ 주행차로로 주행

⑤ 전 좌석 안전띠 착용

⑥ 후부 반사판 부착(차량 총중량 7.5톤 이상 및 특수 자동차는 의무 부착)

(3) 교통사고 및 고장 발생 시 대처 요령

① 2차사고의 방지

㉮ 2차사고는 선행 사고나 고장으로 정차한 차량 또는 사람을 후방에서 접근하는 차량이 재차 충돌하는 사고를 말한다.

㉯ 고속도로는 차량이 고속으로 주행하는 특성상 2차사고 발생 시 사망사고로 이어질 가능성이 매우 높다.

㉰ 2차사고 예방 안전행동요령

　㉠ 첫째, 신속히 비상등을 켜고 다른 차의 소통에 방해가 되지 않도록 갓길로 차량을 이동시킨다. 차량이동이 어려운 경우 탑승자들을 안전조치 후 가드레일 바깥 등의 안전한 장소로 대피한다.

　㉡ 둘째, 후방 접근 차량의 운전자가 쉽게 확인할 수 있도록 고장자동차의 표지를 설치한다. 야간에는 사방 500m 범위에서 식별가능한 적색 섬광신호 · 전기제등 또는 불꽃신호를 추가로 설치한다.

　㉢ 셋째, 운전자와 탑승자가 차량 내 또는 주변에 있는 것은 매우 위험하므로 가드레일 밖 등 안전한 장소로 대피한다.

　㉣ 넷째, 경찰관서, 소방관서 또는 한국도로공사 콜센터(1588-2504)로 연락하여 도움을 청한다.

② 부상자의 구호

㉮ 사고 현장에 의사, 구급차 등이 도착할 때까지 부상자에게는 가제나 깨끗한 손수건으로 지혈하는 등 가능한 응급조치를 한다.

㉯ 함부로 부상자를 움직여서는 안 되며, 특히 두부에 상처를 입었을 때는 움직이지 말아야 한다. 다만, 2차사고의 우려가 있을 경우에는 부상자를 안전한 장소로 이동시킨다.

③ 경찰공무원등에게 신고

㉮ 사고를 낸 운전자는 사고 발생 장소, 사상자 수, 부상정도, 그 밖의 조치상황을 경찰공무원이 현장에 있을 때는 경찰공무원에게, 경찰공무원이 없을 때는 가장 가까운 경찰관서에 신고한다.

㉯ 사고발생 신고 후 사고 차량의 운전자는 경찰공무원이 말하는 부상자 구호와 교통안전상 필요한 사항을 지켜야 한다.

고속도로 2054 긴급견인 서비스(1588-2504, 한국도로공사 콜센터)
- 고속도로 본선, 갓길에 멈춰 2차사고가 우려되는 소형차량을 안전지대까지 견인하는 제도로 한국도로공사에서 비용을 부담하는 무료서비스
- 대상차량 : 승용차, 16인 이하 승합차, 1.4톤 이하 화물자동차

(4) 도로터널 안전운전

① 도로터널 화재의 위험성

㉮ 반밀폐된 터널은 화재 발생 시 내부에 열기가 축적되며 급속한 온도상승과 종방향으로 연기확산이 빠르게 진행되어 시야 확보가 어렵고 연기 질식에 의한 다수의 인명피해 가능성도 크다.

㉯ 대형차량 화재 시 약 1,200℃까지 온도가 상승하여 구조물에 심각한 피해를 유발하게 된다.

SECTION 05 안전운전의 기술

② **터널 안전수칙**
  ㉮ 터널 진입 전 입구 주변에 표시된 도로정보를 확인한다.
  ㉯ 터널 진입 시 라디오를 켠다.
  ㉰ 선글라스를 벗고 라이트를 켠다.
  ㉱ 교통신호를 확인한다.
  ㉲ 안전거리를 유지한다.
  ㉳ 차선을 바꾸지 않는다.
  ㉴ 비상시를 대비하여 피난연결통로, 비상주차대 위치를 확인한다.

③ **터널 내 화재 시 행동요령**
  ㉮ 운전자는 차량과 함께 터널 밖으로 신속히 이동한다.
  ㉯ 터널 밖으로 이동이 불가능한 경우 최대한 갓길 쪽으로 정차한다.
  ㉰ 엔진을 끈 후 키를 꽂아둔 채 신속하게 하차한다.
  ㉱ 비상벨을 누르거나 비상전화로 화재발생을 알려줘야 한다.
  ㉲ 사고 차량의 부상자에게 도움을 준다.
  ㉳ 터널에 비치된 소화기나 소화전으로 조기 진화를 시도한다.
  ㉴ 조기 진화가 불가능할 경우 젖은 수건이나 손등으로 코와 입을 막고 낮은 자세로 화재 연기를 피해 유도등을 따라 신속히 터널 외부로 대피한다.

(5) 운행 제한 차량

① **운행 제한 차량의 종류**
  ㉮ 차량의 축하중 10톤, 총중량 40톤을 초과한 차량
  ㉯ 적재물을 포함한 차량의 길이 16.7m, 폭 2.5m, 높이 4m를 초과한 차량
  ㉰ 다음에 해당하는 적재불량 차량
    ㉠ 편중적재, 스페어 타이어 고정 불량
    ㉡ 덮개를 씌우지 않았거나 묶지 않아 결속 상태가 불량한 차량
    ㉢ 액체 적재물 방류차량, 견인 시 사고 차량 파손품 유포 우려가 있는 차량
    ㉣ 기타 적재 불량으로 인하여 적재물 낙하 우려가 있는 차량

② **운행 제한 벌칙**
  ㉮ 2년 이하의 징역 또는 2천만원 이하의 벌금 : 도로관리청의 차량 회차, 적재물 분리 운송, 차량운행중지 명령에 따르지 아니한 자
  ㉯ 1년 이하의 징역 또는 1천만원 이하의 벌금
    ㉠ 적재량 측정을 위한 공무원의 차량 동승 요구 및 관계서류 제출요구를 거부한 자
    ㉡ 적재량 재측정 요구에 따르지 아니한 자
  ㉰ 500만원 이하의 과태료
    ㉠ 총중량 40톤, 축하중 10톤, 폭 2.5m, 높이 4m, 길이 16.7m를 초과하여 운행제한을 위반한 운전자
    ㉡ 임차한 화물적재차량이 운행제한을 위반하지 않도록 관리하지 아니한 임차인
    ㉢ 운행제한 위반의 지시·요구 금지를 위반한 자

적중 예상문제

◉ CHECK POINT QUESTION

CHAPTER 03 | 안전운행요령

SECTION 1 교통사고 요인과 운전자의 자세

01 다음은 운전과정에 대한 설명이다. 틀린 것은?

① 운전과정은 인지 – 판단 – 조작의 과정을 수없이 반복하는 것이다.
② 운전자 요인에 의한 교통사고는 운전 조작의 미숙함으로 인한 사고가 대부분이다.
③ 운전과정 중 판단과정은 어떻게 자동차를 움직여 운전할 것인가를 결정하는 것이다.
④ 인적요인은 차량요인, 도로환경요인 등 다른 요인에 비하여 변화시키거나 수정하기가 상대적으로 어렵다.

해설 운전자 요인에 의한 교통사고 중 인지과정의 결함에 의한 사고가 절반 이상으로 가장 많으며, 이어서 판단과정의 결함, 조작과정의 결함 순이다.(인지과정 > 판단과정 > 조작과정)

02 다음 중 교통사고의 요인 중 가장 빈도가 높은 것은?

① 인간요인 　　　　② 환경요인
③ 차량요인 　　　　④ 제도요인

해설 인간요인이 교통사고 전체의 91%를 차지한다.

03 버스의 특성과 관련된 대표적인 사고 유형 중 빈도가 높은 10가지 유형에 포함되지 않은 것은?

① 회전 중 주·정차, 진행차량, 보행자 등과의 접촉사고
② 횡단 보행자 등과의 사고
③ 교차로 신호 위반사고
④ 교량 추락사고

해설 버스 교통사고의 주요 유형
• 회전, 급정거 등으로 인한 차내 승객 사고
• 동일방향 후미추돌사고
• 진로변경 중 접촉사고
• 회전 중 주·정차, 진행 차량, 보행자 등과의 접촉사고
• 승·하차 시 사고
• 횡단 보행자 등과의 사고
• 가장자리 차로 진행 중 사고
• 교차로 신호위반 사고
• 눈, 빗길 미끄러짐 사고
• 1차사고로 인한 후속 사고

04 버스 교통사고의 주요 10대 유형 중 사고 빈도가 가장 높은 사고 유형은?

① 회전 중 주·정차, 진행 차량, 보행자 등과의 접촉사고
② 교차로 신호위반 사고
③ 승·하차 시 사고
④ 회전, 급정거 등으로 인한 차내 승객 사고

해설 회전, 급정거 등으로 인한 차내 승객 사고는 사고 빈도 1위로 전체 사고의 18~19%에 달한다.

---

05 다음 중 버스 운전자로서의 기본자세 중 틀린 것은?

① 수많은 승객의 안전을 책임지므로 평생 안전운전을 해야 한다.
② 자신만의 운전 경험을 믿고 주관적인 행동을 해도 된다.
③ 대중교통 서비스의 첨병으로 정기적인 서비스 교육을 받아야 한다.
④ 직무 특성상 주의의 부담이 크고 다양한 사고 요인이 존재하므로 항상 최상의 건강상태를 유지해야 한다.

해설 경험이 많고 숙련된 운전자라도 정기적인 안전운전교육을 받아야 한다.

SECTION 2 운전자요인과 안전운행

06 운전 능력에 영향을 미치는 감각들 중에서 가장 중요한 것은?

① 청각 　　　　② 촉각
③ 후각 　　　　④ 시각

해설 운전하는 동안 운전자가 판단하는 90%는 눈을 통해 얻은 정보에 의존한다.

07 동체시력의 특성에 관한 설명이다. 틀린 것은?

① 동체시력은 물체의 이동속도가 빠를수록 저하된다.
② 동체시력은 정지시력과 어느 정도 비례관계를 갖는다.
③ 동체시력은 연령이 높을수록 증가한다.
④ 동체시력은 조도(밝기)가 낮은 상황에서 쉽게 저하된다.

해설 동체시력은 물체의 이동속도가 빠를수록, 연령이 높을수록, 장시간 운전에 의한 피로 상태에서 저하된다.

08 다음 보기는 제1종 운전면허 취득에 필요한 시력기준이다. 괄호 안에 들어갈 내용으로 각각 맞는 것은?

> 두 눈을 동시에 뜨고 잰 시력이 (㉮) 이상이고, 두 눈의 시력이 각각 (㉯) 이상이어야 한다.

① ㉮ 0.7 ㉯ 0.5
② ㉮ 0.8 ㉯ 0.5
③ ㉮ 0.5 ㉯ 0.6
④ ㉮ 0.7 ㉯ 0.6

해설 시력기준
• 제1종 운전면허 : 두 눈을 동시에 뜨고 잰 시력이 0.8 이상이고, 두 눈의 시력이 각각 0.5 이상
• 제2종 운전면허 : 두 눈을 동시에 뜨고 잰 시력이 0.5 이상일 것, 다만 한쪽 눈을 보지 못하는 사람은 다른 쪽 눈의 시력이 0.6 이상

정답 01 ② 02 ① 03 ④ 04 ④　　　　버스운전 자격시험 총정리문제집　　　　정답 05 ② 06 ④ 07 ③ 08 ②

09 야간에 대향차의 전조등 눈부심으로 인해 순간적으로 보행자를 잘 볼 수 없게 되는 현상은?

① 현혹현상
② 증발현상
③ 입체시 현상
④ 깊이지각

해설) 보행자가 야간에 교차하는 차량의 불빛 중간에 있게 되면 운전자가 순간적으로 보행자를 전혀 보지 못하는 현상을 증발현상이라고 한다.

10 운전 중 나타나는 현혹현상을 바르게 설명한 것은?

① 마주오는 차량의 전조등 불빛을 직접 보았을 때 순간적으로 시력이 상실되는 현상
② 보행자가 교차하는 차량의 불빛 중간에 있게 되면 운전자가 순간적으로 전혀 보지못하는 현상
③ 야간에 대향차의 전조등 눈부심으로 순간적으로 보행자를 잘 볼 수 없게 되는 현상
④ 현혹현상은 섬광회복력과 상관관계가 없다.

해설) 보기 중 ②, ③항은 증발현상에 대한 설명이며, 현혹현상은 섬광회복력과 상관관계가 있다.

11 운전 중 피로를 낮추는 방법이 아닌 것은?

① 차안에는 항상 신선한 공기가 충분히 유입되도록 한다.
② 선글라스를 착용한다.
③ 라디오를 듣거나 노래를 부른다.
④ 갓길에 정차하고 휴식을 취한다.

해설) 갓길에 무단정차하면 사고의 위험이 있으므로, 휴게소를 이용하여 휴식을 취한다.

12 음주운전이 위험한 이유와 거리가 먼 것은?

① 운전에 대한 통제력 약화로 과잉조작에 의한 사고 증가
② 시력 저하와 졸음 등으로 인한 사고의 증가
③ 소심한 운전으로 교통지체 유발
④ 2차 사고 유발

해설) 음주운전은 충동적이고 공격적인 운행행동을 일으켜 다른 대형사고로 연결된다.

13 알코올이 운전에 미치는 영향으로 틀린 것은?

① 정보 처리능력 강화
② 시력의 지각능력 저하
③ 심리-운동 협응능력 저하
④ 판단능력 감소

해설) **알코올이 운전에 미치는 영향**
• 심리-운동 협응능력 저하
• 시력의 지각능력 저하
• 주의 집중능력 감소
• 정보 처리능력 둔화
• 판단능력 감소
• 차선을 지키는 능력 감소

14 알코올 이상으로 안전운전에 미치는 영향이 큰 약물에 해당되지 않는 것은?

① 피로회복제
② 진정제
③ 흥분제
④ 환각제

해설) 약물은 치료목적에 따라 적정량을 복용할 때 제기능을 발휘한다. 피로회복제도 남용하면 나쁜 영향을 미칠 수 있다.

15 대형버스나 트럭 등의 대형차 운전자들이 특히 유의해야 할 사항은?

① 앞지를 때는 충분한 공간간격을 유지한다.
② 다른 차량과는 충분한 안전거리를 유지하지 않아도 된다.
③ 좌·우회전 할 때 회전 반경은 승용차와 같다.
④ 대형차는 사각지점이 없으므로 운전하기가 비교적 쉽다.

해설) 대형차는 사각지점이 많고, 정지 시간이 길며, 움직이는데 점유공간이 길기 때문에 다른 차량을 앞지르는 데는 시간이 길다는 점을 항상 유의하며 운전하여야 한다.

16 어린이통학버스 특별보호를 위한 운전자의 올바른 운행방법은?

① 중앙선이 설치되지 아니한 도로인 경우 반대방향에서 진행하는 차는 기존 속도로 진행한다.
② 어린이통학버스가 어린이가 하차하고자 점멸등을 표시할 때는 어린이통학버스가 정차한 차로 외의 차로로 신속히 통행한다.
③ 편도 1차로인 도로에서는 반대방향에서 진행하는 차의 운전자도 어린이통학버스에 이르기 전에 일시정지하여 안전을 확인한 후 서행하여야 한다.
④ 모든 차의 운전자는 어린이나 영유아를 태우고 있다는 표시를 한 경우라도 도로를 통행하는 어린이 통학버스를 앞지를 수 있다.

해설) **어린이통학버스의 특별보호**
• 어린이통학버스가 어린이나 영유아를 태우고 있다는 표시를 한 상태로 도로를 통행하는 때에 모든 차의 운전자는 어린이통학버스를 앞지르지 못한다.
• 어린이나 유아를 타고 내리는 중임을 나타내는 어린이통학버스가 정차한 차로와 그 차로의 바로 옆 차로를 통행하는 차의 운전자는 어린이통학버스에 이르기 전 일시정지하여 안전을 확인한 후 서행한다.
• 중앙선이 설치되지 아니한 도로와 편도 1차로인 도로의 반대방향에서 진행하는 차의 운전자는 어린이통학버스에 이르기 전 일시정지하여 안전을 확인한 후 서행한다.

17 교통안전 측면에서 고령운전자의 기준으로 알맞은 것은?

① 만 55세 이상
② 만 60세 이상
③ 만 65세 이상
④ 만 70세 이상

해설) 교통안전 측면에서 고령자를 관리하고 구분하기 위한 입법적 또는 행정적 측면의 편의성을 고려하여 고령운전자는 만 65세 이상의 운전면허소지자를 대상으로 정의하고 있다.

18 고령운전자의 특성에 대한 설명으로 틀린 것은?

① 노화에 따라 교통상황 대처능력이 현저히 저하된다.
② 숙련도는 늘어 운전시 핸들조작이나 변속기어 조작이 더욱 능숙해진다.
③ 복잡한 교통상황에서 순간대처능력이 저하된다.
④ 70세 이상이 되면 고음과 더불어 중저음역의 청력도 저하된다.

해설) 근육의 강도는 50세가 되면 25세 때의 절반 정도 수준으로 감소하며, 운동의 정확성 및 조정 능력은 60세 이후에 감소한다. 따라서, 50대 이후에는 운전 시 핸들조작이나 변속기어 조작에 어려움이 발생한다.

19 자동차의 속도, 위치, 방위각, 가속도, 주행거리 및 교통사고 상황 등을 기록하는 자동차의 부속장치 중 하나인 전자식 장치는 무엇인가?

① 운행기록장치
② 블랙박스
③ 네비게이션
④ 미터기

해설) 운행기록장치는 자동차의 속도, 위치, 방위각, 가속도, 주행거리 및 교통사고 상황 등을 기록하는 자동차의 부속장치 중 하나인 전자식 장치로 여객자동차 운송사업자는 그 운행하는 차량에 운행기록장치를 장착하여야 한다.

적중 예상문제

제 03 장 | 안전운행요령

20 운행기록장치 장착의무자인 여객자동차 운송사업자는 운행기록장치에 기록된 운행기록을 얼마 동안 보관하여야 하는가?

① 1개월
② 3개월
③ 6개월
④ 12개월

해설 차량의 운행기록이 누락 혹은 훼손되지 않도록 배열순서에 맞추어 운행기록장치 또는 저장장치에 6개월 동안 보관하여야 한다.

SECTION 3 자동차요인과 안전운행

21 자동차의 물리적 현상 중 원심력에 관한 설명으로 틀린 것은?

① 원심력은 속도의 제곱에 비례하여 변한다.
② 원심력은 속도가 빠를수록, 커브가 작을수록, 또 중량이 무거울수록 커진다.
③ 커브가 예각을 이룰수록 원심력은 작아진다.
④ 커브에 진입하기 전에 속도를 줄여 원심력을 안전하게 극복할 수 있도록 하여야 한다.

해설 커브가 예각을 이룰수록 원심력이 커지므로 안전하게 회전하려면 이러한 커브에서는 일반적인 커브길에서 보다 더 감속하여야 안전한 주행이 가능하다.

22 다음 중 고속으로 주행하는 차량의 타이어 이상으로 발생하는 현상은?

① 베이퍼 록 현상
② 스탠딩 웨이브 현상
③ 페이드 현상
④ 모닝 록 현상

해설 스탠딩 웨이브 현상은 타이어의 회전속도가 빨라지면 접지부에서 받은 타이어의 변형 (주름)이 다음 접지 시점까지도 복원되지 않고 접지의 뒤쪽에 진동의 물결이 일어나는 현상을 말하며, 일반구조 승용차용 타이어는 대략 150km/h 전·후에 발생한다.

23 스탠딩 웨이브(Standing Wave) 현상을 예방하기 위한 방법으로 올바른 것은?

① 속도와 공기압을 모두 높인다.
② 속도를 낮추고, 공기압을 높인다.
③ 속도를 높이고, 공기압을 낮춘다.
④ 속도와 공기압을 모두 낮춘다.

해설 **스탠딩 웨이브 현상의 예방**
• 주행 중인 속도를 줄인다.
• 타이어 공기압은 평소보다 높인다.
• 과다 마모된 타이어나 재생 타이어를 사용하지 않는다.

24 수막현상을 예방하기 위한 조치로 틀린 것은?

① 고속으로 주행하지 않는다.
② 과다 마모된 타이어를 사용하지 않는다.
③ 배수효과가 좋은 타이어 패턴을 사용한다.
④ 공기압을 평소보다 낮춘다.

해설 **수막현상의 예방**
• 고속으로 주행하지 않는다.
• 과다 마모된 타이어를 사용하지 않는다.
• 타이어 공기압을 평소보다 조금 높게 한다.
• 배수효과가 좋은 타이어 패턴(리브형 타이어)을 사용한다.

---

25 비가 자주 오거나 습도가 높은 날 또는 장기간 주차한 후 브레이크 드럼에 미세한 녹이 발생하는 현상은?

① 모닝 록(Morning lock) 현상
② 페이드(Fade) 현상
③ 베이퍼 록(Vapour lock) 현상
④ 수막 현상(Hydroplaning)

해설 • 페이드 현상 : 내리막길을 내려갈 때 브레이크를 반복하여 사용하면 마찰열이 라이닝에 축적되어 브레이크의 제동력이 저하되는 현상
• 베이퍼 록 현상 : 풋 브레이크 과다 사용으로 인한 마찰열 때문에 브레이크 액에 기포가 생겨 제동이 되지 않는 현상
• 수막 현상 : 자동차가 물이 고인 노면을 고속으로 주행할 때 타이어의 트레드 홈 사이에 있는 물을 헤치는 기능이 감소되어 노면 접지력을 상실하게 되는 현상

26 내륜차와 외륜차에 대한 설명이다. 잘못된 것은?

① 핸들을 조작했을 때 앞바퀴의 안쪽과 뒷바퀴의 안쪽과의 차이를 내륜차라 한다.
② 자동차가 전진할 경우에는 내륜차에 의한 교통사고의 위험이 있다.
③ 자동차가 후진할 경우에는 외륜차에 의한 교통사고의 위험이 있다.
④ 소형 자동차일수록 내륜차와 외륜차는 크다.

해설 핸들을 조작했을 때 앞바퀴의 안쪽과의 차이를 내륜차(內輪差)라 하고 바깥 바퀴의 차이를 외륜차(外輪差)라고 하며, 대형차일수록 이 차이는 크게 발생한다.

27 내륜차에 의한 사고 위험과 가장 거리가 먼 것은?

① 전진주차를 위해 주차공간으로 진입 도중 차의 뒷부분이 주차되어 있는 차와 충돌할 수 있다.
② 커브길에서 원활한 회전을 위해 확보한 공간으로 끼어든 이륜차나 소형 승용차를 발견하지 못해 충돌사고가 발생할 수 있다.
③ 버스가 1차로에서 좌회전하는 도중에 차의 뒷부분이 2차로에서 주행 중이던 승용차와 충돌할 수 있다.
④ 차량이 보도 위에 서 있는 보행자를 차의 뒷부분으로 스치고 지나가거나, 보행자의 발등을 뒷바퀴가 타고 넘어갈 수 있다.

해설 **외륜차에 의한 사고 위험**
• 후진주차를 위해 주차공간으로 진입 도중 차의 앞부분이 다른 차량이나 물체와 충돌할 수 있다.
• 버스가 1차로에서 좌회전하는 도중에 차의 뒷부분이 2차로에서 주행 중이던 승용차와 충돌할 수 있다.

28 정지거리에 대한 설명으로 맞는 것은?

① 운전자가 브레이크 페달을 밟은 후 최종적으로 정지한 거리
② 앞차가 급정지 시 앞차와의 추돌을 피할 수 있는 거리
③ 운전자가 위험을 발견하고 브레이크 페달을 밟아 실제로 차량이 정지하기까지 진행한 거리
④ 운전자가 위험을 감지하고 브레이크 페달을 밟아 브레이크가 실제로 작동하기 전까지의 거리

해설 ① 제동거리, ② 안전거리, ③ 정지거리, ④ 공주거리

정답 **20** ③ **21** ③ **22** ② **23** ② **24** ④

버스운전 자격시험 총정리문제집

정답 **25** ① **26** ④ **27** ③ **28** ③

29 운전자가 자동차를 정지시켜야 할 상황임을 인지하고, 브레이크로 발을 옮겨 브레이크가 작동을 시작하기 전까지 이동한 거리는?

① 제동거리 ② 공주거리
③ 정지거리 ④ 방어거리

해설 제동거리와 정지거리
- 제동거리 : 운전자가 브레이크에 발을 올려 브레이크가 막 작동을 시작하는 순간부터 자동차가 완전히 정지할 때까지 이동한 거리를 말한다.
- 정지거리 : 운전자가 위험을 인지하고 자동차를 정지시키려고 시작하는 시작부터 자동차가 완전히 정지할 때까지 이동한 거리를 말한다.

30 공주거리에 대한 설명으로 맞는 것은?

① 술에 취한 상태로 운전하게 되면 공주거리가 길어 진다.
② 빗길을 주행하는 경우에는 정지거리가 공주거리보다 짧아진다.
③ 교통사고를 피하기 위해서는 공주거리만큼은 유지해야 한다.
④ 위험을 느끼고 브레이크 페달을 밟은 후 차량이 완전히 정지한 거리가 공주거리다.

해설 운전자가 피로하거나 술을 마신 상태로 운전하게 되면 공주거리가 길어진다.

SECTION 4 도로요인과 안전운행

31 양방향 2차로 앞지르기 금지구간에서 자동차의 원활한 소통을 도모하고, 도로 안전성을 제고하기 위해 길어깨 쪽으로 설치하는 저속 자동차의 주행차로는?

① 가변차로 ② 변속차로
③ 앞지르기차로 ④ 양보차로

해설
- 가변차로 : 방향별 교통량이 특정 시간대에 현저하게 차이가 발생하는 도로에서 교통량이 많은 쪽으로 차로수가 확대될 수 있도록 신호기에 의하여 차로의 진행방향을 지시하는 차로
- 변속차로 : 고속 주행하는 자동차가 감속하여 다른 도로로 유입할 경우 또는 저속의 자동차가 고속주행하고 있는 자동차들 사이로 유입할 경우에 본선의 다른 고속 자동차의 주행을 방해하지 않고 안전하게 감속 또는 가속하도록 설치하는 차로
- 앞지르기차로 : 저속 자동차로 인한 뒤차의 속도감소를 방지하고, 반대차로를 이용한 앞지르기가 불가능할 경우 원활한 소통을 위해 도로 중앙 측에 설치하는 고속 자동차의 주행차로

32 오르막구간에서 저속자동차와의 안전사고를 예방하기 위하여 저속 자동차와 다른 자동차를 분리하여 통행시키기 위해 설치하는 차로는?

① 가속차로 ② 오르막차로
③ 감속차로 ④ 양보차로

해설
- 오르막차로 : 오르막구간에서 저속자동차와의 안전사고를 예방하기 위하여 저속 자동차와 다른 자동차를 분리하여 통행시키기 위해 설치하는 차로
- 변속차로 : 고속 주행하는 자동차가 감속하여 다른 도로로 유입할 경우 또는 저속의 자동차가 고속주행하고 있는 자동차들 사이로 유입할 경우에 본선의 다른 고속 자동차의 주행을 방해하지 않고 안전하게 감속(감속차로) 또는 가속(가속차로)하도록 설치하는 차로

33 차로 수란 양방향 차로의 수를 합한 것을 말하는데 다음 중 차로 수에 포함되는 것은?

① 오르막차로 ② 회전차로
③ 앞지르기차로 ④ 변속차로

해설 차로 수는 양방향 차로 수를 합한 것을 말하며 오르막차로, 회전차로, 변속차로 및 양보차로는 제외한다.

34 다음 중 교통섬을 설치하는 목적으로 맞지 않는 것은?

① 도로 교통의 흐름을 안전하게 유도하기 위해
② 보행자가 도로를 횡단할 때 대피섬 제공 위해
③ 자동차가 진행해야 할 경로를 명확히 알려 주기 위해
④ 신호등, 도로표지, 안전표지, 조명 등 노상시설의 설치장소 제공 위해

해설 교통섬이란 보행자의 안전한 횡단을 위한 대피섬과 자동차의 교통을 유도하는 분리대를 총칭하여 말하는 것으로 다음과 같은 목적으로 설치한다.
- 도로교통의 흐름을 안전하게 유도
- 보행자가 도로를 횡단할 때 대피섬 제공
- 신호등, 도로표지, 안전표지, 조명 등 노상시설의 설치장소 제공

35 곡선부 등에서 차량의 이탈사고를 방지하기 위해 설치한 방호울타리의 기능이 아닌 것은?

① 자동차의 차도 이탈 방지하는 것
② 탑승자의 상해 및 자동차의 파손을 없애는 것
③ 운전자의 시선을 유도하는 것
④ 자동차를 정상적인 진행방향으로 복귀시키는 것

해설 방호울타리의 주요기능
- 자동차의 차도 이탈을 방지하는 것
- 탑승자의 상해 및 자동차의 파손을 감소시키는 것
- 자동차를 정상적인 진행방향으로 복귀시키는 것
- 운전자의 시선을 유도하는 것

36 차로와 교통사고의 관계를 설명한 것 중 맞는 것은?

① 차로 폭이 과다하게 넓으면 교통사고가 감소한다.
② 차로를 구분하기 위한 차선 설치는 교통사고 발생빈도를 증가시킨다.
③ 차로와 교통사고 빈도수는 상관관계가 없다.
④ 일반적으로 횡단면의 차로 폭이 넓을수록 운전자의 안정감이 증진되어 교통사고 예방효과가 있다

해설
- 차로 폭이 과다하게 넓으면 운전자의 경각심이 사라져 과속 주행하게 되어 교통사고가 발생할 수 있다.
- 차로를 구분하기 위한 차선을 설치한 경우 설치하지 않은 경우보다 교통사고 발생률이 낮다.
- 차로와 교통사고 빈도수는 상관관계가 있다.

37 중앙분리대로 설치되는 방호울타리의 기능으로 가장 거리가 먼 것은?

① 차량 횡단 방지
② 차량 속도 감속
③ 도로 이탈 방지
④ 차량 사고 방지

해설 중앙분리대는 대향하는 차량 간의 정면충돌을 방지하기 위하여 도로면보다 높게 콘크리트 방호벽 또는 방호울타리를 설치하는 것을 말한다. 이러한 중앙분리대로 설치되는 방호울타리는 사고를 방지한다기보다는 사고의 유형을 변환시켜주기 때문에 효과적(정면충돌사고를 차량단독사고로 변환)이다.

38 도로를 보호하고 비상시에 이용하기 위하여 차도와 연결하여 설치하는 도로의 부분은?

① 교통섬 ② 길어깨
③ 측대   ④ 분리대

해설 길어깨는 도로를 보호하고 비상시에 이용하기 위하여 차도와 연결하여 설치하는 도로의 부분으로 갓길이라고도 한다.

적중 예상문제

제 03 장 ㅣ 안전운행요령

39 갓길에 대한 설명으로 틀린 것은?

① 고장차가 대피할 수 있는 공간을 제공하여 교통 혼잡을 방지하는 역할을 한다.
② 도로 측방의 여유 폭은 교통의 안전성과 쾌적성을 확보할 수 있다.
③ 곡선도로의 시거가 감소하여 교통의 안전성이 저하되는 단점이 있다.
④ 일반적으로 길어깨 폭이 넓은 곳은 길어깨 폭이 좁은 곳보다 교통사고가 감소한다.

> **해설** 갓길(길어깨)가 있는 경우 곡선도로의 시거가 증가하여 교통의 안전성이 확보된다.

40 회전교차로와 로터리(교통서클)의 차이점이 아닌 것은?

① 회전교차로는 진입자동차가 양보하고, 로터리는 회전자동차가 양보한다.
② 회전교차로에는 저속 진입하고, 로터리에는 고속 진입한다.
③ 교통섬은 회전교차로에 필수 설치, 로터리에는 선택설치가 가능하다.
④ 회전교차로는 고속으로 회전차로 운행이 가능하다.

> **해설** 회전부와 관련하여 회전교차로는 고속으로 회전차로 운행이 불가능하고, 로터리에서는 고속으로 회전차로 운행이 가능하다.

41 다음 중 자동차 과속방지시설 설치가 꼭 필요한 곳은?

① 자동차 통행속도를 60km/h 이하로 제한할 필요가 있다고 인정된 구간
② 학교·어린이놀이터 등 자동차속도를 저속으로 규제할 필요가 있는 구간
③ 교량과 터널구간
④ 오르막·내리막구간

> **해설** 과속방지시설은 도로구간에서 낮은 주행속도가 요구되는 일정지역에서 통행 자동차의 과속 주행을 방지하기 위해 설치되는 시설이다.

42 야간 및 악천후에 운전자의 시선을 명확히 유도하기 위해 도로 표면에 설치하는 시설물은?

① 시선유도표지
② 갈매기표지
③ 표지병
④ 시선유도병

> **해설** **주요 시선유도시설**
> • 시선유도표지 : 직선 및 곡선 구간에서 운전자에게 전방의 도로조건이 변화되는 상황을 반사체를 사용하여 안내해 줌으로써 안전하고 원활한 차량주행을 유도하는 시설물
> • 갈매기표지 : 급한 곡선 도로에서 운전자의 시선을 명확히 유도하기 위해 곡선 정도에 따라 갈매기표지를 사용하여 운전자의 원활한 차량주행을 유도하는 시설물
> • 표지병 : 야간 및 악천후에 운전자의 시선을 명확히 유도하기 위해 도로 표면에 설치하는 시설물
> • 시인성 증진 안전시설 : 장애물 표적표지, 구조물 도색 및 빗금표지, 시선유도봉

43 졸음운전 또는 운전자 부주의로 인한 차로 이탈을 방지하기 위해 사용되는 안전시설은?

① 미끄럼방지시설
② 노면요철포장
③ 긴급제동시설
④ 조명시설

> **해설** 노면요철포장은 졸음운전 또는 운전자의 부주의로 인해 차로를 이탈하는 것을 방지하기 위해 노면에 인위적인 요철을 만들어 자동차가 통과할 때 타이어에서 발생하는 마찰음과 차체의 진동을 통해 운전자의 주의를 환기시켜 자동차가 원래의 차로로 복귀하도록 유도하는 시설이다.

44 버스정류시설 중 버스승객의 승·하차를 위하여 본선의 오른쪽 차로를 그대로 이용하는 공간을 말하는 것은?

① 버스정류소
② 버스정류장
③ 간이버스정류장
④ 도로구간 내 정류장

> **해설** **버스정류시설의 종류**
> • 버스정류장(Bus bay) : 버스승객의 승·하차를 위하여 본선 차로에서 분리하여 설치된 띠 모양의 공간
> • 버스정류소(Bus stop) : 버스승객의 승·하차를 위하여 본선의 오른쪽 차로를 그대로 이용하는 공간
> • 간이버스정류장 : 버스승객의 승·하차를 위하여 본선 차로에서 분리하여 최소한의 목적을 달성하기 위하여 설치하는 공간

45 짧은 시간 내에 차의 점검 및 운전자의 피로회복을 위한 휴게시설은?

① 일반휴게소
② 간이휴게소
③ 화물차 전용휴게소
④ 쉼터휴게소

> **해설** **규모에 따른 휴게시설의 종류**
> • 일반휴게소 : 사람과 자동차가 필요로 하는 서비스를 제공할 수 있는 시설로 주차장, 녹지공간, 화장실, 급유소, 식당, 매점 등으로 구성
> • 간이휴게소 : 짧은 시간 내에 차의 점검 및 운전자의 피로회복을 위한 시설로 주차장, 녹지공간, 화장실 등으로 구성
> • 화물차 전용휴게소 : 화물차 운전자를 위한 전용 휴게소로 이용자 특성을 고려한 시설로 식당, 숙박시설, 샤워실, 편의점 등으로 구성
> • 쉼터휴게소(소규모 휴게소) : 운전자의 생리적 욕구만 해소하기 위한 시설로 최소한의 주차장, 화장실과 최소한의 휴식공간으로 구성

SECTION 5 안전운전의 기술

46 안전운전을 하는데 필수적인 4요소의 순서가 맞는 것은?

① 예측 → 실행과정 → 판단 → 확인
② 예측 → 확인 → 실행과정 → 판단
③ 확인 → 예측 → 판단 → 실행과정
④ 실행과정 → 판단 → 확인 → 예측

> **해설** 운전의 위험을 다루는 효율적인 정보처리 방법의 하나는 소위 확인 → 예측 → 판단 → 실행과정을 따르는 것이다.

47 운전 습관 중 시야 고정이 많은 운전자의 특성이 아닌 것은?

① 위험에 대응하기 위해 경적이나 전조등을 자주 사용한다.
② 더러운 창이나 안개에 개의치 않는다.
③ 정지선 등에서 정지 후, 다시 출발할 때 좌우를 확인하지 않는다.
④ 회전하기 전에 뒤를 확인하지 않는다.

> **해설** 시야 고정이 많은 운전자의 경우 위험에 대응하기 위해 경적이나 전조등을 좀처럼 사용하지 않으며, 자기 차를 앞지르려는 차량의 접근 사실을 미리 확인하지 못한다.

정답 39 ③ 40 ④ 41 ② 42 ③ 43 ②

버스운전 자격시험 총정리문제집

정답 44 ① 45 ② 46 ③ 47 ①

48 타인의 부정확한 행동과 악천후 등에 관계없이 사고를 미연에 방지하는 운전을 무엇이라 하는가?

① 안전운전 ② 방어운전
③ 회피운전 ④ 경제운전

해설
- 방어운전 : 타인의 부정확한 행동과 악천후 등에 관계없이 사고를 미연에 방지하는 운전
- 안전운전 : 자동차를 그 본래의 목적에 따라 운행함에 있어서 운전자 자신이 위험한 운전을 하거나 교통사고를 유발하지 않도록 주의하여 운전하는 것

49 가장 흔한 사고 형태인 후미추돌사고를 회피하는 방어운전요령으로 틀린 것은?

① 전방 가까운 곳을 보고 운전한다.
② 앞차에 대한 주의를 늦추지 않는다.
③ 충분한 거리를 유지한다.
④ 상대보다 거리를 유지한다.

해설 상황을 멀리까지 살펴본다. 앞차 너머의 상황을 살핌으로서 앞차 운전자를 갑자기 행동하게 만드는 상황과 그로 인해 자신이 위험받게 되는 상황을 파악한다.

50 방어운전 방법 중 시간을 효율적으로 다루는 몇 가지 기본원칙으로 틀린 것은?

① 안전한 주행경로 선택을 위해 주행 중 20~30초 전방을 탐색한다.
② 차를 정지시켜야 할 때 필요한 시간과 거리는 속도의 제곱에 반비례한다.
③ 위험 수준을 높일 수 있는 장애물이나 조건을 12~15초 전방까지 확인한다.
④ 자신의 차와 앞차 간에 최소한 2~3초의 추종거리를 유지한다.

해설 정지시간과 거리는 속도의 제곱에 비례한다.

51 시가지도로 운전 중 안전운전을 위해 고려해야 할 3가지 요인으로 볼 수 없는 것은?

① 시인성 ② 시간
③ 공간   ④ 주차

해설 시가지도로 방어운전을 하기 위해서는 이러한 시가지도로의 특성이 운전에 영향을 미치는 요인을 이해할 필요가 있으며, 그에 대처하여 시인성, 시간과 공간을 적절히 관리할 필요가 있다.

52 교차로 황색신호에서의 방어운전 요령으로 볼 수 없는 것은?

① 황색신호일 때에는 멈출 수 있도록 감속하여 접근한다.
② 황색신호일 때 모든 차는 정지선 바로 앞에 정지하여야 한다.
③ 이미 교차로 안으로 진입하여 있을 때 황색신호로 변경된 경우에는 바로 그 자리에 정지하여 다음 녹색신호를 기다린다.
④ 교차로 부근에서는 무단 횡단하는 보행자 등 위험요인이 많으므로 돌발상황에 대비한다.

해설 교차로 안으로 진입하여 있을 때 황색신호로 변경된 경우에는 신속히 교차로 밖으로 빠져나간다.

53 다음 중 커브길 주행방법으로 맞는 것은?

① 커브길에 진입하기 전에 경사도나 도로의 폭을 확인하고 고단기어로 변속하고 속도를 높인다.
② 회전이 시작되는 곳에서 끝나는 곳까지 속도를 일정하게 유지한다.
③ 속도와 관계없이 풋 브레이크를 사용한다.
④ 엔진 브레이크만으로 속도가 충분히 줄지 않으면 풋 브레이크를 사용하여 회전 중에 더 이상 감속하지 않도록 줄인다.

해설 커브길에서는 감속된 속도에 맞는 기어로 변속하고, 풋 브레이크와 엔진 브레이크를 적절하게 사용하여 속도를 조절한다.

54 주행 중에 가속 페달에서 발을 떼거나 저단으로 기어를 변속하여 차량의 속도를 줄이는 운전방법은?

① 기어 중립
② 풋 브레이크
③ 주차 브레이크
④ 엔진 브레이크

해설 자동차의 감속방법은 크게 풋 브레이크, 주차 브레이크, 엔진 브레이크를 이용한다. 이 중 엔진 브레이크는 주행 중에 가속 페달에서 발을 떼거나 저단으로 기어를 변속하여 차량의 속도를 줄이는 운전방법으로 내리막길이나 노면이 얼거나 눈길에서 감속시 유용하다.

55 오르막길에서의 안전운전 및 방어운전 요령으로 틀린 것은?

① 오르막길에서 부득이하게 앞지르기 할 때에는 힘과 가속이 좋은 고단기어를 사용하는 것이 안전하다.
② 정차할 때에는 앞차가 뒤로 밀려 충돌할 가능성이 있으므로 충분한 차간 거리를 유지한다.
③ 정차해 있을 때에는 가급적 풋 브레이크와 핸드 브레이크를 동시에 사용한다.
④ 오르막길의 정상 부근은 시야가 제한되는 사각지대로, 반대 차로의 차량이 앞에 다가올 때까지는 보이지 않을 수 있으므로 서행하며 위험에 대비한다.

해설 오르막길 앞지르기 할 때에는 힘과 가속이 좋은 저단기어를 사용한다.

56 철길건널목에서의 방어운전 요령으로 틀린 것은?

① 철길건널목에 접근할 때에는 속도를 줄여 접근한다.
② 건널목을 통과할 때에는 기어를 변속하여 빠르게 통과한다.
③ 일시정지 후에는 철도 좌·우의 안전을 확보한다.
④ 건널목 건너편 여유 공간을 확인한 후에 통과한다.

해설 시동이 꺼지지 않도록 가속 페달을 조금 힘주어 밟아 통과하도록 한다. 또한, 건널목에서는 기어를 변속하지 않는다.

57 고속도로 진입부에서의 안전운전 요령으로 잘못된 것은?

① 본선 진입의도를 다른 차량에게 방향지시등으로 알린다.
② 본선 진입 전 충분히 감속하여 천천히 진입한다.
③ 진입을 위한 가속차로 끝부분에서 감속하지 않도록 주의한다.
④ 고속도로 본선을 저속으로 진입하거나 진입시기를 잘못 맞추면 추돌사고 등 교통사고가 발생할 수 있다.

해설 고속도로 본선 진입 전에 충분히 가속하여 본선 차량의 교통흐름을 방해하지 않도록 한다.

적중 예상문제

제 03 장 | 안전운행요령

58 야간 운전 시 안전운전 방법으로 잘못된 것은?

① 해가 지기 시작하면 곧바로 전조등을 켜 다른 운전자들에게 자신을 알린다.
② 주간보다 시야가 제한되므로 속도를 줄여 운행한다.
③ 흑색 등 어두운 색의 옷차림을 한 보행자는 발견하기 곤란하므로 보행자의 확인에 더욱 세심한 주의를 기울인다.
④ 승합자동차는 야간에 운행할 때에 실내조명등를 켜고 운행하면 안 된다.

> **해설** 승합자동차는 야간 운행 시 실내조명등를 켜고 운행한다.

59 여러 가지 외적조건에 따라 운전방식을 맞추어하는 경제운전의 효과가 아닌 것은?

① 차량관리비용, 고장수리 비용, 타이어 교체비용 등의 감소 효과
② 운전자 및 승객의 스트레스는 증가
③ 고장수리 작업 및 유지관리 작업 등의 시간 손실 감소효과
④ 공해배출 등 환경문제의 감소효과

> **해설** 경제운전의 효과는 교통안전 증진 효과와 운전자와 승객의 스트레스는 감소한다.

60 다음 커브길에서의 핸들조작 통과방법으로 옳은 것은?

① 슬로우 인 – 패스트 아웃
② 패스트 인 – 슬로우 아웃
③ 슬로우 인 – 슬로우 아웃
④ 패스트 인 – 패스트 아웃

> **해설** 커브길에서의 핸들조작은 슬로우 인 – 패스트-아웃(Slow-in, Fast-out) 원리에 입각하여 커브 진입직전에 핸들조작이 자유로울 정도로 속도를 감속하여야 한다.

61 다음 중 방어운전 개념과 거리가 먼 것은?

① 자기 자신이 사고의 원인을 만들지 않는 운전
② 자기 자신이 사고에 말려들어 가지 않게 하는 운전
③ 타인의 사고를 유발시키지 않는 운전
④ 사고 발생 시 신속하게 대처할 수 있도록 하는 운전

> **해설** 방어운전은 교통사고를 유발하지 않도록 사전에 주의하여 운전하는 것으로 사고 발생 시 대처와는 거리가 멀다.

62 친환경 경제운전 방법으로 가장 적절한 것은?

① 가능한 빨리 가속한다.
② 내리막길에서는 시동을 끄고 내려온다.
③ 타이어 공기압을 낮춘다.
④ 급가속 및 급감속은 되도록 피한다.

> **해설** **경제운전의 기본적인 방법**
> • 가속 및 감속을 부드럽게 한다.
> • 불필요한 공회전을 피한다.
> • 급회전을 피한다. 차가 전방으로 나가려는 운동에너지를 최대한 활용해서 부드럽게 회전한다.
> • 일정한 차량속도를 유지한다.

63 친환경 경제운전 중 관성 주행(fuel cut) 방법이 아닌 것은?

① 교차로 진입 전 미리 가속 페달에서 발을 떼고 엔진 브레이크를 활용한다.
② 평지에서는 속도를 줄이지 않고 계속해서 가속 페달을 밟는다.
③ 내리막길에서는 엔진브레이크를 적절히 활용한다.
④ 오르막길 진입 전에는 가속하여 관성을 이용한다.

> **해설** 연료 공급 차단 기능(fuel cut)을 적극적으로 활용하는 관성 운전(일정한 속도 유지 때 가속 페달을 밟지 않는 것을 말함)을 생활화한다.

64 봄철 차량 안전운행 및 교통사고 예방방법으로 볼 수 없는 것은?

① 춘곤증이 발생하는 봄철 안전운전을 위해서 과로한 운전을 하지 않도록 건강관리에 유의한다.
② 포근하고 화창한 기후 조건은 보행자나 운전자의 집중력을 향상시킨다.
③ 본격적인 행락철을 맞이하여 교통수요가 많아지고 통행량이 증가한다.
④ 운행 중에는 주변 환경 변화를 인지하여 위험이 발생하지 않도록 방어운전 한다.

> **해설** 신학기를 맞아 학생들의 보행인구가 늘어나고, 행락객의 교통수요도 많아져 보행자나 운전자의 집중력을 떨어뜨린다.

65 고속도로 교통사고의 특성으로 틀린 것은?

① 일반도로에 비교하여 상대적으로 치사율은 낮은 편이다.
② 운전자 전방주시 태만과 졸음운전으로 인한 2차 사고 발생 가능성이 높다.
③ 영업용 차량 운전자의 장거리운행으로 인한 과로로 졸음운전이 발생할 가능성이 매우 높다.
④ 화물차의 적재불량 과적은 도로상에 낙하물을 발생시키고 교통사고의 원인이 되고 있다.

> **해설** 고속도로는 빠르게 달리는 도로의 특성상 다른 도로에 비해 치사율이 높다.

66 교통사고 발생 시 현장에서 운전자가 취해야 할 순서로 맞는 것은?

① 현장 증거 확보 → 경찰서 신고 → 사상자 구호
② 경찰서 신고 → 사상자 구호 → 현장 증거 확보
③ 즉시 정차 → 사상자 구호 → 경찰서 신고
④ 즉시 정차 → 경찰서 신고 → 사상자 구호

> **해설** 사고가 발생하면 바로 정차하여 사상자가 발생하였는지 여부를 확인한 후 경찰관서에 신고하는 등의 조치를 해야 한다.

67 터널 안 주행 중 자동차 사고로 인한 화재 목격 시 가장 바람직한 대응 방법은?

① 차량 통행이 가능하더라도 차를 세우는 것이 안전하다.
② 차량 통행이 불가능할 경우 차를 세운 후 자동차 안에서 화재 진압을 기다린다.
③ 차량 통행이 불가능할 경우 차를 세운 후 자동차 열쇠를 챙겨 대피한다.
④ 연기가 많이 나면 최대한 몸을 낮춰 연기나는 반대 방향으로 유도 표시등을 따라 이동한다.

> **해설** 터널 안을 통행 중 화재 목격 시 시야가 확보되지 않고 통행이 불가능할 경우 비상 주차대나 갓길에 차를 정차한다. 엔진 시동은 끄고, 열쇠는 그대로 꽂아둔 채 차에서 내린다. 휴대전화나 터널 안 긴급전화로 119 등에 신고하고 부상자가 있으면 살핀다. 연기가 많이 나면 최대한 몸을 낮춰 연기나는 반대 방향으로 터널 내 유도 표시등을 따라 이동한다.

정답 58 ④ 59 ② 60 ① 61 ④ 62 ④

정답 63 ② 64 ② 65 ① 66 ③ 67 ④

CHAPTER

04

운송서비스

SECTION

01 여객운수종사자의 기본자세

01 서비스의 개념과 특징

(1) 서비스의 개념

① **여객운송업에 있어 서비스**

㉮ 서비스란 승객의 이익을 도모하기 위해 행동하는 정신적·육체적 노동을 말한다.

㉯ 서비스도 하나의 상품으로 서비스 품질에 대한 승객만족을 위해 계속적으로 승객에게 제공하는 모든 활동을 의미한다.

㉰ 여객운송서비스는 버스를 이용하여 승객을 출발지에서 최종목적지까지 이동시키는 상업적 행위를 말하며, 버스를 이용하여 승객을 대상으로 승객이 원하는 구간이동 서비스를 제공하는 행위 그 자체를 의미한다.

② **올바른 서비스 제공을 위한 5요소**

㉮ 단정한 용모 및 복장

㉯ 밝은 표정

㉰ 공손한 인사

㉱ 친근한 말

㉲ 따뜻한 응대

(2) 서비스의 특징

형태	내용
무형성	• 보이지 않는다. • 서비스는 형태가 없는 무형의 상품으로서 제품과 같이 객관적으로 누구나 볼 수 있는 형태로 제시되지도 않으며 측정하기도 어렵지만 누구나 느낄 수는 있다. • 운송서비스 수준은 버스의 운행횟수, 운행시간, 차종, 목적지 도착시간 등에 영향을 받을 수 있다.
동시성	• 생산과 소비가 동시에 발생하므로 재고가 발생하지 않는다. • 서비스는 공급자에 의하여 제공됨과 동시에 고객에 의하여 소비되는 성격을 갖는다. 따라서, 재고가 없고 불량서비스가 나와도 다른 제품처럼 반품할 수도 없으며, 고치거나 수리할 수도 없다.
인적 의존성	• 사람에 의존한다. • 서비스는 사람에 의하여 생산되어 고객에게 제공되기 때문에 똑같은 서비스라 하더라도 그것을 행하는 사람에 따라 품질의 차이가 발생하기 쉽다.
소멸성	• 즉시 사라진다. • 서비스는 오래도록 남아있는 것이 아니고 제공한 즉시 사라져 남지 않는다. 또한, 서비스의 무형성, 동시성 등으로 제공된 서비스에 대한 품질 수준을 측정하기 어렵다.
무소유권	• 가질 수 없다. • 서비스는 누릴 수는 있으나 소유할 수는 없다. • 승객이 승차요금 또는 사용요금으로 지급하고 목적지 도착 또는 사용종료가 되었을 때, 구매 대가로 지급받은 유형재는 존재하지 않는다.
변동성	• 운송서비스의 소비활동은 버스 실내의 공간적 제약요인으로 인해 상황의 발생 정도에 따라 시간, 요일 및 계절별로 변동성을 가질 수 있다.
다양성	• 승객 욕구의 다양함과 감정의 변화, 서비스 제공자에 따라 상대적이며, 승객의 평가 역시 주관적이어서 일관되고 표준화된 서비스 질을 유지하기 어렵다.

02 승객만족

(1) 승객만족의 개념 및 중요성

① 승객만족이란 승객이 무엇을 원하고 있으며 무엇이 불만인지 알아내어 승객의 기대에 부응하는 양질의 서비스를 제공함으로써 승객으로 하여금 만족감을 느끼게 하는 것이다.

② 승객을 만족시키기 위한 추진력과 분위기 조성은 경영자의 몫이라 할 수 있으나, 실제로 승객을 상대하고 승객을 만족시켜야 할 사람은 승객과 직접 접촉하는 최일선의 운전자이다.

③ 100명의 운수종사자 중 99명의 운수종사자가 바람직한 서비스를 제공하더라도 승객이 접해본 단 한 명이 불만족스러웠다면 승객은 그 한 명을 통해 회사 전체를 평가하게 된다.

친절이 중요한 이유

(2) 일반적인 승객의 욕구

① 기억되고 싶어한다.

② 환영받고 싶어한다.

③ 관심을 받고 싶어한다.

④ 중요한 사람으로 인식되고 싶어한다.

⑤ 편안해지고 싶어한다.

⑥ 존경받고 싶어한다.

⑦ 기대와 욕구를 수용하고 인정받고 싶어한다.

03 승객을 위한 행동예절

(1) 이미지(Image) 관리
① 이미지란 개인의 사고방식이나 생김새, 성격, 태도 등에 대해 상대방이 받아들이는 느낌을 말한다.
② 개인의 이미지는 본인에 의해 결정되는 것이 아니라 상대방이 보고 느낀 것에 의해 결정된다.
③ 긍정적인 이미지를 만들기 위한 3요소
  ㉮ 시선처리(눈빛)
  ㉯ 음성관리(목소리)
  ㉰ 표정관리(미소)

(2) 인사
① 인사의 중요성
  ㉮ 인사는 평범하고도 대단히 쉬운 행동이지만 생활화되지 않으면 실천에 옮기기 어렵다.
  ㉯ 인사는 애사심, 존경심, 우애, 자신의 교양 및 인격의 표현이다.
  ㉰ 인사는 서비스의 주요 기법 중 하나이다.
  ㉱ 인사는 승객과 만나는 첫걸음이다.
  ㉲ 인사는 승객에 대한 마음가짐의 표현이다.
  ㉳ 인사는 승객에 대한 서비스 정신의 표시이다.
② 올바른 인사
  ㉮ 표정 : 밝고 부드러운 미소를 짓는다.
  ㉯ 고개 : 반듯하게 들되, 턱을 내밀지 않고 자연스럽게 당긴다.
  ㉰ 시선 : 인사 전·후에 상대방의 눈을 정면으로 바라보며, 상대방을 진심으로 존중하는 마음을 눈빛에 담아 인사한다.
  ㉱ 머리와 상체 : 일직선이 되도록 하며 천천히 숙인다(가벼운 인사 : 15°, 보통 인사 : 30°, 정중한 인사 : 45°).
  ㉲ 입 : 미소를 짓는다.
  ㉳ 손 : 남자는 가볍게 쥔 주먹을 바지 재봉선에 자연스럽게 붙이고, 주머니에 넣고 하는 일이 없도록 한다.
  ㉴ 발 : 뒤꿈치를 붙이되, 양발의 각도는 여자 15°, 남자는 30°정도를 유지한다.
  ㉵ 음성 : 적당한 크기와 속도로 자연스럽게 말한다.
  ㉶ 인사 : 본 사람이 먼저 하는 것이 좋으며, 상대방이 먼저 인사한 경우에는 응대한다.

(3) 호감받는 표정관리
① 표정의 중요성
  ㉮ 표정은 첫인상을 좋게 만든다.
  ㉯ 첫인상은 대면 직후 결정되는 경우가 많다.
  ㉰ 상대방에 대한 호감도를 나타낸다.
  ㉱ 상대방과의 원활하고 친근한 관계를 만들어 준다.
  ㉲ 업무 효과를 높일 수 있다.
  ㉳ 밝은 표정은 호감 가는 이미지를 형성하여 사회생활에 도움을 준다.
  ㉴ 밝은 표정과 미소는 신체와 정신 건강을 향상시킨다.

② 시선처리
  ㉮ 자연스럽고 부드러운 시선으로 상대를 본다.
  ㉯ 눈동자는 항상 중앙에 위치하도록 한다.
  ㉰ 가급적 승객의 눈높이와 맞춘다.

(4) 악수
① 악수는 상대방과의 신체접촉을 통한 친밀감을 표현하는 행위로 바른 동작이 필요하다.
② 악수를 할 경우에는 상사가 아랫사람에게 먼저 손을 내민다.
③ 상사가 악수를 청할 경우 아랫사람은 먼저 가볍게 목례를 한 후 오른손을 내민다.
④ 악수하는 손을 흔들거나, 손을 꽉 잡거나, 손끝만 잡는 것은 좋은 태도가 아니다.
⑤ 악수하는 도중 상대방의 시선을 피하거나 다른 곳을 응시해서는 안 된다.
⑥ 악수를 청하는 사람과 받는 사람
  ㉮ 기혼자가 미혼자에게 청한다.
  ㉯ 선배가 후배에게 청한다.
  ㉰ 여자가 남자에게 청한다.
  ㉱ 승객이 직원에게 청한다.

(5) 용모 및 복장
① 단정한 용모와 복장의 중요성
  ㉮ 승객이 받는 첫인상을 결정한다.
  ㉯ 회사의 이미지를 좌우하는 요인을 제공한다.
  ㉰ 하는 일의 성과에 영향을 미친다.
  ㉱ 활기찬 직장 분위기 조성에 영향을 준다.
② 근무복에 대한 공·사적인 입장
  ㉮ 공적인 입장(운수업체 입장)
    ㉠ 시각적인 안정감과 편안함을 승객에게 전달할 수 있다.
    ㉡ 종사자의 소속감 및 애사심 등 심리적인 효과를 유발시킬 수 있다.
    ㉢ 효율적이고 능동적인 업무처리에 도움을 줄 수 있다.
  ㉯ 사적인 입장(종사자 입장)
    ㉠ 사복에 대한 경제적 부담이 완화될 수 있다.
    ㉡ 승객에게 신뢰감을 줄 수 있다.

(6) 언어예절
① 대화의 4원칙
  ㉮ 밝고 적극적으로 말한다.
  ㉯ 공손하게 말한다.
  ㉰ 명료하게 말한다.
  ㉱ 품위있게 말한다.
② 승객에 대한 호칭과 지칭
  ㉮ 누군가를 부르는 말은 그 사람에 대한 예의를 반영하므로 매우 조심스럽게 써야 한다.
  ㉯ '고객'보다는 '차를 타는 손님'이라는 뜻이 담긴 '승객'이나 '손님'을 사용하는 것이 좋다.

ⓔ 할아버지, 할머니 등 나이가 드신 분들은 '어르신'으로 호칭하거나 지칭한다.
ⓕ '아줌마', '아저씨'는 상대방을 높이는 느낌이 들지 않으므로 호칭이나 지칭으로 사용하지 않는다.
ⓖ 초등학생과 미취학 어린이에게는 ○○○어린이/학생의 호칭이나 지칭을 사용하고, 중·고등학생은 ○○○승객이나 손님으로 성인에 준하여 호칭하거나 지칭한다. 잘 아는 사람이라면 이름을 불러 친근감을 줄 수 있으나 공대말을 사용하여 존중하는 느낌을 받도록 한다.

(7) 흡연 예절
① 금연해야 하는 장소(다른 사람에게 흡연의 피해를 줄 수 있는 곳)
　㉮ 버스 안
　㉯ 보행 중인 도로
　㉰ 승객대기실 또는 승강장
　㉱ 금연식당 및 공공장소
　㉲ 다른 사람에게 간접흡연의 영향을 줄 수 있는 장소
　㉳ 사무실 내
② 담배꽁초를 처리하는 경우에 주의해야 할 사항
　㉮ 담배꽁초는 반드시 재떨이에 버린다.
　㉯ 차창 밖으로 버리지 않는다.
　㉰ 화장실 변기에 버리지 않는다.
　㉱ 꽁초를 바닥에다 버리고 발로 비비지 않는다.
　㉲ 꽁초를 손가락으로 튕겨 버리지 않는다.

04 직업관

(1) 직업의 의미
① 경제적 의미
　㉮ 직업을 통해 안정된 삶을 영위해 나갈 수 있어 중요한 의미를 가진다.
　㉯ 직업은 인간 개개인에게 일할 기회를 제공한다.
　㉰ 일의 대가로 임금을 받아 본인과 가족의 경제생활을 영위한다.
　㉱ 인간이 직업을 구하려는 동기 중의 하나는 바로 노동의 대가, 즉 임금을 얻는 소득측면이 있다.
② 사회적 의미
　㉮ 직업을 통해 원만한 사회생활, 인간관계 및 봉사를 하게 되며, 자신이 맡은 역할을 수행하여 능력을 인정받는 곳이다.
　㉯ 직업을 갖는다는 것은 현대사회의 조직적이고 유기적인 분업 관계 속에서 분담된 기능의 어느 하나를 맡아 사회적 분업 단위의 지분을 수행하는 것이다.
　㉰ 사람은 누구나 직업을 통해 타인의 삶에 도움을 주기도 하고, 사회에 공헌하며 사회발전에 기여하게 된다. 따라서, 직업은 사회적으로 유용한 것이어야 하며, 사회발전 및 유지에 도움이 되어야 한다.
③ 심리적 의미
　㉮ 삶의 보람과 자기실현에 중요한 역할을 하는 곳으로 사명감과 소명의식을 갖고 정성과 정열을 쏟을 수 있는 곳이다.
　㉯ 인간은 직업을 통해 자신의 이상을 실현하며, 인간의 잠재적

능력, 타고난 소질과 적성 등이 직업을 통해 계발되고 발전된다.
　㉰ 자신이 가지고 있는 제반 욕구를 충족하고 자신의 이상이나 자아를 직업을 통해 실현함으로써 인격의 완성을 기하는 곳이다.

(2) 바람직한 직업관과 잘못된 직업관
① 바람직한 직업관
　㉮ 소명의식을 지닌 직업관
　㉯ 사회구성원으로서의 역할 지향적 직업관
　㉰ 미래 지향적 전문능력 중심의 직업관
② 잘못된 직업관
　㉮ 생계유지 수단적 직업관
　㉯ 지위 지향적 직업관
　㉰ 귀속적 직업관
　㉱ 차별적 직업관
　㉲ 폐쇄적 직업관

(3) 올바른 직업윤리
① 소명의식 : 직업에 종사하는 사람이 어떠한 일을 하든지 자신이 하는 일에 전력을 다하는 것이 하늘의 뜻에 따르는 것이라고 생각하는 것이다.
② 천직의식 : 자신이 하는 일보다 다른 사람의 직업이 수입도 많고 지위가 높더라도 자신의 직업에 긍지를 느끼며, 그 일에 열성을 가지고 성실히 임하는 직업의식을 말한다.
③ 직분의식 : 사람은 각자의 직업을 통해서 사회의 각종 기능을 수행하고, 직접 또는 간접으로 사회구성원으로서의 마땅히 해야 할 본분을 다해야 한다.
④ 봉사정신 : 현대 산업사회에서 직업 환경의 변화와 직업의식의 강화는 자신의 직무 수행과정에서 협동정신 등이 필요로 하게 되었다.
⑤ 전문의식 : 직업인은 자신의 직무를 수행하는데 필요한 전문적 지식과 기술을 갖추어야 한다.
⑥ 책임의식 : 직업에 대한 사회적 역할과 직무를 충실히 수행하고, 맡은 바 임무나 의무를 다해야 한다.

(3) 직업의 가치
① 내재적 가치
　㉮ 자신에게 있어서 직업 그 자체에 가치를 둔다.
　㉯ 자신의 능력을 최대한 발휘하길 원하며, 그로 인한 사회적인 헌신과 인간관계를 중시한다.
　㉰ 자기표현이 충분히 되어야 하고, 자신의 이상을 실현하는데 그 목적과 의미를 두는 것에 초점을 맞추려는 경향을 갖는다.
② 외재적 가치
　㉮ 자신에게 있어서 직업을 도구적인 면에 가치를 둔다.
　㉯ 삶을 유지하기 위한 경제적인 도구나 권력을 추구하고자 하는 수단을 중시하는데 의미를 두고 있다.
　㉰ 직업이 주는 사회 인식에 초점을 맞추려는 경향을 갖는다.

SECTION 02 운수종사자 준수사항 및 운전예절

01 운송사업자 준수사항

(1) 일반적인 준수사항(주요사항)

① 운송사업자는 노약자·장애인 등에 대해서는 특별한 편의를 제공해야 한다.
② 운송사업자는 여객에 대한 서비스의 향상 등을 위하여 관할관청이 필요하다고 인정하는 경우에는 운수종사자로 하여금 단정한 복장 및 모자를 착용하게 해야 한다.
③ 운송사업자는 자동차를 항상 깨끗하게 유지하여야 하며, 관할관청이 단독으로 실시하거나 관할관청과 조합이 합동으로 실시하는 청결상태 등의 검사에 대한 확인을 받아야 한다.
④ 운송사업자는 다음의 사항을 승객이 자동차 안에서 쉽게 볼 수 있는 위치에 게시하여야 한다.
  ㉮ 회사명, 자동차번호, 운전자 성명, 불편사항 연락처 및 차고지 등을 적은 표지판
  ㉯ 운행계통도(노선운송사업자인 시내버스, 농어촌버스, 마을버스, 시외버스만 해당)
⑤ 노선운송사업자는 다음의 사항을 일반인이 보기 쉬운 영업소 등의 장소에 사전에 게시해야 한다.
  ㉮ 사업자 및 영업소의 명칭
  ㉯ 운행시간표(운행횟수가 빈번한 운행계통에서는 첫차 및 마지막차의 출발시간과 운행 간격)
  ㉰ 정류소 및 목적지별 도착시간(시외버스운송사업자만 해당)
  ㉱ 사업을 휴업 또는 폐업하려는 경우 그 내용의 예고
  ㉲ 영업소를 이전하려는 경우에는 그 이전의 예고
  ㉳ 그 밖에 이용자에게 알릴 필요가 있는 사항
⑥ 운송사업자는 운수종사자로 하여금 여객을 운송할 때에는 다음의 사항을 성실하게 지키도록 하고, 이를 항상 지도·감독해야 한다.
  ㉮ 정류소에서 주차 또는 정차할 때에는 질서를 문란하게 하는 일이 없도록 할 것
  ㉯ 정비가 불량한 사업용자동차를 운행하지 않도록 할 것
  ㉰ 위험방지를 위한 운송사업자·경찰공무원 또는 도로관리청 등의 조치에 응하도록 할 것
  ㉱ 교통사고를 일으켰을 때에는 긴급조치 및 신고의 의무를 충실하게 이행하도록 할 것
  ㉲ 자동차의 차체가 헐었거나 망가진 상태로 운행하지 않도록 할 것
⑦ 시외버스운송사업자(승차권의 판매를 위탁받은 자 포함)는 운임을 받을 때는 다음의 사항을 적은 일정한 양식의 승차권을 발행해야 한다.
  ㉮ 사업자의 명칭
  ㉯ 사용구간
  ㉰ 사용기간
  ㉱ 운임액
  ㉲ 반환에 관한 사항
⑧ 시외버스운송사업자가 여객운송에 딸린 우편물·신문이나 여객의 휴대화물을 운송할 때는 특약이 있는 경우를 제외하고 다음의 사항 중 필요한 사항을 적은 화물표를 우편물등을 보내는 사람이나 휴대화물을 맡긴 여객에게 줘야 한다.
  ㉮ 운임·요금 및 운송구간
  ㉯ 접수연월일
  ㉰ 품명·개수와 용적 또는 중량
  ㉱ 보내는 사람과 받은 사람의 성명·명칭 및 주소
⑨ 운송사업자는 '자동차안전기준에 관한 규칙'에 따른 속도제한장치 또는 운행기록계가 장착된 운송사업용 자동차를 해당 장치 또는 기기가 정상적으로 작동되는 상태에서 운행되도록 해야 한다.
⑩ 구역 여객자동차운송사업 중 전세버스운송사업을 영위하는 운송사업자는 이용자의 요청이 있거나 이용자와 운송계약을 체결하는 경우 해당 차량 및 운전자에 관한 다음 각 호의 교통안전정보를 제공하여야 한다.
  ㉮ 운전업무 종사자격 취득 여부
  ㉯ 자동차의 차령 및 운행거리 기준 준수 여부
  ㉰ 의무보험 가입 여부
  ㉱ 그 밖에 이용자의 교통안전과 관련된 정보로서 국토교통부령으로 정하는 정보

(2) 자동차의 장치 및 설비 등에 관한 준수사항

① **노선버스**
  ㉮ 하차문이 있는 노선버스(시외직행, 시외고속 및 시외우등고속은 제외)는 여객이 하차 시 하차문이 닫힘으로써 여객에게 상해를 줄 수 있는 경우에 하차문의 동작이 멈추거나 열리도록 하는 압력감지기 또는 전자감응장치를 설치하고, 하차문이 열려 있으면 가속페달이 작동하지 않도록 하는 가속페달 잠금장치를 설치해야 한다.
  ㉯ 난방장치 및 냉방장치를 설치해야 한다. 다만, 농어촌버스의 경우 도지사가 운행노선상의 도로사정 등으로 냉방장치를 설치하는 것이 적합하지 않다고 인정할 때에는 그 차 안에 냉방장치를 설치하지 않을 수 있다.
  ㉰ 시내버스 및 농어촌버스의 차 안에는 안내방송장치를 갖춰야 하며, 정차신호용 버저를 작동시킬 수 있는 스위치를 설치해야 한다.
  ㉱ 시내버스, 농어촌버스, 마을버스 및 일반형시외버스의 차실에는 입석 여객의 안전을 위하여 손잡이대 또는 손잡이를 설치해야 한다. 다만, 냉방장치에 지장을 줄 우려가 있다고 인정되는 경우에는 그 손잡이대를 설치하지 않을 수 있다.

SECTION 02 운수종사자 준수사항 및 운전예절

제 04 장 ㅣ 운송서비스

㉤ 버스의 앞바퀴에는 재생한 타이어를 사용해서는 안 된다.
㉥ 시외우등고속버스, 시외고속버스 및 시외직행버스의 앞바퀴의 타이어는 튜브리스 타이어를 사용해야 한다.
㉦ 버스의 차체에는 행선지를 표시할 수 있는 설비를 설치해야 한다.
㉧ 시외버스(시외중형버스는 제외)의 차 안에는 휴대물품을 둘 수 있는 선반(시외우등고속버스의 경우에는 적재함)과 차 밑부분에 별도의 휴대물품 적재함을 설치해야 한다.
㉨ 시외버스의 경우에는 운행형태에 따라 원동기의 출력기준에 맞는 자동차를 운행해야 한다.
㉩ 시내버스운송사업용 자동차 중 시내일반버스의 경우에는 운전자의 좌석 주변에 운전자를 보호할 수 있는 구조의 격벽시설을 설치하여야 한다.

② **전세버스**
㉮ 난방장치 및 냉방장치를 설치해야 한다.
㉯ 앞바퀴는 재생한 타이어를 사용해서는 안 된다.
㉰ 앞바퀴의 타이어는 튜브리스 타이어를 사용해야 한다.
㉱ 13세 미만의 어린이의 통학을 위하여 학교 및 보육시설의 장과 운송계약을 체결하고 운행하는 전세버스의 경우에는 어린이 통학버스의 신고를 하여야 한다.

③ **장의자동차**
㉮ 관은 차 외부에서 싣고 내릴 수 있도록 해야 한다.
㉯ 관을 싣는 장치는 차 내부에 있는 장례에 참여하는 사람이 접촉할 수 없도록 완전히 격리된 구조로 해야 한다.
㉰ 운구전용 장의자동차에는 운전자의 좌석 및 장례에 참여하는 사람이 이용하는 두 종류 이하의 좌석을 제외하고는 다른 좌석을 설치해서는 안 된다.
㉱ 차 안에는 난방장치를 설치해야 한다.
㉲ 일반장의자동차의 앞바퀴에는 재생한 타이어를 사용해서는 안 된다.

02 운수종사자의 준수사항

(1) 일반적인 준수사항

① 정당한 사유없이 여객의 승차를 거부하거나 여객을 중도에 내리게 하는 행위를 하여서는 안 된다.
② 부당한 운임 또는 요금을 받아서는 안 된다.
③ 일정한 장소에 오랜 시간 정차하여 여객을 유치하는 행위를 하면 안 된다.
④ 문을 완전히 닫지 아니한 상태에서 자동차를 출발시키거나 운행하여서는 안 된다.
⑤ 여객이 승차하기 전에 자동차를 출발시키거나 승하차할 여객이 있는데도 정류장을 지나치면 안 된다.
⑥ 자동차 안내방송 시설이 설치되어 있는 경우 안내방송을 반드시 해야 한다.
⑦ 기점 및 경유지에서 승차하는 여객에게 자동차의 출발 전에 좌석 안전띠를 착용하도록 음성방송이나 말로 안내하여야 한다.
⑧ 여객의 안전과 사고예방을 위하여 운행 전 사업용 자동차의 안전

설비 및 등화장치 등의 이상 유무를 확인해야 한다.
⑨ 질병·피로·음주나 그 밖의 사유로 안전한 운전을 할 수 없을 때에는 그 사정을 해당 운송사업자에게 알려야 한다.
⑩ 자동차의 운행 중 중대한 고장을 발견하거나 사고가 발생할 우려가 있다고 인정될 때에는 즉시 운행을 중지하고 적절한 조치를 해야 한다.
⑪ 운전업무 중 해당 도로에 이상이 있었던 경우에는 운전업무를 마치고 교대할 때에 다음 운전자에게 알려야 한다.
⑫ 관계 공무원으로부터 운전면허증, 신분증 또는 자격증의 제시 요구를 받으면 즉시 이에 따라야 한다.
⑬ 여객자동차운송사업에 사용되는 자동차 안에서 담배를 피워서는 안 된다.
⑭ 사고로 인하여 사상자가 발생하거나 사업용자동차의 운행을 중단할 때에는 사고의 상황에 따라 적절한 조치를 취해야 한다.
⑮ 관할관청이 필요하다고 인정하여 복장 및 모자를 지정한 경우에는 그 지정된 복장과 모자를 착용하고, 용모를 항상 단정하게 해야 한다.

(2) 안전운행과 다른 승객의 편의를 위하여 이를 제지하고 필요한 사항을 안내해야 하는 사항

① 다른 여객에게 위해를 끼칠 우려가 있는 폭발성 물질, 인화성 물질 등의 위험물을 자동차 안으로 가지고 들어오는 행위
② 다른 여객에게 위해를 끼치거나 불쾌감을 줄 우려가 있는 동물(장애인 보조견 및 전용 운반상자에 넣은 애완동물은 제외)을 자동차 안으로 데리고 들어오는 행위
③ 자동차의 출입구 또는 통로를 막을 우려가 있는 물품을 자동차 안으로 가지고 들어오는 행위

03 운전예절

(1) 운전자가 가져야 할 기본자세

① 교통법규 이해와 준수
② 여유 있는 양보운전
③ 주의력 집중
④ 심신상태 안정
⑤ 추측운전 금지
⑥ 운전기술 과신은 금물
⑦ 배출가스로 인한 대기오염 및 소음공해 최소화 노력 등

(2) 운전자가 삼가야 하는 행동

① 지그재그 운전으로 다른 운전자를 불안하게 만드는 행동은 하지 않는다.
② 과속으로 운행하며 급브레이크를 밟는 행위는 하지 않는다.
③ 운행 중에 갑자기 끼어들거나 다른 운전자에게 욕설을 하지 않는다.
④ 도로상에서 사고가 발생한 경우 차량을 세워 둔 채로 시비, 다툼 등의 행위로 다른 차량의 통행을 방해하지 않는다.

⑤ 운행 중에 갑자기 오디오 볼륨을 크게 작동시켜 승객을 놀라게 하거나, 경음기 버튼을 작동시켜 다른 운전자를 놀라게 하지 않는다.
⑥ 신호등이 바뀌기 전에 빨리 출발하라고 전조등을 깜빡이거나 경음기로 재촉하는 행위를 하지 않는다.
⑦ 교통 경찰관의 단속에 불응하거나 항의하는 행위를 하지 않는다.
⑧ 갓길로 통행하지 않는다.

02 운전자 주의사항

(1) 교통관련 법규 및 사내 안전관리 규정 준수
① 배차지시 없이 임의 운행금지
② 정당한 사유 없이 지시된 운행노선을 임의로 변경운행 금지
③ 승차 지시된 운전자 이외의 타인에게 대리운전 금지
④ 사전승인 없이 타인을 승차시키는 행위 금지
⑤ 운전에 악영향을 미치는 음주 및 약물복용 후 운전 금지
⑥ 철길건널목에서는 일시정지 준수 및 정차 금지
⑦ 도로교통법에 따라 취득한 운전면허로 운전할 수 있는 차종 이외의 차량 운전금지
⑧ 자동차 전용도로, 급한 경사길 등에서는 주·정차 금지
⑨ 기타 사회적인 물의를 일으키거나 회사의 신뢰를 추락시키는 난폭운전 등의 운전 금지
⑩ 차는 이동하는 회사 홍보도구로써 청결 유지. 차의 내·외부를 청결하게 관리하여 쾌적한 운행환경 유지

(2) 운행 전 준비
① 용모 및 복장 확인(단정하게)
② 승객에게는 항상 친절하게 불쾌한 언행 금지
③ 차의 내·외부를 항상 청결하게 유지
④ 운행 전 일상점검을 철저히 하고 이상이 발견되면 관리자에게 즉시 보고하여 조치 받은 후 운행
⑤ 배차사항, 지시 및 전달사항 등을 확인한 후 운행

(3) 운행 중 주의사항
① 주·정차 후 출발할 때는 차량 주변의 보행자, 승·하차자 및 노상취객 등을 확인한 후 안전하게 운행한다.
② 내리막길에서는 풋 브레이크를 장시간 사용하지 않고, 엔진 브레이크 등을 적절히 사용하여 안전하게 운행한다.
③ 보행자, 이륜차, 자전거 등과 교행, 나란히 진행할 때는 서행하며 안전거리를 유지하면서 운행한다.
④ 후진할 때는 유도요원을 배치하여 수신호에 따라 안전하게 후진한다.
⑤ 후방카메라를 설치한 경우에는 카메라를 통해 후방의 이상 유무를 확인한 후 안전하게 후진한다.
⑥ 눈길, 빙판길 등은 체인이나 스노우 타이어를 장착한 후 안전하게 운행한다.
⑦ 뒤따라오는 차량이 추월하는 경우에는 감속 등을 통한 양보운전을 한다.

(3) 교통사고 및 신상변동에 관한 조치
① **교통사고에 따른 조치**
  ㉮ 교통사고를 발생시켰을 때에는 도로교통법령에 따라 현장에서의 인명구호, 관할경찰서 신고 등의 의무를 성실히 이행한다.
  ㉯ 어떤 사고라도 임의로 처리하지 말고, 사고발생 경위를 육하원칙에 따라 거짓 없이 정확하게 회사에 보고한다.
  ㉰ 사고처리 결과에 대해 개인적으로 통보를 받았을 때는 회사에 보고한 후 회사의 지시에 따라 조치한다.
② **운전자 신상변동 등에 따른 보고**
  ㉮ 결근, 지각, 조퇴가 필요하거나, 운전면허증 기재사항 변경, 질병 등 신상변동이 발생한 때는 즉시 회사에 보고한다.
  ㉯ 운전면허 정지 및 취소 등의 행정처분을 받았을 때는 즉시 회사에 보고하여야 하며, 어떠한 경우라도 운전을 해서는 안 된다.

SECTION 03 교통시스템에 대한 이해

01 버스준공영제

(1) 버스운영체제의 유형

유형	내용
공영제	정부가 버스노선의 계획에서부터 버스차량의 소유·공급, 노선의 조정, 버스의 운행에 따른 수입금 관리 등 버스 운영체계의 전반을 책임지는 방식
민영제	민간이 버스노선의 결정, 버스운행 및 서비스의 공급 주체가 되고, 정부규제는 최소화하는 방식
준공영제	노선버스 운영에 공공개념을 도입한 형태로 운영은 민간, 관리는 공공영역에서 담당하게 하는 운영체제

(2) 공영제와 민영제의 장·단점 비교

구분		내용
공영제	장점	• 종합적 도시교통계획 차원에서 운행서비스 공급이 가능 • 노선의 공유화로 수요의 변화 및 교통수단간 연계차원에서 노선조정, 신설, 변경 등이 용이 • 연계·환승시스템, 정기권 도입 등 효율적 운영체계의 시행이 용이 • 서비스의 안정적 확보와 개선이 용이 • 수익노선 및 비수익노선에 대해 동등한 양질의 서비스 제공이 용이 • 저렴한 요금을 유지할 수 있어 서민대중을 보호하고 사회적 분배효과 고양
	단점	• 책임의식 결여로 생산성 저하 • 요금인상에 대한 이용자들의 압력을 정부가 직접 받게 되어 요금조정이 어려움 • 운전자 등 근로자들이 공무원화될 경우 인건비 증가 우려 • 노선 신설, 정류소 설치, 인사 청탁 등 외부간섭의 증가로 비효율성 증대
민영제	장점	• 민간이 버스노선 결정 및 운행서비스를 공급함으로 공급비용을 최소화 • 업무성과 보상이 연관되어 있고 엄격한 지출통제에 제한받지 않기 때문에 민간회사가 보다 효율적 • 민간회사들이 보다 혁신적 • 버스시장의 수요·공급체계의 유연성 • 정부규제 최소화로 행정비용 및 정부재정지원의 최소화
	단점	• 노선의 사유화로 노선의 합리적 개편이 적시적소에 이루어지기 어려움 • 노선의 독점적 운영으로 업체 간 수입격차가 극심하여 서비스 개선 곤란 • 비수익노선의 운행서비스 공급 애로 • 타 교통수단과의 연계교통체계 구축이 어려움 • 과도한 버스 운임의 상승

(3) 버스준공영제의 특징

① 버스의 소유·운영은 각 버스업체가 유지

② 버스노선 및 요금의 조정, 버스운행 관리에 대해서는 지방자치단체가 개입

③ 지방자치단체의 판단에 의해 조정된 노선 및 요금으로 인해 발생된 운송수지적자에 대해서는 지방자치단체가 보전

④ 노선체계의 효율적인 운영

⑤ 표준운송원가를 통한 경영효율화 도모

⑥ 수준 높은 버스 서비스 제공

(4) 버스준공영제의 유형

① **형태에 의한 분류**
㉮ 노선 공동관리형
㉯ 수입금 공동관리형
㉰ 자동차 공동관리형

② **버스업체 지원형태에 의한 분류**
㉮ 직접 지원형 : 운영비용이나 자본비용을 보조하는 형태
㉯ 간접 지원형 : 기반시설이나 수요증대를 지원하는 형태

국내 버스준공영제의 일반적인 형태는 직접지원형

국내 버스준공영제의 경우 수입금 공동관리제를 바탕으로 표준운송원가 대비 운송수입금 부족분을 지원하는 직접 지원형에 해당된다.

(5) 국내 버스준공영제의 주요 도입 배경

① **현행 민영체제 하에서 버스운영의 한계**
㉮ 민간 사업자에 의한 버스노선의 사유화로 비효율적 운영
㉯ 버스업체의 자발적 경영개선의 한계
㉰ 노·사 대립으로 인한 사회적 갈등

② **버스교통의 공공성에 따른 공공부문의 역할분담 필요**
㉮ 버스서비스는 공공성이 강조되는 공공재의 성격이 강한 재화
㉯ 타 운송수단과의 효율적 연계를 위해 일정 부분의 공적 개입이 필요

③ **복지국가로서 보편적 버스교통 서비스 유지 필요**
㉮ 기초적인 대중교통수단의 접근성과 이용 보장을 위해 정부의 기본적인 임무수행 필요
㉯ 사회적 형평성 확보(경제적·신체적 약자의 교통권 보장, 지역균형과 사회적 안정성 제고)

④ **교통효율성 제고를 위해 버스교통의 활성화 필요**
㉮ 버스교통 활성화를 통해 도로교통 혼잡완화로 사회·경제적 비용 절감
㉯ 도로 등 교통시설 건설투자비 절감
㉰ 국가물류비 절감, 유류소비 절약 등

02 버스요금제도 및 교통카드시스템

(1) 버스요금의 관할관청

구분		운임의 기준·요율결정	신고
노선 운송 사업	시내버스	시·도지사 (광역급행형 : 국토교통부장관)	시장·군수
	농어촌버스	시·도지사	시장·군수
	시외버스	국토교통부장관	시·도지사
	고속버스	국토교통부장관	시·도지사
	마을버스	시장·군수	시장·군수
구역 운송 사업	전세버스	자율요금	
	특수여객	자율요금	

(2) 버스요금체계

① **버스요금체계의 유형**
㉮ 단일(균일)운임제 : 이용거리와 관계없이 일정하게 설정된 요금을 부과하는 요금체계
㉯ 구역운임제 : 운행구간을 몇 개의 구역으로 나누어 구역별로 요금을 설정하고, 동일 구역 내에서는 균일하게 요금을 부과하는 요금체계
㉰ 거리운임요율제 : 거리운임요금에 운행거리를 곱해 요금을 산정하는 요금체계
㉱ 거리체감제 : 이용거리가 증가함에 따라 단위당 운임이 낮아지는 요금체계

② **업종별 요금체계**
㉮ 시내·농어촌버스 : 동일 특별시·광역시·시·군 내에서는 단일운임제, 시(읍)계 외 지역에서는 구역제·구간제·거리비례제
㉯ 시외버스 : 거리운임요율제(기본구간 10km 기준 최저 기본 운임), 거리체감제
㉰ 고속버스 : 거리체감제
㉱ 마을버스 : 단일운임제
㉲ 전세버스 및 특수여객 : 자율요금

(3) 교통카드시스템의 도입효과

구분	도입효과
이용자 측면	• 현금 소지의 불편 해소 • 소지의 편리성, 요금 지불 및 징수의 신속성 • 하나의 카드로 다수의 교통수단 이용 가능 • 요금할인 등으로 교통비 절감
운영자 측면	• 운송수입금 관리가 용이 • 요금집계업무의 전산화를 통한 경영합리화 • 대중교통 이용률 증가에 따른 운송수익의 증대 • 정확한 전산실적자료에 근거한 운행 효율화 • 다양한 요금체계에 대응(거리비례제, 구간요금제 등)
정부 측면	• 대중교통 이용률 제고로 교통환경 개선 • 첨단교통체계 기반 마련 • 교통정책 수립 및 교통요금 결정의 기초자료 확보

(4) 교통카드의 종류

① **카드방식에 따른 분류**
㉮ MS(Magnetic Strip)방식 : 자기인식방식으로 간단한 정보 기록이 가능하고, 정보를 저장하는 매체인 자성체가 손상될 위험이 높고, 위·변조가 용이해 보안에 취약하다.
㉯ IC방식(스마트카드) : 반도체 칩을 이용해 정보를 기록하는 방식으로 자기카드에 비해 수백 배 이상의 정보 저장이 가능하고, 카드에 기록된 정보를 암호화할 수 있어 자기카드에 비해 보안성이 높다.

② **IC 카드의 종류(내장하는 칩의 종류에 따라)**
㉮ 접촉식
㉯ 비접촉식(RF, Radio Frequency)
㉰ 하이브리드 : 접촉식+비접촉식 2종의 칩을 함께하는 방식이나 2개 종류 간 연동이 안된다.
㉱ 콤비 : 접촉식+비접촉식 2종의 칩을 함께하는 방식으로 2개 종류 간 연동이 된다.

③ **지불방식에 따른 구분**
㉮ 선불식
㉯ 후불식

(5) 교통카드시스템의 구성

① **단말기**
㉮ 단말기는 카드를 판독하여 이용요금을 차감하고 잔액을 기록하는 기능
㉯ 구조 : 카드인식장치, 정보처리장치, 키값(Idcenter), 키값관리장치, 정보저장장치

② **집계시스템**
㉮ 단말기와 정산시스템을 연결하는 기능
㉯ 구성 : 데이터처리장치, 통신장치(유·무선), 인쇄장치, 무정전 전원공급장치

③ **충전시스템**
㉮ 금액이 소진된 교통카드에 금액을 재충전하는 기능
㉯ 종류 : On Line(은행과 연결하여 충전), Off Line(충전기에서 직접 충전)
㉰ 구조 : 충전시스템과 전화선 등으로 정산센터와 연계

④ **정산시스템**
㉮ 각종 단말기 및 충전기와 네트워크로 연결하여 사용 거래기록을 수집·정산 처리하고, 정산결과를 해당 은행으로 전송
㉯ 거래기록의 정산처리 뿐만 아니라 정산처리된 모든 거래기록을 데이터베이스화하는 기능

교통카드시스템의 정산 흐름

교통카드(사용자카드) → 단말기 → 집계시스템 → 정산시스템
└─────── 충전시스템 ───────┘

SECTION 03 교통시스템에 대한 이해

제 04 장 ㅣ 운송서비스

03 간선급행버스체계(BRT)

(1) 간선급행버스체계의 개념 및 도입 배경

① **간선급행버스체계(BRT, Bus Rapid Transit)의 개념**
  ㉮ 도심과 외곽을 잇는 주요 간선도로에 버스전용차로를 설치하여 급행버스를 운행하게 하는 대중교통시스템을 말한다.
  ㉯ 요금정보시스템과 승강장 · 환승정류소 · 환승터미널 · 정보체계 등 도시철도시스템을 버스운행에 적용한 것으로 '땅 위의 지하철'로도 불린다.

② **간선급행체계의 도입 배경**
  ㉮ 도로와 교통시설 증가의 둔화
  ㉯ 대중교통 이용률 하락
  ㉰ 교통체증의 지속
  ㉱ 도로 및 교통시설에 대한 투자비의 급격한 증가
  ㉲ 신속하고, 양질의 대량수송에 적합한 저렴한 비용의 대중교통시스템 필요

(2) 간선급행버스체계의 특성

① 중앙버스차로와 같이 분리된 버스전용차로 제공
② 효율적인 사전 요금징수 시스템 채택
③ 신속한 승 · 하차 가능
④ 정류소 및 승차대의 쾌적성 향상
⑤ 지능형교통시스템(ITS, Intelligent Transportation system)을 활용한 첨단신호체계 운영
⑥ 실시간으로 승객에게 버스운행정보 제공 가능
⑦ 환승 정류소 및 터미널을 이용하여 다른 교통수단과의 연계 가능
⑧ 환경친화적인 고급버스를 제공함으로써 버스에 대한 이미지 혁신 가능
⑨ 대중교통에 대한 승객 서비스 수준 향상

(3) 간선급행버스체계 운영을 위한 구성요소

① 통행권 확보
② 교차로 시설 개선
③ 자동차 개선
④ 환승시설 개선
⑤ 운행관리시스템

04 버스정보시스템 및 버스운행관리시스템

(1) BIS/BMS 개요

① **버스정보시스템(BIS, Bus Information System)** : 버스와 정류장에 무선 송수신기를 설치하여 버스의 위치를 실시간으로 파악하고, 이를 이용해 이용자에게 정류장에서 해당 노선버스의 도착예정시간을 안내하고 이와 동시에 인터넷 등을 통하여 운행정보를 제공하는 시스템

② **버스운행관리시스템(BMS, Bus Management System)** : 차내 장치를 설치한 버스와 종합사령실을 유 · 무선 네트워크로 연결해 버스의 위치나 사고 정보 등을 승객, 버스회사, 운전자에게 실시간으로 보내주는 시스템

(2) BIS와 BMS의 비교

구분	버스정보시스템(BIS)	버스운행관리시스템(BMS)
정의	이용자에게 버스 운행상황 정보 제공	버스 운행상황 관제
제공매체	정류소 설치 안내기, 인터넷, 모바일	버스회사 단말기, 상황판, 차량 단말기
제공대상	버스이용승객	버스운전자, 버스회사, 시 · 군
기대효과	버스 이용승객에게 편의 제공	배차관리, 안전운행, 정시성 확보
데이터	정류소 출발 · 도착 데이터	일정 주기 데이터, 운행기록 데이터
주목적	버스이용자에게 편의 제공과 이를 통한 활성화	버스운행관리, 이력관리 및 버스 운행정보제공 등
주요 기능	• 정류소별 도착예정정보 표출 • 정류소간 주행시간 표출 • 버스운행 및 종료 정보 제공	• 실시간 운행상태 파악 • 전자지도 이용 실시간 과제 • 버스운행 및 통계관리

(3) BIS와 BMS의 이용주체별 기대효과

대상		기대효과
버스정보 시스템 (BIS)	이용자(승객)	• 버스운행정보 제공으로 만족도 향상 • 불규칙한 배차, 결행 및 무정차 통과에 의한 불편 해소 • 과속 및 난폭운전으로 인한 불안감 해소 • 버스도착 예정시간 사전확인으로 불필요한 대기시간 감소
버스운행 관리시스템 (BMS)	운수종사자 (버스 운전자)	• 운행정보 인지로 정시 운행 • 앞 · 뒤차 간의 간격 인지로 차간 간격 조정 운행 • 운행상태 완전 노출로 운행질서 확립
	버스회사	• 서비스 개선에 따른 승객 증가로 수지개선 • 과속 및 난폭운전에 대한 통제로 교통사고율 감소 및 보험료 절감 • 정확한 배차관리, 운행간격 유지 등으로 경영합리화 가능
	정부 · 지자체	• 자가용 이용자의 대중교통 흡수 활성화 • 대중교통정책 수립의 효율화 • 버스운행 관리감독의 과학화로 경제성, 정확성, 객관성 확보

04 버스전용차로 및 대중교통 전용지구

(1) 버스전용차로의 개념

① 버스전용차로는 일반차로와 구별되게 버스가 전용으로 신속하게 통행할 수 있도록 설정된 차로를 말한다.
② 버스전용차로는 통행방향과 차로의 위치에 따라 가로변버스전용차로, 역류버스전용차로, 중앙버스전용차로로 구분할 수 있다.
③ 버스전용차로의 설치는 일반차량의 차로수를 줄이기 때문에 일반차량의 교통상황이 나빠지는 문제가 발생할 수 있다.
④ 버스전용차로를 설치하여 효율적으로 운영하기 위해서는 다음과 같은 구간에 설치되는 것이 바람직하다.
  ㉮ 전용차로를 설치하고자 하는 구간의 교통정체가 심한 곳
  ㉯ 버스 통행량이 일정수준 이상이고, 승차인원이 한 명인 승용차의 비중이 높은 구간
  ㉰ 편도 3차로 이상 등 도로 기하구조가 전용차로를 설치하기 적당한 구간
  ㉱ 대중교통 이용자들의 폭넓은 지지를 받는 구간

(2) 전용차로 유형별 특징

① 가로변버스전용차로

㉠ 일방통행로 또는 양방향 통행로에서 가로변 차로를 버스가 전용으로 통행할 수 있도록 제공하는 것을 말한다.

㉡ 종일 또는 출·퇴근 시간대 등을 지정하여 운영할 수 있다.

㉢ 버스전용차로 운영시간대에는 가로변의 주·정차를 금지하고 있으며, 시행구간의 버스 이용자수가 승용차 이용자수보다 많아야 효과적이다.

㉣ 우회전하는 차량을 위해 교차로 부근에서는 일반차량의 버스전용차로 이용을 허용하여야 하며, 버스전용차로에 주·정차하는 차량을 근절시키기 어렵다.

㉤ 가로변버스전용차로의 장·단점

장점	단점
• 시행이 간편하다. • 적은 비용으로 운영이 가능하다. • 기존의 가로망 체계에 미치는 영향이 적다. • 시행 후 문제점 발생에 따른 보완 및 원상복귀가 용이하다.	• 시행효과가 바로 나타나지 않는다. • 가로변 상업 활동과 상충된다. • 전용차로 위반차량이 많이 발생한다. • 우회전하는 차량과 충돌할 위험이 존재한다.

② 역류버스전용차로

㉠ 일방통행로에서 차량이 진행하는 반대방향으로 1~2개 차로를 버스전용차로로 제공하는 것을 말한다. 이는 일방통행로에서 양방향으로 대중교통 서비스를 유지하기 위한 방법이다

㉡ 일반차량과 반대방향으로 운영하기 때문에 차로분리시설과 안내시설 등의 설치가 필요하며, 가로변버스전용차로에 비해 시행비용이 많이 든다.

㉢ 일방통행로에 대중교통수요 등으로 인해 버스노선이 필요한 경우에 설치한다.

㉣ 대중교통서비스는 계속 유지되면서 일방통행의 장점을 살릴 수 있지만, 시행준비가 까다롭고 투자비용이 많이 소요되는 단점이 있다.

㉤ 역류버스전용차로의 장·단점

장점	단점
• 대중교통 서비스를 제공하면서 가로변에 설치된 일방통행의 장점을 유지할 수 있다. • 대중교통의 정시성이 제고된다.	• 일방통행로에서는 보행자가 버스전용차로의 진행 방향만 확인하는 경향으로 인해 보행자 사고가 증가할 수 있다. • 잘못 진입한 차량으로 인해 교통혼잡이 발생할 수 있다.

③ 중앙버스전용차로

㉠ 도로 중앙에 버스만 이용할 수 있는 전용차로를 지정함으로써 버스를 다른 차량과 분리하여 운영하는 방식을 말한다.

㉡ 버스의 운행속도를 높이는데 도움이 되며, 승용차를 포함한 다른 차량들은 버스의 정차로 인한 불편을 피할 수 있다. 버스의 잦은 정류소의 정차 및 갑작스러운 차로변경은 다른 차량의 교통흐름을 단절시키거나 사고 위험을 초래할 수 있다.

㉢ 일반차량의 중앙버스전용차로 이용 및 주·정차를 막을 수 있어 차량의 운행속도 향상에 도움이 된다.

㉣ 버스 이용객의 입장에서 볼 때 횡단보도를 통해 정류소로 이동함에 따라 정류소 접근시간이 늘어나고, 보행자사고 위험성이 증가할 수 있는 단점이 있다.

㉤ 일반적으로 편도 3차로 이상 되는 기존 도로의 중앙차로에 버스전용차로를 제공하는 것으로 다른 차량의 진입을 막기 위해 방호울타리 또는 연석 등의 물리적 분리시설 등의 안전시설이 필요하기 때문에 설치비용이 많이 소요되는 단점이 있다.

㉥ 차로수가 많을수록 중앙버스전용차로 도입이 용이하고, 만성적인 교통 혼잡이 발생하는 구간 또는 좌회전하는 대중교통 버스노선이 많은 지점에 설치하면 효과가 크다.

㉦ 중앙버스전용차로 장·단점

장점	단점
• 일반차량과의 마찰을 최소화한다. • 교통정체가 심한 구간에서 더욱 효과적이다. • 대중교통의 통행속도 제고 및 정시성 확보가 유리하다. • 대중교통 이용자의 증가를 도모할 수 있다. • 가로변 상업 활동이 보장된다.	• 도로 중앙에 설치된 버스정류소로 인해 무단횡단 등 안전문제가 발생한다. • 여러 가지 안전시설 등의 설치 및 유지로 인한 비용이 많이 든다. • 전용차로에서 우회전하는 버스와 일반차로에서 좌회전하는 차량에 대한 체계적인 관리가 필요하다. • 일반 차로의 통행량이 다른 전용차로에 비해 많이 감소할 수 있다. • 승·하차 정류소에 대한 보행자의 접근거리가 길어진다.

㉧ 중앙버스전용차로의 위험요소

㉠ 대기 중인 버스를 타기 위한 보행자의 횡단보도 신호위반 및 버스정류소 부근의 무단횡단 가능성 증가

㉡ 중앙버스전용차로가 시작하는 구간 및 끝나는 구간에서 일반차량과 버스간의 충돌위험 발생

㉢ 좌회전하는 일반차량과 직진하는 버스 간의 충돌위험 발생

㉣ 버스전용차로가 시작하는 구간에서는 일반차량의 직진 차로수의 감소에 따른 교통혼잡 발생

㉤ 폭이 좁은 정류소 추월차로로 인한 사고 위험 발생

(3) 고속도로 버스전용차로제

① 시행근거

㉠ 경찰청 고시 : 양재IC ~ 오산IC 또는 신탄진IC

㉡ 서울특별시 고시 : 한남대교 남단 ~ 양재IC

② 시행구간

㉠ 평일 : 경부고속도로 오산IC부터 한남대교 남단까지

㉡ 토요일, 공휴일, 설날·추석 연휴 및 연휴 전날 : 경부고속도로 신탄진IC부터 한남대교 남단까지(양재IC ~ 한남대교 남단은 서울특별시 관리 구간)

③ 시행시간

㉠ 평일, 토요일·공휴일 : 서울·부산 양방향 07:00부터 21:00까지

㉡ 설날·추석 연휴 및 연휴 전날 : 서울·부산 양방향 07:00부터 다음날 01:00까지

④ 통행가능차량 : 9인승 이상 승용자동차 및 승합자동차(승용자동차 또는 12인승 이하의 승합자동차는 6인 이상이 승차한 경우에 한하여 통행가능)

SECTION 03 교통시스템에 대한 이해

제 04 장 l 운송서비스

(4) 대중교통 전용지구

① 개념

㉮ 도시교통정비촉진법에 따라 도시의 교통수요를 감안해 승용차 등 일반차량의 통행을 제한할 수 있는 지역 및 제도를 말한다.

㉯ 도시 상업지구 내로의 일반차량의 통행을 제한하고 대중교통 수단의 진입만을 허용하여 교통여건을 개선하여 쾌적한 보행과 쇼핑이 가능하도록 하는 대중교통 중심의 보행자 전용공간이다.

② 목적

㉮ 도심상업지구의 활성화

㉯ 쾌적한 보행자 공간의 확보

㉰ 대중교통의 원활한 운행 확보

㉱ 도심교통환경 개선

③ 시행지역

㉮ 2009년 12월 1일 대구 중앙대로(대구역~반월당 구산, 1.05km)에 처음 도입

㉯ 2014년 1월 6일 서울 연세로(신촌역~연세대 구간, 550m) 운영

④ 운영내용

㉮ 버스 및 16인승 승합차, 긴급자동차만 통행 가능하며 심야시간에 한해 택시 통행 가능

㉯ 승용차 및 일반 승합차는 24시간 진입 불가(화물차량은 허가 후 통행가능)

㉰ 보행자 보호를 위해 대중교통 전용지구 내 30km/h로 속도제한

MEMO

SECTION 04 운수종사자가 알아야 할 응급처치방법 등

01 운전자 상식

(1) 교통관련 용어 정의

① **교통사고조사규칙(경찰청 훈령)에 따른 대형교통사고**
   ㉮ 3명 이상이 사망(교통사고 발생일로부터 30일 이내에 사망)
   ㉯ 20명 이상의 사상자가 발생한 사고

② **여객자동차 운수사업법에 따른 중대한 교통사고**
   ㉮ 전복(顚覆)사고
   ㉯ 화재가 발생한 사고
   ㉰ 사망자 2명 이상 발생한 사고
   ㉱ 사망자 1명과 중상자 3명 이상이 발생한 사고
   ㉲ 중상자 6명 이상이 발생한 사고

③ **교통사고조사규칙에 따른 교통사고의 용어**
   ㉮ 충돌사고 : 차가 반대방향 또는 측방에서 진입하여 그 차의 정면으로 다른 차의 정면 또는 측면을 충격한 것
   ㉯ 추돌사고 : 2대 이상의 차가 동일방향으로 주행 중 뒤차가 앞차의 후면을 충격한 것
   ㉰ 접촉사고 : 차가 추월, 교행 등을 하려다가 차의 좌·우측면을 서로 스친 것
   ㉱ 전도사고 : 차가 주행 중 도로 또는 도로 이외의 장소에 차체의 측면이 지면에 접하고 있는 상태(좌측면이 지면에 접해 있으면 좌전도, 우측면이 지면에 접해 있으면 우전도)
   ㉲ 전복사고 : 차가 주행 중 도로 또는 도로 이외의 장소에 뒤집혀 넘어진 것
   ㉳ 추락사고 : 자동차가 도로의 절벽 등 높은 곳에서 떨어진 사고

④ **자동차 관련 용어(자동차 및 자동차부품의 성능과 기준에 관한 규칙)**
   ㉮ 공차상태 : 자동차에 사람이 승차하지 아니하고 물품(예비부분품 및 공구 기타 휴대물품을 포함)을 적재하지 아니한 상태로서 연료·냉각수 및 윤활유를 만재하고 예비타이어(예비타이어를 장착한 자동차만 해당)를 설치하여 운행할 수 있는 상태
   ㉯ 차량중량 : 공차상태의 자동차 중량
   ㉰ 적차상태 : 공차상태의 자동차에 승차정원의 인원이 승차하고 최대적재량의 물품이 적재된 상태. 이 경우 승차정원 1인(13세 미만의 자는 1.5인을 승차정원 1인으로 봄) 중량은 65kg으로 계산하고, 좌석정원의 인원은 정위치에, 입석정원의 인원은 입석에 균등하게 승차시키며, 물품은 물품적재장치에 균등하게 적재시킨 상태
   ㉱ 차량총중량 : 적차상태의 자동차의 중량
   ㉲ 승차정원 : 자동차에 승차할 수 있도록 허용된 최대인원(운전자를 포함)

⑤ **운전석의 위치나 승차정원에 따른 종류**
   ㉮ 보닛버스(Cab-behind-Engine Bus) : 운전석이 엔진 뒤쪽에 있는 버스
   ㉯ 캡 오버 버스(Cab-over-Engine Bus) : 운전석이 엔진의 위에 있는 버스
   ㉰ 코치버스(Coach Bus) : 3~6인 정도의 승객이 승차 가능하며 화물실이 밀폐되어 있는 버스
   ㉱ 마이크로버스(Micro Bus) : 승차정원 16인 이하의 소형버스

⑥ **버스차량 바닥의 높이에 따른 종류**
   ㉮ 고상버스(High Decker) : 전고 3.4~3.5m 내외, 상면지상고 890mm 내외로 승객석 바닥을 높게 설계한 차량으로 가장 보편적으로 이용
   ㉯ 초고상버스(Super High Decker) : 전고 3.6m 이상, 상면지상고 890mm 이상으로 승객석을 높게 하여 조망을 좋게 하고 바닥 밑의 공간을 활용하기 위해 설계·제작되어 관광버스에서 주로 이용
   ㉰ 저상버스 : 상면지상고가 340mm 이하로 출입구에 계단이 없고, 차체 바닥이 낮으며, 경사판(슬로프)이 장착되어 있어 장애인이 휠체어를 타거나, 아기를 유모차에 태운 채 오르내릴 수 있을 뿐 아니라 노약자들도 쉽게 이용할 수 있는 버스로서 주로 교통약자를 위한 시내버스에 이용

> **참고**
> **전고와 상면지상고**
> • 전고 : 차체의 전체 높이로서 일반적으로 바퀴와 접지된 지면에서 차체의 가장 높은 부분 사이의 높이
> • 상면지상고 : 지면으로부터 실내 승객석이 위치한 바닥의 최저 높이

(2) 교통사고 현장에서의 상황별 안전조치

① **교통사고 상황파악**
   ㉮ 짧은 시간 안에 사고 정보를 수집하여 침착하고 신속하게 상황을 파악한다.
   ㉯ 피해자와 구조자 등에게 위험이 계속 발생하는지 파악한다.
   ㉰ 생명이 위독한 환자가 누구인지 파악한다.
   ㉱ 구조를 도와줄 사람이 주변에 있는지 파악한다.
   ㉲ 전문가의 도움이 필요한지 파악한다.

② **사고현장의 안전관리**
   ㉮ 피해자를 위험으로부터 보호하거나 피신시킨다.
   ㉯ 사고 위치에 노면표시를 한 후 도로 가장자리로 자동차를 이동시킨다.

SECTION 04 운수종사자가 알아야 할 응급처치방법 등

(3) 교통사고 현장에서의 조사

① **노면에 나타난 흔적조사**
　㉮ 스키드마크, 요마크, 프린트자국 등 타이어자국의 위치 및 방향
　㉯ 차의 금속부분이 노면에 접촉하여 생긴 파인 흔적 또는 긁힌 흔적의 위치 및 방향
　㉰ 충돌 충격에 의한 차량파손품의 위치 및 방향
　㉱ 충돌 후에 떨어진 액체잔존물의 위치 및 방향
　㉲ 차량 적재물의 낙하위치 및 방향
　㉳ 피해자의 유류품(遺留品) 및 혈흔자국
　㉴ 도로구조물 및 안전시설물의 파손위치 및 방향

② **사고차량 및 피해자조사**
　㉮ 사고차량의 손상부위 정도 및 손상방향
　㉯ 사고차량에 묻은 흔적, 마찰, 찰과흔(擦過痕)
　㉰ 사고차량의 위치 및 방향
　㉱ 피해자의 상처 부위 및 정도
　㉲ 피해자의 위치 및 방향

③ **사고당사자 및 목격자조사**
　㉮ 운전자에 대한 사고상황조사
　㉯ 탑승자에 대한 사고상황조사
　㉰ 목격자에 대한 사고상황조사

④ **사고현장 시설물조사**
　㉮ 사고지점 부근의 가로등, 가로수, 전신주 등의 시설물 위치
　㉯ 신호등(신호기) 및 신호체계
　㉰ 차로, 중앙선, 중앙분리대, 갓길 등 도로횡단 구성요소
　㉱ 방호울타리, 충격흡수시설, 안전표지 등 안전시설요소
　㉲ 노면의 파손, 결빙, 배수불량 등 노면상태요소

⑤ **사고현장 측정 및 사진촬영**
　㉮ 사고지점 부근의 도로선형(평면 및 교차로 등)
　㉯ 사고지점의 위치
　㉰ 차량 및 노면에 나타난 물리적 흔적 및 시설물 등의 위치
　㉱ 사고현장에 대한 가로방향 및 세로방향의 길이
　㉲ 곡선구간의 곡선반경, 노면의 경사도(종단구배 및 횡단구배)
　㉳ 도로의 시거 및 시설물의 위치 등
　㉴ 사고현장, 사고차량, 물리적 흔적 등에 대한 사진촬영

02 응급처치방법

(1) 부상자 의식 상태 확인

① 말을 걸거나 팔을 꼬집어 눈동자를 확인한 후 의식이 있으면 말로 안심시킨다.
② 의식이 없다면 기도를 확보한다. 머리를 뒤로 충분히 젖힌 뒤, 입안에 있는 피나 토한 음식물 등을 긁어내어 막힌 기도를 확보한다.
③ 의식이 없거나 구토할 때는 목이 오물로 막혀 질식하지 않도록 옆으로 눕힌다.
④ 목뼈 손상의 가능성이 있는 경우에는 목 뒤쪽을 한 손으로 받쳐준다.
⑤ 환자의 몸을 심하게 흔드는 것은 금지한다.

(2) 심폐소생술

① **의식확인**
　㉮ 성인 : 양쪽 어깨를 가볍게 두드리며 "괜찮으세요?"라고 말한 후 반응 확인
　㉯ 영아 : 한쪽 발바닥을 가볍게 두드리며 반응 확인

② **119 신고 및 호흡확인**
　㉮ 119 신고 : 환자의 반응이 없다면 즉시 큰 소리로 주변 사람에게 119 신고 요청
　㉯ 호흡확인 : 쓰러진 환자의 얼굴과 가슴을 10초 이내로 관찰하여 호흡 상태 확인 후 호흡이 없다면 즉시 심폐소생술 실시

③ **가슴압박 및 인공호흡 반복** : 30회 가슴압박과 2회 인공호흡 반복(30:2)
　㉮ 가슴압박 방법
　　㉠ 가슴 중앙(양쪽 젖꼭지 사이)에 두 손을 올려놓는다.(영아는 가슴 중앙의 직하부에 두 손가락으로 실시)
　　㉡ 팔을 곧게 펴서 바닥과 수직이 되도록 한다.
　　㉢ 약 5cm 깊이(소아는 4~5cm)로 체중을 이용하여 압박과 이완을 반복한다.(영아는 가슴 두께의 1/3~1.2 깊이로 압박과 이완을 반복)
　　㉣ 분당 100~120회 속도로 강하고 빠르게 압박한다.
　　※ 소아(1~8세)의 가슴압박은 가급적 한 손으로 실시하며, 깊이는 영아에 준하여 실시한다.
　㉯ 인공호흡 방법
　　㉠ 기도열기를 한 상태에서 이마에 얹는 손의 엄지와 검지로 코를 막는다.
　　㉡ 환자의 입을 완전히 덮은 다음 1초 동안 가슴이 충분히 올라올 정도로 숨을 불어 넣는다.
　　㉢ 코를 막았던 손과 입을 떼었다가 다시 불어 넣는다.
　　※ 영아는 기도열기를 한 상태에서 입과 코를 한꺼번에 덮은 다음 1초 동안 가슴이 충분히 올라갈 정도로 불어넣는다.)

(3) 출혈 또는 골절

① 출혈이 심하다면 출혈 부위보다 심장에 가까운 부위를 헝겊 또는 손수건 등으로 지혈될 때까지 꽉 잡아맨다.
② 출혈이 적을 때에는 거즈나 깨끗한 손수건으로 상처를 꽉 누른다.
③ 가슴이나 배를 강하게 부딪쳐 내출혈이 발생했을 때는 얼굴이 창백해지며 핏기가 없어지고 식은땀을 흘리며 호흡이 얕고 빨라지는 쇼크 증상이 발생한다.
　㉮ 부상자가 입고 있는 옷의 단추를 푸는 등 옷을 헐렁하게 하고 하반신을 높게 한다.
　㉯ 부상자가 춥지 않도록 모포 등을 덮어주지만, 햇볕은 직접 쬐지 않도록 한다.
④ 골절 부상자는 잘못 다루면 오히려 더 위험해질 수 있으므로 구급차가 올 때까지 가급적 기다리는 것이 바람직하다.
　㉮ 지혈이 필요하다면 골절 부분은 건드리지 않도록 주의하여 지혈한다.
　㉯ 팔이 골절되었다면 헝겊으로 띠를 만들어 팔을 매달도록 한다.

03 응급상황 대처요령

(1) 교통사고 발생 시 운전자의 조치사항
① 교통사고가 발생했을 때 운전자는 무엇보다도 사고피해를 최소화하는 것과 제2차 사고 방지를 위한 조치를 우선적으로 취해야 한다.
② 운전자는 이를 위해 마음의 평정을 찾아야 한다.
③ 사고발생시 운전자가 취할 조치과정은 다음과 같다.
  ㉮ 탈출 : 우선 엔진을 멈추게 하고 연료가 인화되지 않도록 한다.
  ㉯ 인명구조 : 인명구조 시 다음에 유의한다.
    ㉠ 승객이나 동승자가 있는 경우 적절한 유도로 승객의 혼란 방지에 노력해야 한다.
    ㉡ 인명구출 시 부상자, 노인, 어린아이 및 부녀자 등 노약자를 우선적으로 구조한다.
    ㉢ 정차 위치가 차도, 노견 등과 같이 위험한 장소일 때는 신속히 도로 밖의 안전장소로 유도하고 2차 피해가 일어나지 않도록 한다.
    ㉣ 부상자가 있을 때는 우선 응급조치를 한다.
    ㉤ 야간에는 주변의 안전에 특히 주의하고, 냉정하고 기민하게 구출유도를 해야 한다.
  ㉰ 후방방호 : 고장발생 시와 마찬가지로 경황이 없는 중에 통과차량에 알리기 위해 차도로 뛰어나와 손을 흔드는 등의 위험한 행동을 삼가야 한다.
  ㉱ 연락 : 보험회사나 경찰 등에 다음 사항을 연락한다.
    ㉠ 사고발생지점 및 상태
    ㉡ 부상 정도 및 부상자수
    ㉢ 회사명
    ㉣ 운전자 성명
    ㉤ 우편물, 신문, 여객의 휴대 화물의 상태
    ㉥ 연료 유출 여부 등
  ㉲ 대기 : 부상자가 있는 경우 응급처치 등 부상자 구호에 필요한 조치를 한 후 후속차량에 긴급후송을 요청해야 한다.

(2) 차량고장 시 운전자의 조치사항
① 고장 발생 시 조치사항
  ㉮ 정차 차량의 결함이 심할 때는 비상등을 점멸시키면서 길어깨(갓길)에 바짝 차를 대서 정차한다.
  ㉯ 차에서 내릴 때는 옆 차로의 차량 주행상황을 살핀 후 내린다.
  ㉰ 야간에는 밝은색 옷이나 야광이 되는 옷을 착용하는 것이 좋다.
  ㉱ 비상전화를 하기 전에 차의 후방에 경고반사판을 설치해야 하며 야간에는 특히 주의를 기울인다.
  ㉲ 비상주차대에 정차할 때는 다른 차량의 주행에 지장이 없도록 정차해야 한다.

② 후방에 대한 안전조치
  ㉮ 대기 장소에서는 통과차량의 접근에 따라 접촉이나 추돌이 생기지 않도록 하는 안전조치를 취해야 한다.
  ㉯ 이를 위해 고장차를 즉시 알 수 있도록 표시 또는 눈에 띄게 한다.
  ㉰ 고장자동차의 표지를 설치하여야 하며, 고장 난 자동차를 고속도로 등이 아닌 다른 곳으로 옮겨 놓은 등의 필요한 조치를 하여야 한다.
③ 구조차 또는 서비스차가 도착할 때까지 차량 내에 대기하는 것은 특히 위험하므로 반드시 안전지대로 나가서 기다리도록 한다.

고장자동차의 표지 설치
- 주간 : 고장자동차의 표지(삼각대)를 후방에서 접근하는 자동차의 운전자가 확인할 수 있는 위치에 설치
- 야간 : 고장자동차의 표지와 함께 사방 500m 지점에서 식별할 수 있는 적색의 섬광신호·전기제등 또는 불꽃신호를 추가로 설치

(3) 재난발생 시 운전자의 조치사항
① 운행 중 재난이 발생한 경우에는 신속하게 차량을 안전지대로 이동한 후 즉각 회사 및 유관기관에 보고한다.
② 장시간 고립 시에는 유류, 비상식량, 구급환자발생 등을 즉시 신고, 한국도로공사 및 인근 유관기관 등에 협조를 요청한다.
③ 승객의 안전조치를 우선적으로 취한다.
  ㉮ 폭설 및 폭우로 운행이 불가능하게 된 경우에는 응급환자 및 노인, 어린이 승객을 우선적으로 안전지대로 대피시키고 유관기관에 협조를 요청한다.
  ㉯ 재난 시 차내에 유류 확인 및 업체에 현재 위치를 알리고 도착 전까지 차내에서 안전하게 승객을 보호한다.
  ㉰ 재난 시 차량 내에 이상 여부 확인 및 신속하게 안전지대로 차량을 대피한다.

적중 예상문제

● CHECK POINT QUESTION

CHAPTER 04 │ 운송서비스

SECTION 1 여객운수종사자의 기본자세

01 서비스의 특징에 대한 설명이다. 옳지 않은 것은?

① 보이지 않는다.
② 생산과 소비가 동시에 발생하므로 재고가 발생하지 않는다.
③ 사람에 의존한다.
④ 오랫동안 유지된다.

해설 **서비스의 특징**
• 무형성 : 보이지 않는다.
• 동시성 : 생산과 소비가 동시에 발생하므로 재고가 발행하지 않는다.
• 인적 의존성 : 사람에 의존한다.
• 소멸성 : 즉시 사라진다.
• 무소유권 : 가질 수 없다.
• 변동성 : 시간, 요일 및 계절별로 변동성을 가질 수 있다.
• 다양성 : 일관되고 표준화된 서비스 질을 유지하기 어렵다.

02 여객운송서비스의 특징에 대한 설명이다. 옳지 않은 것은?

① 서비스는 형태가 없는 무형의 상품이다.
② 서비스를 측정하기는 쉽지만 느낄 수는 없다.
③ 서비스는 승객이 버스 승차를 경험한 후에 운송서비스에 대한 질적 수준을 인지할 수 있다.
④ 운송서비스 수준은 버스의 운행 횟수, 운행시간, 차종, 목적지, 도착시간 등의 영향을 받을 수 있다.

해설 서비스는 형태가 없는 무형의 상품으로 제품과 같이 누구나 볼 수 있는 형태로 제시되지 않으며, 서비스를 측정하기는 어렵지만 누구나 느낄 수는 있다.

03 서비스는 사람에 의해 생산되어 사람에게 제공되므로 똑같은 서비스라 하더라도 그것을 행하는 사람에 따라 품질의 차이가 발생하기 쉬운 것은 서비스의 어떤 특징에 대한 설명인가?

① 인적 의존성   ② 소멸성
③ 무소유권   ④ 무형성

해설 서비스는 사람에 의하여 생산되어 고객에게 제공되기 때문에 똑같은 서비스라 하더라도 그것을 행하는 사람에 따라 품질의 차이가 발생하기 쉽다. 특히 운송서비스는 운전자에 의해 생산되기 때문에 인적의존성이 높다.

04 다음은 일반적인 승객의 요구사항이다. 틀린 것은?

① 기억되고 싶어 하지 않는다.
② 환영받고 싶어 한다.
③ 관심을 받고 싶어 한다.
④ 중요한 사람으로 인식되고 싶어 한다.

해설 **일반적인 승객의 욕구**
• 기억되고 싶어 한다.   • 환영받고 싶어 한다.
• 관심을 받고 싶어 한다.   • 중요한 사람으로 인식되고 싶어 한다.
• 편안해지고 싶어 한다.   • 존경받고 싶어 한다.
• 기대와 욕구를 수용하고 인정받고 싶어 한다.

05 긍정적인 이미지를 만들기 위한 3요소가 아닌 것은?

① 시선처리(눈빛)   ② 복장관리(외형)
③ 음성관리(목소리)   ④ 표정관리(미소)

해설 이미지란 개인의 사고방식이나 생김새, 성격, 태도 등에 대해 상대방이 받아들이는 느낌을 말하며 긍정적인 긍정적인 이미지를 만들기 위한 3요소는 다음과 같다.
• 시선처리(눈빛)
• 음성관리(목소리)
• 표정관리(미소)

06 올바른 인사 방법에서 정중한 인사(정중례)의 머리와 상체의 인사 각도는?

① 인사 각도 15°   ② 인사 각도 30°
③ 인사 각도 45°   ④ 인사 각도 90°

해설 **인사 각도 및 의미**
• 가벼운 인사 : 인사 각도 15°   • 보통 인사 : 인사 각도 30°
• 정중한 인사 : 인사 각도 45°

07 호감 받는 표정 관리에서 좋은 표정 만들기에 맞지 않는 것은?

① 얼굴 전체가 웃는 표정을 만든다.
② 입은 가볍게 다문다.
③ 입은 양 꼬리가 올라가게 한다.
④ 입은 일자로 굳게 다문 표정을 짓는다.

해설 **좋은 표정 만들기**
• 밝고 상쾌한 표정을 만든다.
• 얼굴 전체가 웃는 표정을 만든다.
• 돌아서면서 표정이 굳어지지 않도록 한다.
• 입은 가볍게 다문다.
• 입의 양 꼬리가 올라가게 한다.

08 고객응대서비스에서 올바른 시선처리로 보기 힘든 것은?

① 자연스럽고 부드러운 시선   ② 눈동자는 항상 중앙에 위치
③ 위로 치켜뜨는 눈   ④ 가급적 승객의 눈높이와 맞춤

해설 **승객이 싫어하는 시선**
• 위로 치켜뜨는 눈   • 곁눈질
• 한 곳만 응시하는 눈   • 위·아래로 훑어보는 눈

09 승객 응대 마음가짐이 아닌 것은?

① 운전자 입장에서 생각한다.
② 승객이 호감을 갖도록 한다.
③ 예의를 지켜 겸손하게 대한다.
④ 자신감을 갖고 행동한다.

해설 **승객 응대 마음가짐 10가지**
• 사명감을 가진다.   • 승객의 입장에서 생각한다.
• 원만하게 대한다.   • 항상 긍정적으로 생각한다.
• 승객이 호감을 갖도록 한다.   • 공사를 구분하고 공평하게 대한다.
• 투철한 서비스 정신을 갖는다. • 예의를 지켜 겸손하게 대한다.
• 자신감을 갖고 행동한다.   • 부단히 반성하고 개선해 나간다.

정답 01 ④ 02 ② 03 ① 04 ①

정답 05 ② 06 ③ 07 ④ 08 ③ 09 ①

10 대인 관계에 있어 악수에 대한 설명이다. 잘못된 것은?

① 상대방과의 신체접촉을 통한 친밀감을 표현하는 행위로 바른 동작이 필요하다.
② 아랫사람이 상사에게 먼저 손을 내민다.
③ 악수하는 손을 흔들거나, 손을 꽉 잡거나, 손끝만 잡는 것은 좋은 태도가 아니다.
④ 악수하는 도중 상대방의 시선을 피하거나 다른 곳을 응시해서는 안 된다.

> **해설** 악수를 청하는 사람과 받는 사람
> • 기혼자가 미혼자에게 청한다.
> • 선배(상사)가 후배(아랫사람)에게 청한다.
> • 여자가 남자에게 청한다.
> • 승객이 직원에게 청한다.

11 근무복에 대한 공적인 입장, 즉 운수업체 입장과 거리가 먼 것은?

① 시각적인 안정감과 편안함을 승객에게 전달할 수 있다.
② 종사자의 소속감 및 애사심 등 심리적인 효과를 유발시킬 수 있다.
③ 효율적이고 능동적인 업무처리에 도움을 줄 수 있다.
④ 사복에 대한 경제적 부담이 완화될 수 있다.

> **해설** 사적인 입장(종사자 입장)
> • 사복에 대한 경제적 부담이 완화될 수 있다.
> • 승객에게 신뢰감을 줄 수 있다.

12 승객에 대한 호칭과 지칭으로 적당하지 않은 것은?

① 승객
② 손님
③ 어르신
④ 고객

> **해설** 고객보다는 "차를 타는 손님"이라는 뜻이 담긴 "승객"이나 "손님"을 사용하는 것이 좋으며, 할아버지·할머니 등 나이가 드신 분들은 "어르신"으로 호칭하거나 지칭하는 것이 적당하다.

13 대화를 나눌 때의 표정 및 예절에 대한 설명이다. 옳지 않은 것은?

① 눈은 상대방을 정면으로 바라보며 경청한다.
② 듣는 사람을 정면으로 바라보고 말한다.
③ 시선을 자주 마주치는 것을 삼간다.
④ 상대방 눈을 부드럽게 주시한다.

> **해설** 눈은 듣는 입장에서 시선을 자주 마주친다.

14 상대와 대화할 때 주의해야 할 사항이다. 옳지 않은 것은?

① 말하는 입장에서 불평불만을 함부로 말하지 않는다.
② 욕설, 독설, 험담, 과장된 몸짓은 하지 않는다.
③ 쉽게 흥분하거나 감정에 치우치지 않는다.
④ 전문적인 용어나 외래어를 사용하며 말한다.

> **해설** 말하는 입장에서의 주의사항
> • 불평불만을 함부로 말하지 않는다.
> • 전문적인 용어나 외래어를 남용하지 않는다.
> • 욕설, 독설, 험담, 과장된 몸짓은 하지 않는다.
> • 남을 중상모략하는 언동은 조심한다.
> • 쉽게 흥분하거나 감정에 치우치지 않는다.
> • 손아랫사람이라 할지라도 농담은 조심스럽게 한다.
> • 함부로 단정하고 말하지 않는다.
> • 상대방의 약점을 잡아 말하는 것은 피한다.
> • 일부를 보고 전체를 속단하여 말하지 않는다.
> • 도전적으로 말하는 태도나 버릇은 조심한다.
> • 자기 이야기만 일방적으로 말하는 행위는 조심한다.

15 직업의 의미 구성요소가 아닌 것은?

① 경제적 의미
② 인간적 의미
③ 사회적 의미
④ 심리적 의미

> **해설** 직업의 의미
> • 경제적 의미   • 사회적 의미   • 심리적 의미

16 다음의 보기 내용은 직업의 의미 중 무엇과 관련이 깊은가?

> 직업은 삶의 보람과 자기실현에 중요한 역할을 하는 곳으로 사명과 소명의식을 갖고 정성과 정열을 쏟을 수 있는 곳이다.

① 경제적 의미
② 인간적 의미
③ 사회적 의미
④ 심리적 의미

> **해설** 직업의 의미
> • 경제적 의미 : 직업을 통해 안정된 삶을 영위해 나갈 수 있다.
> • 사회적 의미 : 직업을 통해 원만한 사회생활, 인간관계 및 봉사를 하게 되며 자신이 맡은 역할을 수행하여 능력을 인정받는 곳이다.
> • 심리적 의미 : 삶의 보람과 자기실현에 중요한 역할을 하는 곳으로 사명과 소명의식을 갖고 정성과 정열을 쏟을 수 있는 곳이다.

17 바람직한 직업관에 해당하는 것은?

① 생계유지 수단적 직업관
② 지위 지향적 직업관
③ 차별적 직업관
④ 소명의식을 지닌 직업관

> **해설** 잘못된 직업관
> • 생계유지 수단적 직업관   • 지위 지향적 직업관
> • 귀속적 직업관   • 차별적 직업관
> • 폐쇄적 직업관

SECTION 2 운수종사자 준수사항 및 운전예절

18 다음 중 운송사업자가 지켜야 할 일반적인 준수사항에 해당되지 않는 것은?

① 운송사업자는 노약자, 장애인 등에 대해서는 특별한 편의를 제공해야 한다.
② 운송사업자는 속도제한장치 또는 운행기록장치가 정상적으로 작동되는 상태에서 운행되도록 해야 한다.
③ 운송사업자는 자동차를 항상 깨끗하게 유지하여야 한다.
④ 전세버스운송사업자는 운수종사자가 대열운행을 하도록 지도·감독해야 한다.

> **해설** 대열운행은 같은 계약에 따라 같은 목적지로 이동하는 2대 이상의 차량이 고속도로, 자동차전용도로 등에 안전거리를 확보하지 않고 줄지어 운행하는 것을 말하는 것으로 전세버스운송사업자는 운수종사자가 이러한 대열운행을 하지 않도록 지도·감독해야 할 의무가 있다.

19 노선운송사업자가 일반인이 보기 쉬운 영업소 등의 장소에 사전에 게시해야 하는 사항이 아닌 것은(단, 그 밖에 이용자에게 알릴 필요가 있는 사항은 제외한다.)?

① 사업자 및 영업소의 명칭
② 운행시간표
③ 사업자 인적사항
④ 사업을 휴업 또는 폐업하려는 경우 그 내용의 예고

적중 예상문제 제 04 장 | 운송서비스

해설 **노선운송사업자의 사전 게시 사항**
• 사업자 및 영업소의 명칭
• 운행시간표(운행횟수가 빈번한 운행계통에서는 첫차 및 마지막차의 출발시간과 운행 간격)
• 정류소 및 목적지별 도착시간(시외버스운송사업자만 해당)
• 사업을 휴업 또는 폐업하려는 경우 그 내용의 예고
• 영업소를 이전하려는 경우에는 그 이전의 예고
• 그 밖에 이용자에게 알릴 필요가 있는 사항

20 여객자동차 운수사업법상 자동차 안에 운행계통도를 게시해야 하는 사업자에 해당되지 않은 것은?

① 시내버스 ② 전세버스
③ 마을버스 ④ 농어촌버스

해설 운행계통도는 노선운송사업자만 해당되며, 노선운송사업자는 시내버스, 농어촌버스, 마을버스, 시외버스사업자를 말한다.

21 노선버스의 장치 및 설비 등에 관한 준수사항으로 틀린 것은?

① 시내버스 및 농어촌버스의 차 안에는 안내방송장치를 갖춰야 한다.
② 버스의 앞바퀴에는 재생한 타이어를 사용해서는 안 된다.
③ 시외우등고속버스의 앞바퀴에 튜브리스 타이어를 사용해서는 안 된다.
④ 버스의 차체에는 목적지를 표시할 수 있는 설비를 설치해야 한다.

해설 시외우등고속버스, 시외고속버스 및 시외직행버스의 앞바퀴 타이어는 튜브리스 타이어를 사용해야 한다.

22 여객자동차 운수사업법상 운수종사자의 준수사항이 아닌 것은?

① 정당한 사유없이 여객의 승차를 거부하거나 여객을 중도에 내리게 하는 행위를 하여서는 안 된다.
② 문을 완전히 닫지 아니한 상태에서 자동차를 출발시키거나 운행하여서는 안 된다.
③ 운전업무 중 해당 도로에 이상이 있었던 경우에는 회사에 보고한다.
④ 자동차 안내방송 시설이 설치되어 있는 경우 안내방송을 반드시 해야 한다.

해설 운전업무 중 해당 도로에 이상이 있었던 경우에는 운전업무를 마치고 교대할 때에 다음 운전자에게 알려야 한다.

23 다음은 버스 운전자가 운행 전 준비해야 할 사항이다. 틀린 것은?

① 단정한 용모 및 복장을 확인하고 유지한다.
② 차의 내부 및 외부를 항상 청결하게 유지한다.
③ 배차사항, 지시 및 전달사항 등을 확인한 후 운행한다.
④ 운행 전 일상점검을 철저히 하고 이상이 발견되면 직접 조치 후 운행한다.

해설 운행 전 일상점검을 철저히 하고 점검결과 이상이 발견되면 관리자에게 즉시 보고하고 조치 받은 후 운행한다.

24 교통사고 발생 시 운전자가 조치해야 할 사항이다. 틀린 것은?

① 교통사고를 발생시켰을 때에는 현장에서의 인명구호를 우선으로 한다.
② 관할 경찰서 신고 등의 의무를 성실히 이행한다.
③ 사고발생 시 임의로 처리하고 거짓 없이 정확하게 회사에 보고한다.
④ 사고처리 결과에 대해 개인적으로 통보를 받았을 때는 회사에 보고한 후 회사의 지시에 따라 조치한다.

해설 어떤 사고라도 임의로 처리하지 말고, 사고발생 경위를 육하원칙에 따라 거짓 없이 정확하게 회사에 보고한다.

SECTION 3 **교통시스템에 대한 이해**

25 일반적인 버스운영체제의 유형에 해당하지 않는 것은?

① 공영제 ② 국영제
③ 민영제 ④ 준공영제

해설 **버스운영체제의 유형**
• 공영제 : 정부가 버스노선의 계획에서부터 버스차량의 소유·공급, 노선의 조정, 버스의 운행에 따른 수입금 관리 등 버스 운영체계의 전반을 책임지는 방식
• 민영제 : 민간이 버스노선의 결정, 버스운행 및 서비스의 공급 주체가 되고, 정부규제는 최소화하는 방식
• 준공영제 : 노선버스 운영에 공공개념을 도입한 형태로 운영은 민간, 관리는 공공영역에서 담당하게 하는 운영체제

26 버스운영체제의 유형 중 공영제의 특징이 아닌 것은?

① 노선의 공유화로 노선조정, 신설, 변경 등이 용이하다.
② 서비스의 안정적 확보와 개선이 용이하다.
③ 수익 노선 및 비수익 노선에 대해 동등한 양질의 서비스 제공이 어렵다.
④ 책임의식 결여로 생산성이 저하된다.

해설 공영제는 정부가 버스노선의 계획에서부터 버스차량의 소유·공급, 노선의 조정, 버스의 운행에 따른 수입금 관리 등 버스 운영체계의 전반을 책임지는 방식으로 수익노선 및 비수익노선에 대해 동등한 양질의 서비스 제공이 용이하다.

27 버스운영체제의 유형 중 민영제의 특징 설명으로 거리가 먼 것은?

① 민간이 버스노선 결정 및 운행 서비스를 공급함으로 공급비용을 최소화할 수 있다.
② 노선의 독점적 운영으로 업체 간 수입격차가 극심하여 서비스 개선이 곤란하다.
③ 타 교통수단과의 연계교통 체계 구축이 어렵다.
④ 노선의 사유화로 노선의 합리적 개편이 적시적소에 이루어지기 쉽다.

해설 **민영제의 단점**
• 노선의 사유화로 노선의 합리적 개편이 적시적소에 이루어지기 어려움
• 노선의 독점적 운영으로 업체 간 수입격차가 극심하여 서비스 개선 곤란
• 비수익노선의 운행서비스 공급 애로
• 타 교통수단과의 연계교통체계 구축이 어려움
• 과도한 버스 운임의 상승

28 국내 버스준공영제의 일반적인 형태가 아닌 것은?

① 수입금 공동관리제를 바탕으로 한다.
② 운용비용이나 자본비용을 보조하는 형태의 직접 지원형으로 한다.
③ 기반시설이나 수요 증대를 지원하는 형태의 간접 지원형이다.
④ 표준 운송원가대비 운송수입 부족분을 지원하는 형태다.

해설 준공영제는 운영비용이나 자본비용을 보조하는 직접 지원형과 기반시설이나 수용증대를 지원하는 간접 지원형이 있으며, 국내 버스준공영제의 경우 수입금 공동관리제를 바탕으로 표준운송원가 대비 운송수입금 부족분을 지원하는 직접 지원형이다.

29 우리나라에서 준공영제 버스운영체제를 도입하게 된 주요 배경으로 보기 힘든 것은?

① 버스교통의 공공성에 따른 공공부문의 역할분담이 필요하게 되었다.
② 민영체제 하에서의 개별 기업의 수익을 국가가 책임질 필요가 요구되었다.
③ 복지국가로 보편적인 버스교통 서비스를 유지할 필요가 요구되었다.
④ 교통효율성 제고를 위해 버스교통의 활성화가 필요하게 되었다.

112

정답 20 ② 21 ③ 22 ③ 23 ④ 24 ③ 버스운전 자격시험 총정리문제집 **정답** 25 ② 26 ③ 27 ④ 28 ③ 29 ②

준공영제의 주요 도입 배경
- 현행 민영체제 하에서 버스운영의 한계
- 버스교통의 공공성에 따른 공공부문의 역할분담 필요
- 복지국가로서 보편적 버스교통 서비스 유지 필요
- 교통효율성 제고를 위해 버스교통의 활성화 필요

30 버스요금제도와 관련하여 운임의 기준 및 요율을 결정하는 결정권자가 다른 하나는?

① 시외버스 ② 광역급행형 시내버스
③ 마을버스 ④ 고속버스

해설 **버스요금의 관할관청**

구분		운임의 기준·요율결정	신고
노선 운송사업	시내버스	시·도지사 (광역급행형 : 국토교통부장관)	시장·군수
	농어촌버스	시·도지사	시장·군수
	시외버스	국토교통부장관	시·도지사
	고속버스	국토교통부장관	시·도지사
	마을버스	시장·군수	시장·군수
구역 운송사업	전세버스	자율요금	
	특수여객	자율요금	

31 다음 중 업종별 요금 체계가 잘못 연결된 것은?

① 시외버스 – 거리운임요율제 거리체감제
② 고속버스 – 거리체감제
③ 마을버스 – 거리운임요율제
④ 전세버스 – 자율요금

해설 **업종별 요금체계**
- 시내·농어촌버스 : 동일 특별시·광역시·시·군 내에서는 단일운임제, 시(읍)계 외 지역에서는 구역제·구간제·거리비례제
- 시외버스 : 거리운임요율제(기본구간 10km 기준 최저 기본 운임), 거리체감제
- 고속버스 : 거리체감제
- 마을버스 : 단일운임제
- 전세버스 및 특수여객 : 자율요금

32 다음은 간선급행버스체계의 특성이다. 해당되지 않는 것은?

① 중앙버스차로와 같은 분리된 버스전용차로 제공
② 신속한 승·하차 가능
③ 환승 정류장 및 터미널을 이용하여 다른 교통수단과의 연계 가능
④ 효율적인 후불 요금징수 시스템 채택

해설 **간선급행버스체계의 특성**
- 중앙버스차로와 같은 분리된 버스전용차로 제공
- 효율적인 사전 요금징수 시스템 채택
- 신속한 승·하차 가능
- 정류장 및 승차대의 쾌적성 향상
- 지능형교통시스템(ITS, Intelligent Transportation system)을 활용한 첨단신호체계 운영
- 실시간으로 승객에게 버스운행정보 제공 가능
- 환승 정류소 및 터미널을 이용하여 다른 교통수단과의 연계 가능
- 환경친화적인 고급버스를 제공함으로써 버스에 대한 이미지 혁신 가능
- 대중교통에 대한 승객 서비스 수준 향상

33 간선급행버스체계 운영을 위한 구성요소가 아닌 것은?

① 일반 도로 또는 차로 등을 활용한 통행권 확보
② 버스 우선 신호, 버스 전용 지하 또는 고가 등을 활용한 입체교차로 운영
③ 편리하고 안전한 환승시설 운영
④ 지능형 교통시스템을 활용한 운행 관리

 간선급행버스체계 운영을 위해서는 독립된 전용도로 또는 차로 등을 활용한 이용통행권 확보가 필요하다.

34 버스와 정류소에 무선 송수신기를 설치하여 버스의 위치를 실시간으로 파악하고, 이를 이용해 이용자에게 운행정보를 제공하는 시스템은?

① 버스운행관리시스템(BMS)
② 버스정보시스템(BIS)
③ 버스종합관리시스템(BMS)
④ 버스연결정보시스템(BLS)

해설 **버스정보시스템과 버스운행관리시스템**
- 버스정보시스템(BIS) : 버스와 정류장에 무선 송수신기를 설치하여 버스의 위치를 실시간으로 파악하고, 이용자에게 정류장에서 해당 노선버스의 도착 예정시간을 안내하고, 인터넷 등을 통하여 운행정보를 제공하는 시스템
- 버스운행관리시스템(BMS) : 차내장치를 설치한 버스와 종합 사령실을 유·무선 네트워크로 연결해 버스의 위치나 사고정보 등을 승객, 버스회사, 운전자에게 실시간으로 보내주는 시스템

35 버스운행관리시스템(BMS)의 주요 기능이 아닌 것은?

① 실시간 운행상태 파악 ② 전자지도 이용 실시간 관제
③ 버스운행 및 통계관리 ④ 버스도착 정보제공

해설 **BIS와 BMS의 주요 기능**
- 버스정보시스템(BIS) : 버스도착 정보제공(정류소별 도착예정정보 표출, 정류소간 주행시간 표출, 버스운행 및 종료 정보 제공)
- 버스운행관리시스템(BMS) : 실시간 운행상태 파악, 전자지도 이용 실시간 관제, 버스운행 및 통계관리

36 버스정보시스템(BIS)의 운행정보는 누구에게 제공되는가?

① 버스회사 ② 버스운전자
③ 버스이용승객 ④ 시·군

 버스정보시스템(BIS)의 주된 목적은 버스이용자에게 편의를 제공하고 이를 통해 버스 이용을 활성화하기 위한 것이다.

37 중앙버스전용차로의 장점에 대한 설명 중 틀린 것은?

① 적은 비용으로 운영이 가능하다.
② 일반 차량과의 마찰을 최소화한다.
③ 교통정체가 심한 구간에서 더욱 효과적이다.
④ 가로변 상업 활동이 보장된다.

해설 중앙버스전용차로는 여러 가지 안전시설 등의 설치 유지로 인한 비용이 많이 든다.

38 고속도로 버스전용차로 시행구간이 양재 IC부터 신탄진 IC까지 적용되는 요일이 아닌 것은?

① 토요일 ② 공휴일
③ 설날·추석연휴 ④ 연휴 뒷날

해설 **고속도로 버스 전용차로 시행구간**
- 평일 : 경부고속도로 양재 IC부터 오산 IC까지
- 토요일, 공휴일, 설날·추석연휴, 연휴 전날 : 양재 IC부터 신탄진 IC까지

39 고속도로 버스전용차로 시행시간이 틀린 것은?

① 평일 – 서울·부산 양방향 07:00~21:00까지
② 토요일 – 서울·부산 양방향 07:00~21:00까지
③ 공휴일 – 서울·부산 양방향 07:00~다음날 01:00까지
④ 설날·추석 연휴 – 서울·부산 양방향 07:00~다음날 01:00까지

해설 **고속도로 버스전용차로 시행시간**
- 평일, 토요일, 공휴일 : 서울, 부산 양방향 07:00부터 21:00까지
- 설날, 추석연휴 및 연휴 전날 : 서울, 부산 양방향 07:00부터 다음날 01:00까지

적중 예상문제

제 04 장 ㅣ 운송서비스

40 고속도로 버스 전용차로 통행가능차량에 해당되지 않는 것은?

① 9인승 이상 승용자동차에 6인 이상 승차한 경우
② 7인승 이상 승용자동차에 6인 이상 승차한 경우
③ 9인승 이상 승합자동차에 6인 이상 승차한 경우
④ 12인승 이하 승합자동차에 6인 이상 승차한 경우

해설 고속도로 버스전용차로 통행 가능 차량 : 9인승 이상 승용자동차 및 승합자동차(승용자동차 또는 12인승 이하의 승합자동차는 6인 이상이 승차한 경우에 한한다.)

41 IC 카드에 따른 교통카드의 종류가 아닌 것은?

① 접촉식   ② RF식
③ MS식   ④ 하이브리식

해설 IC 카드의 종류(내장하는 칩의 종류에 따라)
• 접촉식
• 비접촉식(RF, Radio Frequency)
• 하이브리드 : 접촉식+비접촉식 2종의 칩을 함께하는 방식이나 2개 종류 간 연동이 안된다.
• 콤비 : 접촉식+비접촉식 2종의 칩을 함께하는 방식으로 2개 종류 간 연동이 된다.

42 교통카드시스템의 구성요소가 아닌 것은?

① 사용자 카드   ② 단말기
③ 중앙처리시스템   ④ 정보저장장치

해설 교통카드시스템은 크게 사용자 카드, 단말기, 중앙처리시스템으로 구성된다.

43 도시교통정비촉진법에 따라 지정되는 대중교통 전용지구의 지정 목적으로 거리가 먼 것은?

① 도심상업지구의 활성화
② 쾌적한 보행자 공간의 확보
③ 일반 차량의 원활한 운행 확보
④ 도심교통환경 개선

해설 대중교통 전용지구
• 도시교통정비촉진법에 따라 도시의 교통수요를 감안해 승용차 등 일반 차량의 통행을 제한할 수 있는 지역 및 제도를 말한다.
• 도시 상업지구 내로의 일반 차량의 통행을 제한하고 대중교통수단의 진입만을 허용하여 교통여건을 개선하여 쾌적한 보행과 쇼핑이 가능하도록 하는 대중교통 중심의 보행자 전용공간이다.

SECTION 4 운수종사자가 알아야 할 응급처치방법 등

44 다음의 괄호 안에 들어갈 내용으로 옳은 것은?

경찰청 훈령인 교통사고조사규칙에 따른 대형사고란 (㉮) 이상이 사망 또는 (㉯) 명 이상의 사상자가 발생한 사고를 말한다.

① ㉮ 5명, ㉯ 30명
② ㉮ 5명, ㉯ 20명
③ ㉮ 3명, ㉯ 30명
④ ㉮ 3명, ㉯ 20명

해설 교통사고조사규칙에 따른 대형사고는 3명 이상이 사망하거나 20명 이상의 사상자를 발생한 사고를 말하며, 이때 사망 기준은 교통사고 발생일로부터 30일 이내에 사망한 것을 말한다.

45 여객자동차 운수사업법에 따른 중대한 교통사고의 기준에 해당되지 않는 것은?

① 전복사고
② 화재가 발생한 사고
③ 사망자 1명 이상 발생한 사고
④ 사망자 1명과 중상자 3명 이상이 발생한 사고

해설 여객자동차 운수사업법에 따른 중대한 교통사고
• 전복(顚覆)사고   • 화재가 발생한 사고
• 사망자 2명 이상 발생한 사고   • 사망자 1명과 중상자 3명 이상이 발생한 사고
• 중상자 6명 이상이 발생한 사고

46 지면으로부터 실내 승객석이 위치한 바닥의 최저 높이를 무엇이라 하는가?

① 상면지상고   ② 지상고
③ 전고   ④ 지하고

해설 전고와 상면지상고
• 전고 : 차체의 전체 높이로서 일반적으로 바퀴와 접지된 지면에서 차체의 가장 높은 부분 사이의 높이
• 상면지상고 : 지면으로부터 실내 승객석이 위치한 바닥의 최저 높이

47 상면지상고가 340mm 이하로 출입구에 계단이 없고, 차체 바닥이 낮으며 경사판이 장착되어 있어 장애인이 휠체어를 타거나, 아기를 유모차에 태운 채 오르내릴 수 있을 뿐 아니라 노약자들도 쉽게 이용할 수 있는 버스로서 주로 시내버스에 이용되고 있는 버스는?

① 고상버스   ② 초고상 버스
③ 저상버스   ④ 마이크로 버스

해설 저상버스는 주로 교통약자를 위한 시내버스로, 초고상 버스는 관광버스에 주로 이용된다.

48 교통사고로 인해 사망자와 부상자가 발생한 경우 먼저 취해야 할 행동은?

① 사망자의 시신 보존   ② 보험회사 담당자에게 신고
③ 경찰서에 신고   ④ 부상자 구출

해설 교통사고 발생 시 최우선적으로 해야 할 행동은 부상자 구출이다.

49 다음 중 교통사고를 당하여 쓰러져 있는 환자에게 최초로 시행해야 하는 것은?

① 출혈이나 골절 등이 있는지 확인한다.
② 목을 뒤로 젖혀 기도를 개방한다.
③ 환자의 의식여부를 먼저 확인한다.
④ 한두 번 인공호흡을 실시한다.

해설 먼저 환자의 의식여부를 확인하고, 의식이 없다면 심폐소생술을 실시한다.

50 성인에게 심폐소생술을 시행할 때 가슴압박의 깊이로 옳은 것은?

① 약 4cm   ② 약 5cm
③ 약 6cm   ④ 약 7cm

해설 가슴압박은 성인의 경우 분당 100~120회의 속도로 강하고 빠르게 시행한다.

51 성인을 대상으로 심폐소생술을 실시할 때, 가슴압박 : 인공호흡의 횟수는?

① 5대 1   ② 15대 2
③ 30대 2   ④ 60대 2

해설 심폐소생술은 30회의 가슴압박과 2회의 인공호흡을 반복한다.

정답 40 ② 41 ③ 42 ④ 43 ③ 44 ④

버스운전 자격시험 총정리문제집

정답 45 ③ 46 ① 47 ③ 48 ④ 49 ③ 50 ② 51 ③

CHAPTER

05

실전모의고사
5회분

실전 모의고사

● CHECK POINT QUESTION

제 1 회

01 다음 중 여객자동차 운수사업법의 제정 목적으로 적합하지 않는 것은?

① 여객자동차 운수사업에 관한 질서 확립
② 여객의 원활한 운송
③ 여객자동차 운수사업의 종합적인 발달 도모
④ 여객용 자동차의 안전성 확보

02 시외버스운송사업 자동차의 운행형태에 따른 종류 중 '시외고속버스'의 승차 정원 기준으로 알맞은 것은?

① 29인승 이하
② 29인승 이상
③ 30인승 이하
④ 30인승 이상

03 관련법상 "중대한 교통사고"가 발생한 경우 운송사업자는 누구에게 지체없이 보고하여야 하는가?

① 시 · 도지사
② 경찰서장 또는 구청장
③ 행정안전부장관 또는 경찰서장
④ 가까운 경찰서의 경찰공무원

04 신규로 여객자동차 운송사업용 자동차를 운전하려는 사람이 받아야 하는 운전 적성정밀검사는?

① 신규검사
② 정기검사
③ 특별검사
④ 자격유지검사

05 여객자동차 운수사업법상 운수종사자의 자격요건을 갖추지 아니한 사람을 운전 업무에 종사하게 한 경우 시내버스 운송사업자에게 부과되는 과징금은(단, 1차 위반 시)?

① 100만원
② 180만원
③ 500만원
④ 800만원

06 운수종사자의 교육에 대한 내용으로 틀린 것은?

① 새로 채용된 운수종사자의 경우 교육시간은 16시간이다.
② 운수종사자에 대한 교육은 운수종사자 연수기관 또는 조합이 한다.
③ 운송사업자는 종업원 중에서 교육훈련 담당자를 선임하여야 한다.
④ 수시교육은 법령위반 운수종사자를 대상하는 하는 교육이다.

07 시내버스운송사업용 승합자동차의 차령으로 알맞은 것은?

① 6년
② 10년
③ 11년
④ 9년

08 다음 중 버스운전업무 종사자격과 관련하여 필요한 요건이 아닌 것은?

① 운전면허
② 학력
③ 나이
④ 운전경력

09 도로교통법상 '자동차의 고속 운행에만 사용하기 위하여 지정된 도로'를 의미 하는 용어는?

① 고속도로
② 자동차전용도로
③ 자동차도로
④ 유료도로

10 다음 중 도로교통법상 '긴급자동차'로 볼 수 없는 차는?

① 화재 발생지역으로 출동하고 있는 소방자동차
② 긴급한 수술을 위한 혈액을 이송 중인 혈액 공급차량
③ 학술 세미나 참가자를 이송 중인 병원차량
④ 긴급 상황임을 표시하고 부상자를 운반 중인 택시

11 다음 보기의 내용은 안전표지 중 무엇에 대한 설명인가?

> 도로상태가 위험하거나 도로 또는 그 부근에 위험물이 있는 경우에 필요한 안전 조치를 할 수 있도록 이를 도로사용자에게 알리는 표지

① 규제표지
② 주의표지
③ 지시표지
④ 보조표지

12 교통안전표지와 그 이름이 잘못 연결된 것은?

①  +형 교차로
②  과속방지턱
③ 우측면 통행
④ 최고속도제한

13 차마의 통행방법과 관련하여 도로의 중앙이나 좌측 부분을 통행할 수 있는 경우 에 해당되지 않는 것은?

① 도로가 일방통행인 경우
② 도로의 파손, 도로공사나 그 밖의 장애 등으로 도로의 우측 부분을 통행 할 수 없는 경우
③ 도로 우측 부분의 폭이 차마의 통행에 충분하지 아니한 경우
④ 보도와 차도의 구분이 없는 일반도로인 경우

14 편도 3차로인 고속도로에서 대형 승합자동차의 주행차로는?

① 1차로
② 2차로
③ 3차로
④ 모든 차로

15 버스전용차로가 설치된 고속도로에서 12인승 이하의 승합자동차가 버스전용차로 로 통행하기 위해서는 몇 명이 승차하여야 하는가?

① 3인 이상
② 5인 이상
③ 6인 이상
④ 승차 인원과 무관

16 악천후 시 자동차의 운행속도에 대한 설명이다. 틀린 것은?

① 노면이 얼어붙은 경우 최고속도의 100분의 50을 줄인 속도로 운행하여야 한다.
② 안개 등으로 가시거리가 100m 이내인 경우 최고속도의 100분의 20을 줄인 속도로 운행하여야 한다.
③ 눈이 20mm 미만 쌓인 경우 최고속도의 100분의 20을 줄인 속도로 운행하여야 한다.
④ 눈이 20mm 이상 쌓인 경우 최고속도의 100분의 50을 줄인 속도로 운행하여야 한다.

17 도로교통법상 긴급한 용도로 운행 중인 긴급자동차가 다가올 때 운전자의 준수사항으로 맞는 것은?

① 교차로에 긴급자동차가 접근할 때에는 교차로 내 좌측 가장자리에 일시정지해야 한다.
② 긴급자동차보다 속도를 높여 신속히 통과한다.
③ 일방통행으로 된 도로에서는 좌측이나 우측 가장자리로 피하여 정지하여야 한다.
④ 그 자리에 일시정지하여 긴급자동차가 지나갈 때까지 기다린다.

18 도로교통법상 서행으로 운전하여야 하는 경우는?

① 교차로의 신호기가 적색 등화의 점멸일 때
② 교차로를 통과할 때
③ 교차로 부근에서 차로를 변경하는 경우
④ 교통정리를 하고 있지 아니하는 교차로를 통과할 때

19 고속도로에서 야간운행 시 실내조명등을 켜야 하는 자동차는?

① 승합자동차   ② 견인되는 자동차
③ 자가용 승용자동차   ④ 화물자동차

20 도로교통법상 운전자의 준수사항과 관련하여 운행 중 일시정지해야 하는 때를 서술한 것이다. 적합하지 않은 것은?

① 어린이가 보호자 없이 도로를 횡단하는 때
② 빗물이 고여 있는 도로를 지나가는 때
③ 지하도나 육교 등 도로 횡단시설을 이용할 수 없는 노인이 도로를 횡단하고 있는 경우
④ 앞을 보지 못하는 사람이 흰색 지팡이를 가지고 도로를 횡단하고 있는 경우

21 어린이통학버스의 신고는 누구에게 해야 하는가?

① 시설의 소재지를 관할하는 경찰서장
② 시설의 운영자가 거주하는 소재지를 관할하는 경찰서장
③ 교육부 장관
④ 시장 또는 군수, 구청장

22 밤에 고속도로에서 자동차 고장으로 운행할 수 없게 되었을 때 고장 자동차의 표지(안전삼각대)와 함께 추가로 (   )에서 식별할 수 있는 적색의 섬광신호 등을 추가로 설치하여야 한다. (   )에 맞는 것은?

① 사방 200m 지점   ② 사방 300m 지점
③ 사방 400m 지점   ④ 사방 500m 지점

23 다음 중 특별교통안전 의무교육을 받아야 하는 사람은?

① 처음으로 운전면허를 받으려는 사람
② 난폭운전으로 면허가 정지된 사람
③ 교통참여교육을 받은 사람
④ 처분벌점이 30점인 사람

24 승객의 차내 소란행위를 방치한 상태로 운전했다면 운전자에게 부과되는 벌점은?

① 100점   ② 60점
③ 40점   ④ 30점

25 다음 중 교통사고처리특례법상 어린이 보호구역 내에서 40km/h로 주행 중 어린이를 다치게 한 경우의 처벌로 맞는 것은?

① 피해자가 형사 처벌을 요구할 경우에만 형사 처벌된다.
② 피해자의 처벌 의사에 관계없이 형사 처벌된다.
③ 종합보험에 가입되어 있는 경우에는 형사 처벌되지 않는다.
④ 피해자와 합의하면 형사 처벌되지 않는다.

26 자동차의 일상점검 시 주의사항으로 틀린 것은?

① 엔진을 점검할 때에는 반드시 엔진을 끄고, 식은 다음에 실시한다.
② 연료 장치나 배터리 부근에서는 불꽃을 멀리한다.
③ 변속 레버는 중립에 위치시킨 후 점검한다.
④ 배터리, 전기 배선을 만질 때에는 미리 배터리의 (−) 단자를 분리한다.

27 다음은 전 운행 전 외관점검 사항이다. 해당되지 않는 것은?

① 유리는 깨끗하며 깨진 곳은 없는지 점검한다.
② 각종 벨트의 장력은 적당하며 손상된 곳은 없는지 점검한다.
③ 후사경의 위치는 바르며 깨끗한지 점검한다.
④ 타이어의 공기압력 마모상태는 적절한지 점검한다.

28 버스 운전자가 운행 전 지켜야 할 안전수칙에 해당되지 않는 것은?

① 가까운 거리라도 안전벨트를 착용한다.
② 운전석 주변은 항상 깨끗이 유지한다.
③ 좌석, 핸들, 미러 등을 조정한다.
④ 인화성·폭발성 물질을 차내에 비치한다.

29 버스 운전자 운행 중 안전수칙에 대한 설명이 잘못된 것은?

① 높이 제한이 있는 도로를 주행할 때에는 항상 차량의 높이에 주의한다.
② 비탈길을 내려올 때는 풋 브레이크만을 사용한다.
③ 터널 밖이나 다리 위 돌풍에 주의한다.
④ 장시간 운전을 하는 경우는 2시간마다 휴식을 취하도록 한다.

30 자동차 연료로 사용되는 천연가스의 특징이 아닌 것은?

① 에탄(C_2H_2)을 주성분으로 하는 탄소량이 적은 탄화수소연료이다.
② 메탄의 비등점은 −162℃이고, 상온에서는 기체이다.
③ 옥탄가가 비교적 높고, 세탄가는 낮아 오토사이클 엔진에 적합한 연료이다.
④ 탄소량이 적으므로 발열량당 CO_2 배출량이 적다.

31 차량의 경제적인 운행방법이 아닌 것은?

① 급발진, 급가속 및 급제동 금지
② 경제속도 준수
③ 불필요한 공회전 금지
④ 적당한 화물 적재 상태에서 운행

32 주행 중에 가속 페달에서 발을 떼거나 저단으로 기어를 변속하여 차량의 속도를 줄이는 운전 방법은?

① 기어 중립
② 풋 브레이크
③ 엔진 브레이크
④ 주차 브레이크

33 ABS(Anti-lock Brake System) 차량에 대한 설명으로 틀린 것은?

① ABS 장치는 급제동 시 핸들의 조향성능을 유지시켜 주는 장치이다.
② ABS 장치를 장착하면 차량이 옆으로 미끄러지는 위험을 방지할 수 있다.
③ 급제동 시 브레이크 페달을 힘껏 밟고 차량이 완전히 급정지할 때까지 계속 밟고 있어야 한다.
④ 접지면이 부족한 도로에서는 일반 브레이크보다 제동거리가 더 길어 질 수 있다.

34 안전벨트(좌석 안전띠) 착용에 대한 설명이 옳지 않은 것은?

① 가까운 거리를 운행하는 경우 착용하지 않아도 된다.
② 안전벨트가 꼬이지 않도록 주의한다.
③ 안전벨트는 어깨 위와 가슴 부위를 지나도록 한다.
④ 안전벨트에 별도의 보조장치를 장착하지 않는다.

35 자동차 배출가스의 색이 흰색(백색)인 경우는?

① 불완전 연소가 일어나고 있다.
② 엔진오일이 함께 연소되고 있다.
③ 유사 휘발유가 섞인 연료를 사용하고 있다.
④ 냉각수와 함께 연소되고 있다.

36 다음 중 운전자에게 엔진과열 상태를 알려주는 경고등은?

① 엔진오일 압력 경고등
② 수온 경고등
③ 연료 경고등
④ 주차 브레이크 경고등

37 변속기의 구비조건 중 잘못된 것은?

① 가볍고, 단단하며 다루기 쉬워야 한다.
② 연속적 변속이 이루어져서는 안 된다.
③ 조작이 쉽고, 신속 확실하며, 작동소음이 작아야 한다.
④ 동력 전달 효율이 좋아야 한다.

38 수막현상(Hydroplaning)의 원인과 예방 대책에 관한 설명으로 가장 적절한 것은?

① 수막현상이 발생하더라도 핸들 조작의 결과는 평소와 별 차이를 보이 지 않는다.
② 새 타이어일수록 수막현상이 발생할 가능성이 높다.
③ 타이어와 노면 사이의 접촉면이 좁을수록 수막현상의 가능성이 높아 진다.
④ 수막현상을 예방하기 위해서 가장 중요한 것은 빗길에서 평소보다 감속 하는 것이다.

39 진동에 대한 감쇠작용을 못하고 옆 방향 작용력에 대한 저항력이 없는 단점이 있으며 중량당 에너지 흡수율이 판 스프링보다 크고 유연하기 때문에 승용차에 많이 사용되는 스프링은?

① 판 스프링
② 코일 스프링
③ 토션 바 스프링
④ 공기 스프링

40 다음 중 자동차 앞부분을 지지하는 앞바퀴에 차륜 정렬(휠얼라이먼트)을 위하여 설치되어 있지 않은 것은?

① 캠버(Camber)
② 캐스터(Caster)
③ 토인(Toe-in)
④ 체임버(Chamber)

41 교통사고의 요인에 대한 설명으로 틀린 것은?

① 인적요인은 운전자의 적성과 자질, 운전습관, 내적태도 등에 관한 것이다.
② 차량요인은 차량구조장치, 부속품 또는 적하(積荷) 등에 관한 것이다.
③ 환경요인은 자연환경, 교통환경, 사회적 환경, 구조환경 등의 요인으로 구성된다.
④ 모든 교통사고는 인적요인 하나로 설명될 수 있다.

42 버스 교통사고와 관련하여 사고 빈도가 가장 높은 사고의 유형은?

① 회전, 급정거 등으로 인한 차내 승객 사고
② 진로변경 중 접촉 사고
③ 횡단 보행자 등과의 사고
④ 교차로 신호위반 사고

43 다음 보기의 설명이 잘못된 것은?

① 중심시란 인간이 전방의 어떤 사물을 주시할 때, 그 사물을 분명하게 볼 수 있게 하는 눈의 영역을 말한다.
② 주변시란 어떤 사물 그 좌우를 움직이는 물체 등을 인식할 수 있게 하는 눈의 영역을 말한다.
③ 시야란 중심시와 주변시를 포함해서 주위의 물체를 확인할 수 있는 범위 를 말한다.
④ 동체시력이란 일정 거리에서 일정한 시표를 보고 모양을 확인할 수 있는 지를 가지고 측정하는 시력이다.

44 야간에 도로상의 보행자나 물체들이 일시적으로 안 보이게 되는 "증발 현상"이 일어나기 쉬운 위치는?

① 반대 차로의 가장자리
② 주행 차로의 우측 부분
③ 도로의 중앙선 부근
④ 도로 우측의 가장자리

45 알코올이 운전에 미치는 부정적인 영향이 아닌 것은?

① 심리-운동 협응능력 저하
② 정보처리 능력 향상
③ 판단 능력 감소
④ 차선을 지키는 능력 감소

46 운전 중 교통약자인 자전거와 이륜자동차를 만났을 때 유의해야 할 사항이 아닌 것은?

① 차로 내에 점유한 공간을 내주어야 한다.
② 이륜차나 자전거를 앞지를 때는 속도를 높여 신속하게 통과한다.
③ 이륜차나 자전거의 갑작스런 움직임에 대해 예측하고 있어야 한다.
④ 교차로에서는 특별히 자전거나 이륜차가 있는지를 잘 살핀다.

47 고령운전자에 대한 설명으로 틀린 것은?

① 만 60세 이상의 운전면허소지자를 말한다.
② 사물을 구별하는 식별능력이 저하된다.
③ 근육 운동력의 저하로 인해 반응시간이 지연된다.
④ 구별이 뚜렷하지 않은 물체를 식별하는 능력이 저하된다.

48 다음 중 수막(Hydroplaning) 현상을 예방하기 위한 조치로 틀린 것은?

① 타이어의 공기압을 평소보다 조금 낮게 한다.
② 마모된 타이어를 사용하지 않는다.
③ 고속으로 주행하지 않는다.
④ 배수효과가 좋은 타이어 패턴을 사용한다.

49 풋 브레이크 과다 사용으로 인한 마찰열 때문에 브레이크액에 기포가 생겨 제동이 되지 않는 현상을 무엇이라 하는가?

① 스탠딩 웨이브(Standing wave)
② 베이퍼 록(Vapor lock)
③ 워터 페이드(Water fade)
④ 언더 스티어링(Under steering)

50 공주거리에 대한 설명으로 맞는 것은?

① 술에 취한 상태로 운전하게 되면 공주거리가 길어진다.
② 빗길을 주행하는 경우에는 정지거리가 공주거리보다 짧아진다.
③ 교통사고를 피하기 위해서는 공주거리만큼은 유지해야 한다.
④ 위험을 느끼고 브레이크 페달을 밟은 후 차량이 완전히 정지한 거리가 공주거리이다.

51 다음 중 교통약자로 볼 수 없는 사람은?

① 장애인 ② 고령자
③ 임산부 ④ 청소년

52 양방향 2차로 앞지르기 금지구간에서 자동차의 원활한 소통을 도모하고, 도로 안전성을 제고하기 위해 길어깨 쪽으로 설치하는 저속 자동차의 주행차로는?

① 가변차로 ② 앞지르기차로
③ 양보차로 ④ 오르막차로

53 회전교차로의 기본 운영원리로 틀린 것은?

① 회전교차로에 진입할 때에는 충분히 속도를 줄인 후 진입한다.
② 회전 중인 자동차는 교차로에 진입하는 자동차에게 양보한다.
③ 회전차로 내에 여유 공간이 있을 때까지 양보선에서 대기한다.
④ 회전교차로를 통과할 때는 중앙교통섬을 중심으로 시계 반대방향으로 회전하며 통행한다.

54 도로의 안전시설 중 야간 및 악천후에 운전자의 시선을 명확히 유도하기 위해 도로 표면에 설치하는 시설물은?

① 시선유도표지 ② 갈매기표지
③ 표지병 ④ 시선유도봉

55 짧은 시간 내에 차의 점검 및 운전자의 피로회복을 위한 시설로 주차장, 녹지공간, 화장실 등으로 구성되는 휴게시설은?

① 일반휴게소 ② 간이휴게소
③ 화물차 전용휴게소 ④ 쉼터휴게소

56 다음 중 안전운전의 5가지 기본 기술에 속하지 않는 것은?

① 운전 중에 전방을 멀리본다.
② 전체적으로 살펴본다.
③ 시선을 중앙에 고정한다.
④ 차가 빠져나갈 공간을 확보한다.

57 운전 중 대향차량과의 정면충돌사고를 회피하는 방어운전요령으로 틀린 것은?

① 전방의 도로 상황을 파악한다.
② 정면으로 마주칠 때 핸들조작은 왼쪽으로 한다.
③ 속도를 줄인다.
④ 오른쪽으로 방향을 조금 틀어 공간을 확보한다.

58 앞지르기할 때의 운전 방법으로 옳은 것은?

① 앞지르기를 시작할 때에는 좌측 공간을 충분히 확보하여야 한다.
② 고속도로에서 앞지르기할 때에는 그 도로의 제한속도를 초과할 수 있다.
③ 안전이 확인된 경우에는 우측으로 앞지르기할 수 있다.
④ 앞차의 좌측으로 통과한 후 후사경에 우측 차량이 보이지 않을 때 빠르게 진입한다.

59 내리막길에서의 방어운전 요령으로 틀린 것은?

① 내리막길에서 기어 변속할 때 클러치 및 변속레버의 작동은 천천히 한다.
② 내리막길을 내려갈 때에는 엔진 브레이크로 속도를 조절하는 것이 바람직하다.
③ 엔진 브레이크를 사용하면 페이드 현상 및 베이퍼 록 현상을 예방하여 운행 안전도를 높일 수 있다.
④ 경사길 주행 중간에 불필요하게 속도를 줄이거나 급제동하는 것은 주의해야 한다.

60 다음 중 고속도로 진·출입부에서 가장 안전한 운전 방법은?

① 진·출입부에서는 차량이 정체되므로 사고 예방을 위해서 뒤차가 접근하지 못하도록 급제동한다.
② 진·출입부에서는 속도에 대한 감각이 둔해지므로 일시정지한 후 출발한다.
③ 진출하고자 하는 출구를 지나친 경우 다음 출구를 이용한다.
④ 진출부 진입 전에 충분히 가속한다.

실전 모의고사

61 안개길 운전 시 안전운전 방법으로 잘못된 것은?

① 커브길 등에서는 경음기를 울리면서 주행하면 안 된다.
② 전조등, 안개등 및 비상점멸표시등을 켜고 운행한다.
③ 앞차와의 차간거리를 충분히 확보하고, 앞차의 신호를 예의 주시하며 운행한다.
④ 가시거리 100m 이내인 경우에는 최고속도를 50% 정도 감속하여 운행한다.

62 운전의 기본 운행 수칙에서 차량을 출발하고자 할 때 유의사항이 아닌 것은?

① 매일 운행을 시작할 때에는 후사경이 제대로 조정되어 있는지 확인한다.
② 기어가 들어가 있는 상태에서 클러치를 밟고 시동을 건다.
③ 주차 브레이크가 채워진 상태에서는 출발하지 않는다.
④ 운행을 시작하기 전에 제동등이 점등되는지 확인한다.

63 고속도로에서 자동차 고장으로 운행할 수 없는 경우 적절한 조치요령으로 가장 올바른 것은?

① 비상점멸등을 작동한 후 차 안에서 가입한 보험사에 신고한다.
② 보닛과 트렁크를 열어 놓고 고장난 곳을 확인한 후 구난차를 부른다.
③ 차에서 내린 후 차 바로 뒤에서 손을 흔들며 다른 자동차에게 도움을 요청한다.
④ 고장자동차의 이동이 가능하면 갓길로 옮겨 놓고 안전한 장소에서 도움을 요청한다.

64 터널 내 화재가 발생했을 경우 자동차 운전자의 행동요령으로 적절하지 않는 것은?

① 운전자는 차량과 함께 터널 밖으로 신속히 이동한다.
② 터널 밖으로 이동이 불가능한 경우 최대한 갓길 쪽으로 정차한다.
③ 엔진을 끈 후 자동차 키를 가지고 신속하게 빠져나온다.
④ 비상벨을 누르거나 비상전화로 화재발생을 알려줘야 한다.

65 다음 중 봄철에 발생하는 교통사고 위험요인으로 볼 수 없는 것은?

① 이른 봄에는 일교차가 심해 새벽에 결빙된 도로가 발생할 수 있다.
② 황사현상에 의한 모래바람은 운전자 시야 장애요인이 되기도 한다.
③ 교통상황에 대한 판단능력이 떨어지는 어린이와 노약자등의 교통사고가 감소한다.
④ 춘곤증에 의한 전방 주시 태만 및 졸음운전은 사고로 이어질 수 있다.

66 교통의 3대 요소인 사람, 자동차, 도로환경 등 모든 조건이 다른 계절에 비해 열악한 계절은?

① 봄
② 여름
③ 가을
④ 겨울

67 올바른 서비스 제공을 위한 요소가 아닌 것은?

① 단정한 용모 및 복장
② 승객과의 잡담
③ 밝은 표정
④ 공손한 인사

68 일반적인 승객의 욕구로 가장 거리가 먼 것은?

① 편안해지고 싶어한다.
② 존경받고 싶어한다.
③ 기대와 욕구를 수용하고 인정받고 싶어한다.
④ 관심에서 멀어지고 싶어한다.

69 올바른 인사방법이 아닌 것은?

① 표정은 밝고 부드러운 미소를 짓는다.
② 고개는 반듯하게 들되 턱을 내밀지 않고 자연스럽게 당긴다.
③ 인사 전·후에 상대방의 눈을 정면으로 쳐다보지 않는다.
④ 상대방을 진심으로 존중하는 마음을 눈빛에 담아 인사한다.

70 악수를 청하는 사람과 받는 사람에 대한 설명이다. 틀린 것은?

① 남자가 여자에게 청한다.
② 기혼자가 미혼자에게 청한다.
③ 선배가 후배에게 청한다.
④ 상사가 아랫사람에게 청한다.

71 직업의 경제적 의미와 거리가 먼 것은?

① 직업을 통해 안정된 삶을 영위해 나갈 수 있어 중요한 의미를 가진다.
② 일의 대가로 임금을 받아 본인과 가족의 경제생활을 영위한다.
③ 자신의 이상이나 자아를 직업을 통해 실현함으로써 인격의 완성을 기하는 곳이다.
④ 직업은 인간 개개인에게 일할 기회를 제공한다.

72 바람직한 직업관이라고 보기 힘든 것은?

① 소명의식을 지닌 직업관
② 사회구성원으로서의 역할 지향적 직업관
③ 지위 지향적 직업관
④ 미래 지향적 전문능력 중심의 직업관

73 다음 중 승객이 자동차 안에서 쉽게 볼 수 있는 위치에 운행계통도를 게시하지 않아도 되는 버스는?

① 시내버스
② 마을버스
③ 전세버스
④ 농어촌버스

74 다음은 운수종사자의 준수사항이다. 잘못된 것은?

① 여객의 안전과 사고예방을 위하여 운행 전 사업용 자동차의 안전 설비 및 등화장치 등의 이상 유무를 확인해야 한다.
② 자동차의 운행 중 중대한 고장을 발견하거나 사고가 발생할 우려가 있다고 인정될 때에는 즉시 운행을 중지하고 적절한 조치를 해야 한다.
③ 운전업무 중 해당 도로에 이상이 있었던 경우에는 즉시 회사 관리자에게 알리도록 한다.
④ 여객이 타고 있는 때에는 버스 또는 택시 안에서 담배를 피워서는 안 된다.

75 우리나라에서 운영 중인 버스운영체제의 유형은?
① 공영제 ② 민영제
③ 준공영제 ④ 국영제

76 버스와 운임의 기준 및 요율을 결정하는 결정권자가 잘못 연결된 것은?
① 광역급행형 시내버스 – 시·도지사
② 시외버스 – 국토교통부장관
③ 마을버스 – 시장·군수
④ 농어촌버스 – 시·도지사

77 내장하는 칩의 종류에 따른 IC 교통카드의 종류에 해당되지 않는 것은?
① 접촉식 ② 마그네틱 방식
③ 비접촉식 ④ 하이브리드식

78 버스정보시스템(BIS)에 대한 설명 중 잘못된 것은?
① 이용자에게 버스 운행상황 정보 제공
② 버스 운행상황 관제
③ 버스 이용승객에게 편의 제공
④ 정류소 출발, 도착 데이터 제공

79 버스이용자(승객) 관점에서의 버스정보시스템(BIS) 기대효과가 아닌 것은?
① 버스운행정보 제공으로 만족도 향상
② 불규칙한 배차, 결행 및 무정차 통과에 의한 불편 해소
③ 운행 정보 인지로 정시 운행
④ 버스 도착 예정시간 사전 확인으로 불필요한 대기시간 감소

80 중앙버스전용차로 운영의 장점으로 보기 힘든 것은?
① 교통정체가 심한 구간에서 더욱 효과적이다.
② 대중교통의 통행속도 제고 및 정시성 확보가 유리하다.
③ 일반차량과의 마찰을 최소화 한다.
④ 다른 전용차로에 비해 운영 비용이 적게든다.

정답 제1회 실전모의고사

01 ④	02 ④	03 ①	04 ①	05 ③	06 ④	07 ④	08 ②	09 ①	10 ③
11 ②	12 ②	13 ④	14 ③	15 ①	16 ②	17 ③	18 ④	19 ①	20 ②
21 ①	22 ④	23 ②	24 ③	25 ②	26 ③	27 ②	28 ④	29 ②	30 ①
31 ④	32 ③	33 ①	34 ①	35 ③	36 ③	37 ④	38 ④	39 ②	40 ④
41 ④	42 ①	43 ④	44 ③	45 ②	46 ②	47 ①	48 ①	49 ②	50 ①
51 ④	52 ③	53 ②	54 ①	55 ①	56 ③	57 ③	58 ①	59 ①	60 ③
61 ①	62 ②	63 ④	64 ①	65 ③	66 ④	67 ②	68 ④	69 ③	70 ①
71 ③	72 ③	73 ③	74 ③	75 ③	76 ①	77 ②	78 ②	79 ③	80 ④

실전 모의고사

제 2 회

01 다음 중 "자동차를 정기적으로 운행하려는 구간을 정하여 여객을 운송하는 사업"은 무엇에 대한 정의인가?

① 정기 여객자동차운수사업
② 노선 여객자동차운송사업
③ 구역 여객자동차운송사업
④ 수요응답형 여객자동차운송사업

02 여객자동차 운수사업법상 '자동차 표시'와 관련한 내용으로 잘못된 것은?

① 자동차 표시 위치는 자동차의 바깥쪽으로 한다.
② 표시 내용은 운송사업자의 명칭, 기호, 그 밖에 국토교통부령으로 정하는 사항을 표시하여야 한다.
③ 시외우등고속버스는 "고속"으로 표시하여야 한다.
④ 외부에서 알아보기 쉽도록 차체 면에 인쇄하는 등 항구적인 방법으로 표시한다.

03 운송사업자는 전월 말일 현재의 운수종사자 현황을 시·도지사에게 언제까지 알려야 하는가?

① 매월 초
② 매월 10일
③ 매월 말
④ 매월 5일

04 버스운전자격시험에 합격한 사람은 합격자 발표일로부터 며칠 이내에 교통안전공단에 자격증의 발급을 신청하여야 하는가?

① 3일 이내
② 10일 이내
③ 15일 이내
④ 30일 이내

05 운전자격의 취소 및 효력정지의 처분기준 중 일반기준에 대한 설명으로 틀린 것은?

① 위반행위가 둘 이상인 경우로 그에 해당하는 각각의 처분기준이 다른 경우에는 두 처분기준을 합산한 기간으로 처분한다.
② 위반행위의 횟수에 따른 행정처분의 기준은 최근 1년간 같은 위반행위로 행정처분을 받은 경우에 해당한다.
③ 자격정지처분을 받은 사람이 가중 사유가 있어 가중하는 경우 그 가중된 기간은 6개월을 초과할 수 없다.
④ 위반행위가 사소한 부주의나 오류가 아닌 고의나 중대한 과실에 의한 것으로 인정되는 경우는 가중사유가 된다.

06 여객자동차 운수사업법령상 위반 행위의 결과가 버스운전자격 취소처분에 해당하지 않는 것은?

① 부정한 방법으로 버스운전자격을 취득한 경우
② 교통사고로 사망자 2명 이상이 발생한 경우
③ 운전업무와 관련하여 버스운전자격증을 타인에게 대여한 경우
④ 도로교통법 위반으로 사업용 자동차를 운전할 수 있는 운전면허가 취소된 경우

07 특수여객자동차 운송사업용으로 사용되는 대형 승용자동차의 차령은 얼마인가?

① 6년
② 10년
③ 11년
④ 9년

08 운수종사자 교육실시기관은 그 해의 교육결과를 언제까지 시·도지사 및 조합에 보고하거나 통보하여야 하는가?

① 그 해 12월 말까지
② 다음 해 1월 10일까지
③ 다음 해 1월 말까지
④ 다음 해 3월 이내

09 다음 중 '차로와 차로를 구분하기 위하여 그 경계지점을 안전표지로 표시한 선'을 의미하는 것은?

① 차도
② 차선
③ 중앙선
④ 연석선

10 교통안전시설이 표시하는 신호 또는 지시에 우선하는 사람이 아닌 자는?

① 교통정리를 하는 국가경찰공무원
② 경찰공무원을 보조하는 사람
③ 군사훈련에 동원된 부대의 이동을 유도하는 군사경찰
④ 학교 인근에서 교통정리를 하는 녹색어머니회 회원

11 도로교통법상의 용어와 그 정의가 잘못 설명된 것은?

① 서행 : 운전자가 시속 20km 이하의 느린 속도로 차를 진행하는 것
② 앞지르기 : 차의 운전자가 앞서가는 다른 차의 옆을 지나서 그 차의 앞으로 나가는 것
③ 횡단보도 : 보행자가 도로를 횡단할 수 있도록 안전표지로 표시한 도로의 부분
④ 차로 : 차마가 한 줄로 도로의 정하여진 부분을 통행하도록 차선(車線)으로 구분한 차도의 부분

12 안전표지의 종류 중 도로상태가 위험하거나 도로 또는 그 부근에 위험물이 있는 경우에 필요한 안전조치를 할 수 있도록 이를 도로사용자에게 알리는 표지는?

① 규제표지
② 지시표지
③ 안내표지
④ 주의표지

13 고속도로가 아닌 편도 3차로의 일반도로에서 대형 승합자동차의 통행 차로는?

① 1차로
② 2차로
③ 2차로와 3차로
④ 1차로와 2차로

14 전용차로 중 '다인승전용차로'를 통행할 수 있는 차의 기준은?

① 36인승 이상의 승합자동차
② 12인승 이하의 승합자동차
③ 3인 이상 승차한 승용자동차 및 승합자동차
④ 4인 이상 승차한 승합자동차

15 편도 1차로인 주거지역의 일반도로에 비가 내려 노면이 젖어있는 경우 자동차의 최고속도는?

① 80km/h
② 60km/h
③ 48km/h
④ 40km/h

16 교차로 내에서 앞에 진행하는 차의 좌측을 통행하여 앞지르기하였다. 위반내용은?

① 우선권 양보 불이행
② 앞지르기 금지장소 위반
③ 중앙선 침범 위반
④ 앞지르기 방법 위반

17 예외가 허용되지 않을 경우 버스여객자동차의 정류지임을 표시하는 기둥이나 표지판 또는 선이 설치된 곳으로부터 몇 m 이내까지 정차 및 주차가 금지되는가?

① 40m
② 30m
③ 20m
④ 10m

18 앞차를 앞지르기하고자 할 때의 요령과 관계가 먼 것은?

① 다른 차를 앞지르려면 앞차의 좌측으로 통행하여야 한다.
② 반대 방향의 교통과 앞차 앞쪽의 교통에도 주의를 충분히 기울여야 한다.
③ 앞차의 속도·진로와 그 밖의 도로상황에 따라 방향지시기·등화 또는 경음기를 사용한다.
④ 앞차가 다른 차를 앞지르고 있거나 앞지르려고 하는 경우에도 앞지르기 할 수 있다.

19 도로교통법상의 고속버스 운송사업용 자동차의 승차인원은 어디까지 허용되는가?

① 승차정원의 110% 이내
② 승차정원 이내
③ 출발지를 관할하는 경찰서장의 허가를 받은 경우 110% 이내
④ 자동차에 탑승할 수 있는 최대 한도 내

20 운전자의 준수사항과 관련하여 특히 운송사업용 자동차의 운전자가 준수해야 하는 사항은?

① 자동차의 운전자가 자동차를 운전하는 때에는 좌석안전띠를 매어야 한다.
② 자동차를 급히 출발시키거나 속도를 급격히 높이는 행위를 해서는 안 된다.
③ 운행기록계가 설치되어 있지 않은 자동차를 운전해서는 안 된다.
④ 예외가 적용되는 경우가 아닌 한 운전 중에 휴대전화를 사용해서는 안 된다.

21 어린이통학버스 운전자의 의무사항으로 잘못된 것은?

① 어린이나 유아가 탑승 시 좌석에 앉았는지를 확인한 후 출발하여야 한다.
② 어린이나 유아를 태울 때에는 법이 정한 보호자를 동반하고 운행하여야 한다.
③ 어린이나 유아를 내려줄 때에는 보도나 길가장자리구역 등 안전한 장소에 도착한 것을 확인한 후에 출발하여야 한다.
④ 어린이나 통학버스는 항상 점멸등 등의 장치를 작동하여야 한다.

22 제1종 대형면허와 제1종 보통면허의 운전범위를 구별하는 승합자동차의 승차정원 기준은?

① 15인 이하
② 10인 이하
③ 9인 이하
④ 5인 이하

23 다음 보기 중 운전자에게 부과되는 범칙금액이 가장 많은 범칙행위는(단, 승합자동차인 경우이다.)?

① 60km/h를 초과하는 속도위반
② 승객의 차내 소란행위 방치 운전
③ 운행기록계 미설치 자동차운전금지 등의 위반
④ 승하차자 추락방지 조치 위반

24 2년간 벌점 또는 누산점수 몇 점 이상이 되면 운전면허가 취소되는가?

① 121점
② 201점
③ 271점
④ 351점

25 도로교통법에서 정한 운전이 금지되는 술에 취한 상태의 기준으로 맞는 것은?

① 혈중알코올농도 0.03% 이상인 상태로 운전
② 혈중알코올농도 0.05% 이상인 상태로 운전
③ 혈중알코올농도 0.08% 이상인 상태로 운전
④ 혈중알코올농도 0.1% 이상인 상태로 운전

26 다음은 올바른 운전 자세에 대한 설명이다. 거리가 먼 것은?

① 운전자 몸의 중심이 핸들 중심과 정면으로 일치되도록 한다.
② 등은 펴서 시트에 가까이 붙이고 앉는다.
③ 브레이크 페달, 클러치 페달을 끝까지 밟았을 때 무릎이 약간 굽혀지도록 한다.
④ 손목이 핸들의 가장 가까운 곳에 닿아야 한다.

27 버스 세차시기로 가장 거리가 먼 것은?

① 동결방지제(염화칼슘)를 뿌린 도로를 주행하였을 경우
② 해안지대를 주행하였을 경우
③ 시내 아스팔트길을 주행하였을 경우
④ 새의 배설물, 벌레 등이 붙어 있는 경우

28 자동차 연료로 사용하는 천연가스의 특징이 아닌 것은?

① 가스 상태로 엔진 내부로 흡입되어 혼합기 형상이 용이하다.
② -20℃~-30℃의 저온인 대기 온도에서도 가스 상태로서 저온 시동성이 우수하다.
③ 탄소량이 적으므로 발열량당 이산화탄소(CO_2) 배출량이 적다.
④ 불완전 연소로 입자상 물질의 생성이 많다.

29 다음은 버스운행 시 브레이크 조작요령에 대한 설명이다. 틀린 것은?

① 내리막길에서 계속 풋 브레이크를 작동시키면 브레이크 파열, 브레이크의 일시적인 작동 불능 등의 우려가 있다.
② 주행 중에 제동할 때에는 핸들을 붙잡고 기어가 들어가 있는 상태에서 제동한다.
③ 내리막길에서 운행할 때 기어를 중립에 두고 탄력 운행하는 것이 연료 절감 측면에서 경제적이다.
④ 브레이크를 밟을 때 2~3회에 나누어 밟게 되면 안정된 성능을 얻을 수 있다.

30 다음 중 머리지지대(Head rest)가 하는 역할로 맞는 설명은?

① 충돌사고 발생 시 어깨 부분을 보호하는 역할을 한다.
② 충돌사고 발생 시 머리와 목을 보호하는 역할을 한다.
③ 충돌사고 발생 시 얼굴 및 이마 부분을 보호하는 역할을 한다.
④ 충돌사고 발생 시 허리 부분을 보호하는 역할을 한다.

31 밤에 자동차의 운전자가 도로에 정차할 경우 켜야 하는 등화로 맞는 것은(이륜자동차 제외)?

① 전조등 및 미등
② 실내 조명등 및 차폭등
③ 번호등 및 전조등
④ 미등 및 차폭등

32 다음은 자동차 운행 중 이상현상이 발생할 때의 원인 및 조치 사항이다. 틀린 것은?

① 핸들이 어느 속도에 이르면 흔들리거나 진동이 일어난다면 앞바퀴 불량이 원인일 때가 많다.
② 고속으로 주행할 때 핸들이 흔들리거나 진동이 일어난다면 앞차륜 정렬(휠 얼라인먼트)이 흐트러졌다든가 바퀴 자체의 휠 밸런스가 맞지 않을 때 주로 일어난다.
③ 주행 중 하체 부분에서 비틀거리는 흔들림이 일어나거나 커브를 돌았을 때 휘청거리는 느낌이 들 때는 바퀴 자체의 휠 밸런스가 맞지 않을 때 주로 일어난다.
④ 비포장도로의 울퉁불퉁한 험한 노면상을 달릴 때 '따각따각'하는 소리나 '쿵쿵'하는 소리가 날 때에는 현가장치인 쇽업쇼버의 고장으로 볼 수 있다.

33 다음은 클러치가 미끄러지는 원인이다. 거리가 먼 것은?

① 클러치 페달의 유격이 크다.
② 클러치 디스크의 마멸이 심하다.
③ 클러치 디스크에 오일이 묻어 있다.
④ 클러치 스프링의 장력이 약하다.

34 자동차 변속기와 관련된 설명으로 틀린 것은?

① 엔진과 차축 사이에서 회전력을 변환시켜 전달한다.
② 수동변속기는 유체가 댐퍼 역할을 하여 충격이나 진동이 적다.
③ 자동변속기는 수동에 비해 연료소비율이 10% 정도 많아진다.
④ 엔진을 시동할 때 엔진을 무부하 상태로 한다.

35 다음 보기에서 고속으로 주행하는 차량의 타이어 이상으로 발생하는 현상을 모두 고르면?

(ㄱ) 베이퍼 록 현상	(ㄴ) 스탠딩웨이브 현상
(ㄷ) 페이드 현상	(ㄹ) 수막(하이드로플레이닝) 현상

① (ㄱ), (ㄴ)
② (ㄴ), (ㄹ)
③ (ㄱ), (ㄴ), (ㄷ)
④ (ㄱ), (ㄴ), (ㄷ), (ㄹ)

36 완충장치 중 승차감이 우수하기 때문에 정거리 주행 자동차 및 대형버스에 사용되는 스프링은?

① 판 스프링
② 코일 스프링
③ 공기 스프링
④ 토션 바 스프링

37 자동차 조향장치의 구비조건으로 틀린 것은?

① 조향조작이 주행 중의 충격에 영향을 받지 않아야 한다.
② 조작이 쉽고, 방향 전환이 원활하게 이루어져야 한다.
③ 고속주행에서도 조향조작이 안정적이어야 한다.
④ 조향 핸들의 회전과 바퀴 선회 차이가 커야 한다.

38 자동차 종합검사의 기간은 검사 유효기간 만료일 전후 각각 며칠 이내인가?

① 16일
② 31일
③ 41일
④ 62일

39 자동차를 앞에서 보았을 때 앞바퀴가 수직선에 대해 어떤 각도를 두고 설치되어 있는 것을 무엇이라 하는가?

① 캐스터(Caster)
② 캠버(Camber)
③ 토인(Toe-in)
④ 조향축(킹핀) 경사각

40 자동차 종합검사를 받아야 하는 기간만료일로부터 35일이 넘은 경우의 과태료 부과금액은 얼마인가?

① 2만원
② 3만원
③ 6만원
④ 7만원

41 버스의 특성과 관련된 대표적인 사고유형 중 사고빈도가 가장 높은 것은?

① 승하차시 사고
② 회전, 급정거 등으로 인한 차내 승객사고
③ 동일 방향 후미 추돌사고
④ 진로 변경 중 접촉사고

42 운전경험에 따른 객관적 안전(OS)과 주관적 안전(SS)의 변화과정 중 틀린 것은?

① 초보운전자는 주관적 안전이 객관적 안전보다 낮게 인식된다.
② 어느 정도 운전에 대한 자신감을 갖게 되면 주관적 안전을 객관적 안전보다 크게 자각하여 사고위험이 증가된다.
③ 개인의 주행거리 10만 km를 넘어서면 객관적 안전과 주관적 안전이 균형을 이루어 사고위험이 감소한다.
④ 운전 경험이 많으면 많을수록 주관적 안전이 강하여 사고위험이 줄어든다.

43 다음 용어 중 설명이 잘못된 것은?
① 정지시력은 일정한 거리에서 일정한 시표를 보고 모양을 확인할 수 있는지를 가지고 측정하는 시력이다.
② 동체시력은 움직이는 물체 또는 움직이면서 다른 자동차나 사람들의 물체를 보는 시력을 말한다.
③ 운전면허를 취득하는데 필요한 시력 기준은 정지시력이다.
④ 운전면허를 취득하는데 필요한 시력 기준은 동체시력이다.

44 차량 운행 중 갑자기 빛이 눈에 비치면 순간적으로 장애물을 볼 수 없는 현상은?
① 현혹현상 ② 증발현상
③ 입체시 현상 ④ 깊이지각

45 피로가 운전에 미치는 영향과 관련하여 다음의 내용은 무엇과 관련이 깊은가?

긴급 상황에 필요한 조치를 제대로 하지 못한다.

① 의지력 ② 운동능력
③ 사고력, 판단력 ④ 지구력

46 향정신성 의약품 중 중추신경계의 활동을 활발하게 하는 약물은?
① 진정제 ② LSD
③ PCP ④ 흥분제

47 다음의 상황 중 도로교통법상 차의 운전자가 서행하여야 하는 경우는?
① 자전거를 끌고 횡단보도를 횡단하는 사람을 발견하였을 때
② 이면도로에서 보행자의 옆을 지나갈 때
③ 보행자가 횡단보도를 횡단하는 것을 봤을 때
④ 보행자가 횡단보도가 없는 도로를 횡단하는 것을 봤을 때

48 베이퍼 록(Vapour lock) 현상이 발생하는 원인으로 틀린 것은?
① 긴 내리막길에서 계속 브레이크를 사용하여 브레이크 드럼이 과열되었을 때
② 타이어 공기압이 정상보다 높을 때
③ 불량한 브레이크 오일을 사용하였을 때
④ 브레이크 오일의 변질로 비등점이 저하되었을 때

49 타이어 공기압에 대한 설명 중 틀린 것은?
① 공기압이 낮으면 승차감이 좋아진다.
② 공기압이 낮으면 타이어 숄더 부분에 마찰력이 집중되어 타이어 수명이 짧아진다.
③ 공기압이 높으면 승차감이 나빠진다.
④ 공기압이 높으면 트레드 중앙부분의 마모가 감소한다.

50 다음 중 앞지르기 차로를 설치할 수 있는 곳은?
① 2차로 도로 ② 오르막차로
③ 교량구간 ④ 터널구간

51 2개 이상의 교통류가 동일한 도로공간을 사용할 때 발생되는 교통류의 교차, 합류 또는 분류되는 현상은?
① 상충 ② 시거(視距)
③ 교통섬 ④ 분리대

52 포장된 길어깨(갓길)의 장점이 아닌 것은?
① 긴급자동차의 주행을 원활하게 한다.
② 차도 끝의 처짐이나 이탈을 촉진시킨다.
③ 물의 흐름으로 인한 노면 패임을 방지한다.
④ 보도가 없는 도로에서는 보행의 편의를 제공한다.

53 방호울타리는 설치위치 및 기능에 따라 구분되는데, 그 성격이 틀린 것은?
① 노측용 ② 중앙분리대용
③ 가변도로용 ④ 보도용 및 교량용

54 다음 중 규모에 따른 휴게시설 종류가 아닌 것은?
① 일반휴게소 ② 임시휴게소
③ 간이휴게소 ④ 화물차 전용휴게소

55 내륜차에 의한 사고 위험과 거리가 먼 것은?
① 전진주차를 위해 주차공간으로 진입 도중 차의 뒷부분이 주차되어 있는 차와 충돌할 수 있다.
② 커브길에서 원활한 회전을 위해 확보한 공간으로 끼어든 이륜차나 소형 승용차를 발견하지 못해 충돌사고가 발생할 수 있다.
③ 차량이 보도 위에 서 있는 보행자를 차의 뒷부분으로 스치고 지나가거나, 보행자의 발등을 뒷바퀴가 타고 넘어갈 수 있다.
④ 버스가 1차로에서 좌회전하는 도중에 차의 뒷부분이 2차로에서 주행 중이던 승용차와 충돌할 수 있다.

56 도로 주행 중 안전운전 방법으로 맞는 것은?
① 정체 구간에서는 앞차 뒤로 바싹 붙어 운전한다.
② 교통 소통이 우선이라는 생각으로 운전한다.
③ 남을 배려하는 마음으로 양보 운전을 한다.
④ 보행자 신호가 바뀌는 순간에는 신속하게 통과한다.

57 브레이크 고장 시 해야 할 요령이 아닌 것은?
① 브레이크 페달을 반복해서 빠르고 세게 밟는다.
② 주차 브레이크를 세게 당긴다.
③ 기어는 저단으로 변경한다.
④ 기어를 고단으로 바꾸어 신속하게 현장을 벗어난다.

58 전체 교통사고의 절반 이상이 교차로에서 발생하는데, 교차로에서의 방어운전 요령으로 틀린 것은?
① 좌·우회전할 때에는 방향신호등을 정확히 점등한다.
② 교통정리가 없는 교차로는 가속하여 빠르게 벗어난다.
③ 성급한 우회전은 횡단하는 보행자와 충돌할 위험이 증가한다.
④ 통과하는 앞차를 맹목적으로 따라가면 신호를 위반할 가능성이 높다.

59 고속도로 진입부에서의 방어운전 요령으로 틀린 것은?

① 본선 진입 의도를 다른 차량에게 방향지시등으로 알린다.
② 본선 진입 전 충분히 속도를 줄이고 진입하도록 한다.
③ 진입을 위한 가속차로 끝부분에서 감속하지 않도록 주의한다.
④ 본선 진입 시기를 잘못 맞추면 추돌사고 등 교통사고가 발생할 수 있으므로 주의한다.

60 짙은 안개로 인해 가시거리가 짧을 때 가장 안전한 운전방법은?

① 전방이 잘 보이지 않을 때는 중앙선을 넘어가도 된다.
② 가시거리가 짧으므로 앞차와의 거리를 최대한 좁혀서 운전한다.
③ 전조등이나 안개등을 켜고 자신의 위치를 알리며 운전한다.
④ 안개가 짙은 구간은 가속하여 신속하게 빠져나간다.

61 경제운전(에코 드라이빙)의 기본적인 방법으로 틀린 것은?

① 가 · 감속을 부드럽게 한다.
② 불필요한 공회전을 피한다.
③ 급회전을 피한다.
④ 가급적 고속주행을 하여 연료를 절약한다.

62 진로변경 위반에 해당하는 경우가 아닌 것은?

① 도로 노면에 표시된 백색 점선에서 진로를 변경하는 행위
② 두 개의 차로에 걸쳐 운행하는 경우
③ 한 차로로 운행하지 않고 두 개 이상의 차로를 지그재그로 운행하는 행위
④ 여러 차로를 연속적으로 가로지르는 행위

63 다음 중 운전자의 실전 방어운전 요령으로 볼 수 없는 것은?

① 법정한도를 벗어나 운행하는 앞차가 있을 경우 원활한 소통을 위해 같은 속도로 주행한다.
② 어린이가 진로 방향 부근에 있을 때는 어린이와 안전한 간격을 두고 진행한다.
③ 진로를 바꿀 때는 상대방이 잘 알 수 있도록 여유 있게 신호를 보낸다.
④ 과로해서 피로하거나 심리적으로 흥분된 상태에서 운전을 자제한다.

64 다음 중 봄철 자동차 관리 사항으로 거리가 먼 것은?

① 월동장비 정리
② 엔진오일 점검
③ 부동액 점검
④ 배선상태 점검

65 교통의 3대 요소인 사람, 자동차, 도로환경 등 조건이 다른 계절에 비하여 열악한 계절은?

① 봄
② 여름
③ 가을
④ 겨울

66 여객운송서비스의 특징에 대한 설명 중 틀린 것은?

① 서비스는 공급자에 의해 제공됨과 동시에 승객에 의해 소비되는 성질을 가지고 있다.
② 서비스는 재고가 없고, 불량서비스가 나와도 반품 및 고치거나 수리할 수 없다.
③ 운송서비스는 승객에 의해 생산되기 때문에 인적 의존성이 높다.
④ 승객과 대면하는 운전자의 태도, 복장, 말씨 등은 운송서비스에 있어 중요한 영향을 미친다.

67 인사의 중요성에 대한 설명 중 옳지 않은 것은?

① 인사는 승객에게 예의상 하는 표현이다.
② 인사는 승객과 만나는 첫걸음이다.
③ 인사는 승객에 대한 마음가짐의 표현이다.
④ 인사는 승객에 대한 서비스 정신의 표시이다.

68 악수를 청하는 사람과 받는 사람과의 관계가 틀린 것은?

① 기혼자가 미혼자에게 청한다.
② 선배가 후배에게 청한다.
③ 여자가 남자에게 청한다.
④ 직원이 승객에게 청한다.

69 운수종사자가 안전운행과 승객의 편의를 위하여 이를 제지하고 필요한 사항을 안내해야 한다. 해당되지 않는 것은?

① 폭발성 물질, 인화성 물질 등의 위험물을 자동차 안으로 가지고 들어오는 행위
② 전용 운반 상자에 넣은 애완동물을 자동차 안으로 데리고 들어오는 행위
③ 다른 여객에게 위해를 끼치거나 불쾌감을 줄 우려가 있는 동물을 자동차 안으로 데리고 들어오는 행위
④ 자동차의 출입구 또는 통로를 막을 우려가 있는 물품을 자동차 안으로 가지고 들어오는 행위

70 다음은 운전자가 삼가야 하는 행동이다. 맞지 않는 것은?

① 지그재그 운전으로 다른 운전자를 불안하게 만드는 행동은 하지 않는다.
② 과속으로 운행하며 급브레이크를 밟는 행위를 하지 않는다.
③ 도로상에서 사고가 발생한 경우 차량을 세워둔 채로 사고해결을 한다.
④ 운전 중에 갑자기 끼어들거나 다른 운전자에게 욕설을 하지 않는다.

71 다음은 운전자 주의사항 중 교통관련 법규 및 사내 안전관리 규정 준수사항이다. 옳지 않은 것은?

① 배차 지시 없이 임의로 차량을 운행을 해서는 안 된다.
② 정당한 사유 없이 지시된 운행노선을 임의로 변경 운행해서는 안 된다.
③ 승차 지시된 운전자가 개인 사정이 있을 때 타인에게 대리운전시킬 수 있다.
④ 음주 및 약물복용 후 운행을 해서는 안 된다.

72 버스운행관리시스템(BMS) 운영에 대한 설명이 틀린 것은?

① 차내에서 다음정류장 안내, 도착예정시간 안내
② 버스운행관리센터 또는 버스회사에서 버스운행상황 사고 등 돌발적인 상황감지
③ 관계기관, 버스회사, 운수종사자를 대상으로 정시성 확보
④ 버스운행관제, 운행상태(위치, 위반사항) 등 버스정책 수립 등을 위한 기초자료 제공

73 중앙버스전용차로 운영의 장점으로 보기 힘든 것은?

① 일반차량과의 마찰을 최소화 한다.
② 대중교통 이용자의 증가를 도모할 수 있다.
③ 승·하차 정류소에 대한 보행자의 접근거리가 길어진다.
④ 가로변 상업 활동이 보장된다.

74 대중교통 전용지구로 지정된 경우 진입이 허용되는 대중교통수단의 주행속도는 매시 몇 km로 제한되는가?

① 10km ② 20km
③ 30km ④ 60km

75 교통사고조사규칙에 따른 대형교통사고 기준으로 옳은 것은?

① 3명 이상 사망 ② 5명 이상 사망
③ 10명 이상 사망 ④ 20명 이상 사망

76 교통사고 발생 시 응급처치방법에 대한 설명이다. 옳지 않은 것은?

① 말을 걸거나 팔을 꼬집어 눈동자를 확인한 후 의식이 있으면 말로 안심시킨다.
② 의식이 없다면 기도를 확보한다.
③ 의식이 없다면 환자의 몸을 심하게 흔들어 깨운다.
④ 목뼈 손상의 가능성이 있는 경우에는 목 뒤쪽을 한 손으로 받쳐준다.

77 성인을 대상으로 심폐소생술을 실시할 때, 가슴압박 : 인공호흡의 횟수는?

① 5 : 1 ② 15 : 2
③ 30 : 2 ④ 60 : 2

78 교통사고 시 응급처치 방법 중 설명이 옳지 않은 것은?

① 출혈이 심하다면 출혈 부위보다 심장에 가까운 부위를 헝겊 또는 손수건 등으로 지혈 될 때까지 꽉 잡아맨다.
② 출혈이 적을 때에는 거즈나 깨끗한 손수건으로 상처를 꽉 누른다.
③ 가슴이나 배를 강하게 부딪쳐 내출혈이 발생하였을 때는 부상자가 입고 있는 옷의 단추를 푸는 등 옷을 헐렁하게 하고 하반신을 높게 한다.
④ 부상자가 춥지 않도록 모포 등을 덮어주고, 햇볕을 직접 쬐게 한다.

79 승객이 차멀미를 할 경우 조치사항이다. 적절한 조치사항이 아닌 것은?

① 통풍이 잘되고 비교적 흔들림이 적은 앞쪽에 앉도록 한다.
② 승객이 차멀미가 심한 경우에는 즉시 하차시킨다.
③ 차멀미 승객이 토할 경우를 대비해 위생봉지를 준비한다.
④ 차멀미 승객이 토한 경우에는 주변 승객이 불쾌하지 않도록 신속히 처리한다.

80 차량 고장 시 운전자의 조치사항에 해당되지 않는 것은?

① 정차 차량의 결함이 심할 때는 비상등을 점멸시키면서 갓길에 바짝 차를 대서 정차한다.
② 차에서 내릴 때는 주변상황을 살피지 않고 신속히 내린다.
③ 야간에는 밝은색 옷이나 야광이 되는 옷을 착용하는 것이 좋다.
④ 비상전화를 하기 전에 차의 후방에 경고 반사판을 설치해야 한다.

정답 제2회 실전모의고사

01 ②	02 ③	03 ②	04 ④	05 ①	06 ②	07 ②	08 ③	09 ②	10 ④
11 ①	12 ④	13 ③	14 ③	15 ④	16 ②	17 ④	18 ④	19 ②	20 ③
21 ④	22 ①	23 ①	24 ②	25 ①	26 ④	27 ②	28 ④	29 ③	30 ②
31 ②	32 ④	33 ②	34 ②	35 ②	36 ③	37 ②	38 ②	39 ②	40 ②
41 ②	42 ④	43 ④	44 ①	45 ③	46 ④	47 ②	48 ②	49 ④	50 ①
51 ①	52 ②	53 ④	54 ②	55 ②	56 ③	57 ②	58 ②	59 ②	60 ③
61 ④	62 ①	63 ①	64 ③	65 ④	66 ②	67 ①	68 ④	69 ②	70 ③
71 ③	72 ①	73 ④	74 ①	75 ①	76 ③	77 ③	78 ④	79 ②	80 ②

실전 모의고사

제 3 회

01 여객자동차 운수사업법상 다른 사람의 수요에 응하여 자동차를 사용하여 유상으로 여객을 운송하는 사업은 무엇에 대한 정의인가?

① 노선 여객자동차운송사업
② 여객자동차운송사업
③ 구역 여객자동차운송사업
④ 여객자동차운송가맹사업

02 운행형태에 따른 농어촌버스운송사업의 구분에 해당되지 않는 것은?

① 광역급행형
② 직행좌석형
③ 좌석형
④ 일반형

03 노선 여객자동차운송사업에 해당되지 않는 것은?

① 시내버스운송사업
② 농어촌버스운송사업
③ 전세버스운송사업
④ 마을버스운송사업

04 시외버스운송사업의 운행형태 중 고속형에 대한 설명이다. 괄호 안에 들어갈 내용을 순서대로 나열한 것은?

> 고속형 시외버스운송사업은 시외고속버스 또는 시외우등고속버스를 사용하여 운행거리가 ( ) 이상이고, 운행구간의 ( ) 이상을 고속국도로 운행하며, 기점과 종점의 중간에서 정차하지 아니하는 운행형태이다.

① 100km, 80%
② 100km, 60%
③ 120km, 80%
④ 120km, 60%

05 버스운전업무 종사자격과 관련한 운전적성정밀검사 및 자격시험 업무를 국토교통부로부터 위탁받아 시행하는 곳은?

① 도로교통공단
② 한국교통안전공단
③ 경찰청
④ 특별시 · 광역시 또는 구청

06 신규검사의 적합판정을 받은 사람이 운전적성정밀검사를 받은 날부터 3년 이내에 취업하지 않았을 경우 버스운전자격시험 응시를 위해 받아야 하는 운전적성정밀검사의 종류는?

① 자격유지검사
② 특별검사
③ 임시검사
④ 신규검사

07 여객자동차 운수사업법상 교통사고로 인해 2명 이상의 사람을 사망하게 한 경우 버스운전자격의 취소 및 효력정지 처분기준으로 알맞은 것은?

① 자격취소
② 자격정지 60일
③ 자격정지 50일
④ 자격정지 40일

08 여객자동차 운수사업법상 대폐차에 충당되는 승용자동차와 승합자동차의 차량 충당연한이 바르게 연결된 것은?

① 승용자동차 1년, 승합자동차 3년
② 승용자동차 1년, 승합자동차 2년
③ 승용자동차 2년, 승합자동차 4년
④ 승용자동차 2년, 승합자동차 3년

09 여객자동차 운수사업법상 운수종사자 교육의 종류가 아닌 것은?

① 신규교육
② 정기교육
③ 보수교육
④ 수시교육

10 여객자동차 운수사업법상 차령 또는 운행거리를 초과하여 사업용버스를 운행한 경우 사업자에 대한 과징금은?(단, 1차 위반 시)

① 60만원
② 120만원
③ 180만원
④ 360만원

11 도로교통법상 '차'에 해당되는 것은?

① 자전거
② 기차
③ 보행보조용 의자차
④ 케이블 카

12 다음 보기는 도로교통법상 '정차'에 대한 설명이다. ( ) 안에 들어갈 내용으로 알맞은 것은?

> 정차란 운전자가 ( )을 초과하지 아니하고 차를 정지시키는 것으로서 주차 외의 정지상태를 말한다.

① 3분
② 5분
③ 10분
④ 12분

13 다음 중 도로교통법상 '긴급자동차'의 정의에 대한 설명으로 가장 적합한 것은?

① 위험물이나 독극물을 운반 중인 자동차를 말한다.
② 소방차 등과 같이 공적 업무를 수행하기 위한 자동차이다.
③ 범죄수사나 교통단속에 사용되는 차를 말한다.
④ 긴급자동차로써 그 본래의 긴급한 용도로 사용되고 있는 중인 자동차를 말한다.

14 다음 교통안전표지의 뜻은 무엇인가?

① 최고속도제한 표지이다.
② 최저속도제한 표지이다.
③ 평균속도제한 표지이다.
④ 차간거리확보 표지이다.

15 편도 3차로인 고속도로에서 2차로가 주행차로인 차는?

① 승용자동차 ② 화물자동차
③ 특수자동차 ④ 건설기계

16 고속도로에서 1차로는 앞지르기를 하려는 자동차의 통행차로이다. 다만, 차량 통행량 증가 등 도로상황으로 부득이한 경우 앞지르기를 하는 경우가 아니라도 통행할 수 있는데 이러한 때의 기준속도는 얼마인가?

① 110km 미만 ② 90km 미만
③ 80km 미만 ④ 60km 미만

17 편도 2차로 이상의 고속도로에서 승용자동차 및 승합자동차의 최고속도와 최저속도 기준으로 맞은 것은?(단, 지정·고시한 노선 또는 구간의 고속도로는 제외)

① 최고속도 100km/h, 최저속도 60km/h
② 최고속도 120km/h, 최저속도 60km/h
③ 최고속도 100km/h, 최저속도 50km/h
④ 최고속도 120km/h, 최저속도 50km/h

18 다음 중 최고제한속도를 감속하여 운행하여야 할 경우가 아닌 것은?

① 비가 내리려고 날씨가 흐린 때
② 노면이 얼어붙은 경우
③ 눈이 20mm 미만 쌓인 경우
④ 비가 내려 노면이 젖어 있을 경우

19 교차로에서 우회전 중 소방차가 경광등을 켜고 사이렌을 울리며 접근하고 있다. 가장 안전한 운전방법은?

① 교차로를 통과하여 도로 우측 가장자리에 일시정지한다.
② 현재의 위치에서 즉시 정지한다.
③ 속도를 줄여서 우회전한다.
④ 교차로를 신속하게 통과한 후 계속 진행한다.

20 다음 중 좌석안전띠에 대한 설명으로 맞는 것은?

① 자동차 운전자의 옆 좌석 동승자가 좌석안전띠를 매지 않은 경우 그 동승자에게 과태료를 부과한다.
② 어린이통학버스에 승차한 어린이가 좌석안전띠를 매지 않은 경우 어린이통학버스 운영자에게 과태료를 부과한다.
③ 영·유아의 경우에는 어른의 무릎 위에 앉아 함께 좌석안전띠를 매야 한다.
④ 모든 도로에서는 뒷좌석 동승자도 좌석안전띠를 매야 한다.

21 편도 1차로인 도로를 주행하던 중 반대편 차로에 아이들을 내려주고 있는 어린이통학버스를 발견하였다. 이때 필요한 조치로 알맞은 것은?

① 어린이통학버스를 지나치기 전까지 서행한다.
② 어린이통학버스에 이르기 전 일시정지하여 안전을 확인한 후 서행한다.
③ 반대편 차로에서 아이들이 내리고 있으므로 진행하던 속도로 그대로 지나간다.
④ 아이들이 내리고 어린이통학버스가 출발할 때까지 정지한 상태를 유지한다.

22 어린이통학버스를 운영하는 사람과 운전하는 사람은 법에서 정한 안전교육을 받아야 한다. 안전교육과 관련된 설명으로 틀린 것은?

① 신규 안전교육은 어린이통학버스를 운영하려는 사람과 운전하려는 사람을 대상으로 그 운영 또는 운전을 하기 전에 실시하는 교육이다.
② 정기 안전교육은 어린이통학버스를 계속하여 운영하는 사람과 운전하는 사람을 대상으로 1년마다 정기적으로 실시하는 교육이다.
③ 어린이통학버스를 운영하는 사람은 어린이통학버스 안전교육을 받지 않는 사람에게 어린이통학버스를 운전하게 해서는 안 된다.
④ 어린이통학버스 안전교육은 강의·시청각교육 등의 방법으로 3시간 이상 실시하며, 운전자 교육확인증은 어린이통학버스 내부에 비치하여야 한다.

23 도로교통법상 어린이보호구역 및 노인·장애인보호구역에서 제한속도를 60km/h 초과하여 운전한 경우 승합자동차 운전자에 대한 범칙금액은?

① 16만원 ② 10만원
③ 9만원   ④ 6만원

24 다음 중 사고 운전자가 형사처벌을 받지 않아도 되는 경우는?

① 교통사고로 사람을 사망케 한 사고의 경우
② 교통사고 야기 후 도주 또는 피해자를 사고 장소로부터 옮겨 유기하고 도주한 경우
③ 무면허로 운전하던 중 사고를 유발하여 사람을 다치게 한 경우
④ 위험 회피를 위해 중앙선을 침범하여 사람을 다치게 한 경우

25 사고운전자가 피해자를 구호하는 등의 조치를 하지 않고 도주하여 피해자가 사망한 경우 사고운전자에 대한 처벌은?

① 3년 이하의 징역 또는 3천만원 이하의 벌금
② 1년 이상의 징역 또는 3천만원 이하의 벌금
③ 무기 또는 5년 이상의 징역
④ 3년 이상의 징역

26 도로교통법에서 정한 운전이 금지되는 술에 취한 상태의 기준으로 맞는 것은?

① 혈중알코올농도 0.03% 이상인 상태로 운전
② 혈중알코올농도 0.05% 이상인 상태로 운전
③ 혈중알코올농도 0.07% 이상인 상태로 운전
④ 혈중알코올농도 0.08% 이상인 상태로 운전

27 다음 중 승객추락방지의무위반 사고에 해당하지 않는 경우는?

① 문을 연 상태에서 출발하여 타고 있는 승객이 추락한 경우
② 운전자가 사고방지를 위해 취한 급제동으로 승객이 차밖으로 추락한 경우
③ 승객이 타거나 또는 내리고 있을 때 갑자기 문을 닫아 문에 충격된 승객이 추락한 경우
④ 버스 운전자가 개·폐 안전장치인 전자감응장치가 고장난 상태에서 운행 중에 승객이 내리고 있을 때 출발하여 승객이 추락한 경우

28 다음 중 운전석에서 점검할 수 있는 사항이 아닌 것은?

① 엔진 회전수의 정상 여부
② 계기판의 경고등 작동 여부
③ 핸들의 흔들림 또는 유동 여부
④ 타이어 트레드 마모 여부

29 압축천연가스(CNG) 자동차의 충전용기 부속품으로 실린더의 파열을 방지하기 위해 가스를 배출시켜 주는 일회성 소모장치는?

① 실린더 밸브
② 압력방출장치
③ 과류방지밸브
④ 체크밸브

30 친환경 경제운전 실천방법으로 가장 옳은 것은?

① 타이어 공기압을 평소보다 낮춘다.
② 연료는 수시로 보충하여 가득 채우고 운행한다.
③ 가능하면 저단 기어를 사용하여 운전하도록 한다.
④ 불필요한 짐이나 화물을 적재하지 않는다.

31 다음은 타이어의 기능설명이다. 옳지 않은 것은?

① 자동차의 하중을 지탱하는 기능을 말한다.
② 엔진의 구동력 및 브레이크의 제동력을 차체에 전달하는 기능을 한다.
③ 노면으로부터 전달되는 충격을 완화시키는 기능을 한다.
④ 자동차의 진행방향을 전환 또는 유지시키는 기능을 한다.

32 유연한 탄성을 얻을 수 있고, 노면으로부터 작은 진동도 흡수할 수 있으며 승차감이 우수하기 때문에 장거리 주행 자동차 및 대형버스에 사용되는 스프링은?

① 판 스프링
② 코일 스프링
③ 토션바 스프링
④ 공기 스프링

33 자동변속기의 오일 색이 갈색인 경우의 상태는?

① 정상 상태이다.
② 오일이 매우 높은 온도에 노출된 경우이다.
③ 오일에 수분이 다량으로 유입된 경우이다.
④ 장시간 사용한 경우이다.

34 커브길에서 자동차가 선회할 때 원심력 때문에 차체가 기울어지는 것을 감소시켜 차체가 롤링(좌우진동)하는 것을 방지하여 주는 장치는 다음 중 어느 것인가?

① 코일 스프링
② 스태빌라이저
③ 쇽업소버
④ 공기 스프링

35 다음은 조향핸들이 한쪽으로 쏠리는 원인을 설명한 것이다. 옳지 않은 것은?

① 타이어의 공기압이 불균일하다.
② 앞바퀴의 정렬 상태가 불량하다.
③ 조향기어 박스 내의 오일이 부족하다.
④ 쇽업소버의 작동상태가 불량하다.

36 동력조향장치에 대한 특징을 나열한 것 중 옳지 않은 것은?

① 노면에서 발생한 충격 및 진동을 흡수한다.
② 조향조작이 신속하고 경쾌하다.
③ 기계식에 비해 구조가 간단하고 값이 싸다.
④ 고장이 발생한 경우 정비가 어렵다.

37 자동차의 제동장치 중 감속 브레이크 속하지 않는 것은?

① 엔진 브레이크
② 배기 브레이크
③ 공기 브레이크
④ 리타더 브레이크

38 ABS(Anti-lock Break System)의 특징에 대한 설명 중 틀린 것은?

① 바퀴의 미끄러짐이 없는 제동 효과를 얻을 수 있다.
② 자동차의 방향 안전성, 조종성능을 확보해 준다
③ 앞바퀴의 고착에 의해 조향 능력이 상실될 우려가 있다.
④ 노면의 상태가 변해도 최대 제동효과를 얻을 수 있다.

39 소유권 변동 또는 사용본거지 변경 등의 사유로 자동차 종합검사의 대상이 된 자동차 중 자동차 정기검사의 기간 중에 있거나 자동차 정기검사의 기간이 지난 자동차는 변경등록을 한 날부터 며칠 이내에 자동차종합검사를 받아야 하는가?

① 31일 이내
② 62일 이내
③ 40일 이내
④ 50일 이내

40 구조변경 차량에 대한 안전도를 점검하기 위한 검사는?

① 신규검사
② 정기검사
③ 외관검사
④ 튜닝검사

41 다음 중 버스운전자의 직무와 거리가 먼 것은?

① 다수 승객이 쾌적하고 안전한 여행을 할 수 있도록 세심한 배려를 해야 한다.
② 안전운행을 위해 버스운전자와 승객 간에는 어떤 대화도 하면 안 된다.
③ 커브길이나 타 차량 등으로 인한 급격한 차로 변경 및 회전, 급정지를 하지 말아야 한다.
④ 운행 중 도로교통법을 준수한다.

42 버스 운전 중 전방 상황에 대한 주의의 결여, 인지 지연, 조작 실수 등의 원인으로 일어나는 사고 유형은?

① 동일 방향 후미 추돌사고
② 진로 변경 중 접촉사고
③ 1차사고로 인한 후속사고
④ 승하차시 사고

43 버스 교통사고의 주요 10개 유형 중 두 번째로 사고가 많이 발생하는 '동일방향 후미 추돌사고'의 원인이 아닌 것은?

① 전방 멀리까지의 교통상황 관찰 및 주의의 결여
② 차간거리 유지 실패
③ 버스의 사각 지점에 들어 온 차량에 대한 관찰 및 주의의 결여
④ 빗길 및 눈길 제동 방법 및 주행방법 등에 대한 숙지의 미숙

44 도로교통법상 제1종 대형면허를 취득하기 위한 적성 기준으로 맞는 것은?

① 붉은색과 녹색은 구별할 수 있고, 노란색만 구별하지 못하는 사람
② 두 눈을 동시에 뜨고 잰 시력이 0.8 이상이고, 두 눈의 시력이 각각 0.5 이상일 것
③ 두 눈을 동시에 뜨고 잰 시력이 0.5 이상이고, 한 쪽 눈을 보지 못하는 사람은 다른 쪽 눈의 시력이 0.6 이상일 것
④ 65데시벨(보청기를 사용하는 사람은 50데시벨)의 소리 들을 수 있을 것

45 도로 위에서 시속 100km로 운전 중인 운전자의 시야 범위는?

① 약 40°   ② 약 65°
③ 약 80°   ④ 약 100°

46 운전 중 발생하는 현혹현상과 관련된 설명으로 가장 옳은 것은?

① 현혹현상은 고속도로에서만 발생되는 현상이다.
② 현혹현상은 시력이 낮은 운전자에게 주로 발생한다.
③ 주로 동일방향으로 주행하는 차량에 의하여 발생한다.
④ 주행 중 잦은 현혹현상의 발생은 사고의 위험성을 증가시키는 요인이 된다.

47 다음 중 음주운전 차량의 증후가 아닌 것은?

① 경찰관이 정차 명령을 하였을 때 제대로 정차하지 못하거나 급정차하는 자동차
② 야간에 아주 천천히 달리는 자동차
③ 지그재그 운전을 수시로 하는 자동차
④ 교통신호나 안전표지에 정확한 반응을 보이는 자동차

48 양안 또는 단안 단서를 이용하여 물체의 거리를 효과적으로 판단하는 능력을 무엇이라 하는가?

① 중심시   ② 깊이지각
③ 주변시   ④ 동체시력

49 커브길에서는 핸들을 돌린 각도와 실제 주행하는 차량의 회전각도가 다르게 나타나는 현상은?

① 스탠딩 웨이브 현상
② 페이드 현상
③ 언더 스티어 또는 오버 스티어
④ 피칭

50 다음 중 타이어의 마모에 영향을 주는 요소로 가장 거리가 먼 것은?

① 공기압   ② 하중
③ 변속   ④ 브레이크

51 다음 중 정지거리, 공주거리, 제동거리의 관계가 올바른 것은?

① 정지거리 + 공주거리 = 제동거리
② 정지거리 + 제동거리 = 공주거리
③ 제동거리 - 공주거리 = 정지거리
④ 공주거리 + 제동거리 = 정지거리

52 보행자의 안전한 횡단을 위해 대피섬과 자동차 교통을 유도하는 분리대를 총칭하여 무엇이라 하는가?

① 교통섬   ② 상충
③ 도류화   ④ 주·정차대

53 양방향 2차로 앞지르기 금지구간에서 자동차의 원활한 소통을 도모하고, 도로 안전성을 제고하기 위해 길어깨 쪽으로 설치하는 저속 자동차의 주행차로는?

① 가변차로   ② 오르막차로
③ 양보차로   ④ 변속차로

54 평면 교차로의 일종인 회전교차로의 일반적인 특징으로 볼 수 없는 것은?

① 회전교차로에 진입할 때에는 충분히 속도를 높여서 진입한다.
② 교차로에 진입하는 자동차는 회전 중인 자동차에게 양보한다.
③ 회전차로 내에 여유 공간이 있을 때까지 양보선에서 대기한다.
④ 회전차로 내부에서 주행 중인 자동차를 방해할 우려가 있을 때는 진입하지 않는다.

55 운전 중 조명시설의 주요기능과 거리가 먼 것은?

① 주위가 밝아짐에 따라 교통안전에 도움이 된다.
② 운전자와 보행자의 불안감을 해소한다.
③ 운전자의 심리적 안정감 및 쾌적감을 제공한다.
④ 조명시설은 운전자의 눈의 피로를 가중시킨다.

56 도로의 안전시설 중 졸음운전으로 인한 차로 이탈을 방지하기 위한 시설로 효과적인 것은?

① 미끄럼방지시설
② 노면요철포장
③ 긴급제동시설
④ 시선유도시설

57 짧은 시간 내에 차의 점검 및 운전자의 피로회복을 위한 시설로 주차장, 녹지공간, 화장실 등으로 구성되는 휴게시설은?

① 일반휴게소
② 간이휴게소
③ 화물차 전용휴게소
④ 쉼터휴게소

58 빙판길에서 차가 미끄러질 때 안전한 운전방법은?

① 핸들을 미끄러지는 방향으로 조작한다.
② 수동 변속기 차량의 경우 기어를 고단으로 변속한다.
③ 핸들을 반대 방향으로 조작한다.
④ 주차 브레이크를 이용하여 정차한다.

59 시가지 이면도로에서의 방어운전 요령으로 틀린 것은?

① 자동차나 어린이가 갑자기 출현할 수 있다는 생각을 가지고 운전한다.
② 언제라도 정지할 수 있는 마음의 준비를 갖춘다.
③ 돌발상황에 대비해 차량의 속도를 높여 신속하게 빠져나간다.
④ 돌출된 간판 등과 충돌하지 않도록 주의한다.

60 고속도로 운행 중 시인성에 대한 설명으로 틀린 것은?

① 20~30초 전방을 탐색해서 도로 주변에 차량, 장애물, 동물 등이 없는가를 살핀다.
② 진·출입로 부근의 위험이 있는지에 대해 주의한다.
③ 가급적이면 상향 전조등을 켜고 주행한다.
④ 속도를 늦추거나 앞지르기 또는 차선변경을 하고 있는지를 살피기 위해 앞 차량의 후미등을 살피도록 한다.

61 앞지르기할 때의 방어운전 요령으로 틀린 것은?

① 앞지르기에 필요한 충분한 거리와 시야가 확보되었을 때 앞지르기를 시도한다.
② 앞지르기할 때는 그 도로의 최고속도 범위와 상관없이 앞지르기를 해도 된다.
③ 점선의 중앙선을 넘어 앞지르기 하는 때에는 대향차의 움직임에 주의한다.
④ 앞지르기 금지 장소 등에서도 앞지르기를 시도하는 차가 있다는 사실을 항상 염두에 두고 방어운전을 한다.

62 다음 중 운전습관 개선을 통한 친환경 경제운전이 아닌 것은?

① 공회전을 많이 한다.
② 출발은 부드럽게 한다.
③ 정속주행을 유지한다.
④ 경제속도를 준수한다.

63 일반도로의 교차로 통행 시 좌회전 또는 우회전 방법에 대한 설명이다. 잘못된 것은?

① 회전이 허용된 차로에서만 회전하고, 회전하고자 하는 지점에 이르기 전 30m 이상의 지점에 이르렀을 때 방향지시등을 작동시킨다.
② 대향차가 교차로를 통과하고 있을 때에는 완전히 통과시킨 후 좌회전한다.
③ 우회전할 때에는 외륜차 현상으로 인해 보도를 침범하지 않도록 주의한다.
④ 우회전하기 직전에는 직접 눈으로 또는 후사경으로 오른쪽 옆의 안전을 확인하여 충돌이 발생하지 않도록 주의한다.

64 다음 중 운전상황별 방어운전 요령으로 적절치 않은 것은?

① 출발할 때는 차의 전·후·좌·우는 물론 차의 밑과 위까지 상태를 확인한다.
② 주행 시 교통량이 많은 곳에서는 속도를 줄여서 주행한다.
③ 교통량이 많은 도로에서는 가급적 앞차와 최대한 밀착하여 교통흐름을 원활하게 한다.
④ 앞지르기는 추월이 허용된 지역에서만 안전 확인 후 시행한다.

65 야간운전 시 가장 안전한 운전방법은?

① 해가 지고 날씨가 어두워지더라도 운전자의 시야가 잘 확보되면 전조등을 켜지 않아도 된다.
② 야간은 주간보다 시력이 떨어지고 시야가 좁아지므로 감속 운전한다.
③ 전조등 불빛이 앞차의 뒷부분을 비출 수 있는 거리까지 접근하여 운전한다.
④ 장애물을 쉽게 발견할 수 있도록 시선을 되도록 가까운 곳에 둔다.

66 고속도로에서 자동차 고장으로 운행할 수 없는 경우 적절한 조치요령으로 가장 올바른 것은?

① 비상점멸등을 작동한 후 차 안에서 가입한 보험사에 신고한다.
② 보닛과 트렁크를 열어 놓고 고장 난 곳을 확인한 후 구난차를 부른다.
③ 차에서 내린 후 차 바로 뒤에서 손을 흔들며 다른 자동차에게 도움을 요청한다.
④ 고장자동차의 이동이 가능하면 갓길로 옮겨 놓고 안전한 장소에서 도움을 요청한다.

67 도로법상 고속도로에서 총중량, 축하중 등을 초과하여 운행이 제한된 차량을 운행한 운전자에 대한 벌칙은?

① 1년 이하의 징역 1천만원 이하의 벌금
② 1천만원 이하의 벌금
③ 500만원 이하의 과태료
④ 300만원 이하의 벌금

68 운송서비스의 일반적인 특징 설명으로 틀린 것은?

① 운송서비스는 노동집약성이 높은 서비스 유형이다.
② 운송서비스는 인적의존성이 상대적으로 낮다.
③ 승객이 구매대가로 지급받은 유형재가 존재하지 않는다.
④ 일관되고 표준화된 서비스 질을 유지하기 어렵다.

69 바람직한 직업관이 아닌 것은?

① 소명의식을 지닌 직업관
② 사회 구성원으로서의 역할 지향적 직업관
③ 생계유지 수단적 직업관
④ 미래 지향적 전문 능력 중심의 직업관

70 다음 중 운전자가 지켜야 할 행동으로 옳지 않은 것은?

① 신호등이 없는 횡단보도를 통행하고 있는 보행자가 있으면 무시하고 주행한다.
② 보행자가 통행하고 있는 횡단보도 내로 차가 진입하지 않도록 정지선을 지킨다.
③ 교차로 전방의 정체현상으로 통과하지 못할 때에는 교차로에 진입하지 않고 대기한다.
④ 앞 신호에 따라 진행하고 있는 차가 있는 경우에는 안전하게 통과하는 것을 확인하고 출발한다.

71 다음의 보기 내용은 무엇에 대한 설명인가?

> 같은 계약에 따라 같은 목적지로 이동하는 2대 이상의 차량이 고속도로, 자동차 전용도로 등에 안전거리를 확보하지 않고 줄지어 운행하는 것을 말한다.

① 난폭운전 　　　　② 정렬운행
③ 보복운전 　　　　④ 대열운행

72 대중교통 전용지구로 지정된 경우 진입이 불가능한 차량은?

① 버스 　　　　② 승용차
③ 16인승 승합차 　　　　④ 긴급자동차

73 다음은 버스 운전자의 운행 중 주의사항이다. 옳은 것은?

① 주·정차 후 출발할 때에는 차량 주변의 보행자, 승·하차자 및 노상 취객 등을 확인한 후 안전하게 운행한다.
② 내리막길에서는 풋 브레이크를 장시간 사용하면서 안전하게 운행한다.
③ 보행자, 이륜차, 자전거 등과 교행 병진할 때에는 빠른 속도로 앞질러 운행한다.
④ 후진할 때에는 후사경에 의존하여 안전하게 후진한다.

74 버스정보시스템(BIS) 운영에 대한 설명이 틀린 것은?

① 대기승객에게 정류장 안내기를 통하여 도착예정시간 등을 제공
② 유무선 인터넷을 통한 특정 정류장 버스도착 예정시간 정보 제공
③ 버스 운행관리, 이력관리 및 버스 운행 정보 제공
④ 버스 이용자에게 편의 제공과 이를 통한 활성화

75 버스운행관리시스템 운영에 따른 운수종사자(버스운전자)의 기대효과가 아닌 것은?

① 과속 및 난폭운전으로 인한 불안감 해소
② 운행정보 인지로 정시 운행
③ 앞·뒤차 간의 간격인지로 차간 간격 조정 운행
④ 운행상태 완전 노출로 운행질서 확립

76 교통카드시스템의 도입 효과에 대한 설명이다. 옳지 않은 것은?

① 현금소지의 불편이 해소된다.
② 요금할인 등으로 교통비가 절감된다.
③ 운영자 측면에서는 운송 수입금 관리가 불편해진다.
④ 교통정책 수립 및 교통요금 결정의 기초자료를 확보할 수 있다.

77 여객자동차 운수사업법에 따른 중대한 교통사고에 해당하지 않는 것은?

① 전복사고
② 화재가 발생한 사고
③ 사망자 2명 이상 발생한 사고
④ 중상자 3명 이상 발생한 사고

78 승차 정원 16인 이하의 소형버스는 다음 중 어느 것인가?

① 마이크로버스(Micro Bus)
② 코치 버스(Coach Bus)
③ 캡 오버 버스(Cab-over-Engine Bus)
④ 보닛 버스(Cab-behind-Engine Bus)

79 다음은 버스 승객의 불만사항이다. 해당되지 않는 것은?

① 버스기사가 친절하다.
② 버스가 정해진 시간에 오지 않는다.
③ 난폭, 과속 운전을 한다.
④ 정류소에 정차하지 않고 무정차 운행한다.

80 심폐소생술을 시술할 때 가슴압박의 속도는 분당 몇 회를 유지하여야 하는가?

① 50~60회
② 70~90회
③ 100~120회
④ 130~150회

정답 제3회 실전모의고사

01 ②	02 ①	03 ③	04 ②	05 ②	06 ④	07 ②	08 ①	09 ②	10 ③
11 ①	12 ②	13 ④	14 ②	15 ①	16 ③	17 ③	18 ①	19 ①	20 ④
21 ②	22 ②	23 ①	24 ④	25 ③	26 ①	27 ②	28 ②	29 ②	30 ④
31 ②	32 ④	33 ④	34 ②	35 ③	36 ③	37 ②	38 ③	39 ②	40 ④
41 ②	42 ③	43 ③	44 ②	45 ①	46 ④	47 ②	48 ②	49 ②	50 ③
51 ④	52 ①	53 ③	54 ①	55 ④	56 ②	57 ②	58 ①	59 ③	60 ③
61 ②	62 ①	63 ③	64 ②	65 ②	66 ④	67 ③	68 ②	69 ③	70 ①
71 ④	72 ②	73 ①	74 ④	75 ①	76 ③	77 ④	78 ①	79 ①	80 ③

실전 모의고사

CHECK POINT QUESTION

제 4 회

01 다음 중 '노선(路線)'의 의미를 올바르게 설명한 것은?

① 자동차를 정기적으로 운행하거나 운행하려는 구간
② 자동차를 임시적으로 운행하거나 운행하려는 구간
③ 자동차를 정기적으로 주차하거나 정차하려는 곳
④ 자동차를 임시적으로 주차하거나 정차하려는 곳

02 다음 중 노선(路線) 여객자동차운송사업에 속하지 않는 것은?

① 시내버스운송사업
② 전세버스운송사업
③ 농어촌버스운송사업
④ 마을버스운송사업

03 운송사업자는 전월 말일 현재의 운수종사자 현황을 언제까지 시·도지사에게 알려야 하는가?

① 매월 5일까지
② 매월 10일까지
③ 매월 21일까지
④ 매월 말일까지

04 운전업무와 관련하여 버스운전자격증을 타인에게 대여한 경우 운전자격 처분 기준은?

① 자격정지 10일
② 자격정지 30일
③ 자격정지 60일
④ 자격취소

05 자동차 표시에 대한 내용으로 잘못된 것은?

① 자동차 표시 위치는 자동차의 바깥쪽이다.
② 구체적인 표시방법 및 위치 등은 자격시험 시행기관이 정한다.
③ 외부에서 알아보기 쉽도록 차체 면에 인쇄하는 등 항구적인 방법으로 표시한다.
④ 특수여객자동차운송사업용 자동차의 경우 "장의"로 표시한다.

06 여객자동차 운수사업법상 "운수종사자의 자격요건을 갖추지 않은 사람을 운전 업무에 종사하게 한 경우" 운송사업자에 대한 행정처분으로 옳은 것은?(단, 1차 위반 시)

① 노선폐지명령
② 감차 명령
③ 운행정지 5일
④ 운행정지 45일

07 차량신호등에서 녹색의 등화가 의미하는 것으로 틀린 것은?

① 직진할 수 있다.
② 우회전할 수 있다.
③ 비보호좌회전표지 또는 비보호좌회전표시가 있는 곳에서는 좌회전할 수 있다.
④ 정지선이 있는 경우 그 직전에 정지하여야 한다.

08 안전표지의 종류가 아닌 것은?

① 주의표지
② 규제표지
③ 지시표지
④ 도로표지

09 도로의 통행방법·통행구분 등 도로교통의 안전을 위하여 필요한 지시를 하는 경우에 도로 사용자가 이를 따르도록 알리는 표지는?

① 주의표지
② 규제표지
③ 지시표지
④ 보조표지

10 도로교통법상 긴급자동차 특례 적용대상이 아닌 것은?

① 자동차등의 속도제한
② 앞지르기의 금지
③ 끼어들기의 금지
④ 보행자 보호

11 다음 중 서행해야 할 곳이 아닌 곳은?

① 도로가 구부러진 부근
② 가파른 비탈길의 오르막
③ 가파른 비탈길의 내리막
④ 비탈길의 고갯마루 부근

12 도로공사를 하고 있는 공사 구역의 양쪽 가장자리로부터 몇 미터 이내에는 주차 가 금지되는가?

① 10m 이내
② 7m 이내
③ 5m 이내
④ 3m 이내

13 13세 미만의 어린이를 교육 대상으로 하는 시설에서 어린이통학버스를 운영 하기 위해서는 신고를 해야 하는 데 이에 관한 규정은 어디에 따르는가?

① 어린이보호법
② 여객자동차 운수사업법
③ 청소년보호법
④ 도로교통법

14 어린이통학버스의 색상은?

① 적색
② 황색
③ 청색
④ 녹색

15 1종 보통면허로 운전할 수 있는 차량에 해당되지 않는 것은?

① 승용자동차
② 승차정원이 19명인 승합자동차
③ 원동기장치자전거
④ 적재중량 10톤인 화물자동차

16 시속 60km 초과 80km 이하의 속도위반 시 벌점은?

① 100점
② 60점
③ 30점
④ 15점

17 음주측정 결과 혈중알코올농도가 0.03% 이상 0.08% 미만인 상태에서 운전한 경우 행정상 처벌로 옳은 것은?

① 벌점 100점
② 벌점 80점
③ 인사 사고 시 면허정지 100일
④ 사고와 관계없이 면허취소

18 최고속도가 60km/h인 도로에서 노면이 젖는 정도의 비가 내린 경우 운행해야 하는 속도는?

① 40km/h
② 48km/h
③ 50km/h
④ 35km/h

19 도로교통법상 승합자동차 운전자의 범칙행위와 범칙금액이 잘못 연결된 것은?(단, 어린이보호구역 및 노인인·장애인보호구역이 아닌 도로이다.)

① 20km/h 이하 속도위반 – 3만원
② 20km/h 초과 40km/h 이하 속도위반 – 7만원
③ 40km/h 초과 60km/h 이하 속도위반 – 9만원
④ 60km/h 초과 속도위반 – 13만원

20 교통사고로 인한 피해자 사고 사례 중 가해자에 대해 공소를 제기할 수 없는 경우는?

① 사망
② 사지절단
③ 완치 가능한 신체장애
④ 하반신 마비

21 다음 중 횡단보도 보행자로 볼 수 없는 경우는?

① 횡단보도에서 원동기장치자전거나 자전거를 끌고 가는 사람
② 세발자전거를 타고 횡단보도를 건너는 어린이
③ 횡단보도 내에서 택시를 잡고 있는 사람
④ 손수레를 끌고 횡단보도를 건너는 사람

22 교통조사관은 교통사고처리특례법상에 따라 반드시 공소를 제기해야 하는 사고가 아닌 사고를 일으킨 운전자가 보험 등에 가입되지 아니한 경우 피해자와 합의할 수 있는 기간을 줄 수 있다. 이 기간은 사고를 접수한 날부터 얼마 이내인가?

① 1주
② 2주
③ 1개월
④ 2개월

23 고속도로에서 차로의 의미가 잘못된 것은?

① 주행차로 : 고속도로에서 주행할 때 통행하는 차로
② 가속차로 : 주행차로에 진입하기 위해 속도를 높이는 차로
③ 오르막차로 : 오르막에서 앞차를 추월하기 위해 통행하는 차로
④ 감속차로 : 고속도로를 벗어날 때 감속하는 차로

24 교차로 통행방법위반 사고 중 가해자 또는 피해자의 구분이 알맞은 것은?

① 앞차가 일부 간격을 두고 우회전중인 상태에서 뒷차가 무리하게 끼어들며 진행하여 충돌한 경우에는 앞차가 가해자
② 앞차가 너무 넓게 우회전하여 앞·뒤가 아닌 좌·우차의 개념으로 보는 상태에서 충돌한 경우에는 앞차가 가해자
③ 앞차가 너무 넓게 우회전하여 앞·뒤가 아닌 좌·우차의 개념으로 보는 상태에서 충돌한 경우에는 앞차가 피해자
④ 앞차가 일부 간격을 두고 우회전중인 상태에서 뒷차가 무리하게 끼어들며 진행하여 충돌한 경우에는 뒷차가 피해자

25 운전자가 브레이크 페달에 발을 올려 브레이크가 작동을 시작하는 순간부터 자동차가 완전히 정지할 때까지 이동한 거리는?

① 안전거리
② 공주거리
③ 정지거리
④ 제동거리

26 자동차 주차 시 잘못된 것은?

① 주차할 때에는 반드시 주차 브레이크를 작동시킨다.
② 내리막길에 주차할 때 기어는 1단으로 놓는다.
③ 급경사 길에는 가급적 주차하지 않는다.
④ 습기가 많고 통풍이 잘되지 않는 차고에는 주차하지 않는다.

27 자동차의 일상점검 시 주의사항으로 틀린 것은?

① 경사가 없는 평탄한 장소에서 점검한다.
② 배터리, 전기 배선을 만질 때에는 미리 배터리의 (–) 단자를 분리한다.
③ 엔진을 점검할 때에는 가동 중인 상태에서 점검한다.
④ 점검은 환기가 잘 되는 장소에서 실시한다.

28 세차할 때의 주의사항 중 틀린 것은?

① 자동차의 더러움이 심할 때는 가정용 중성세제를 이용하여 세척한다.
② 엔진룸은 에어(air)를 이용하여 세척한다.
③ 겨울철에 세차하는 경우에는 물기를 완전히 제거한다.
④ 기름 또는 왁스가 묻어 있는 걸레로 전면유리를 닦지 않는다.

29 다음 중 압축천연가스는?

① LPG
② LNG
③ CNG
④ PLG

30 차내에서 인화성, 폭발성 물질이 특히 위험한 계절은?

① 봄
② 여름
③ 가을
④ 겨울

31 겨울철에 타이어 체인을 감고 운행할 때 일반적인 안전운행 속도는?

① 80km/h 이내
② 60km/h 이내
③ 40km/h 이내
④ 30km/h 이내

32 계기판 용어에 대한 설명 중 잘못된 것은?

① 속도계는 자동차의 시간당 주행속도를 나타낸다.
② 회전계(타코미터)는 엔진 냉각수의 온도를 나타낸다.
③ 적산 거리계는 자동차가 주행한 총거리(km단위)를 나타낸다.
④ 전압계는 배터리의 충전 및 방전 상태를 나타낸다.

33 자동차의 좌석에서 등받이 맨 위쪽의 머리를 받치는 부분은?

① 머리지지대
② 에어시트
③ 좌석 쿠션
④ 안전장치

실전 모의고사

34 1단계 스위치 조작 시 점등되지 않는 등화는?

① 차폭등
② 미등
③ 번호판등
④ 전조등

35 엔진 오버히트가 발생하는 원인이 아닌 것은?

① 터보차저 작동 불량의 경우
② 냉각수가 부족한 경우
③ 동절기 냉각수에 부동액이 들어있지 않은 경우
④ 엔진 내부가 얼어 냉각수가 순환하지 않는 경우

36 주행 중 하체 부분에서 비틀거리는 흔들림이 일어나는 때가 있다면 어느 부분을 점검해 보아야 하는가?

① 브레이크 부분
② 조향장치 부분
③ 바퀴 부분
④ 현가장치 부분

37 자동변속기의 장점이 아닌 것은?

① 기어 변속이 자동으로 이루어져 운전이 편리하다.
② 조작 미숙으로 인한 시동 꺼짐이 없다.
③ 발진과 가감속이 원활하여 승차감이 좋다.
④ 구조가 간단하고 가격이 저렴하다.

38 자동차의 진행 방향을 운전자가 의도하는 바에 따라서 임의로 조작할 수 있는 장치는?

① 현가장치
② 조향장치
③ 제동장치
④ 변속기

39 공기식 브레이크에서 필요하지 않은 장치는?

① 유압펌프
② 공기압축기
③ 공기탱크
④ 브레이크 밸브

40 자동차 신규검사 신청 시 필요하지 않은 서류는?

① 신규검사 신청서
② 출처증명서류
③ 자동차등록증
④ 제원표

41 교통사고의 요인 중 인간에 의한 사고원인으로 볼 수 없는 것은?

① 도로상태 요인
② 태도 요인
③ 신체 · 생리적 요인
④ 사회환경적 요인

42 버스교통사고의 주요 유형 중 사고 빈도가 가장 높은 유형은?

① 승 · 하차시 사고
② 회전 · 급정거 등으로 인한 차내 승객 사고
③ 교차로 신호위반 사고
④ 횡단 보행자 등과의 사고

43 버스 교통사고의 주요 요인이 되는 특성들에 대한 설명으로 틀린 것은?

① 버스는 운전석이 승용차에 비해 높아 주변 상황에 대한 관찰이 용이하다.
② 버스의 좌우회전시의 내륜차는 승용차에 비해 훨씬 크다.
③ 버스 운전자는 승객들의 운전방해 행위에 의해 쉽게 주의가 분산될 수 있다.
④ 버스는 버스정류장에서 승객의 승하차 관련 위험에 노출되어 있다.

44 움직이는 물체 또는 움직이면서 다른 자동차나 사람 등의 물체를 보는 시력은?

① 정지시력
② 중심시력
③ 주변시력
④ 동체시력

45 아내와 싸우다가 늦게 출발하여 급하게 운행하다가 앞차와 추돌사고를 유발하였을 경우 교통사고의 주요 요인은?

① 차량요인
② 도로요인
③ 환경요인
④ 인간요인

46 흥분상태인 경우 운전하기 전 흥분을 가라앉히는 첫 단계는?

① 운전에 집중한다.
② 운전상황과는 별개의 문제임을 확실히 한다.
③ 흥분상태를 인정한다.
④ 2차 사고를 유발한다.

47 피로가 운전에 미치는 영향 중 교통표지를 간과하거나, 보행자를 알아보지 못하는 것은 무엇과 관계가 있는가?

① 지구력 부족
② 주의력 부족
③ 의지력 부족
④ 판단력 부족

48 차가 길모퉁이나 커브를 돌 때 핸들을 돌리면 주행하던 차로나 도로를 벗어나려는 힘이 작용하는 데 이를 무엇이라 하는가?

① 구심력
② 제동력
③ 원심력
④ 접지력

49 어린이나 유아가 타고 내리는 중임을 나타내는 어린이통학버스가 있을 경우 안전한 운전방법은?

① 어린이통학버스와 같은 차로인 경우 차로를 변경하여 신속하게 통과한다.
② 편도 1차로인 도로의 반대방향에서 진행하는 차는 진행 속도를 유지하면서 통과한다.
③ 옆차로를 통행하는 경우에는 진행하던 속도를 그대로 통과한다.
④ 옆차로를 통행하는 경우 어린이통학버스에 이르기 전 일시 정지하여 안전을 확인한 후 서행한다.

50 방어운전은 주요 사고유형 패턴의 실수를 예방하기 위한 방법으로 3단계 시계열적 과정의 핵심요소가 있는데, 다음 중 아닌 것은?

① 위험의 인지
② 위험의 제거
③ 방어의 이해
④ 제시간내 정확한 행동

51 보행자의 안전한 횡단을 위한 대피섬과 자동차의 교통을 유도하는 분리대를 총칭하여 말하는 것은?

① 교통섬　　　　　② 중앙분리대
③ 안전지대　　　　④ 도류화

52 차량의 운행기록은 얼마 동안 보관하여야 하는가?

① 1개월　　　　　② 3개월
③ 6개월　　　　　④ 1년

53 제동장치에 이상이 발생하였을 때 자동차가 안전한 장소로 진입하여 정지하도록 함으로써 도로이탈 및 충돌사고 등으로 인한 위험을 방지하는 시설은?

① 안전지대　　　　② 중앙분리대
③ 긴급제동시설　　④ 비상주차대

54 다음 중 조명시설의 주요 기능으로 볼 수 없는 것은?

① 주변이 밝아짐에 따라 교통안전에 도움이 된다.
② 운전자의 피로가 증가한다.
③ 범죄 발생을 방지하고 감소시킨다.
④ 운전자 및 보행자의 불안감을 해소해 준다.

55 내리막길 등을 내려갈 때 브레이크를 자주 사용하기보다는 엔진 브레이크를 사용하는 것이 좋은 이유로 가장 거리가 먼 것은?

① 모닝록 현상 방지　　② 베이퍼록 현상 방지
③ 페이드 현상 방지　　④ 제동력 저하 방지

56 다음 중 교통약자로 볼 수 없는 것은?

① 장애인　　　　　② 고령자
③ 부녀자　　　　　④ 어린이

57 회전교차로와 로터리(교통서클)의 차이점이 아닌 것은?

① 회전교차로는 진입자동차가 양보하고, 로터리는 회전자동차가 양보한다.
② 회전교차로에는 저속 진입하고, 로터리에는 고속 진입한다.
③ 교통섬은 회전교차로에 필수 설치, 로터리에는 선택설치가 가능하다.
④ 회전교차로에는 저속으로 회전차로 운행이 불가하나, 로터리는 저속으로 회전차로 운행이 가능하다.

58 자동차 운전면허 1종 보통면허 취득에 필요한 시력기준은?

① 두 눈을 동시에 뜨고 잰 시력 0.5 이상
② 두 눈을 동시에 뜨고 잰 시력 0.8 이상
③ 양안 시력이 각각 0.1 이상
④ 양안 시력이 각각 0.3 이상

59 다음 중 안전한 운전을 위한 요령으로 틀린 것은?

① 시선을 한 방향으로 고정시켜 바라본다.
② 주변의 도로 상황을 전체적으로 살펴본다.
③ 운전 중에는 전방을 멀리 본다.
④ 주행할 때는 좌우로 안전 공간을 확보하도록 노력한다.

60 교차로 황색신호에서의 방어운전 요령으로 볼 수 없는 것은?

① 황색신호일 때에는 멈출 수 있도록 감속하여 접근한다.
② 황색신호일 때 모든 차는 정지선 바로 앞에 정지하여야 한다.
③ 이미 교차로 안으로 진입하여 있을 때 황색신호로 변경된 경우에는 바로 그 자리에 정지하여 다음 녹색신호를 기다린다.
④ 교차로 부근에서는 무단 횡단하는 보행자 등 위험요인이 많으므로 돌발상황에 대비한다.

61 급커브길을 주행 중일 때 가장 안전한 운전방법은?

① 급커브길 안에서 핸들을 신속히 꺾으면서 브레이크를 밟아 속도를 줄이고 통과한다.
② 급커브길 앞의 직선도로에서 속도를 충분히 줄인다.
③ 급커브길은 위험구간이므로 급가속하여 신속히 통과한다.
④ 급커브길에서 앞지르기 금지표지가 없는 경우 신속하게 앞지르기 한다.

62 중앙선이 황색 점선과 황색 실선의 복선으로 설치된 때의 앞지르기에 대한 설명으로 맞는 것은?

① 황색 실선과 황색 점선 어느 쪽에서도 중앙선을 넘어 앞지르기할 수 없다.
② 황색 실선이 있는 측에서는 중앙선을 넘어 앞지르기할 수 있다.
③ 안전이 확인되면 황색 실선과 황색 점선 상관없이 앞지르기할 수 있다.
④ 황색 점선이 있는 측에서는 중앙선을 넘어 앞지르기할 수 있다.

63 고속도로에서 공간을 다루는 방법으로 옳지 않은 것은?

① 차로를 변경하기 위해서는 핸들을 점진적으로 튼다.
② 차 뒤로 바짝 붙는 차량이 있을 경우는 되도록 차로를 변경하지 않는다.
③ 다른 차량과의 합류 시, 차로변경 시, 진입차선을 통해 고속도로로 들어갈 때, 적어도 4초의 간격을 허용하도록 한다.
④ 자신과 다른 차량이 주행하는 속도, 도로, 기상조건 등에 맞도록 차의 위치를 조절한다.

64 안전운전의 기술에서 가장 우선해야 할 것은?

① 눈을 계속해서 움직인다.
② 다른 사람들이 자신을 볼 수 있게 한다.
③ 차가 빠져나갈 공간을 확보한다.
④ 교통의 흐름을 전체적으로 살펴본다.

65 여름철 자동차 관리사항으로 거리가 먼 것은?

① 빗길 운전에 대비한 타이어 마모상태를 점검한다.
② 장마철 운전에 대비한 와이퍼의 작동상태를 점검한다.
③ 더운 날씨에 대비하여 냉각장치를 점검한다.
④ 제설작업용 염화칼슘 등의 제거를 위한 세차를 한다.

66 버스 운전자의 언어예절로 부적절한 것은?

① 밝고 적극적으로 말한다.
② 공손하게 말한다.
③ 명료하게 말한다.
④ 퉁명스럽게 말한다.

실전 모의고사

67 운수종사자의 준수사항이 아닌 것은?

① 운행 전 사업용자동차의 안전설비 및 등화장치 등의 이상 유무를 확인한다.
② 차안에서 담배를 피워서는 안 된다.
③ 승객의 편의를 위하여 다른 승객의 결점을 지적한다.
④ 사고로 인하여 사상자가 발생하였을 때 신고 및 구호 등의 적절한 조치를 취한다.

68 운수종사자의 바람직한 직업관은?

① 생계유지 수단적 직업관
② 소명의식을 가진 직업관
③ 차별적 직업관
④ 폐쇄적 직업관

69 다음 중 운송사업자의 종류가 다른 것은?

① 시내버스
② 시외버스
③ 마을버스
④ 전세버스

70 국내 버스준공영제의 주요 도입 배경과 거리가 먼 것은?

① 현행 민영체제 하에서 버스운영의 한계
② 민간 버스사업자의 수익 증대 필요
③ 버스교통의 공공성에 따른 공공부문의 역할분담 필요
④ 복지국가로서 보편적 버스교통 서비스 유지 필요

71 다음 보기 중 IC카드의 종류가 아닌 것은?

① 접촉식
② 비접촉식
③ 하이브리드
④ 마그네틱

72 전세버스의 장치 및 설비 등에 관한 준수사항이 아닌 것은?

① 난방장치 및 냉방장치를 설치해야 한다.
② 앞바퀴는 재생한 타이어를 사용해서는 안 된다.
③ 앞바퀴의 타이어는 튜브리스 타이어를 사용해서는 안 된다.
④ 13세 미만의 어린이의 통학을 위하여 학교 및 보육시설의 장과 운송계약을 체결하고 운행하는 전세버스의 경우에는 어린이통학버스의 신고를 하여야 한다..

73 직업의 심리적 의미로 볼 수 없는 것은?

① 직업은 인간 개개인의 자아실현 매개인 동시에 장이 되는 곳이다.
② 직업을 통해 안정된 삶을 영위해 나갈 수 있어 중요한 의미를 가진다.
③ 인간의 잠재적 능력, 타고난 소질과 적성 등이 직업을 통해 계발되고 발전된다.
④ 인간은 직업을 통해 자신의 이상을 실현한다.

74 심장의 기능이 정지하거나 호흡이 멈추었을 때 사용하는 응급처치로 가슴압박과 인공호흡을 행하는 행위는?

① 인공호흡법
② 심장마사지법
③ 직접압박법
④ 심폐소생술

75 여객운송업에 있어 서비스의 특징으로 거리가 먼 것은?

① 보이지 않는다.
② 사람에 의존한다.
③ 즉시 사라진다.
④ 소유할 수 있다.

76 고객이 업체에 대해 거래를 중단하는 첫 번째 이유는?

① 경쟁사의 회유
② 가격
③ 제품에 대한 불만
④ 종사자의 불친절

77 교통사고 발생시 운전자의 조치사항이다. 틀린 것은?

① 교통사고를 발생시켰을 때에는 현장에서 인명 구호를 우선으로 한다.
② 관할 경찰서 신고 등의 의무를 성실히 이행한다.
③ 사고발생 시 임의로 처리하고 거짓 없이 정확하게 회사에 보고한다.
④ 사고처리 결과에 대해 개인적으로 통보를 받았을 때에는 회사에 보고한 후 회사의 지시에 따라 조치한다.

78 승객을 위한 행동예절 중 긍정적인 이미지를 만들기 위한 요소가 아닌 것은?

① 시선처리(눈빛)
② 음성관리(목소리)
③ 고급스러운 복장(옷차림)
④ 표정관리(미소)

79 사업용 운전자로써 가져야 할 가장 기본적인 자세는?

① 주의력 집중
② 심신상태 안정
③ 여유있는 양보운전
④ 교통법규의 이해와 준수

80 중앙버스전용차로의 장점에 대한 설명 중 틀린 것은?

① 대중교통 이용자의 감소를 도모할 수 있다.
② 일반 차량과의 마찰을 최소화 한다.
③ 교통정체가 심한 구간에서 더욱 효과적이다.
④ 가로변 상업 활동이 보장된다.

정답 제4회 실전모의고사

01 ①	02 ②	03 ②	04 ④	05 ②	06 ②	07 ④	08 ④	09 ③	10 ④
11 ②	12 ③	13 ④	14 ②	15 ②	16 ②	17 ①	18 ②	19 ③	20 ③
21 ③	22 ②	23 ③	24 ②	25 ④	26 ②	27 ②	28 ①	29 ③	30 ②
31 ①	32 ②	33 ①	34 ④	35 ①	36 ③	37 ④	38 ②	39 ①	40 ③
41 ①	42 ②	43 ①	44 ④	45 ④	46 ③	47 ②	48 ②	49 ④	50 ②
51 ①	52 ③	53 ②	54 ②	55 ①	56 ③	57 ④	58 ②	59 ①	60 ③
61 ②	62 ④	63 ②	64 ②	65 ④	66 ④	67 ③	68 ②	69 ④	70 ②
71 ④	72 ③	73 ②	74 ④	75 ④	76 ④	77 ③	78 ③	79 ④	80 ①

실전 모의고사

제 5 회

01 다음 중 여객자동차 운수사업법의 제정 목적으로 옳지 않은 것은?

① 여객자동차 운수종사자의 권익 신장
② 여객의 원활한 운송
③ 여객자동차 운수사업에 관한 질서 확립
④ 공공복리 증진

02 회사 또는 학교와 계약을 맺어 그 소속원만의 통근, 통학을 목적으로 자동차를 운행하는 경우는 어느 사업에 속하는가?

① 노선여객자동차운송사업
② 노선버스운송사업
③ 특수여객자동차운송사업
④ 전세버스운송사업

03 버스운전업무 종사자격의 요건 중 연령 조건으로 옳은 것은?

① 19세 이상
② 20세 이상
③ 21세 이상
④ 22세 이상

04 시내버스운송사업의 종류 중 시내좌석버스를 사용하여 각 정류소에 정차하면서 운행하는 형태는?

① 광역급행형
② 직행좌석용
③ 일반형
④ 좌석형

05 특수여객자동차 운송사업용으로 사용되는 승용자동차의 차령이 다른 하나는?

① 소형 승용자동차
② 경형 승용자동차
③ 중형 승용자동차
④ 대형 승용자동차

06 도로교통법상 차마의 통행방법 및 속도에 대한 설명으로 옳지 않은 것은?

① 신호등이 없는 교차로에서 좌회전할 때 직진하려는 다른 차가 있는 경우 직진 차에게 차로를 양보 하여야 한다.
② 차도와 보도의 구별이 없는 도로에서 차량을 정차할 때 도로의 오른쪽 가장자리로부터 중앙으로 50cm 이상의 거리를 두어야 한다.
③ 교차로에서 앞차가 우회전을 하려고 신호를 하는 경우 뒤따르는 차는 앞차의 진행을 방해해서는 안 된다.
④ 편도 1차로인 일반도로에서 자동차의 최고속도는 매시 80km 이내이다.

07 주의, 규제, 지시표지의 주기능을 보충하여 도로사용자에게 알리는 표지는 무엇인가?

① 주의표지
② 노면표시
③ 안전표지
④ 보조표지

08 고속도로 버스전용차로를 통행할 수 있는 승용자동차 및 승합자동차의 인원 기준은 얼마인가?

① 6인승 이상
② 9인승 이상
③ 12인승 이상
④ 36인승 이상

09 다음은 차로에 따른 통행차의 기준에 대한 설명이다. 잘못된 것은?

① 모든 차는 지정된 차로의 오른쪽 차로로 통행할 수 있다.
② 앞지르기를 할 때에는 통행 기준에 지정된 차로의 오른쪽 바로 옆 차로로 통행할 수 있다.
③ 편도 4차로 일반도로에서 승용자동차는 모든 차로를 통행할 수 있다.
④ 편도 4차로 고속도로에서 대형화물자동차의 주행차로는 오른쪽차로이다.

10 다음 중 도로교통법상 편도 3차로 고속도로에서 2차로가 통행차로인 자동차는?

① 화물자동차
② 특수자동차
③ 건설기계
④ 중형승합자동차

11 어린이 통학버스로 신고할 수 있는 자동차의 승차정원 기준으로 맞는 것은?

① 11인승 이상
② 16인승 이상
③ 17인승 이상
④ 9인승 이상

12 승객을 태우고 운행 중 철길건널목에서 차가 고장 난 경우 우선적인 조치사항은?

① 철도공무원에게 알린다.
② 경찰공무원에게 알린다.
③ 즉시 승객을 대피시킨다.
④ 회사에 보고한다.

13 승차정원 16인승 이상의 승합자동차를 운전하기 위해 필요한 운전면허는?

① 1종 대형면허
② 1종 보통면허
③ 1종 특수면허
④ 2종 보통면허

14 운전면허를 취득하기 위해 식별해야 하는 색채가 아닌 것은?

① 붉은색
② 녹색
③ 노란색
④ 백색

15 운전면허가 취소되는 사유가 아닌 것은?

① 정기적성검사 기간이 6개월을 경과한 때
② 단속하는 경찰공무원을 폭행하여 구속된 때
③ 교통사고를 일으키고 구호조치를 하지 아니한 때
④ 다른 사람에게 면허증을 대여하여 운전하게 한 때

16 도로교통법상 자동차의 운전 중 교통사고를 일으켜 인명피해를 입힌 경우 벌점 기준으로 잘못된 것은?

① 사망 1명마다 벌점 90점

② 중상 1명마다 벌점 15점

③ 경상 1명마다 벌점 7점

④ 부상신고 1명마다 벌점 2점

17 차마의 통행 방향을 명확하게 구분하기 위하여 도로에 황색실선 또는 황색점선 등의 안전표시로 표시한 선을 무엇이라 하는가?

① 차선   ② 차로

③ 중앙선   ④ 중앙분리대

18 교통사고가 발생한 차의 운전자가 경찰공무원에게 신고할 때 신고하여야 하는 사항으로 가장 거리가 먼 것은?

① 사고가 일어난 곳

② 사상자 수 및 부상 정도

③ 손괴한 물건 및 손괴 정도

④ 사고 발생의 원인

19 교통사고에 의한 사망은 일반적으로 교통사고 발생 후 몇 시간 이내 사망한 것을 말하는가?

① 16시간   ② 24시간

③ 48시간   ④ 72시간

20 특별교통안전 권장교육을 받을 수 있는 사람의 기준이 아닌 것은?

① 교통법규 위반 중 특별교통안전 의무교육을 받아야 하는 사유 외의 사유로 인하여 운전면허효력 정지처분을 받게 되거나 받은 사람

② 교통법규 위반 등으로 인하여 운전면허효력 정지처분을 받을 가능성이 있는 사람

③ 운전면허를 받은 사람 중 교육을 받으려는 날에 60세 이상인 사람

④ 특별교통안전 의무교육을 받은 사람

21 도로교통법에서 정한 만취운전의 기준은 얼마 이상인가?

① 혈중알코올농도 0.3%   ② 혈중알코올농도 0.08%

③ 혈중알코올농도 0.05%   ④ 혈중알코올농도 0.1%

22 다음 중 사용하는 사람 또는 기관의 신청에 의하여 시·도경찰청장이 지정할 수 있는 긴급자동차로 맞는 것은?

① 소방차

② 전파감시업무에 사용되는 자동차

③ 구급차

④ 혈액공급 차량

23 다음 중 어린이보호의무위반 사고가 성립되지 않는 것은?

① 초등학교 앞에서 초등학생에게 상해를 입힌 경우

② 유치원 앞에서 유치원생에게 상해를 입힌 경우

③ 초등학교 앞에서 성인에게 상해를 입힌 경우

④ 초등학교 앞에서 유치원생에게 상해를 입힌 경우

24 고장자동차의 표시는 어느 법의 규정에 따르는가?

① 교통사고처리특례법   ② 자동차관리법

③ 도로교통법   ④ 여객자동차운수사업법

25 일반도로에서 자동차등의 운전자가 다음의 행위를 반복하여 다른 사람에게 위협을 가하는 경우 난폭운전으로 처벌받게 된다. 난폭운전의 대상 행위가 아닌 것은?

① 일반도로에서 지정차로 위반

② 중앙선 침범, 급제동금지 위반

③ 안전거리 미확보, 진로변경 금지 위반

④ 일반도로에서 앞지르기 방법 위반

26 엔진의 출력을 자동차 주행속도에 알맞게 회전력과 속도로 바꾸어서 구동 바퀴에 전달하는 장치는?

① 클러치   ② 변속기

③ 현가장치   ④ 조향장치

27 공기 스프링의 특징으로 잘못된 것은?

① 승차감이 우수하기 때문에 장거리 주행 자동차 및 대형버스에 사용된다.

② 차량무게의 증감에 관계없이 언제나 차체의 높이를 일정하게 유지할 수 있다.

③ 구조가 간단하고 제작비가 저렴하다.

④ 짐을 실었을 때나 비었을 때의 승차감에 차이가 없다.

28 자동차의 제동장치 중 버스나 트럭 등 대형차량에 주로 사용되는 브레이크는?

① ABS   ② 유압 브레이크

③ 감속 브레이크   ④ 공기식 브레이크

29 휠 얼라인먼트를 사용하여 점검할 수 있는 것으로 가장 거리가 먼 것은?

① 토인   ② 캠버

③ 킹핀 경사각   ④ 휠 밸런스

30 압축천연가스 자동차의 가스공급 라인 등 연결부에서 가스가 누설될 때의 조치 요령으로 올바르지 않은 것은?

① 차량 부근으로 화기 접근을 금하고, 엔진 시동을 끈 후 메인 전원 스위치를 차단한다.

② 탑승하고 있는 승객을 안전한 곳으로 대피시킨다.

③ 스테인리스 튜브가 파열된 경우에는 보수 후 재활용하여 사용한다.

④ 가스 누설 부위를 비눗물 또는 가스검진기 등으로 확인한다.

31 자동차 계기판에 다음과 같은 표시가 점등된 경우 점검해야 하는 사항으로 가장 알맞은 것은?

① 냉각수 점검

② 배터리 상태 점검

③ 엔진오일 점검

④ 연료량 점검

32 자동차가 주행한 총거리를 km 단위로 나타내는 계기판은?

① 적산거리계 ② 속도계
③ 회전계 ④ 연료계

33 ABS 경고등은 키를 「ON」하면 약 얼마간 점등된 후 소등되어야 정상인가?

① 1초 ② 3초
③ 5초 ④ 10초

34 전조등 사용 시기에 대한 설명으로 잘못된 것은?

① 하향 : 마주 오는 차가 있을 경우
② 하향 : 앞차를 따라 갈 경우
③ 상향 : 야간 운행 시 마주 오는 차가 있을 경우
④ 상향점멸 : 다른 차의 주의를 환기시킬 경우

35 파워스티어링 오일이 부족한 경우 나타나는 증상은?

① 핸들 떨림
② 브레이크 편제동
③ 연료소비량 과다 발생
④ 핸들 무거움

36 연료소비가 과다하게 발생하는 원인으로 거리가 먼 것은?

① 연료누출 ② 클러치 미끄러짐
③ 브레이크가 제동상태 ④ 타이어 공기압 과다

37 자동차의 장치 중 상·하 방향이 유연하여 차체가 노면에서 받는 충격을 완화시키는 역할을 하는 장치는?

① 완충장치 ② 제동장치
③ 동력전달장치 ④ 조향장치

38 프로판과 부탄을 섞어서 제조된 가스로써 석유 정제 과정의 부산물로 이루어진 혼합가스는?

① 압축천연가스(CNG)
② 액화천연가스(LNG)
③ 파이프라인천연가스(PNG)
④ 액화석유가스(LPG)

39 공기식 브레이크에서 탱크 내의 압력이 규정 값이 되어 공기압축기에서 압축공기가 공급되지 않을 때 밸브를 닫아 탱크 내의 공기가 새지 않도록 하는 것은?

① 브레이크 밸브 ② 릴레이 밸브
③ 퀵 릴리스 밸브 ④ 체크 밸브

40 엔진 브레이크, 배기 브레이크와 같은 감속 브레이크를 사용할 때의 장점이 아닌 것은?

① 브레이크 슈, 드럼 혹은 타이어의 마모를 줄일 수 있다.
② 눈, 비 등으로 인한 타이어 미끄럼을 줄일 수 있다.
③ 클러치 사용횟수가 늘어 클러치 관련 부품의 마모가 증가한다.
④ 풋 브레이크 사용 횟수가 줄어 주행시 안전도가 향상되고, 운전자의 피로를 줄일 수 있다.

41 다음 중 교통사고의 위험요인으로 볼 수 없는 것은?

① 인간 ② 차량
③ 도로환경 ④ 경제

42 운전에 필요한 정보를 획득하는 가장 중요한 감각은?

① 청각 ② 시각
③ 후각 ④ 촉각

43 운전과 관련한 시력에 대한 설명으로 틀린 것은?

① 동체시력은 란돌트 시표(Landolt's rings)에 의해 측정한다.
② 동체시력은 정지시력과 어느 정도 비례관계에 있다.
③ 동체시력은 조도가 낮은 상황에서 쉽게 저하된다.
④ 정지시력은 일정 거리에서 일정 시표를 보고 모양을 확인할 수 있는지를 측정한다.

44 보도가 설치되어 있지 않은 좁은 도로에서 보행자의 옆을 지날 때 올바른 운전 방법은?

① 경음기를 울리면서 주의를 주고 지나간다.
② 보행자가 지나갈 때까지 정지한 후 신속하게 지나간다.
③ 안전한 거리를 두고 서행해야 한다.
④ 신속하게 지나간다.

45 사소한 일에도 필요 이상의 신경질적인 반응을 보이거나 화를 내는 등의 문제는 무엇과 관련이 깊은가?

① 주의력 ② 사고력
③ 감정조절 ④ 의지력

46 음주운전의 위험성에 대한 설명으로 틀린 것은?

① 운전에 대한 통제력 약화로 과잉조작에 의한 사고가 증가한다.
② 다른 법규위반 인한 사고에 비해 사망에 이를 가능성이 매우 높다.
③ 단독사고로 끝나는 경우가 대부분이며, 2차 사고 유발 가능성은 적다.
④ 혈중알코올농도가 높아짐에 따라 사고로 이어질 가능성도 높아진다.

47 주로 학교, 유치원, 어린이놀이터 등으로 자동차의 속도를 저속으로 규제할 필요가 있는 구간에 설치되는 도로의 안전시설은?

① 과속방지시설 ② 도로반사경
③ 방호울타리 ④ 시선유도시설

48 자동차의 정지거리와 관련하여 맞는 것은?

① 정지거리 = 공주거리 - 제동거리
② 공주거리 = 제동거리 + 정지거리
③ 정지거리 = 공주거리 + 제동거리
④ 제동거리 = 공주거리 + 정지거리

49 우측 길어깨의 폭이 협소한 장소에서 고장난 차량이 도로에서 벗어나 대피할 수 있도록 제공되는 공간은?

① 비상주차대 ② 갓길
③ 긴급제동시설 ④ 안전지대

50 오르막구간에서 저속자동차를 다른 자동차와 분리하여 통행시키기 위해 설치하는 차로는?

① 앞지르기차로
② 양보차로
③ 오르막차로
④ 가변차로

51 다음 중 곡선부 등에 설치되는 방호울타리의 기능으로 옳은 것은?

① 자동차의 차로이탈을 방지하는 것
② 탑승자의 상해를 증가시키는 것
③ 자동차의 파손을 증가시키는 것
④ 운전자의 시선을 방해하는 것

52 수막현상 발생 시 타이어 접지면의 앞쪽으로 침범하는 물의 압력에 대한 설명으로 옳은 것은?

① 자동차 속도와 유체 밀도에 모두 반비례한다.
② 자동차 속도에 비례하고 유체 밀도에 반비례한다.
③ 자동차 속도에 반비례하고 유체 밀도에 비례한다.
④ 자동차 속도와 유체 밀도에 모두 비례한다.

53 비가 자주 오거나 습도가 높은 날 오랜 시간 주차 후 브레이크 드럼에 녹이 발생하고 브레이크가 예민하게 작동하는 현상은?

① 베이퍼 록 현상
② 페이드 현상
③ 수막현상
④ 모닝 록 현상

54 주·야간에 운전자의 시선을 유도하기 위해 설치된 안전시설이 아닌 것은?

① 횡단보도 표시
② 시선유도 표시
③ 갈매기 표시
④ 표지병

55 주차장, 녹지공간, 화장실, 급유소, 식당, 매점 등이 모두 구비되어 있는 휴게시설은?

① 일반휴게소
② 간이휴게소
③ 화물차 전용휴게소
④ 쉼터휴게소

56 방어운전과 관련된 내용으로 틀린 것은?

① 다른 사람의 실수를 항상 감안해서 행동할 필요가 있다.
② 사고를 미연에 방지하는 운전을 의미한다.
③ 자신과 다른 사람을 위험한 상황으로부터 보호하는 기술이다.
④ 방어운전은 연료 소비량과 아무런 관계가 없다.

57 가시거리를 제한받는 안갯길에서 운전할 때 차의 등화 중 중요도가 가장 떨어지는 등화는?

① 실내등
② 안개등
③ 전조등
④ 점멸등

58 경제운전 방법으로 주행하였을 때 미치는 영향을 잘못 설명한 것은?

① 버스 엔진의 시동을 걸 때는 적정 속도로 엔진을 회전시켜, 적정한 오일 압력이 유지되도록 하여야 한다.
② 경제운전을 위해서는 가능한 한 일정 속도로 주행하는 것이 매우 중요하다.
③ 기어를 적절히 변속하는 것 또한 경제운전에서 매우 중요한 요소이다.
④ 관성주행은 가속페달을 강하게 밟아 고속으로 운전하는 것이다.

59 오르막길에서의 방어운전 요령으로 옳지 않은 것은?

① 오르막길에서 부득이하게 앞지르기할 때는 고단 기어를 사용한다.
② 언덕길에서 올라가는 차량과 내려오는 차량이 교차할 때에는 올라가는 차량이 양보해야 한다.
③ 정차할 때에는 앞차가 뒤로 밀려 충돌할 가능성을 염두에 우고 충분한 차간거리를 유지한다.
④ 오르막길에서 부득이하게 앞지르기할 때는 힘과 가속력이 좋은 저단 기어를 사용하는 것이 안전하다.

60 운전 중 앞지르기 순서의 방법상의 주의사항이 아닌 것은?

① 앞지르기 금지장소 여부를 확인한다.
② 전방의 안전을 확인하는 동시에 후사경으로 좌측 및 좌후방을 확인한다.
③ 우측 방향지시등을 켠다.
④ 최고속도의 제한범위 내에서 가속하여 진로를 서서히 좌측으로 변경한다.

61 야간운전 시 안전운전 방법으로 잘못된 것은?

① 해가 지기 시작하면 곧바로 전조등을 켜 다른 운전자들에게 자신을 알린다.
② 주간보다 시야가 제한되므로 속도를 줄여 운행한다.
③ 흑색 등 어두운 색의 옷차림을 한 보행자는 발견하기 곤란하므로 보행자의 확인에 더욱 세심한 주의를 기울인다.
④ 승합자동차는 야간에 운행할 때에 실내조명등을 켜지 않고 운행하여야 한다.

62 다음 중 커브길 주행방법으로 옳지 않은 것은?

① 감속된 속도에 맞는 기어로 변속한다.
② 커브길 진입 전 속도를 높이고 커브가 끝나면 속도를 줄인다.
③ 커브길에 진입하기 전 도로의 폭을 확인한다.
④ 회전이 끝나는 부분에 도달하였을 때에는 핸들을 바르게 한다.

63 버스정보시스템(BIS)의 특징과 거리가 먼 것은?

① 이용자에게 버스 운행상황 정보를 제공한다.
② 제공매체는 정류소 설치 안내기, 인터넷, 모바일 등이다.
③ 버스운전자에게 정류장 상황을 제공한다.
④ 버스 이용승객에게 편의를 제공하는 효과가 있다.

64 일반적으로 버스전용차로를 효율적으로 운영하기 위해 설치되는 장소로 부적당한 곳은?

① 전용차로를 설치하고자 하는 구간의 정체가 심한 곳
② 도로 기하구조가 전용차로를 설치하기 적당한 구간
③ 대중교통 이용자들의 폭넓은 지지를 받는 구간
④ 버스 통행량이 극히 적은 구간

65 도로 중앙에 버스만 이용할 수 있는 전용차로를 지정함으로써 버스를 다른 차량과 분리하여 운영하는 방식은?

① 가로변버스전용차로
② 중앙버스전용차로
③ 역류버스전용차로
④ 고속도로버스전용차로

66 교통카드시스템에서 각종 단말기 및 충전기와 네트워크로 연결하여 사용 거래 기록을 수집, 정산 처리하고 정산결과를 해당 은행으로 전송하는 것은?

① 단말기
② 충전시스템
③ 집계시스템
④ 정산시스템

67 도심과 외곽을 잇는 주요 간선도로에 버스전용차로를 설치하여 급행버스를 운행하게 하는 대중교통시스템은?

① 간선급행버스체계
② 대중교통환승체계
③ 버스전용차로제
④ 광역버스체계

68 출입구에 계단이 없고 차체 바닥이 낮으며 경사판이 장착되어 있는 버스는?

① 고상버스
② 마이크로버스
③ 저상버스
④ 초고상버스

69 심폐소생술 시행을 위한 부상자 의식 상태 확인 요령으로 잘못된 것은?

① 의식이 없다면 기도를 확보한다.
② 부상자의 온몸을 두드리며 확인한다.
③ 목뼈 손상의 가능성이 있는 경우에는 목 뒤쪽을 한 손으로 받쳐준다.
④ 의식이 없거나 구토할 때는 목이 오물로 막혀 질식하지 않도록 옆으로 눕힌다.

70 교통사고 발생시 보고해야 할 사항과 거리가 먼 것은?

① 구조자 성명
② 사고발생지점 및 상태
③ 회사명
④ 부상정도 및 부상자수

71 고속도로에서 고장 등으로 긴급 상황 발생 시 일정 거리를 무료로 견인서비스를 제공해 주는 기관은?

① 도로교통공단
② 한국도로공사
③ 경찰청
④ 한국교통안전공단

72 터널 안 주행 중 자동차 사고로 인한 화재 목격 시 가장 바람직한 대응 방법은?

① 차량 통행이 가능하더라도 차를 세우는 것이 안전하다.
② 차량 통행이 불가능할 경우 차를 세운 후 자동차 안에서 화재 진압을 기다린다.
③ 차량 통행이 불가능할 경우 차를 세운 후 자동차 열쇠를 챙겨 대피한다.
④ 연기가 많이 나면 최대한 몸을 낮춰 연기나는 반대 방향으로 유도 표시 등을 따라 이동한다.

73 버스와 정류장에 무선 송수신기를 설치하여 버스의 위치를 실시간으로 파악하고 이용자에게 정류장에서 해당 노선의 도착 예정시간 안내 등 운행정보를 제공하는 시스템은?

① BIS
② BMS
③ ITS
④ BRT

74 운전자가 승객을 응대하는 마음가짐이 아닌 것은?

① 사명감을 가진다.
② 항상 부정적으로 생각한다.
③ 공사를 구분하고 공평하게 대한다.
④ 투철한 서비스 정신을 가진다.

75 복장의 기본원칙에 어긋나는 것은?

① 깨끗하고 단정하게
② 샌들이나 슬리퍼 등 편한 신발 착용
③ 품위있고 규정에 맞게
④ 통일감 있고 계절에 맞게

76 올바른 직업윤리 의식이 아닌 것은?

① 봉사정신
② 전문의식
③ 의무의식
④ 책임의식

77 버스 운전자의 운행 중 주의사항이다. 옳지 않은 것은?

① 뒤따라오는 차량이 추월하는 경우에는 감속 등을 통한 양보 운전한다.
② 눈길, 빙판길 등은 체인이나 스노우 타이어를 장착한 후 안전하게 운행한다.
③ 배차사항, 지시 및 전달사항을 확인한다.
④ 후진할 때는 유도요원을 배치하여 수신호에 따라 안전하게 후진한다.

78 운전석의 위치나 승차정원에 따른 버스의 종류 중 운전석이 엔진의 위에 있는 버스는?

① 보닛버스
② 마이크로버스
③ 코치버스
④ 캡 오버 버스

79 여객자동차 운수사업법에 따른 중대한 교통사고에 해당되지 않는 것은?

① 전복사고
② 화재가 발생한 사고
③ 사망자 1명이 발생한 사고
④ 사망자 1명과 중상자 3명이 발생한 사고

80 다음은 사고 발생 시 운전자가 취할 조치과정이다. 잘못된 것은?

① 탈출
② 전방 방호
③ 인명구조
④ 연락

정답 제5회 실전모의고사

01 ①	02 ④	03 ②	04 ④	05 ④	06 ④	07 ④	08 ②	09 ②	10 ④
11 ④	12 ③	13 ①	14 ④	15 ①	16 ③	17 ③	18 ④	19 ④	20 ③
21 ②	22 ②	23 ③	24 ③	25 ①	26 ②	27 ③	28 ④	29 ④	30 ③
31 ②	32 ①	33 ②	34 ③	35 ④	36 ④	37 ③	38 ④	39 ④	40 ②
41 ②	42 ②	43 ①	44 ③	45 ③	46 ③	47 ①	48 ②	49 ①	50 ③
51 ①	52 ④	53 ④	54 ①	55 ①	56 ②	57 ③	58 ②	59 ①	60 ②
61 ④	62 ②	63 ③	64 ④	65 ②	66 ④	67 ①	68 ③	69 ②	70 ①
71 ②	72 ④	73 ①	74 ②	75 ②	76 ④	77 ③	78 ④	79 ③	80 ②

PART 01 교통·운수관련 법규 및 교통사고 유형

1 여객자동차 운수사업법의 목적 : ① 여객자동차 운수사업에 관한 질서 확립 ② 여객의 원활한 운송 ③ 여객자동차 운수사업의 종합적인 발달 도모 ④ 공공복리 증진

2 용어의 정의
① 여객자동차운송사업 : 다른 사람의 수요에 응하여 자동차를 사용하여 유상(有償)으로 여객을 운송하는 사업
② 노선(路線) : 자동차를 정기적으로 운행하거나 운행하려는 구간
③ 운행계통 : 노선의 기점(起點)·종점(終點)과 그 기점·종점 간의 운행경로·운행거리·운행횟수 및 운행대수를 총칭한 것

3 여객자동차운송사업의 종류
① 노선 여객자동차운송사업(운행계통이 있음) : 시내버스운송사업, 농어촌버스운송사업, 마을버스운송사업, 시외버스운송사업
② 구역 여객자동차운송사업(사업구역 안에서 여객을 운송) : 전세버스운송사업, 특수여객자동차운송사업
③ 수요응답형 여객자동차운송사업

4 운행행태에 따른 자동차의 종류
① 시내좌석버스 : 광역급행형, 직행좌석형, 좌석형에 사용되는 것으로 좌석이 설치된 것
② 시내일반버스 : 일반형에 사용되는 것으로서 좌석과 입석이 혼용 설치된 것

5 중대한 교통사고의 범위(24시간 내 사고보고 및 72시간 내 사고보고서 작성) : ① 전복(顚覆) 사고 ② 화재가 발생한 사고 ③ 사망자 2명 이상 발생한 사고 ④ 사망자 1명과 중상자 3명 이상 발생한 사고 ⑤ 중상자 6명 이상 발생한 사고

6 버스운전업무 종사자격의 요건 : ① 사업용 자동차를 운전하기 위한 운전면허 보유 ② 20세 이상으로 운전경력 1년 이상 ③ 운전적성에 대한 정밀검사 기준에 적합할 것 ④ 이상의 요건을 갖추고 버스운전자격증을 취득할 것

7 취소일로부터 5년간 버스운전자격을 취득할 수 없는 사람
① 도로교통법상의 음주운전 또는 약물 등에 의한 운전으로 운전면허가 취소된 사람
② 무면허 운전으로 벌금형 이상의 형을 선고받거나 운전면허가 취소된 사람
③ 운전 중 고의 또는 과실로 3명 이상이 사망하거나 20명 이상의 사상자가 발생한 사고를 일으켜 운전면허가 취소된 사람

8 운전자격증명 : 사업용 자동차 안에 운전업무 종사자의 운전자격증명을 항상 게시

9 운전적성정밀검사의 종류와 대상

① 신규검사 : 신규로 여객자동차 운송사업용 자동차를 운전하려는 자, 여객자동차 운송사업용 자동차의 운전업무에 종사하다가 퇴직한 자로서 신규검사를 받은 날부터 3년이 지난 후 재취업하려는 자(단, 재취업일까지 무사고 운전한 경우는 제외), 신규검사의 적합판정을 받은 자로서 운전적성정밀검사를 받은 날부터 3년 이내에 취업하지 아니한 자
② 특별검사 : 중상 이상의 사상(死傷)사고를 일으킨 자, 과거 1년간 운전면허 행정처분기준에 따라 계산한 누산점수가 81점 이상인 자, 운송사업자가 신청한 자
③ 자격유지검사 : 65세 이상 70세 미만인 사람, 70세 이상인 사람

10 운송사업자에 대한 행정처분

위반내용	1차위반	2차위반
운송사업자가 차내에 운전자격증명을 항상 게시하지 않은 경우	운행정지 5일	–
운수종사자의 자격요건을 갖추지 않은 사람을 운전업무에 종사하게 한 경우	감차명령	노선폐지명령

11 운송사업자에 대한 과징금 (※괄호 안은 2차 위반 시)

위반내용	시내버스 농어촌버스 마을버스	시외버스	전세버스	특수여객
운송사업자가 차내에 운전자격증명을 항상 게시하지 않은 경우	10만원	10만원	10만원	10만원
운수종사자의 자격요건을 갖추지 않은 사람을 운전업무에 종사하게 한 경우	500만원 (1,000만원)	500만원 (1,000만원)	500만원 (1,000만원)	360만원 (720만원)

12 운전자격이 취소되는 사유

① 면허의 결격사유에 해당하게 된 경우
② 부정한 방법으로 버스운전자격을 취득한 경우
③ 법에서 정한 자격을 취득할 수 없는 경우에 해당하게 된 경우
④ 운수종사자의 준수사항을 이행하지 않아 1년간 세 번의 과태료 처분을 받은 사람이 같은 위반행위를 한 경우
⑤ 교통사고와 관련하여 거짓이나 그 밖의 부정한 방법으로 보험금을 청구하여 금고 이상의 형을 선고받고 그 형이 확정된 경우
⑥ 운전업무와 관련하여 버스운전자격증을 타인에게 대여한 경우
⑦ 도로교통법 위반으로 사업용 자동차를 운전할 수 있는 운전면허가 취소된 경우

🔢 교통사고로 인한 인명피해 시 운전자격의 정지 일수
① 사망자 2명 이상 : 자격정지 60일
② 사망자 1명 및 중상자 3명 이상 : 자격정지 50일
③ 중상자 6명 이상 : 자격정지 40일

🔢 운수종사자 교육의 종류 및 대상자, 교육시간

구분	교육대상자	교육시간
신규교육	새로 채용한 운수종사자(사업용자동차를 운전하다가 퇴직한 후 2년 이내에 다시 채용된 사람은 제외)	16
보수교육	무사고·무벌점 기간이 5년 이상 10년 미만인 운수종사자	4
	무사고·무벌점 기간이 5년 미만인 운수종사자	
	법령위반 운수종사자	8
수시교육	국제행사 등에 대비한 서비스 및 교통안전 증진 등을 위하여 국토교통부장관 또는 시·도지사가 교육을 받을 필요가 있다고 인정하는 운수종사자	4

🔢 자가용자동차 사용의 제한 또는 금지
① 제한 또는 금지권자 : 특별자치시장·특별자치도지사·시장·군수·구청장(자치구의 구청장)
② 제한 또는 금지기간 : 6개월 이내의 기간
③ 제한 또는 금지사유 : 자가용자동차를 사용하여 여객자동차운송사업을 경영한 경우, 허가를 받지 아니하고 자가용자동차를 유상으로 운송에 사용하거나 임대한 경우

🔢 사업의 구분에 따른 자동차의 차령

차종	사업의 구분		차령
승용자동차	특수여객자동차 운송사업용	경형·중형·소형	6년
		대형	10년
승합자동차	전세버스운송사업용 또는 특수여객자동차운송사업용		11년
	그 밖의 사업용		9년

🔢 대폐차에 충당되는 자동차
① 대폐차의 정의 : 차령이 만료되거나 운행거리를 초과한 차량 등을 다른 차량으로 대체하는 것
② 차량충당연한 : 승용자동차는 1년, 승합자동차는 3년

🔢 과징금의 사용 용도
① 벽지노선이나 그 밖에 수익성이 없는 노선을 운행하여 생긴 손실의 보전
② 운수종사자의 양성, 교육훈련, 그 밖의 자질 향상을 위한 시설과 운수종사자에

대한 지도 업무를 수행하기 위한 시설의 건설 및 운영
③ 지방자치단체가 설치하는 터미널을 건설하는 데에 필요한 자금의 지원
④ 터미널 시설의 정비·확충
⑤ 여객자동차 운수사업의 경영 개선이나 여객자동차 운수사업의 발전을 위하여 필요한 사업
⑥ 위 ①항부터 ⑤항까지의 용도 중 어느 하나의 목적을 위한 보조나 융자
⑦ 여객자동차운수사업법을 위반하는 행위를 예방 또는 근절하기 위하여 지방자치단체가 추진하는 사업

19 주요 위반행위별 과태료 부과기준(단위 : 만원)

위반행위	과태료 금액		
	1회	2회	3회
1) 여객이 동반하는 6세 미만인 어린아이 1명은 운임이나 요금을 받지 아니하고 운송하여야 한다는 규정을 위반하여 어린아이의 운임을 받은 경우	5	10	10
2) 여객자동차운송사업에 사용되는 자동차의 바깥쪽에 운송사업자의 명칭, 기호 등 사업용 자동차의 표시를 하지 않은 경우	10	15	20
3) 중대한 교통사고에 따른 보고를 하지 아니하거나 거짓보고를 한 경우			
가) 사고 시의 조치를 하지 않은 경우	50	75	100
나) 보고를 하지 않거나 거짓 보고를 한 경우	20	30	50
4) 여객이 착용하는 좌석안전띠가 정상적으로 작동될 수 있는 상태를 유지하지 않은 경우	20	30	50
5) 운송사업자가 운수종사자에게 여객의 좌석안전띠 착용에 관한 교육을 실시하지 않은 경우	20	30	50
6) 운수종사자 취업현황을 알리지 않은 경우	50	75	100
7) 휴식시간 보장내역을 알리지 않거나 거짓으로 알린 경우	50	75	100
8) 운수종사자의 요건(나이, 운전경력, 운전적성정밀검사 등)을 갖추지 아니하고 여객자동차운송사업의 운전업무에 종사한 운송사업자	50	50	50
9) 다음 각 목의 운수종사자 준수사항을 위반한 자 가) 정당한 사유 없이 여객의 승차를 거부하거나 여객을 중도에 내리게 하는 행위 나) 부당한 운임 또는 요금을 받는 행위 다) 일정한 장소에 오랜 시간 정차하여 여객을 유치(誘致)하는 행위 라) 문을 완전히 닫지 아니한 상태에서 자동차를 출발시키거나 운행하는 행위	20	20	20

위반행위	과태료 금액		
	1회	2회	3회
10) 다음 각 목의 운수종사자 준수사항을 위반한 자 　가) 여객이 승하차하기 전에 자동차를 출발시키거나 승하차할 여객이 있는데도 정차하지 않고 정류소를 지나치는 행위 　나) 안내방송을 하지 않는 행위 　다) 여객자동차운송사업용 자동차 안에서 흡연하는 행위 　라) 휴식시간을 준수하지 않고 운행하는 행위 　마) 그 밖에 안전운행과 여객의 편의를 위하여 운수종사자가 지키도록 국토교통부령으로 정하는 사항을 위반하는 행위	10	10	10
11) 운수종사자가 차량의 출발 전에 여객이 좌석안전띠를 착용하도록 안내하지 않은 경우	3	5	10
12) 법에 따른 소속공무원의 검사 또는 질문에 불응하거나 이를 방해 또는 기피한 경우	50	75	100

20 과태료 금액을 가중할 수 있는 경우

① 위반의 내용·정도가 중대하여 이용객 등에게 미치는 피해가 크다고 인정되는 경우
② 최근 1년간 같은 위반행위로 과태료 부과처분을 3회를 초과하여 받은 경우
③ 그 밖에 위반행위의 정도, 위반행위의 동기와 그 결과 등을 고려하여 늘릴 필요가 있다고 인정되는 경우

21 도로교통법의 목적 : 도로에서 일어나는 교통상의 모든 위험과 장해를 방지하고 제거하여 안전하고 원활한 교통을 확보함을 목적으로 한다.

22 도로의 정의 : ① 도로법에 따른 도로 ② 유료도로법에 따른 유료도로 ③ 농어촌도로 정비법에 따른 농어촌도로 ④ 그 밖에 현실적으로 불특정 다수의 사람 또는 차마가 통행할 수 있도록 공개된 장소로서 안전하고 원활한 교통을 확보할 필요가 있는 장소

23 도로교통법상 주요 용어의 정의

용어	설명
자동차전용도로	자동차만 다닐 수 있도록 설치된 도로
고속도로	자동차의 고속 운행에만 사용하기 위하여 지정된 도로
차도(車道)	연석선(차도와 보도를 구분하는 돌 등으로 이어진 선), 안전표지나 그와 비슷한 인공구조물을 이용하여 경계(境界)를 표시하여 모든 차가 통행할 수 있도록 설치된 도로의 부분
차선	차로와 차로를 구분하기 위하여 그 경계지점을 안전표지에 의하여 표시한 선

용어	설명
길가장자리구역	보도와 차도가 구분되지 아니한 도로에서 보행자의 안전을 확보하기 위하여 안전표지 등으로 경계를 표시한 도로의 가장자리 부분
주차	운전자가 승객을 기다리거나 화물을 싣거나 차가 고장 나거나 그 밖의 사유로 차를 계속 정지상태에 두는 것 또는 운전자가 차로부터 떠나서 즉시 그 차를 운전할 수 없는 상태에 두는 것
정차	운전자가 5분을 초과하지 아니하고 차를 정지시키는 것으로서 주차 외의 정지 상태
서행	운전자가 차를 즉시 정지시킬 수 있는 정도의 느린 속도로 진행하는 것
일시정지	차의 운전자가 그 차의 바퀴를 일시적으로 완전히 정지시키는 것

24 차(車)와 자동차

① 차(車) : 자동차, 건설기계, 원동기장치자전거, 자전거, 사람 또는 가축의 힘이나 그 밖의 동력에 의하여 도로에서 운전되는 것(※기차, 전차, 유모차, 보행보조용 의자차는 차가 아님)

② 자동차 : 승용자동차, 승합자동차, 화물자동차, 특수자동차, 이륜자동차, 덤프트럭, 아스팔트살포기, 노상안정기, 콘크리트믹서트럭, 콘크리트펌프, 트럭적재식 천공기(※원동기장치자전거는 도로교통법상 자동차와 구분함)

25 경찰공무원등의 범위(신호 또는 지시보다 우선적으로 따라야 하는 사람)
① 교통정리를 하는 국가경찰공무원(전투경찰순경 포함) ② 제주특별자치도의 자치경찰공무원 ③ 경찰보조자(모범운전자, 군사훈련 및 작전에 동원되는 부대의 이동을 유도하는 헌병, 본래의 긴급한 용도로 운행하는 소방차·구급차를 유도하는 소방공무원)

26 안전표지
주의·규제·지시 등을 표시하는 표지판이나 도로의 바닥에 표시하는 문자·기호·선 등의 노면표시로 도로에서의 위험을 방지하고 교통의 안전과 원활한 소통을 확보하기 위하여 설치된다.

27 교통안전표지의 종류

① 주의표지 : 도로상태가 위험하거나 도로 또는 그 부근에 위험물이 있는 경우에 필요한 안전조치를 할 수 있도록 이를 도로사용자에게 알리는 표지

② 규제표지 : 도로교통의 안전을 위하여 각종 제한·금지 등의 규제를 하는 경우에 이를 도로사용자에게 알리는 표지

③ 지시표지 : 도로의 통행방법·통행구분 등 도로교통의 안전을 위하여 필요한 지시를 하는 경우에 도로사용자가 이를 따르도록 알리는 표지

④ 보조표지 : 주의표지·규제표지 또는 지시표지의 주기능을 보충하여 도로사용자에게 알리는 표지

⑤ 노면표시 : 도로교통의 안전을 위하여 각종 주의·규제·지시 등의 내용을 노면에 기호·문자 또는 선으로 도로사용자에게 알리는 표시

28 차량신호등의 의미

① 녹색의 등화 : 차마는 직진 또는 우회전 할 수 있으며 비보호좌회전표지 또는 비보호좌회전표시가 있는 곳에서는 좌회전할 수 있다.
② 황색의 등화 : 차마는 정지선이 있거나 횡단보도가 있을 때에는 그 직전이나 교차로의 직전에 정지하여야 하며, 이미 교차로에 진입하고 있는 경우에는 신속히 교차로 밖으로 진행하여야 한다. 차마는 우회전을 할 수 있고 우회전하는 경우에는 보행자의 횡단을 방해하지 못한다.
③ 적색의 등화 : 차마는 정지선, 횡단보도 및 교차로의 직전에서 정지하여야 한다. 우회전하려는 경우 정지선, 횡단보도 및 교차로의 직전에서 정지한 후 신호에 따라 진행하는 다른 차마의 교통을 방해하지 않고 우회전할 수 있다.

29 도로의 중앙이나 좌측부분을 통행할 수 있는 경우

① 도로가 일방통행인 경우
② 도로의 파손, 도로공사 그 밖의 장애 등으로 그 도로의 우측부분을 통행할 수 없는 경우
③ 도로의 우측부분의 폭이 6m가 되지 아니하는 도로에서 다른 차를 앞지르고자 하는 경우(도로의 좌측부분을 확인할 수 있으며 반대방향의 교통을 방해할 염려가 없고 안전표지 등으로 앞지르기가 금지 또는 제한되지 아니한 경우)
④ 도로의 우측부분의 폭이 차마의 통행에 충분하지 아니한 경우
⑤ 가파른 비탈길의 구부러진 곳에서 교통의 위험을 방지하기 위하여 시·도경찰청장이 필요하다고 인정하여 구간 및 통행방법을 지정하고 있는 경우에 그 지정에 따라 통행하는 경우

30 차로에 따른 통행차의 기준

도로		차로 구분	통행할 수 있는 차종
고속도로외의 도로		왼쪽 차로	승용자동차 및 경형·소형·중형 승합자동차
		오른쪽 차로	대형승합자동차, 화물자동차, 특수자동차, 건설기계, 이륜자동차, 원동기장치자전거
고속도로	편도2차로	1차로	앞지르기를 하려는 모든 자동차. 다만, 차량통행량 증가 등 도로상황으로 인하여 부득이하게 시속 80km 미만으로 통행할 수밖에 없는 경우에는 앞지르기를 하는 경우가 아니라도 통행할 수 있다.
		2차로	모든 자동차

도로	차로 구분	통행할 수 있는 차종
고속도로	편도3차로 이상	1차로	앞지르기를 하려는 승용자동차 및 앞지르기를 하려는 경형·소형·중형 승합자동차. 다만, 차량통행량 증가 등 도로상황으로 인하여 부득이하게 시속 80km 미만으로 통행할 수밖에 없는 경우에는 앞지르기를 하는 경우가 아니라도 통행할 수 있다.
		왼쪽 차로	승용자동차 및 경형·소형·중형 승합자동차
		오른쪽 차로	대형 승합자동차, 화물자동차, 특수자동차, 건설기계

※왼쪽 차로 : 차로(고속도로의 경우는 앞지르기 차로인 1차로를 제외한 차로)를 반으로 나누어 그 중 1차로에 가까운 부분의 차로. 다만, 1차로를 제외한 차로의 수가 홀수인 경우 그 중 가운데 차로는 제외
※오른쪽 차로 : 왼쪽 차로를 제외한 나머지 차로

31 도로별, 차로수별 자동차의 속도

도로 구분			최고속도	최저속도
일반도로	1. 주거지역·상업지역 및 공업지역의 일반도로		• 50km/h 이내 • 단, 시·도경찰청장이 지정한 노선 또는 구간에서는 60km/h 이내	제한 없음
	2. 위 "1" 외의 일반도로		• 60km/h 이내 • 단, 편도 2차로 이상의 도로에서는 80km/h 이내	
고속도로	편도2차로 이상	모든 고속도로	• 100km/h • 단, 적재중량 1.5톤 초과 화물자동차, 특수자동차, 건설기계, 위험물운반자동차는 80km/h	50km/h
		지정·고시한 노선 또는 구간의 고속도로	• 120km/h 이내 • 단, 적재중량 1.5톤 초과 화물자동차, 특수자동차, 건설기계, 위험물운반자동차는 90km/h	50km/h
	편도1차로		80km/h 이내	50km/h
자동차전용도로			90km/h 이내	30km/h

32 이상 기후 시의 운행속도

운행속도	이상 기후의 상태
최고속도의 20/100을 줄인 속도	• 비가 내려 노면이 젖어 있는 경우 • 눈이 20mm 미만 쌓인 경우
최고속도의 50/100을 줄인 속도	• 폭우, 폭설, 안개 등으로 가시거리가 100m 이내인 경우 • 노면이 얼어붙은 경우 • 눈이 20mm 이상 쌓인 경우

33 교차로 동시진입시 통행우선권
① 통행 우선순위 차(긴급자동차, 지정을 받은 차) 우선
② 넓은 도로에서 진입하는 차가 좁은 도로에서 진입하는 차보다 우선
③ 우측도로에서 진입하는 차가 좌측도로에서 진입하는 차보다 우선
④ 직진차가 좌회전 차보다, 우회전 차가 좌회전 차보다 우선

34 긴급자동차의 특례
① 긴급하고 부득이한 경우에는 도로의 중앙이나 좌측부분을 통행할 수 있다.
② 긴급하고 부득이한 경우에는 정지하여야 할 곳에서 정지하지 않을 수 있다.
③ 자동차 등의 속도(법정 운행속도 및 제한속도), 앞지르기 금지의 시기 및 장소, 끼어들기의 금지에 관한 규정을 적용하지 아니한다.(※긴급자동차 본래의 사용 용도로 사용되고 있는 경우에 특례가 인정, 앞지르기방법 등에 관한 규정은 인용하지 않음에 주의)

35 서행(차가 즉시 정지할 수 있는 느린 속도로 진행하는 것)해야 할 장소 및 상황
① 교통정리를 하고 있지 아니하는 교차로
② 도로가 구부러진 부근
③ 비탈길의 고갯마루 부근
④ 가파른 비탈길의 내리막길
⑤ 시·도경찰청장이 안전표지에 의하여 지정한 곳

36 운송사업용자동차 운전자의 금지행위
① 운행기록계가 설치되어 있지 아니하거나 고장 등으로 사용할 수 없는 운행기록계가 설치된 자동차를 운전하는 행위
② 운행기록계를 원래의 목적대로 사용하지 아니하고 자동차를 운전하는 행위
③ 승차를 거부하는 행위

37 어린이통학버스
① 어린이운송용 승합자동차의 색상은 황색 ② 승차정원 9인승(어린이 1명을 승차정원 1명으로 봄) 이상의 자동차 ③ 관할 경찰서장에게 신고하고 신고증명서를 발급받아야 하며, 발급받은 신고증명서를 어린이통학버스 안에 항상 갖추어야 함

38 어린이통학버스 안전교육
① 신규 안전교육 : 어린이통학버스를 운영하려는 사람과 운전하려는 사람을 대상으로 그 운영 또는 운전을 하기 전에 실시하는 교육
② 정기 안전교육 : 어린이통학버스를 계속하여 운영하는 사람과 운전하는 사람을 대상으로 2년마다 정기적으로 실시하는 교육

39 특별교통안전 의무교육을 받아야 하는 사람
① 운전면허 취소처분을 받은 사람으로서 운전면허를 다시 받으려는 사람
② 음주운전, 공동위험행위, 난폭운전, 고의 또는 과실로 교통사고를 일으킨 경우, 자동차를 이용하여 특수상행, 특수폭행, 특수협박 또는 특수손괴의 죄에 해당하여 운전면허 효력 정지처분을 받게 되거나 받은 사람으로서 그 정지기간이 끝나지 아니한 사람
③ 운전면허 취소처분 또는 운전면허효력 정지처분이 면제된 사람으로서 면제된 날부터 1개월이 지나지 아니한 사람
④ 운전면허효력 정지처분을 받게 되거나 받은 초보운전자로서 그 정지기간이 끝나지 아니한 사람

40 자동차 운전에 필요한 적성 기준

구분	면허종별	필요한 적성 기준
시력 (교정시력 포함)	제1종	두 눈을 동시에 뜨고 잰 시력이 0.8 이상이고, 양쪽 눈의 시력이 각각 0.5 이상일 것
	제2종	두 눈을 동시에 뜨고 잰 시력이 0.5 이상일 것. 다만, 한쪽 눈을 보지 못하는 사람은 다른 쪽 눈의 시력이 0.6 이상일 것
색채식별	1·2종 공통	붉은색, 녹색 및 노란색을 구별할 수 있을 것
청력	제1종	55데시벨(보청기를 사용하는 사람은 40데시벨)의 소리를 들을 수 있을 것 ※청력 기준은 제1종 대형면허 또는 특수면허를 취득하려는 경우에만 적용

41 운전면허 취소에 해당하는 벌점 또는 누산 점수
① 1년간 : 벌점 또는 누산점수 121점 이상
② 2년간 : 벌점 또는 누산점수 201점 이상
③ 3년간 : 벌점 또는 누산점수 271점 이상

42 교통법규 위반 시 주요 벌점기준(운전면허 행정처분기준)

벌점	범칙행위
100	• 술에 취한 상태의 기준을 넘어서 운전한 때(혈중알코올 농도 0.03% 이상 0.08% 미만) • 자동차 등을 이용하여 형법상 특수상해 등(보복운전)을 하여 입건된 때 • 속도위반(100km/h 초과)
80	• 속도위반(80km/h 초과 100km/h 이하)
60	• 속도위반(60km/h 초과 80km/h 이하)
40	• 공동위험행위 또는 난폭운전으로 형사입건된 때 • 승객의 차내 소란행위 방치운전
30	• 통행구분 위반(중앙선 침범에 한함)

벌점	범칙행위
30	• 속도위반(40km/h 초과 60km/h 이하) • 어린이통학버스 특별보호 위반 • 어린이통학버스 운전자의 의무위반(좌석안전띠를 매도록 하지 아니한 운전자는 제외)
15	• 속도위반(20km/h 초과 40km/h 이하) • 운행기록계 미설치 자동차 운전금지 등의 위반
10	• 지정차로 통행위반(진로변경 금지장소에서의 진로변경 포함) • 일반도로 전용차로 통행위반 • 승객 또는 승하차자 추락방지조치위반

43 인적피해 교통사고 결과에 따른 벌점기준

구분	벌점	내용
사망 1명마다	90	사고발생시로부터 72시간 내에 사망
중상 1명마다	15	3주 이상의 치료를 요하는 의사의 진단이 있는 사고
경상 1명마다	5	3주 미만 5일 이상의 치료를 요하는 의사의 진단이 있는 사고
부상신고 1명마다	2	5일 미만의 치료를 요하는 의사의 진단이 있는 사고

44 속도위반 시 운전자에게 부과되는 범칙금액(승합자동차인 경우)

구분	일반 구역	어린이보호구역 및 노인 · 장애인보호구역
60km/h 초과 속도위반	13만원	16만원
40km/h 초과 60km/h 이하 속도위반	10만원	13만원
20km/h 초과 40km/h 이하 속도위반	7만원	10만원
20km/h 이하 속도위반	3만원	6만원

45 교통사고특례법상 특례의 적용

① 차의 운전자가 교통사고로 인하여 형법 제265조(업무상과실 · 중과실 치사상)의 죄를 범한 경우에는 5년 이하의 금고 또는 2천만원 이하의 벌금에 처한다.

② 교통사고를 일으킨 차가 보험 또는 공제에 가입된 경우에는 교통사고처리특례법 상의 특례 적용 사고가 발생한 경우에 운전자에 대하여 공소를 제기할 수 없다.

46 교통사고특례법상 특례 배제 12개 항목(공소권 있는 교통사고)

① 신호 · 지시위반사고

② 중앙선침범, 고속도로나 자동차전용도로에서의 횡단 · 유턴 또는 후진위반 사고

③ 속도위반(20km/h 초과) 과속사고

④ 앞지르기의 방법 · 금지시기 · 금지장소 또는 끼어들기 금지 위반사고

⑤ 철길건널목 통과방법 위반사고

⑥ 보행자보호의무 위반사고

⑦ 무면허운전사고
⑧ 음주운전 · 약물복용운전 사고
⑨ 보도침범 · 보도횡단방법 위반사고
⑩ 승객추락방지의무 위반사고
⑪ 어린이 보호구역 내 안전운전의무 위반으로 어린이의 신체를 상해에 이르게 한 사고
⑫ 자동차의 화물이 떨어지지 아니하도록 필요한 조치를 하지 아니하고 운전한 경우

47 도주차량운전자의 가중 처벌
① 사형 · 무기 또는 5년 이상의 징역 : 사고운전자가 피해자를 사고 장소로부터 옮겨 유기하여 사망에 이르게 하고 도주하거나 도주 후 피해자가 사망한 경우
② 무기 또는 5년 이상의 징역 : 사고운전자가 피해자를 구호하는 등의 조치를 취하지 않은 상태로 치사하고 도주하거나, 도주 후에 피해자가 사망한 경우
③ 3년 이상의 유기징역 : 사고운전자가 피해자를 상해에 이르게 한 후 사고 장소로부터 옮겨 유기하고 도주한 경우

48 신호위반
① 신호위반의 종류 : 사전출발 신호위반, 주의(황색)신호에 무리한 진입, 신호를 무시하고 진행한 경우
② 신호기의 적용범위 : 신호기의 직접영향 지역, 신호기의 지주 위치 내의 지역, 대향 차선에 유턴을 허용하는 지역에서는 신호기 적용 유턴 허용지점으로까지 확대 적용
③ 황색주의신호 : 기본 3초로 하며, 큰 교차로인 경우는 6초

49 과속의 정의
① 일반적인 과속 : 도로교통법상에서 규정된 법정속도와 지정속도를 초과한 경우
② 교통사고처리특례법상의 과속 : 도로교통법상에 규정된 법정속도와 지정속도를 20km/h 초과한 경우

50 철길건널목 통과방법 위반 과실 : ① 철길건널목직전 일시정지 불이행 ② 안전미확인 통행중 사고 ③ 고장시 승객대피, 차량이동 조치 불이행

51 횡단보도에서 이륜차(자전거, 오토바이)와 사고발생시 결과조치

형태	결과	조치
이륜차를 타고 횡단보도 통행 중 사고	이륜차를 차로 간주	안전이행 불이행 적용
이륜차를 끌고 횡단보도 보행 중 사고	보행자로 간주	보행자 보호의무 위반 적용
이륜차를 타고 가다 멈추고 한발을 페달에, 한발을 노면에 딛고 서 있던 중 사고	보행자로 간주	보행자 보호의무 위반 적용

52 무면허운전에 해당되는 경우
① 운전면허를 취득하지 않고 운전하는 행위
② 운전면허 적성검사기간 만료일로부터 1년간의 취소유예기간이 지난 면허증으로 운전하는 행위
③ 운전면허 취소처분을 받은 후에 운전하는 행위
④ 운전면허 정지 기간 중에 운전하는 행위
⑤ 제2종 운전면허로 제1종 운전면허를 필요로 하는 자동차를 운전하는 행위
⑥ 제1종 대형면허로 특수면허가 필요한 자동차를 운전하는 행위
⑦ 운전면허시험에 합격한 후 운전면허증을 발급받기 전에 운전하는 행위

53 음주운전에 해당하는 경우
① 도로에서 음주운전한 경우
② 불특정 다수의 사람 또는 차마의 통행을 위하여 공개된 장소에서 음주운전한 경우
③ 공개되지 않은 통행로와 같이 문, 차단기에 의해 도로와 차단되고 관리되는 장소의 통행로에서 음주운전한 경우

54 음주운전에 해당하지 않는 경우
술을 마시고 운전을 하였다 하더라도 도로교통법에서 정한 음주기준(혈중 알코올농도 0.03% 이상)에 해당되지 않으면 음주운전이 아니다.

55 승객추락방지의무에 해당하는 경우
① 문을 연 상태에서 출발하여 타고 있는 승객이 추락한 경우
② 승객이 타거나 또는 내리고 있을 때 갑자기 문을 닫아 문에 충격된 승객이 추락한 경우
③ 버스 운전자가 개·폐 안전장치인 전자감응장치가 고장난 상태에서 운행 중에 승객이 내리고 있을 때 출발하여 승객이 추락한 경우

56 교통사고 처리와 관련된 용어의 정의

용어	설명
교통사고	차의 교통으로 인하여 사람을 사상하거나 물건을 손괴하는 것
대형사고	3명 이상의 사망(교통사고 발생일부터 30일 이내에 사망)하거나 20명 이상의 사상자가 발생한 사고
교통조사관	교통사고를 조사하여 검찰에 송치하는 등 교통사고 조사업무를 처리하는 경찰 공무원
스키드 마크	차의 급제동으로 인하여 타이어의 회전이 정지된 상태에서 노면에 미끄러져 생긴 타이어 마모흔적 또는 활주흔적
요 마크	급핸들 등으로 인하여 차의 바퀴가 돌면서 차축과 평행하게 옆으로 미끄러진 타이어의 마모흔적

용어	설명
충돌	차가 반대방향 또는 측방에서 진입하여 그 차의 정면으로 다른 차의 정면 또는 측면을 충격한 것
추돌	2대 이상의 차가 동일방향으로 주행 중 뒤차가 앞차의 후면을 충격한 것
전도	차가 주행 중 도로 또는 도로 이외의 장소에 차체의 측면이 지면에 접하고 있는 상태(지면에 좌측면이 접해 있으면 좌전도, 우측면이 접해 있으면 우전도)

57 피해자와의 손해배상 합의기간 : 교통조사관은 부상사고로써 사고를 일으킨 운전자가 보험등에 가입되지 아니한 경우 또는 중상해 사고를 야기한 운전자에게 특별한 사유가 없는 한 사고를 접수한 날부터 2주간 합의할 수 있는 기간을 주어야 한다.

58 교통사고로 처리하지 아니하는 경우
① 자살·자해행위로 인정되는 경우
② 확정적 고의에 의하여 타인을 사상하거나 물건을 손괴한 경우
③ 낙하물에 의하여 차량 탑승자가 사상하였거나 물건이 손괴된 경우
④ 축대, 절개지 등이 무너져 차량 탑승자가 사상하였거나 물건이 손괴된 경우
⑤ 사람이 건물, 육교 등에서 추락하여 진행중인 차량과 충돌·접촉하여 사상한 경우
⑥ 그 밖의 차의 교통으로 발생하였다고 인정되지 아니한 안전사고의 경우
 ※위에 해당하는 사고의 경우라도 운전자가 이를 피할 수 있었던 경우에는 교통사고로 처리

59 안전거리의 개념
① 안전거리 : 같은 방향으로 가고 있는 앞차가 갑자기 정지하게 되는 경우 그 앞차와의 추돌을 피할 수 있는 필요한 거리로 정지거리보다 약간 긴 정도의 거리
② 공주거리 : 운전자가 위험을 느끼고 브레이크를 밟았을 때 자동차가 제동되기 전까지 주행한 거리
③ 제동거리 : 제동되기 시작하여 정지될 때까지 주행한 거리
④ 정지거리 : 공주거리 + 제동거리

60 고속도로에서 차로의 의미
① 주행차로 : 고속도로에서 주행할 때 통행하는 차로
② 가속차로 : 주행차로에 진입하기 위해 속도를 높이는 차로
③ 감속차로 : 주행차로를 벗어나 고속도로에서 빠져나가기 위해 감속하기 위한 차로
④ 오르막차로 : 오르막 구간에서 저속자동차와 다른 자동차를 분리하여 통행시키기 위한 차로

PART 02 자동차관리요령

1 일상점검 : 자동차를 운행하는 사람이 매일 자동차를 운행하기 전에 점검하는 것
2 운행 후 점검사항 : ① 외관점검 ② 엔진점검 ③ 하체점검
3 일상점검 시 주의사항
  ① 경사가 없는 평탄한 장소에서 점검한다.
  ② 변속레버는 P(주차)에 위치시킨 후 주차 브레이크를 당겨 놓는다.
  ③ 엔진 시동 상태에서 점검해야 할 사항이 아니면 엔진 시동을 끄고 한다.
  ④ 점검은 환기가 잘 되는 장소에서 실시한다.
  ⑤ 엔진을 점검할 때에는 반드시 엔진을 끄고, 식은 다음에 실시한다(화상예방)
  ⑥ 연료장치나 배터리 부근에서는 불꽃을 멀리한다.(화재예방)
  ⑦ 배터리, 전기배선을 만질 때에는 미리 배터리의 (−) 단자를 분리한다.(감전예방)

4 소화기 사용방법
  ① 바람을 등지고 소화기의 안전핀을 제거한다.
  ② 소화기 노즐을 화재 발생장소에 향하게 한다.
  ③ 소화기 손잡이를 움켜쥐고 빗자루로 쓸듯이 방사한다.

5 주차 시 주의사항
  ① 주차할 때에는 반드시 주차 브레이크 작동시킨다.
  ② 오르막길에서는 1단, 내리막길에서는 R(후진)로 놓고 바퀴에 고임목을 설치한다.
  ③ 급경사 길에는 가급적 주차하지 않는다.
  ④ 습기가 많고 통풍이 잘되지 않는 차고에는 주차하지 않는다.

6 천연가스의 형태별 분류
  ① CNG(압축천연가스) : 천연가스를 고압으로 압축하여 고압압력용기에 저장한 기체 상태의 연료
  ② LNG(액화천연가스) : 천연가스를 액화시켜 부피를 현저히 작게 만들어 저장, 운반 등 사용상의 효용성을 높이기 위한 액화가스

7 자동차 연료로써 천연가스의 주요 특징
  ① 천연가스는 메탄(CH_4)을 주성분으로하는 탄소량이 적은 탄화수소연료이다.
  ② 옥탄가가 비교적 높고 세탄가는 낮아 오토 사이클 엔진에 적합한 연료이다.
  ③ 가스 상태로 엔진 내부로 흡입되어 혼합기 형성이 용이하고, 희박연소가 가능하다.
  ④ 저온 시동성이 우수하며, 불완전 연소로 인한 입자상 물질의 생성이 적다.
  ⑤ 탄소량이 적으므로 발열량당 CO_2 배출량이 적다.

8 LPG(액화석유가스) : 프로판과 부탄을 섞어서 제조된 가스로써 석유 정제 과정의 부산물로 이루어진 혼합가스

9 압축천연가스 자동차 점검 시 주요 주의사항
① 압축천연가스를 사용하는 버스에서 가스누출 냄새가 나면 주변의 화재원인 물질을 제거하고 전기장치의 작동을 피한다.
② 계기판의 CNG 램프가 점등되면 가스 연료량의 부족으로 엔진의 출력이 낮아져 정상적인 운행이 불가능할 수 있으므로 가스를 재충전한다.
③ 엔진정비 및 가스필터 교환, 연료라인정비를 할 때에는 배관 내 가스를 모두 소진시켜 엔진이 자동으로 정지된 후 작업을 한다.
④ 차량에 별도의 전기장치를 장착하고자 하는 경우에는 압축천연가스와 관련된 부품의 전기배선을 이용해서는 안 된다.
⑤ 교통사고나 화재사고가 발생하면 시동을 끈 후 계기판의 스위치 중 메인 스위치와 비상차단 스위치를 끄고 대피한다.
⑥ 가스를 충전할 때에는 승객이 없는 상태에서 엔진시동을 끄고 가스를 주입한다. 주입이 완료된 후에는 충전도어의 닫힌 상태를 확인하여야 한다.
⑦ 가스 주입구 도어가 열리면 엔진시동이 걸리지 않도록 되어 있으므로 임의로 배관이나 밸브 실린더 보호용 덮개를 제거하지 않는다.

10 경제적인 운행방법
① 급발진, 급가속 및 급제동을 금지한다.
② 경제속도를 준수한다.
③ 불필요한 공회전은 금지한다.
④ 에어컨은 필요한 경우에만 작동시킨다.
⑤ 불필요한 화물을 적재하지 않는다.
⑥ 창문을 열어 둔 상태에서 고속주행을 금지한다.
⑦ 적정 타이어 공기압을 유지한다.

11 ABS 장치 : 급제동 시 또는 미끄러운 도로에서 제동 시 구르던 바퀴가 잠기면서 노면 위에서 미끄러지는 현상을 방지하여 핸들의 조향성능을 유지시켜 주는 장치

12 머리지지대(헤드레스트) : 자동차의 좌석에서 등받이 맨 위쪽의 머리를 받치는 부분을 말하며, 주행 안락감과 충돌사고 발생 시 머리와 목을 보호하는 역할을 담당

13 계기판 관련 용어
① 속도계 : 자동차의 단위 시간당 주행거리를 나타낸다.
② 회전계(타코미터) : 엔진의 분당 회전수(rpm)를 나타낸다.

③ 수온계 : 엔진 냉각수의 온도를 나타낸다.
④ 연료계 : 연료탱크에 남아있는 연료의 잔류량을 나타낸다.
⑤ 적산거리계 : 자동차가 주행한 총거리(km 단위)를 나타낸다.
⑥ 엔진오일 압력계 : 엔진오일의 압력을 나타낸다.
⑦ 공기 압력계 : 브레이크 공기 탱크내의 공기압력을 나타낸다.
⑧ 전압계 : 배터리의 충전 및 방전 상태를 나타낸다.

14 전조등 스위치 조절
① 1단계 : 차폭등, 미등, 번호판등, 계기판등
② 2단계 : 차폭등, 미등, 번호판등, 계기판등, 전조등

15 오감을 이용한 자동차 점검방법

감각	점검방법	적용사례
시각	부품·장치의 외부 굽음·변형·부식 등	물·오일·연료의 누설, 자동차의 기울어짐
청각	이상한 음(소리)	마찰음, 걸리는 쇳소리, 노킹소리, 긁히는 소리 등
촉각	느슨함, 흔들림, 발열 상태 등	볼트 너트의 이완, 유격, 브레이크 시 차량이 한쪽으로 쏠림, 전기 배선 불량 등
후각	이상 발열·냄새	배터리액의 누출, 연료 누설, 전선 등이 타는 냄새 등

16 배출가스의 색과 자동차의 상태
① 무색 또는 약간 엷은 청색 : 정상 상태
② 검은색 : 농후한 혼합가스가 들어가 불완전 연소되는 경우
③ 백색 : 엔진 안에서 다량의 엔진오일이 실린더 위로 올라와 연소되는 경우

17 엔진 오버히트가 발생할 때의 징후
① 운행 중 수온계가 H 부분을 가리키는 경우
② 엔진 출력이 갑자기 떨어지는 경우
③ 노킹 소리가 들리는 경우

18 연료소비 과다 발생 원인
① 연료누출이 있다.
② 클러치가 미끄러진다.
③ 브레이크가 제동된 상태에 있다.
④ 타이어 공기압이 부족하다.

19 노킹(knocking) : 압축된 공기와 연료 혼합물의 일부가 내연기관의 실린더에서 비정상적으로 폭발할 때 나는 날카로운 소리

20 고장자동차의 표시(도로교통법에 따름) : 그 자동차의 후방에서 접근하는 자동차의 운전자가 확인할 수 있는 위치에 설치하여야 하며, 밤에는 사방 500m 지점에서 식별할 수 있는 적색의 섬광신호, 전기제등 또는 불꽃신호를 추가로 설치

21 자동차의 주요 장치와 역할

장치 구분	설명
클러치	엔진의 동력을 변속기에 전달하거나 차단하는 역할을 하며, 엔진 시동을 작동시킬 때나 기어를 변속할 때에는 동력을 끊고, 출발할 때는 엔진의 동력을 서서히 연결
변속기	도로의 상태, 주행속도, 적재 하중 등에 따라 변하는 구동력에 대응하기 위해 엔진과 추진축 사이에 설치되어 엔진의 출력을 자동차 주행속도에 알맞게 회전력과 속도로 바꾸어서 구동바퀴에 전달
타이어	자동차의 하중을 지탱하고 엔진의 구동력 및 브레이크의 제동력을 노면에 전달
완충장치	주행 중 노면으로부터 발생하는 진동이나 충격을 완화시켜 차체나 각 장치에 직접 전달하는 것을 방지
조향장치	자동차의 진행 방향을 운전자가 의도하는 바에 따라서 임의로 조작할 수 있는 장치
제동장치	주행 중에 자동차의 속도를 줄이거나 정지시키고, 정차 또는 주차할 때에는 자동차가 굴러가지 않도록 고정시키기 위해 사용하는 장치

22 변속기의 필요성
① 엔진과 차축 사이에서 회전력을 변환시켜 전달
② 엔진을 시동할 때 엔진을 무부하 상태로 함
③ 자동차를 후진시키기 위해 필요

23 휠 얼라인먼트의 역할
① 캐스터 : 조향 핸들의 조작을 확실하게 하고 안전성을 부여한다.
② 캐스터와 조향축(킹핀) 경사각 : 조향 핸들에 복원성을 부여한다.
③ 캠버와 조향축(킹핀) 경사각 : 조향 핸들의 조작을 가볍게 한다.
④ 토인(Toe-in) : 타이어 마멸을 최소로 한다.

24 제동장치 관련
① 공기식 브레이크 : 버스, 트럭 등 대형차량에 주로 사용하는 제동장치
② 감속 브레이크의 종류 : 엔진 브레이크, 제이크 브레이크, 배기 브레이크, 리타터 브레이크

25 ABS(Anti-lock Break System) : 자동차 주행 중 제동할 때 타이어의 고착 현상을 미연에 방지하여 노면에 달라붙는 힘을 유지함으로써 사전에 사고의 위험성을 감소시키는 안전장치로 급제동 시에도 핸들조향이 가능함

26 자동차 소유자가 자동차 종합검사를 받아야 하는 기간
① 자동차 종합검사 유효기간의 마지막 날(검사 유효기간을 연장하거나 검사를 유예한 경우에는 그 연장 또는 유예된 기간의 마지막 날) 전후 각각 31일 이내
② 소유권 변동 또는 사용본거지 변경 등의 사유로 자동차 종합검사의 대상이 된 자동차 중 자동차 정기검사의 기간 중에 있거나 자동차 정기검사의 기간이 지난 자동차는 변경등록을 한 날부터 62일 이내

27 자동차종합검사의 검사 유효기간(승합자동차에 한함)

구분	규모	대상 차령	검사 유효기간
사업용승합 자동차	경형·소형	차령이 4년 초과인 자동차	1년
	중형·대형	차령이 2년 초과인 자동차	차령 8년까지는 1년, 이후부터는 6개월

28 자동차 정기검사(안전도검사)의 검사 유효기간(승합자동차에 한함)

구분	규모	차령	검사 유효기간
사업용승합 자동차	경형·소형	차령이 4년 이하인 경우	2년
		차령이 4년 초과인 경우	1년
	중형·대형	차령이 8년 이하인 경우	1년
		차령이 8년 초과인 경우	6개월

29 자동차 종합검사 및 정기검사 미시행에 따른 과태료
① 검사를 받아야 하는 기간만료일부터 30일 이내인 경우 : 4만원
② 검사를 받아야 하는 기간만료일부터 30일을 초과 114일 이내인 경우 : 4만원에 31일째부터 계산하여 3일 초과 시마다 2만원을 더한 금액
③ 검사를 받아야 하는 기간만료일부터 115일 이상인 경우 : 60만원(과태료 부과 최고 한도)

30 구조·장치 변경승인 불가 항목
① 총중량이 증가되는 튜닝
② 승차정원 또는 최대적재량의 증가를 가져오는 승차장치 또는 물품적재장치의 튜닝
③ 자동차의 종류가 변경되는 튜닝
④ 튜닝 전보다 성능 또는 안전도가 저하될 우려가 있는 경우의 변경

31 자동차 튜닝검사 신청서류 :
① 자동차등록증 ② 튜닝승인서 ③ 튜닝 전·후의 주요 제원대비표 ④ 튜닝 전·후의 자동차외관도(외관의 변경이 있는 경우) ⑤ 튜닝하려는 구조·장치의 설계도

PART 03 안전운행요령

1 도로교통체계의 구성요소 : ① 운전자 및 보행자를 비롯한 도로사용자 ② 도로 및 교통신호등 등의 환경 ③ 차량

2 교통사고의 요인

요인		내용
인적요인		• 신체, 생리, 심리, 적성, 습관, 태도 요인 등을 포함 • 운전자 또는 보행자의 신체적 생리적 조건, 위험의 인지와 회피에 대한 판단, 심리적 조건 등에 관한 것 • 운전자의 적성과 자질, 운전습관, 내적 태도 등에 관한 것
차량요인		• 차량구조장치 • 부속품 또는 적하(積荷)
도로 · 환경 요인	도로요인	• 도로구조 : 도로의 선형, 노면, 차로수, 노폭, 구배 • 안전시설 : 신호기, 노면표시, 방호책
	환경요인	• 자연환경 : 기상, 일광 등 자연조건 • 교통환경 : 차량 교통량, 운행차 구성, 보행자 교통량 등의 교통상황 • 사회환경 : 일반국민 · 운전자 · 보행자 등의 교통도덕, 정부의 교통정책, 교통단속과 형사처벌 등 • 구조환경 : 교통여건변화, 차량점검 및 정비관리자와 운전자의 책임한계 등

3 운전자 요인에 의한 교통사고 원인 : 인지과정의 결함에 의한 사고가 절반 이상이며, 이어서 판단과정의 결함, 조작과정의 결함 순이다.

4 운전과 관련되는 시각의 특성
 ① 운전자는 운전에 필요한 정보의 대부분을 시각을 통하여 획득한다.
 ② 속도가 빨라질수록 시력은 떨어진다.
 ③ 속도가 빨라질수록 시야의 범위가 좁아진다.
 ④ 속도가 빨라질수록 전방주시점은 멀어진다.

5 버스 교통사고의 유형 중 사고 빈도 1위 : 회전, 급정거 등으로 인한 차내 승객 사고

6 정지시력과 동체시력
 ① 정지시력 : 일정 거리에서 일정한 시표를 보고 모양을 확인할 수 있는지를 가지고 측정하는 시력(란돌프 시표에 의해 측정)
 ② 동체시력 : 움직이는 물체 또는 움직이면서 다른 자동차나 사람 등의 물체를 보는 시력(물체의 이동속도가 빠를수록 동체시력은 저하됨)

7 암순응과 명순응

① 암순응 : 일광 또는 조명이 밝은 조건에서 어두운 조건으로 변할 때 사람의 눈이 그 상황에 적응하여 시력을 회복하는 것(주간 운전 시 터널안으로 진입할 때)
② 명순응 : 일광 또는 조명이 어두운 조건에서 밝은 조건으로 변할 때 사람의 눈이 그 상황에 적응하여 시력을 회복하는 것(주간 운전 시 터널 밖으로 빠져나올 때)

8 야간시력 관련 주요 현상

① 현혹현상 : 운행 중 갑자기 빛이 눈에 비치면 순간적으로 장애물을 볼 수 없는 현상으로 마주 오는 차량의 전조등 불빛을 직접 보았을 때 순간적으로 시력이 상실되는 현상
② 증발현상 : 야간에 대향차(마주오는 차)의 전조등 눈부심으로 인해 순간적으로 보행자를 잘 볼 수 없게 되는 현상으로 보행자가 교차하는 차량의 불빛 중간에 있게 되면 운전자가 순간적으로 보행자를 전혀 보지 못하는 현상

9 음주운전이 위험한 이유 : ① 발견지연으로 인한 사고 위험 증가 ② 운전에 대한 통제력 약화로 과잉조작에 의한 사고 증가 ③ 시력 저하와 졸음 등으로 인한 사고의 증가 ④ 2차 사고유발 ⑤ 사고의 대형화 ⑥ 마신 양에 따른 사고위험도의 지속적 증가

10 향정신성 의약품(중추신경계와 뇌에 영향을 미침)의 영향

① 진정제 : 반사 능력을 둔화시키고 조정능력을 약화시킴
② 흥분제 : 도취감을 낳아 운전과 관련한 위험 감행이 증가함
③ 환각제 : 인간의 인지 · 판단 · 조작 등 제반 기능을 왜곡시켜 운전상황에 적절히 대응할 수 없게 됨

11 고령운전자와 안전운전

① 고령운전자 : 만 65세 이상의 운전면허소지자
② 고령운전자의 특징 : 식별능력 저하, 대비감도의 감소, 청력 저하, 순간 대처능력 저하, 반응시간의 지연

12 운행기록장치

① 운행기록장치란 자동차의 속도, 위치, 방위각, 가속도, 주행거리 및 교통사고 상황 등을 기록하는 자동차의 부속장치 중 하나인 전자식 장치를 말한다.
② 전자식 운행기록장치의 구조는 운행기록 관련신호를 발생하는 센서, 신호를 변환하는 증폭장치, 시간 신호를 발생하는 타이어, 신호를 처리하여 필요한 정보로 변환하는 연산장치, 정보를 가시화하는 표시장치, 운행기록을 저장하는 기억장치, 기억장치의 자료를 외부기기에 전달하는 전송장치, 분석 및 출력을 하는 외부기기로 구성된다.

③ 운행기록장치 장착의무자는 운행기록장치에 기록된 운행기록을 6개월 동안 보관하여야 한다.

13 운행기록분석시스템 분석항목 : ① 자동차의 운행경로에 대한 궤적의 표기 ② 운전자별·시간대별 운행속도 및 주행거리의 비교 ③ 진로변경 횟수와 사고위험도 측정, 과속·급가속·급감속·급출발·급정지 등 위험운전 행동분석 ④ 그 밖에 자동차의 운행 및 사고발생 상황의 확인

14 원심력
① 원심력은 속도의 제곱에 비례하여 변한다.
② 원심력은 속도가 빠를수록, 커브가 작을수록(급할수록), 또 중량이 무거울수록 커진다.
③ 커브에 진입하기 전에 속도를 줄여 노면에 대한 타이어의 접지력(grip)이 원심력을 안전하게 극복 할 수 있도록 하여야 한다.
④ 커브가 예각을 이룰수록 원심력은 커지므로 안전하게 회전하려면 이러한 커브에서 보다 감속하여야 한다.

15 자동차의 물리적 현상

구분	설명
스탠딩 웨이브 현상	고속주행 시 타이어의 회전속도가 빨라지면 접지면에서 발생한 타이어의 변형이 다음 접지 시점까지 복원되지 않고 진동의 물결로 남게 되는 현상
수막현상 (Hydroplaning)	자동차가 물이 고인 노면을 고속으로 주행할 때 타이어의 트레드 홈 사이에 있는 물을 헤치는 기능이 감소되어 노면 접지력을 상실하게 되는 현상
페이드 현상	내리막길을 내려갈 때 브레이크를 반복하여 사용하면 마찰열이 라이닝에 축적되어 브레이크의 제동력이 저하되는 현상
워터 페이드 현상	브레이크 마찰재가 물에 젖어 마찰계수가 작아져 브레이크의 제동력이 저하되는 현상으로 브레이크 페달을 반복해 밟으면서 천천히 주행하면 열에 의하여 서서히 브레이크가 회복됨
베이퍼록 현상	액체를 사용하는 계통에서 열에 의하여 액체가 증기(베이퍼)로 되어 어떤 부분에 갇혀 계통의 기능이 상실되는 현상
모닝록 현상	비가 자주 오거나 습도가 높은 날 또는 오랜 시간 주차한 후에는 브레이크 드럼에 미세한 녹이 발생하는 현상

16 스탠딩 웨이브 현상의 예방 : ① 주행 중인 속도를 줄인다. ② 타이어 공기압을 평소보다 높인다. ③ 과다 마모된 타이어나 재생 타이어를 사용하지 않는다.

17 수막 현상의 예방 : ① 고속으로 주행하지 않는다. ② 과다 마모된 타이어를 사용하지 않는다. ③ 타이어 공기압을 조금 높게 한다. ④ 배수효과가 좋은 타이어 패턴(리브형 타이어)을 사용한다.

18 내륜차와 외륜차

① 핸들을 조작했을 때 앞바퀴의 안쪽과 뒷바퀴의 안쪽과의 차이를 내륜차(內輪差)라 하고 바깥 바퀴의 차이를 외륜차(外輪差)라고 하며, 대형차일수록 이 차이는 크게 발생한다.
② 자동차가 전진할 경우에는 내륜차에 의해, 후진할 경우에는 외륜차에 의한 교통사고 위험이 있다.

19 타이어 마모에 영향을 주는 요소 : ① 공기압 ② 차의 하중 ③ 차의 속도 ④ 커브 ⑤ 브레이크 ⑥ 노면(포장된 도로에서 타이어 수명이 100%라면 비포장도로에서의 수명은 60%에 해당)

20 정지거리에 영향을 주는 요소

① 운전자 요인 : 인지반응속도, 운행속도, 피로도, 신체적 특성 등
② 자동차 요인 : 자동차의 종류, 타이어의 마모 정도, 브레이크의 성능 등
③ 도로 요인 : 노면종류, 노면상태 등

21 용어의 정의

용어	정의
차로수	양방향 차로(오르막차로, 회전차로, 변속차로 및 양보차로를 제외)의 수를 합한 것
양보차로	양방향 2차로 앞지르기 금지구간에서 자동차의 원활한 소통을 도모하고, 도로 안전성을 제고하기 위해 길어깨 쪽으로 설치하는 저속 자동차의 주행차로
앞지르기차로	저속 자동차로 인한 뒤차의 속도감소를 방지하고, 반대차로를 이용한 앞지르기가 불가능할 경우 원활한 소통을 위해 도로 중앙 측에 설치하는 고속 자동차의 주행차로
교통섬	보행자의 안전한 횡단을 위한 대피섬과 자동차의 교통을 유도하는 분리대를 총칭하여 말함
상충	2개 이상의 교통류가 동일한 도로공간을 사용하려 할 때 발생되는 교통류의 교차, 합류 또는 분류되는 현상
교통약자	장애인, 고령자, 임산부, 영유아를 동반한 사람, 어린이 등 생활함에 있어 이동에 불편을 느끼는 사람
길어깨(노견, 갓길)	도로를 보호하고 비상시에 이용하기 위하여 차도에 접속하여 설치하는 도로의 부분

22 방호울타리의 주요기능 : ① 자동차의 차도 이탈을 방지하는 것 ② 탑승자의 상해 및 자동차의 파손을 감소시키는 것 ③ 자동차를 정상적인 진행방향으로 복귀시키는 것 ④ 운전자의 시선을 유도하는 것

23 회전교차로와 로터리(교통서클)의 차이점

구분	회전교차로	로터리 또는 교통서클
진입방식	• 진입자동차가 양보 • 회전자동차에게 통행우선권	• 회전자동차가 양보 • 진입자동차에게 통행우선권
진입부	• 저속 진입	• 고속 진입
회전부	• 고속으로 회전차로 운행 불가 • 소규모 회전반지름 위주	• 고속으로 회전차로 운행 가능 • 대규모 회전반지름 위주
분리교통섬	• 감속 또는 방향 분리를 위해 필수 설치	• 선택 설치

24 회전교차로의 운영
① 교차로에 진입하는 자동차는 회전 중인 자동차에게 양보한다.
② 회전차로 내부에서 주행 중인 자동차를 방해할 우려가 있을 때는 진입하지 않는다.
③ 교차로 내부에서 회전 정체는 발생하지 않는다.(교통혼잡이 발생하지 않는다.)
④ 회전교차로에 진입할 때에는 충분히 속도를 줄인 후 진입한다.
⑤ 회전교차로를 통과할 때는 모든 자동차가 중앙교통섬을 중심으로 시계 반대방향으로 회전하며 통행한다.

25 주요 시선유도시설
① 시선유도표지 : 직선 및 곡선 구간에서 운전자에게 전방의 도로조건이 변화되는 상황을 반사체를 사용하여 안내해 줌으로써 안전하고 원활한 차량주행을 유도하는 시설물
② 갈매기표지 : 급한 곡선 도로에서 운전자의 시선을 명확히 유도하기 위해 곡선 정도에 따라 갈매기표지를 사용하여 운전자의 원활한 차량주행을 유도하는 시설물
③ 표지병 : 야간 및 악천후에 운전자의 시선을 명확히 유도하기 위해 도로 표면에 설치하는 시설물
④ 시인성 증진 안전시설 : 장애물 표적표지, 구조물 도색 및 빗금표지, 시선유도봉

26 과속방지시설의 설치 장소
① 학교, 유치원, 어린이 놀이터, 근린공원, 마을 통과 지점 등으로 자동차의 속도를 저속으로 규제할 필요가 있는 구간
② 보·차도의 구분이 없는 도로로서 보행자가 많거나 어린이의 놀이로 교통사고 위험이 있다고 판단되는 구간
③ 공동주택, 근린 상업시설, 학교, 병원, 종교시설 등 자동차의 출입이 많아 속도규제가 필요하다고 판단되는 구간
④ 자동차의 통행속도를 30km/h 이하로 제한할 필요가 있다고 인정되는 구간

㉗ **방호울타리의 구분** : ① 노측용 방호울타리 ② 중앙분리대용 방호울타리 ③ 보도용 방호울타리 ④ 교량용 방호울타리

㉘ **도로반사경** : 운전자의 시거 조건이 양호하지 못한 장소에서 운전자가 적절하게 전방의 상황을 인지하고 안전한 행동을 취할 수 있도록 하기 위해 설치하는 시설

㉙ **비상주차대** : 우측 길어깨의 폭이 협소한 장소에서 고장난 차량이 도로에서 벗어나 대피할 수 있도록 제공되는 공간

㉚ **버스정류시설의 종류 및 의미**

구분	설명
버스정류장(Bus bay)	버스승객의 승·하차를 위하여 본선 차로에서 분리하여 설치된 띠 모양의 공간
버스정류소(Bus stop)	버스승객의 승·하차를 위하여 본선의 오른쪽 차로를 그대로 이용하는 공간
간이버스정류장	버스승객의 승·하차를 위하여 본선 차로에서 분리하여 최소한의 목적을 달성하기 위하여 설치하는 공간

㉛ **휴게시설의 종류**

구분	설명
일반휴게소	사람과 자동차가 필요로 하는 서비스를 제공할 수 있는 시설로 주차장, 녹지공간, 화장실, 급유소, 식당, 매점 등으로 구성
간이휴게소	짧은 시간 내에 차의 점검 및 운전자의 피로회복을 위한 시설로 주차장, 녹지공간, 화장실 등으로 구성
화물차 전용휴게소	화물차 운전자를 위한 전용휴게소로 이용자 특성을 고려한 시설로 식당, 숙박시설, 샤워실, 편의점 등으로 구성
쉼터휴게소 (소규모 휴게소)	운전자의 생리적 욕구만 해소하기 위한 시설로 최소한의 주차장, 화장실과 최소한의 휴식공간으로 구성

㉜ **안전운전의 정의** : 운전자가 자동차를 그 본래의 목적에 따라 운행함에 있어서 운전자 자신이 위험한 운전을 하거나 교통사고를 유발하지 않도록 주의하여 운전하는 것을 말한다.

㉝ **방어운전**

① 운전자가 다른 운전자나 보행자가 교통법규를 지키지 않거나 위험한 행동을 하더라도 이에 대처할 수 있는 운전자세를 갖추어 미리 위험한 상황을 피하여 운전하는 것
② 위험한 상황을 만들지 않고 운전하는 것
③ 위험한 상황에 직면했을 때는 이를 효과적으로 회피할 수 있도록 운전하는 것

34 방어운전의 기본 : ① 능숙한 운전 기술 ② 정확한 운전 지식 ③ 예측능력과 판단력
④ 양보와 배려의 실천 ⑤ 교통상황 정보수집 ⑥ 반성의 자세 ⑦ 무리한 운행 배제

35 교차로 황색신호 시간
① 통상 3초를 기본으로 운영
② 이미 교차로에 진입한 차량은 신속히 빠져나가야 하는 시간
③ 아직 교차로에 진입하지 못한 차량은 진입해서는 안 되는 시간

36 커브길 핸들조작 : 슬로우-인, 패스트-아웃(Slow-in, Fast-out) 원리에 입각하여 커브 진입직전에 핸들조작이 자유로울 정도로 속도를 감속한다.

37 내리막길 안전운전 및 방어운전
① 내리막길을 내려가지 전에는 미리 감속하여 천천히 내려가며 엔진 브레이크로 속도를 조절하는 것이 바람직하다.
② 엔진 브레이크를 사용하면 페이드 현상을 예방하여 운행 안전도를 더욱 높일 수 있다.
③ 배기 브레이크가 장착된 차량의 경우 배기 브레이크를 사용하면 운행의 안전도를 높일 수 있다.
④ 도로의 오르막길 경사와 내리막길 경사가 같거나 비슷한 경우라면 변속기 기어의 단수도 오르막 내리막을 동일하게 사용하는 것이 적절하다.

38 안개길 운전의 위험성 : ① 시야 확보 곤란 ② 주변 교통안전표지 등 교통정보 수집 곤란 ③ 다른 차량 및 보행자의 위치 파악 곤란

39 안개길 안전운전
① 전조등, 안개등 및 비상점멸표시등을 켜고 운행
② 가시거리가 100m 이내인 경우 50% 감속
③ 커브길 등에서는 경음기를 울려 자신이 주행하고 있다는 것을 알림

40 차로폭의 개념 : ① 어느 도로의 차선과 차선 사이의 최단거리 ② 일반적으로 3.0m~3.5m를 기준 ③ 부득이한 경우(교량 위, 터널 내, 유턴차로 등) 2.75m

41 철길건널목 통과 중에 시동이 꺼졌을 때의 조치방법
① 즉시 동승자를 대피시키고, 차를 건널목 밖으로 이동시키기 위해 노력한다.
② 철도공무원, 건널목 관리원이나 경찰에게 알리고 지시에 따른다.
③ 건널목 내에서 움직일 수 없을 때는 열차가 오고 있는 방향으로 뛰어가면서 옷을 벗어 흔드는 등 기관사에게 위급상황을 알려 열차가 정지할 수 있도록 안전조치를 취한다.

㊷ 경제운전 : 운전 중 접하게 되는 여러 가지 외적 조건(기상, 도로, 차량, 교통상황 등)에 따라 운전방식을 맞추어감으로써 연료 소모율을 낮추고, 공해 배출을 최소화하며, 심지어는 안전의 효과를 가져오고자 하는 운전방식으로 에코드라이빙(eco driving)이라고도 한다.

㊸ 경제운전의 기본적인 방법 : ① 가속 및 감속을 부드럽게 한다. ② 불필요한 공회전을 피한다. ③ 급회전을 피한다. ④ 차가 전방으로 나가려는 운동에너지를 최대한 활용해서 부드럽게 회전한다. ⑤ 일정한 차량속도를 유지한다.

㊹ 경제운전을 위한 속도 : 평균속도가 아닌 가속이나 감속이 없는 일정 속도 유지

㊺ 계절별 따른 자동차관리

구분	관리사항
봄	세차, 월동장비 정리, 엔진오일 점검, 배선상태 점검
여름	냉각장치 점검, 와이퍼 작동상태 점검, 타이어 마모상태 점검, 차량 내부 습기 제거
가을	세차 및 차체 점검, 서리제거용 열선 점검
겨울	월동장비 점검, 부동액 점검, 정온기 상태 점검, 월동장구 점검

㊻ 겨울철 : 교통의 3대요소인 사람, 자동차, 도로환경 등 모든 조건이 다른 계절에 비하여 열악한 계절

㊼ 고속도로 교통사고 및 고장 발생 시 대처 요령 : 2차사고의 방지 → 부상자의 구호 → 경찰공무원등에게 신고

㊽ 터널 안전운전 수칙 : ① 터널 진입 전 입구 주변에 표시된 도로정보를 확인한다. ② 터널 진입 시 라디오를 켠다. ③ 선글라스를 벗고 라이트를 켠다. ④ 교통신호를 확인한다. ⑤ 안전거리를 유지한다. ⑥ 차선을 바꾸지 않는다. ⑦ 비상시를 대비하여 피난연결통로, 비상주차대 위치를 확인한다.

㊾ 고속도로 운행 제한 차량의 종류

① 차량의 축하중 10톤, 총중량 40톤을 초과한 차량
② 적재물을 포함한 차량의 길이 16.7m, 폭 2.5m, 높이 4m를 초과한 차량
③ 편중적재, 스페어 타이어 고정 불량
④ 덮개를 씌우지 않았거나 묶지 않아 결속 상태가 불량한 차량
⑤ 액체 적재물 방류차량, 견인 시 사고 차량 파손품 유포 우려가 있는 차량
⑥ 기타 적재 불량으로 인하여 적재물 낙하 우려가 있는 차량

㊿ 고속도로 버스전용차로 통행 가능 차량 : 9인승 이상 승용 및 승합자동차(단, 승용자동차 또는 12인승 이하 승합자동차는 6인 이상 승차한 경우에 한함)

PART 04 운송서비스

1 고객 서비스의 형태 : ① 무형성(보이지 않는다.) ② 동시성(생산과 소비가 동시에 발생한다.) ③ 인적 의존성(이질성. 사람에 의존한다.) ④ 소멸성(즉시 사라진다.) ⑤ 무소유권(가질 수 없다.) ⑥ 변동성(실내의 공간적 제약요인에 따른 변동성) ⑦ 다양성(표준화된 서비스 질을 유지하기 어려움)

2 올바른 서비스 제공을 위한 5요소 : ① 단정한 용모 및 복장 ② 밝은 표정 ③ 공손한 인사 ④ 친근한 말 ⑤ 따뜻한 응대

3 종사자의 불친절 : 한 업체에 대해 고객이 거래를 중단하는 가장 큰 이유임

4 일반적인 승객의 욕구 : ① 기억되고 싶어한다. ② 환영받고 싶어한다. ③ 관심을 받고 싶어한다. ④ 중요한 사람으로 인식되고 싶어한다. ⑤ 편안해지고 싶어한다. ⑥ 존경받고 싶어한다. ⑦ 기대와 욕구를 수용하고 인정받고 싶어한다.

5 긍정적인 이미지를 만들기 위한 3요소 : ① 시선처리(눈빛) ② 음성관리(목소리) ③ 표정관리(미소)

6 올바른 인사방법 : ① 머리와 상체를 숙인다(가벼운 인사 : 15°, 보통 인사 : 30°, 정중한 인사 : 45°) ② 머리와 상체를 직선으로 하여 상대방의 발끝이 보일 때까지 천천히 숙인다. ③ 항상 밝고 명랑한 표정의 미소를 짓는다. ④ 인사하는 지점의 상대방과의 거리는 약 2m 내외가 적당하다. ⑤ 손을 주머니에 넣거나 의자에 앉아서 하는 일이 없도록 한다. ⑥ 턱을 지나치게 내밀지 않도록 한다.

7 고객이 싫어하는 시선 : ① 위로 치켜뜨는 눈 ② 곁눈질 ③ 한 곳만 응시하는 눈 ④ 위·아래로 훑어보는 눈

8 복장의 기본원칙 : ① 깨끗하게 ② 단정하게 ③ 품위 있게 ④ 규정에 맞게 ⑤ 통일감 있게 ⑥ 계절에 맞게 ※샌들이나 슬리퍼는 금지

9 언어예절 : ① 독선적, 독단적, 경솔한 언행을 삼간다. ② 매사에 침묵으로 일관하지 않는다. ③ 불가피한 경우를 제외하고 논쟁을 피한다. ④ 농담은 조심스럽게 한다. ⑤ 남이 이야기하는 도중에 분별없이 차단하지 않는다. ⑥ 엉뚱한 곳을 보고 말을 듣고 말하는 버릇은 고친다. ⑦ 일부분을 보고 전체를 속단하여 말하지 않는다. ⑧ 도전적 언사는 가급적 자제한다. ⑨ 상대방의 약점을 지적하는 것을 피한다. ⑩ 불평불만을 함부로 떠들지 않는다. ⑪ 남을 중상모략하는 언동을 하지 않는다. ⑫ 쉽게 흥분하거나 감정에 치우지지 않는다. ⑬ 매사 함부로 단정하지 않고 말한다. ⑭ 엉뚱한 곳을 보고 말을 듣고 말하는 버릇은 고친다.

10 직업의 의미 : ① 경제적 의미(일터, 일자리, 경제적 가치를 창출하는 곳) ② 사회적 의미(자기가 맡은 역할을 수행하는 능력을 인정받는 곳) ③ 심리적 의미(직업의 사명감과 소명의식을 갖고 정성과 정열을 쏟을 수 있는 곳)

11 바람직한 직업관 : ① 소명의식을 지닌 직업관 ② 사회구성원으로서의 역할 지향적 직업관 ③ 미래 지향적 전문능력 중심의 직업관

12 잘못된 직업관 : ① 생계유지 수단적 직업관 ② 지위 지향적 직업관 ③ 귀속적 직업관 ④ 차별적 직업관 ④ 폐쇄적 직업관

13 운행계통도를 게시하여야 하는 버스 : ① 시내버스 ② 농어촌버스 ③ 마을버스 ④ 시외버스

14 시외버스 승차권 양식에 포함되는 사항 : ① 사업자의 명칭 ② 사용구간 ③ 사용기간 ④ 운임액 ⑤ 반환에 대한 사항

15 앞바퀴에 튜브리스 타이어를 사용해야 하는 버스 : ① 시외우등고속버스 ② 시외고속버스 ③ 시외직행버스 ④ 전세버스

16 안전운행과 다른 승객의 편의를 위하여 제지하고 안내해야 하는 사항
 ① 다른 여객에게 위해를 끼칠 우려가 있는 폭발성 물질, 인화성 물질 등의 위험물을 자동차 안으로 가지고 들어오는 행위
 ② 다른 여객에게 위해를 끼치거나 불쾌감을 줄 우려가 있는 동물(장애인 보조견 및 전용 운반상자에 넣은 애완동물은 제외)을 자동차 안으로 데리고 들어오는 행위
 ③ 자동차의 출입구 또는 통로를 막을 우려가 있는 물품을 자동차 안으로 가지고 들어오는 행위

17 운전자가 가져야 할 기본자세 : ① 교통법규 이해와 준수 ② 여유 있는 양보운전 ③ 주의력 집중 ④ 심신상태 안정 ⑤ 추측운전 금지 ⑥ 운전기술 과신은 금물 ⑦ 배출가스로 인한 대기오염 및 소음공해 최소화 노력

18 버스운영체제의 유형

유형	내용
공영제	정부가 버스노선의 계획에서부터 버스차량의 소유·공급, 노선의 조정, 버스의 운행에 따른 수입금 관리 등 버스 운영체계의 전반을 책임지는 방식
민영제	민간이 버스노선의 결정, 버스운행 및 서비스의 공급 주체가 되고, 정부규제는 최소화하는 방식
준공영제	노선버스 운영에 공공개념을 도입한 형태로 운영은 민간, 관리는 공공영역에서 담당하게 하는 운영체제

19 버스준공영제의 유형
① 형태에 의한 분류 : 노선 공동관리형, 수입금 공동관리형, 자동차 공동관리형
② 버스업체 지원형태에 의한 분류 : 직접 지원형(운영비용이나 자본비용을 보조), 간접 지원형(기반시설이나 수요증대를 지원)

20 우리나라 버스준공영제의 형태 : 직접지원형(수입금 공동관리제를 바탕으로 표준운송원가 대비 운송수입금 부족분을 지원)

21 국내 버스준공영제의 주요 도입 배경 : ① 현행 민영체제 하에서 버스운영의 한계 ② 버스교통의 공공성에 따른 공공부문의 역할분담 필요 ③ 복지국가로서 보편적 버스교통 서비스 유지 필요 ④ 교통효율성 제고를 위해 버스교통의 활성화 필요

22 버스요금체계의 유형
① 단일(균일)운임제 : 이용거리와 관계없이 일정하게 설정된 요금을 부과하는 요금체계
② 구역운임제 : 운행구간을 몇 개의 구역으로 나누어 구역별로 요금을 설정하고, 동일 구역 내에서는 균일하게 요금을 부과하는 요금체계
③ 거리운임요율제 : 거리운임요금에 운행거리를 곱해 요금을 산정하는 요금체계
④ 거리체감제 : 이용거리가 증가함에 따라 단위당 운임이 낮아지는 요금체계

23 버스요금의 관할관청

구분		운임의 기준·요율결정	신고
노선 운송사업	시내버스	시·도지사 (광역급행형 : 국토교통부장관)	시장·군수
	농어촌버스	시·도지사	시장·군수
	시외버스	국토교통부장관	시·도지사
	고속버스	국토교통부장관	시·도지사
	마을버스	시장·군수	시장·군수
구역 운송사업	전세버스	자율요금	
	특수여객	자율요금	

24 교통카드의 종류(카드방식에 따른 분류)
① MS방식 : 자기인식방식으로 간단한 정보 기록이 가능하고, 정보를 저장하는 매체인 자성체가 손상될 위험이 높고, 위·변조가 용이해 보안에 취약
② IC방식(스마트카드) : 반도체 칩을 이용해 정보를 기록하는 방식으로 자기카드에 비해 수백 배 이상의 정보 저장이 가능하고, 카드에 기록된 정보를 암호화할 수 있어 자기카드에 비해 보안성이 높음(접촉식, 비접촉식, 하이브리드, 콤비)

25 교통카드시스템의 구성

구분	내용
단말기	카드를 판독하여 이용요금을 차감하고 잔액을 기록하는 기능
집계시스템	단말기와 정산시스템을 연결하는 기능
충전시스템	금액이 소진된 교통카드에 금액을 재충전하는 기능
정산시스템	각종 단말기 및 충전기와 네트워크로 연결하여 사용 거래기록을 수집·정산 처리하고, 정산결과를 해당 은행으로 전송하는 기능

26 간선급행버스체계(BRT)
: 도심과 외곽을 잇는 주요 간선도로에 버스전용차로를 설치하여 급행버스를 운행하게 하는 대중교통시스템(땅 위의 지하철)

27 버스정보시스템 및 버스운행관리시스템

① 버스정보시스템(BIS, Bus Information System) : 버스와 정류장에 무선 송수신기를 설치하여 버스의 위치를 실시간으로 파악하고, 이를 이용해 이용자에게 정류장에서 해당 노선버스의 도착예정시간을 안내하고 이와 동시에 인터넷 등을 통하여 운행정보를 제공하는 시스템

② 버스운행관리시스템(BMS, Bus Management System) : 차내 장치를 설치한 버스와 종합사령실을 유·무선 네트워크로 연결해 버스의 위치나 사고 정보 등을 승객, 버스회사, 운전자에게 실시간으로 보내주는 시스템

28 버스정보시스템 및 버스운행관리시스템의 비교

구분	버스정보시스템(BIS)	버스운행관리시스템(BMS)
정의	이용자에게 버스 운행상황 정보제공	버스 운행상황 관제
제공매체	정류소 설치 안내기, 인터넷, 모바일	버스회사 단말기, 상황판, 차량단말기
제공대상	버스이용승객	버스운전자, 버스회사, 시·군
기대효과	버스 이용승객에게 편의 제공	배차관리, 안전운행, 정시성 확보
데이터	정류소 출발·도착 데이터	일정 주기 데이터, 운행기록데이터
주목적	버스이용자에게 편의 제공과 이를 통한 활성화	버스운행관리, 이력관리 및 버스운행 정보제공 등
주요 기능	• 정류소별 도착예정정보 표출 • 정류소간 주행시간 표출 • 버스운행 및 종료 정보 제공	• 실시간 운행상태 파악 • 전자지도 이용 실시간 과제 • 버스운행 및 통계관리

29 버스전용차로의 구분(통행방향과 차로의 위치에 따른 구분)
: ① 가로변버스전용차로 ② 역류버스전용차로 ③ 중앙버스전용차로

30 가로변버스전용차로의 장점
: ① 시행이 간편하다. ② 적은 비용으로 운영이 가능하다. ③ 기존의 가로망 체계에 미치는 영향이 적다. ④ 시행 후 문제점 발생에 따른 보완 및 원상복귀가 용이하다.

31 버스전용차로의 설치 구간
① 전용차로를 설치하고자 하는 구간의 교통정체가 심한 곳
② 버스 통행량이 일정수준 이상이고, 승차인원이 한 명인 승용차의 비중이 높은 구간
③ 편도 3차로 이상 등 도로 기하구조가 전용차로를 설치하기 적당한 구간
④ 대중교통 이용자들의 폭넓은 지지를 받는 구간

32 대중교통 전용지구 : 도시교통정비촉진법에 따라 도시의 교통수요를 감안해 승용차 등 일반차량의 통행을 제한할 수 있는 지역 및 제도로 대중교통 중심의 보행자 전용공간

33 대중교통 전용지구 운영내용
① 버스 및 16인승 승합차, 긴급자동차만 통행 가능하며 심야시간에 한해 택시 통행 가능
② 승용차 및 일반 승합차는 24시간 진입 불가(화물차량은 허가 후 통행가능)
③ 보행자 보호를 위해 대중교통 전용지구 내 30km/h로 속도제한

34 운전석의 위치, 승차정원에 따른 버스의 종류
① 보닛버스 : 운전석이 엔진 뒤쪽에 있는 버스
② 캡 오버 버스 : 운전석이 엔진의 위에 있는 버스
③ 코치버스 : 3~6인 정도의 승객이 승차 가능하며 화물실이 밀폐되어 있는 버스
④ 마이크로버스 : 승차정원 16인 이하의 소형버스

35 버스차량 바닥의 높이에 따른 버스의 종류
① 고상버스 : 전고 3.4~3.5m 내외, 상면지상고 890mm 내외로 승객석 바닥을 높게 설계한 차량으로 가장 보편적으로 이용
② 초고상버스 : 전고 3.6m 이상, 상면지상고 890mm 이상으로 승객석을 높게 하여 조망을 좋게 하고 바닥 밑의 공간을 활용하기 위해 설계·제작되어 관광버스에서 주로 이용
③ 저상버스 : 상면지상고가 340mm 이하로 출입구에 계단이 없고, 차체 바닥이 낮으며, 경사판(슬로프)이 장착되어 있어 장애인이 휠체어를 타거나, 아기를 유모차에 태운 채 오르내릴 수 있을 뿐 아니라 노약자들도 쉽게 이용할 수 있는 버스로서 주로 교통약자를 위한 시내버스에 이용

36 심폐소생술(기본순서 : 가슴압박 → 기도유지 → 인공호흡)
① 의식확인 : 성인은 양쪽 어깨를 두드리며, 영아는 한쪽 발바닥을 가볍게 두드리며 반응 확인
② 가슴압박 및 인공호흡 : 가슴압박 30회와 인공호흡 2회 비율(30:2)로 실시
③ 가슴압박 : 성인은 약 5cm, 소아는 4~5cm 깊이로 분당 100~120회의 속도로 실시